교통계획

TRANSPORTATION PLANNING

| 임용택 · 백승걸 · 엄진기 · 김현명 · 이 준 · 박진경 지음

청문각

머리말

교통문제를 해결하고 주어진 자원을 교통수요에 따라 효율적으로 배분하기 위해서는 교통계획이 필요하다. 교통계획은 이러한 측면에서 꾸준한 발전을 하였으며 지금까지 많은 사회적 기여를 하였다. 그러나 경제활동의 규모가 커지고 교통수단 등이 발전함에 따라 교통문제는 갈수록 더 다양하고 복잡해지고 있다. 이러한 교통문제의 다양화와 복잡성으로 인해 교통계획의 필요성은 더욱 커지고 있다.

교통계획은 다양하고 복잡한 교통문제를 해결하기 위한 정책대안들의 필요성과 가능성을 평가하는 수단이라 할 수 있다. 따라서 교통계획은 이러한 요구에 따라 각종 교통문제를 체계적, 종합적으로 해결하기 위한 일련의 과정이라 할 수 있다. 교통계획을 수행하기 위해서는 각종 교통문제와 교통정책에 대한 이해뿐만 아니라, 교통현황에 대한 조사 및 분석방법, 교통수요 예측과 평가방법에 대한 이해가 필요하다.

이 책은 교통계획을 처음 접하기 시작하는 대학 2~3학년을 주 대상으로 가능한 쉽게 작성하였다. 좀 더 심도 있는 생각을 유도하기 위한 질문들과 다양하고 풍부한 예제를 제시하여 내용에 대한 이해와 독자적인 풀이능력을 높이고자 하였다.

이 책은 크게 세 부문으로 이루어지는데, 1장에서 3장까지는 교통계획을 이해하기 위해 필요한 기본적인 개념과 통계적 방법론에 대해 다루며, 4장에서 8장까지는 다양한 교통수요 분석모형들에 대해 설명하였으며, 마지막으로 9장부터 10장은 교통수요 분석을 활용한 평가기법들에 대해 기술하였다.

우선 제1장에서는 교통계획의 대상이 되는 통행과 통행선택과 이로 인해 발생하는 교통문제의 유형과 특성들을 살펴보았다. 제2장에서는 1장에서 다룬 다양한 교통문제들을 해결하기 위해 필요한 교통정책들의 특성과 유형을 기술하였으며, 교통정책을 실현하기 위한 교통계획의 개념과 과정을 살펴보았다. 제3장에서는 교통계획에 이용되는 다양한 자료의 분석과 요약의 필요성을 제시하고 이를 수행하기 위해 주로 이용되는 통계학적 기법들을 주로 확률에 대한 관련사항들을 중심으로 설명하였다.

제4장에서는 교통수요 예측을 위해 이용되는 다양한 교통수요 분석기법들을 살펴보았으며, 교통수요 분석을 위해 준비하여야 할 교통존과 네트워크의 설정방법들을 제시하였다. 제5장에서는 교통수요모형으로 가장 일반적으로 이용되는 4단계 교통수요모형을 통행발생, 통행분포, 수단선택, 통행배정 등 예측과정으로 구분하여 상세히 제시하였다. 제6장에서는 4단계 모형의 단점을 극복하기 위한 방법으로 통행을 발생시키는 사람들의 활동을 중요시한 활동기반 교통수요모형에 대해 기술하였다. 제7장에서는 승용

차 통행 외에 중요한 교통수단인 대중교통의 수요분석에 필요한 자료의 형태 및 수집, 대중교통시설 및 서비스에 따른 장·단기 수요 분석방법을 제시하였다. 제8장에서는 여객통행 외에 중요한 수송대상인 화물교통의 특성과 화물수요 예측방법에 대해 정리하였다.

제9장에서는 교통시설 투자의 타당성을 평가하는 데 필요한 비용 편익의 계량화 방법과 이를 이용한 경제성 분석기법들을 제시하였다. 마지막으로 10장에서는 경제성 분석 효율성 위주의 평가 외에 정책적 분석이 왜 필요한지, 정책적 분석을 고려한 종합평가방법에는 어떠한 기법들이 있는지를 기술하였다.

끝으로 이 책을 만드는 데 도움을 주신 여러분들께 감사를 표한다. 먼저 저자들의 은사이시며 우리나라에 교통이라는 학문을 태동시키고 성장시킨 서울대학교 환경대학원의 임강원 교수님께 깊은 감사를 드린다. 또한, 김성수 교수님, 이영인 교수님께도 감사드린다. 이 책은 그동안 교통계획 분야를 다룬 수많은 연구자들의 노고를 자양분으로 작성된 것으로, 지면에 일일이 감사를 표할 수는 없지만 이분들께도 깊이 감사드린다. 또한, 청문각의 김홍석 대표님에게도 심심한 감사를 표한다. 이 책의 내용상 오류에 대한 책임은 모두 저자들에게 있으며, 이에 대한 독자들의 아낌없는 충고와 지적을 바란다. 마지막으로 탈고를 마치고 영면하신 전남대학교 임용택 교수님의 영전에 안타까움과 그리움을 담아 이 책을 바친다.

2013년 1월

저자 일동

차례

01 통행과 교통문제

1.1 통행의 이해

1.1.1 통행과 통행선택

(1) 통행의 개념

사람은 자신의 활동(activity)을 수행하기 위해 통행(trip)을 한다. 오늘도 여러분들은 통행을 하였거나 통행할 예정일 것이다. 어떤 사람의 하루 통행을 예로 들어보자. 이 사람은 집에서 출발하여 버스 정류장까지 걸어간 후 버스를 타고 전철역까지 간 후 학교 근처의 전철역에 내려서 보행으로 학교에 갔다. <그림 1.1>은 이 사람의 통행을 나타낸 것이다(노정현, 1999. 일부 수정).

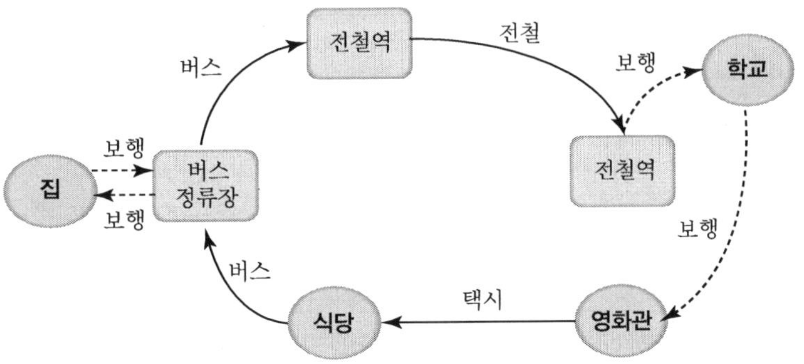

〈그림 1.1〉 일일 통행 사례(노정현, 1999)

이러한 통행은 관점에 따라 여러 가지로 구분할 수 있으나, 크게 통행목적(trip purpose)과 통행수단(trip mode)에 따라 구분할 수 있다. 통행목적에 따라서는 "집 → 학교 → 영화관 → 식당 → 집"이라는 4개의 통행으로 구분할 수 있으며, 통행수단 관점에서는 "보행 → 버스 → 전철 → 보행 → 보행 → 택시 → 버스 → 보행"으로 총 8개의 통행으로 구분할 수 있다. 보행을 제외할 경우 4개 통행으로 구분할 수 있다. <그림 1.1>에서 보듯이 하나의 통행목적을 수행하기 위하여 여러 개의 수단통행이 필요할 수도 있다. 예를 들어 집에서 학교까지 가는 데는 "보행 → 버스 → 전철 → 보행"이라는 4개의 수단통행이 필요하다.

문제 1-1 여러분의 오늘 하루 동안의 통행을 목적통행과 수단통행으로 구분하여 그려보고 통행 수를 세어보아라.

이러한 일련의 통행을 통행사슬(trip chain)이라 부르는데, 하나의 목적통행 전체를 하나의 단위통행으로 취급하여 동일목적 관련 통행(linked trip)이라 하며, 목적통행을 교통수단 또는 요금체계 등 동질의 통행특성별로 구분하여 각각 별개의 단위통행으로 취급하는 것을 비관련 통행(unlinked trip)이라고 한다.

<그림 1.2> 사례에서 집(존1)을 떠나 학교(존2)를 들러 자녀를 내려주고 아빠는 직장(존3)으로 갔을 때 이에 대한 통행량은 두 가지 관점에서 산정할 수 있다. linked trip 개념으로는 존1에서 존2까지의 통학통행과 존1에서 존3까지의 출근통행이 각각 1개 통행씩 발생한다. 이에 반해 unlinked trip 개념으로는 존1에서 존2까지 일단 2개의 통행이 발생한 후, 존2에서 존3까지 통행이 다시 발생한 것으로 산정된다.

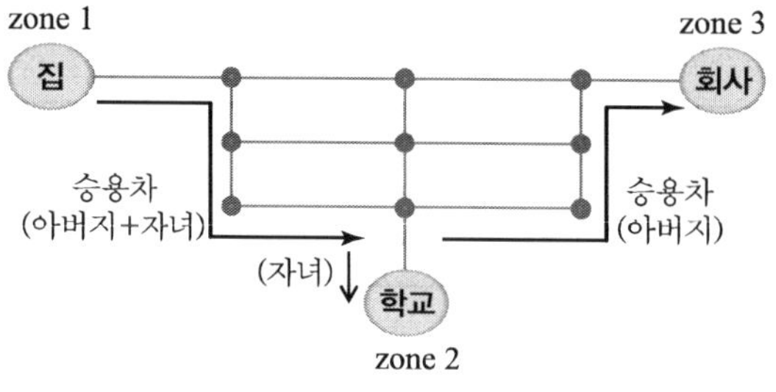

O - D unlinked trips

O \ D	1	2	3
1		2	
2			1
3			

O - D linked trips

O \ D	1	2	3
1		1	1
2			
3			

〈그림 1.2〉 linked trip(목적통행)과 unlinked trip(수단통행) 사례

앞에서 살펴보았듯이 통행은 여러 가지 관점에서 다시 구분할 수 있지만, 사전적 의미로 "통행(trip)"은 '서로 떨어진 지역 간에 사람의 왕복, 화물의 수송, 기차, 자동차 등을 운행하는 일의 총칭'이다(이희승, 1993). 학술적 의미로 통행은 '통행자(trip maker)가 어떤 목적(purpose)을 수행하기 위해 한 지점(origin)에서 출발하여 다른 지점(destination)까지 움직이는 행위'로 정의할 수 있다(노정현, 1999). 통행과 관련된 용어로 교통(transportation)은 라틴어 'trans(가로질러서)'라는 접두어와 'port(항구, 문)'라는 접미어로 이루어진 합성어이다. 교통이란 "사람들의 사회경제적 활동의 규모와 공간적 영역이 커짐에 따라 필수적으로 요구되는 사람의 이동 및 상품의 유통을 말하며, 넓은 의미에서 정보의 이동도 포함한다."라고 정의할 수 있다(노정현, 1999).

교통은 교통 경제적 활동이나 효과의 의미를 포함한 광의의 개념으로 일반적으로 말하는 교통계획(transportation planning)의 대상이라고 할 수 있다. 또한 transport는 transportation보다는 협의의 개념으로 수송의 의미를 갖는다고 할 수 있다. traffic은 교통시설상의 교통류를 말하는데, 일반적으로 자동차를 대상으로 하며, 교통공학(traffic engineering)의 대상이다.

(2) 통행선택의 개념

<그림 1.1>에서 설명한 것처럼 거주지를 출발하여 장소를 이동하면서 최종적으로 집으로 다시 돌아오는 일련의 통행궤적을 <그림 1.3>과 같은 시공간 통행궤적(trip trajectory)으로 나타낼 수 있다. 그림에서 선으로 표시되는 것이 교통수단으로, 학교에서의 활동을 수행하기 위한 교통수단은 보행, 버스, 전철, 보행으로 이루어지며, 영화관까지는 보행, 영화관에서 식당까지는 택시, 식당에서 집까지는 버스와 보행으로 이루어진다. 여기서 선(線)은 통행(trip)을, 건물들은 어떤 점(點)이나 면(面)에서의 활동(activity)

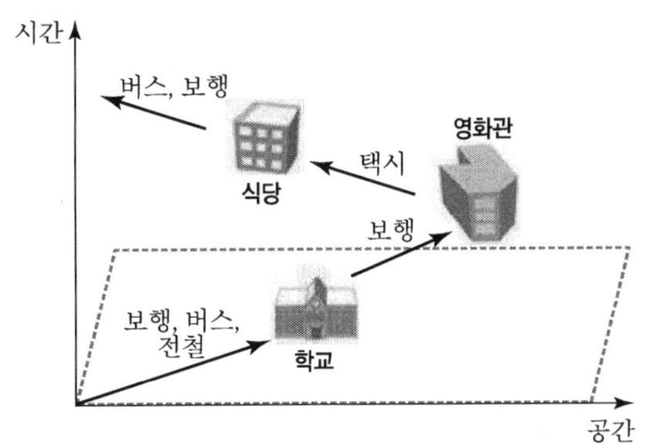

〈그림 1.3〉 일일 통행의 시간–공간 궤적

을 나타낸다. 따라서 어떤 활동을 하기 위해서는 어쩔 수 없이 통행행위를 해야 하며, 통행은 활동보다 먼저 해야 한다.

사람들은 통행을 선택할 때 대부분 통행시간이나 통행거리의 단축을 선택기준으로 삼는다. <그림 1.3>에서 활동은 공간을 이동하지 않고 시간만을 소비하지만 교통은 시간을 소비하면서 공간을 이동한다. 여기서 선의 기울기는 "시간/거리"로 속도의 역수이다. 교통의 역사는 주어진 시간 내에 더 많은 공간을 이동하게 하는 것, 즉 교통수단의 속도를 증가시키는 것이었다고도 할 수 있다. 자동차와 도로 등 교통기술의 발전에 따라 이 기울기는 계속 낮아져 왔으며, 앞으로도 더 낮아질 것이다. 과학기술이 극단적으로 발전하게 되면 거의 평형상태, 즉 통행에 대한 시간소비가 거의 없게 될 수도 있을 것이다.

문제 1-2 200여 년 전과 비교하여 사람들의 통행특성이 어떻게 달라졌는지, 비용 대비 효율성에 대해 생각해보아라.

<그림 1.3>에 나타낸 통행궤적은 여러 가지 가능한 선택대안 중에서 통행자가 통행선택을 한 결과일 뿐이다. 통행선택은 통행자 특성, 교통수단 특성, 통행특성, 기상 등 외부환경 등 여러 가지 요인에 의해 달라진다. 동일한 통행자라 하더라도 동행인 여부, 짐 여부, 목적지에 따라, 가용 교통수단과 경로에 따라, 통행시간에 따라, 통행선택의 결과가 다를 수 있다.

<그림 1.4>와 같이 시간범위가 커지고 공간범위가 넓어질수록 활동체계의 불완전성, 통행선택 의사결정에 필요한 정보의 불완전성, 다른 통행자들과의 상충에 의한 교통

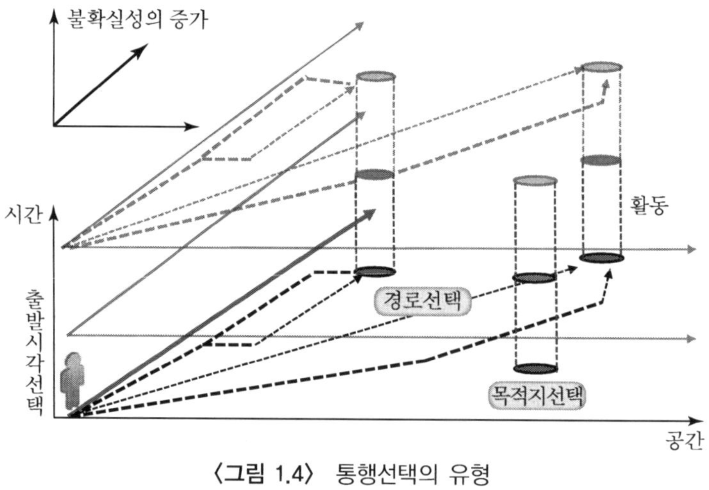

〈그림 1.4〉 통행선택의 유형

혼잡문제 등에 의해 실제로 벌어지는 통행특성의 불확실성은 커지게 된다.

활동을 수행하기 위해 통행자들은 통행과 관련된 다양한 선택을 필요로 한다. 이러한 통행선택에는 통행 여부, 출발시각, 목적지, 교통수단, 경로선택 등이 포함된다. 이러한 통행의 선택을 육하원칙, 즉 "누가(who), 왜(why), 어디로(where), 무엇을 타고(what), 언제(when), 어떻게(how)"에 의거하여 아래와 같이 정의할 수 있다(노정현, 1999. 일부 수정). 이러한 육하원칙 등은 상호 간에 밀접한 관련성을 갖는다. 특히 출근통행이나 등교통행과 같은 반복적 통행이 아닌 비반복적 통행, 즉 여가통행, 쇼핑통행 등을 선택할 때는 통행선택 요소들 간의 관련성이 상대적으로 더욱 커지게 된다.

문제 1-3 비반복적 통행 선택 시 통행선택요소들의 특성을 제시하고 통행선택요소들 간의 관련성이 커지게 되는 이유를 설명하시오.

1) 누가(who): 통행주체

통행의 가장 중요한 구성요소로서 통행행위를 실행하는 개인 또는 가구를 말한다. 통행자 또는 가구의 사회·경제·문화적 특성인 직업, 나이, 성별, 소득수준, 자가용 보유 여부, 가구의 생애주기(life cycle) 등에 따라 통행의 행태, 규모, 특성이 달라진다. 예를 들면 일반적으로 여자보다는 남자가, 소득수준이 높을수록, 자가용을 보유하고 있을수록 통행의 규모는 크며, 소득수준과 자가용 보유 여부는 통행수단 선택에도 영향을 미친다. 또한 가구주의 생애주기(즉 결혼 초기, 자녀 취학 전, 취학 후, 자녀의 결혼 후 등)에 따라 가족단위 여가통행의 형태와 특성이 달라지며, 결국 다른 통행의 형태와 특성에도 영향을 미친다.

통행의 주체는 크게 사람통행(person trip) 외에 화물통행(freight trip)과 차량통행(vehicle trip)으로 구분할 수 있다. 이에 따라 통행단위도 달라지는데, 차량통행과 사람통행은 사람이 차량에 몇 명 탔는지를 나타내는 차량점유율(occupancy rate)에 따라 서로 환산할 수 있다.

2) 왜(why): 통행목적

드라이브, 산책 등 통행 그 자체가 목적이 되는 경우도 있으나, 통행은 통행자의 사회·경제·문화적 활동의 목적을 위해 부수적으로 요구되는 것이다. 따라서 통행목적은 출근, 등교, 귀가, 업무, 구매, 여가 등으로 구분할 수 있다. 일반적으로 동일한 조건이라면 출근, 등교, 업무, 귀가 등의 목적통행이 구매, 여가 등의 통행보다 비용과 시간의 변화에 크게 영향을 받지 않는다. 또한 동일한 통행자가 같은 목적지를 간다고 해도 통행목적에 따라 통행시간, 통행수단 및 경로 등이 달라질 수 있다. 출근, 등교통행처럼 반복적인 통행은 거주지 위치 선정, 자동차 구매 등 장기적인 선택에도 영향을 미친다.

일반적으로 교통시스템은 생산활동에 대한 지원을 최우선적으로 하고 그 다음으로 업무 등 반복적인 통행과 여가 등 비반복적 통행을 지원해 왔다.

문제 1-4 일반적으로 교통시스템이 반복적인 통행에 대한 지원을 우선적으로 하는 이유는 무엇인지 설명하시오.

3) 어디로(where): 통행목적지

어디에서 출발하여 어디로 가는가 하는 것으로 지역 간 통행수요분석의 기초자료가 된다. 통행목적지는 통행목적이 실행되는 곳으로 출근, 통학, 업무, 여가 등 다양하게 분류할 수 있다. 같은 통행목적을 수행할 때라도 여러 가지 요인에 따라 통행목적지가 선택된다. 일반적으로 시간, 거리, 동행인, 통행수단 등에 따라 통행목적지가 선택된다.

4) 언제(when): 통행시기

일반적으로 통행자는 출발하기 전에 어떠한 수단으로, 어느 경로로 통행할 것이며, 통행소요시간은 얼마나 걸릴 것인가를 고려하여 출발시간을 결정한다. 통행자의 출발시간은 통행자 자신의 통행여건, 즉 가용한 통행수단, 운전능력 그리고 목적지까지 사용경로의 교통상황에 따라 달라진다.

통행시간은 하루 중에서 구분할 수도 있으며, 요일별, 평일과 주말, 월별, 계절별로 구분할 수 있다. 하루 중 통행시기(time of day)는 일반적으로 출퇴근시간인 첨두시(peak hour)와 비첨두시(non-peak hour)로 구분된다. 휴일은 평일에 비하여 통행량이 감소할 뿐만 아니라 아침, 저녁의 집중현상이 적어진다(김대웅, 2006).

정해진 시간단위가 아니라 휴가철, 행사 등 이벤트 기간으로 구분할 수도 있는데, 이러한 시간 구분에 따라 통행특성이 다르며, 그에 따라 적용되는 교통정책도 달라진다.

5) 무엇을 타고(what): 통행수단

여객교통수단은 일반적으로 도보, 개인교통수단(자가용, 자전거, 오토바이, 개인 선박 등), 대중교통수단(transit, 노선버스, 지하철, 전철, 항공기, 선박 등), 준대중교통수단(para-transit, 택시, dial-a-bus)으로 구분할 수 있다. 화물교통수단은 트럭, 트레일러, 화차, 수송기, 파이프라인 등으로 구분되며, 그 외 서비스 교통수단으로는 소방차, 구급차, 청소차 등이 포함된다.

통행선택은 단일 수단에 대한 선택뿐만 아니라 여러 통행수단을 연계해서 선택하는 경우도 있다. 예를 들어 도시 내에서 버스를 타고 지하철을 타는 경우와 화물자동차로 철도물류기지로 수송한 후 다시 철도로 수송을 하는 경우 등이다.

통행수단은 도시규모별로도 다르다. 대도시지역일수록 버스, 지하철, 모노레일 등 다양한 교통수단이 구축되어 다양한 선택이 가능하다. 일반적으로 대도시지역에서는 통근, 통학은 철도나 버스 등의 대중교통, 업무는 자동차의 수송분담이 현저하게 크다.

6) 어떻게(how): 통행경로 또는 노선

통행자가 승용차, 자전거 등 개인교통수단을 이용하는 경우 통행자들은 최종적으로 시간, 비용 등을 고려하여 통행목적지까지의 적절한 통행경로를 선택하게 된다. 이는 앞에서 선택한 여러 가지 선택결과들에 의해 좌우된다. 대중교통수단을 이용하는 경우 통행자는 임의로 경로를 바꿀 수 없고 다만 정해진 경로를 따라 운행하는 이용 가능한 노선 중에서 하나를 선택해야 한다.

1.1.2 통행수요와 공급

(1) 통행수요

앞에서 언급한 통행선택의 각 단계마다 통행수요가 발생한다. 이러한 선택결과에 따라 통행수요는 발생지 통행수요, 목적지 통행수요, 수단통행수요, 경로통행수요, 구간통행수요 등으로 구분할 수 있다. 통행선택이 단계별로 이루어진다고 한다면 앞 단계의 통행수요는 다음 단계에서 세분화되며, 이러한 과정을 거쳐 발생통행수요가 최종적으로 구간통행수요가 된다.

교통서비스를 사고팔 수 있는 하나의 상품으로 간주한다면 교통서비스의 수요공급현상을 미시경제학의 시장이론으로 설명할 수 있다. 즉 상품은 통행(trip)이며, 수요자는 통행의 주체, 공급자는 교통시설의 운영관리자이며, 교통체계는 통행을 사고파는 시장이라고 할 수 있다. 또한 일반 경제재와 마찬가지로 통행의 수요·공급량도 가격(price)에 따라 변화하며 수요·공급 균형 또한 수요곡선과 공급곡선이 교차하는 곳에서 찾을 수 있다(노정현, 1999).

<그림 1.5>와 같이 수요는 일반적으로 가격이 오르는 만큼 줄어들며, 같은 가격에 대한 수요량이 커짐으로써 수요곡선 그 자체가 오른쪽으로 움직이는데, 이를 수요의 증대라고 한다. 수요는 소득의 변화나 대체재(같은 효용을 얻을 수 있는 재화로, 대체관계에 있는 두 재화는 하나의 수요가 증가하면 다른 하나는 감소한다)의 가격 변화, 보완재(동일 효용을 증대시키기 위해 함께 사용하는 재화로, 두 재화는 하나의 수요가 증가

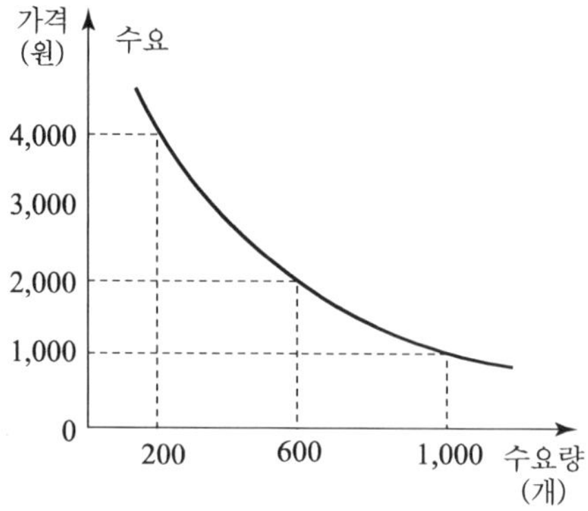

〈그림 1.5〉 경제학에서의 수요개념

하면 다른 하나는 수요도 증가한다)의 가격 변화, 연령 등 인구 구성의 변화, 기호의 변화, 정보(상품에 대한 소비자 지식)의 변화 등에 영향을 받는다.

문제 1-5 현재 이용하고 있는 교통수단은 어떤 변화에 영향을 받는지 설명하시오.

교통수요는 일반적인 수요와 몇 가지 다른 주요한 특징을 갖는다. 먼저 통행은 그 자체가 수요가 아니고, 통행자가 목적지에서 추구하고자 하는 목적활동을 위해 부수적으로 발생되는 수요이다. 이러한 수요는 파생수요(derived demand)라고 하는데, 교통(통행)은 그 자체가 목적이 아니며 출근, 업무, 쇼핑, 친교 등과 같은 활동목적(activity purpose)이나 기회(opportunity)를 충족시키기 위한 수단으로, 중간재로서 교통의 마지막에 이루어지는 활동(통행목적)을 보조해주기 위한 수단적 의미를 가지기 때문이다. 즉 활동(activity)을 하기 위해서는 "어쩔 수 없이" 통행(trip)이 필요하다. 따라서 대부분의 통행자는 활동(A)을 먼저 선택하고, 통행(T)에 대한 선택을 한다. 즉 통행이 활동보다 먼저 이루어지지만(T → A), 활동(A)을 통행(T)보다 먼저 선택한다.

일반적인 수요와 다른 교통수요의 두 번째 특징은 일반 수요는 가격을 중요하게 여기는 데 반해, 교통수요는 가격 외에 공간적인 이동에 따른 저항(impedance)의 영향을 받는다는 것이다. <그림 1.3>에서 보듯이 일반적으로 활동은 대부분 특정 공간에서 공간 이동을 하지 않고 시간을 소비하는 행위임에 비해, 통행은 활동을 수행하기 위해 "어쩔 수 없이" 특정 공간을 이동하면서 시간을 소비하는 행위이다. 따라서 대부분의 통행자는 통행 시 최소비용과 최소시간이 드는 대안을 선택하고자 한다. 그러므로 수요곡선은 통행의 인지가격(perceived travel price), 즉 소비자가 통행을 위해 지불할 용의가 있는(willingness to pay) 금전비용, 통행시간, 불편도 등에 대한 종합적인 가치측정의 함수인 것이다(임강원, 1997).

일반적으로 교통수요는 교통체계 내에서의 단기균형, 교통체계 및 기타 체계와의 장기균형으로 구분할 수 있다. 단기균형은 교통체계 내에서 교통수요와 교통공급과의 균형이며, 장기균형은 교통체계와 토지이용체계, 또는 입지선택과 통행선택과의 균형이다. 이러한 통행선택 요소들은 상황에 따라 특정한 요소들의 중요성이 더 커질 수 있으며, 단기적, 장기적 통행선택결과에 서로 영향을 준다. 반복적인 통행은 거주지나 직장의 위치, 자동차 보유 여부, 탄력근무제와 같은 근무제도 등 교통체계 외부의 장기적인 선택에 영향을 받으며, 비반복적인 통행선택은 여가나 기상상황의 변화 등에 영향을 받는다.

(2) 교통서비스 공급

수요함수와 마찬가지로 공급함수는 "시장에서 상품가격의 변화에 따른 생산자의 상품공급 욕구를 나타내는 함수"로 정의할 수 있다. 그러나 교통시설들은 사회간접자본의 하나로 일반 상품과 다른 특성들을 가지며, 교통서비스 공급이 갖는 몇 가지 특성 때문에 전통적인 공급이론을 교통서비스 공급분석에 적용하는 데는 한계가 있다(노정현, 1999, 홍성웅, 2006 재정리).

첫째, 교통서비스의 공급량은 일반 상품과는 달리 공급자에 의해 결정되는 것이 아니라 이용자에 의해 결정된다. 즉 교통서비스의 공급량은 해당 시설을 이용하는 통행량으로 측정되며, 이는 단지 해당 시설의 서비스 용량에 의해 제한을 받는다.

둘째, 교통서비스의 공급량은 통행가격 또는 비용에 따라 결정되는 것이 아니고, 해당 시설의 교통량의 크기에 따라 통행비용이 결정된다. 교통시설은 혼잡이라는 특성을 갖고 있어서, 교통시설에 대한 통행수요가 시설의 서비스 용량에 접근할수록 혼잡의 정도는 커지며, 이에 따라 통행비용이 증가하는 형태를 보인다.

셋째, 교통시설은 고유한 위치와 공간을 차지하고 서비스를 창출하기 때문에 일반적으로 교통시설의 편익을 이용자가 향유하려면 이용자 스스로 서비스가 창출되는 일정 지점까지 통행해야 하며, 교통시설이 입지한 위치 주변에서 지가 상승, 소음과 오염 등의 외부효과가 발생한다.

넷째, 교통시설은 교통망이나 다양한 시설물이 복합되어 서비스를 제공하기 때문에 투자 규모가 크고, 투자회수기간이 길며, 시설의 유휴화 가능성이 존재하기 때문에 민간 기업이나 지자체의 재원으로 감당하기에는 어려운 경우가 많다. 마지막으로 교통서비스는 재고가 불가능하다는 것이다. 예를 들어 밤에 이용되지 않은 도로용량을 낮에 이용하도록 하는 것이 불가능하기 때문에, 특정 시간대에 교통혼잡을 줄이기 위해 다양한 교통수요관리정책을 시행하기도 한다.

Kanafani(1983)는 교통체계의 서비스공급 수준은 공급자(supplier), 운영자(operator), 규제자(regulator), 그리고 이용자(user)에 의해 결정된다고 하였다(노정현, 1999). 왜냐하면 교통시설의 공급특성은 이용자 행태를 포함한 다음 네 가지 요소에 의해 영향을 받기 때문이다.

첫째, 교통체계의 기술적 특성인 용량, 운행속력 등으로 이는 교통체계의 성능, 특히 운행비용에 영향을 미친다. 둘째, 기술을 어떻게 운영할 것인가 하는 전략으로 이는 운영자의 행태와 목적에 따라 달라진다. 셋째, 제도적 요구 또는 제약조건 등으로 이는 규제에 의해 강제되거나 시장조건에 따라 요구된다. 마지막으로 교통체계를 이용하는 이용자의 행태로, 통행자들은 통행수단, 경로 등을 마음대로 정하므로 공급특성에 영향을 미치며, 하주(shipper)들은 제고수준 조정, 운송규모 및 빈도, 포장방법 등 교통서비스 이용방법과 운송비용을 결정한다.

이러한 교통시설의 공급특성을 예를 들어 설명하면, 자동차 기술의 발전은 자동차의 성능과 속도를 높여 통행선택의 폭을 넓히지만 안전문제를 발생시킨다. 이에 따라 속도제한이라는 제도적 장치가 마련되고 과속단속카메라 등의 규제기술이 제도를 가능하게 하고 있다. 운전자들은 이러한 과속단속을 고려하여 통행행위를 하게 된다.

(3) 교통수요와 공급의 균형

고전적인 관점에 의하면, 어떤 재화에 대한(완전경쟁 아래) 시장경제에서는 상호작용하는 두 집단, 즉 생산자와 소비자가 있다. 공급함수는 생산자 형태의 특성을 나타내며, 수요함수는 소비자 행태의 특성을 나타낸다. 또한 공급함수는 공급자가 생산물의 가격함수에 따라 생산하는 재화의 양을 나타낸다. 즉 가격이 증가함에 따라 생산을 더하는 것이 이윤을 증가시키게 되므로 공급량이 증가하게 된 수요함수는 그 가격에서 소비되는 재화의 양으로서 소비자 전체의 행태를 설명한다. 즉 가격이 증가함에 따라 소비량은 감소하게 된다(Sheffi, 1985).

<그림 1.6>은 어떤 생산물에 대한 간단한 수요-공급함수를 그린 것이다. "재고가 없는 완전 소비되는 시장을 설정할 때" 가격 P*와 생산량 Q*는 두 곡선이 교차하는 점의 특성을 나타낸다. 이것은 진정한 생산물 가격이고, 생산량 전부가 소비되는 점이다. 만약 가격이 P*보다 높다면 <그림 1.6b>에서 보이는 것처럼 생산이 소비보다 더 증가할 것이다. 이러한 경향이 지속되면 생산된 모든 생산물이 팔리지 않고, 재고품이 늘어나기 때문에 수요와 공급의 불균형은 유지될 수 없다. 따라서 필연적으로 가격은 떨어질 것이고, 이에 따라 다시 소비는 증가될 것이다. 만약 가격이 P*보다 더 낮다면 수요량은 생산량보다 더 많아지며, 생산자는 가격상승을 시도할 것이고, 이로 인해 생산은 증가

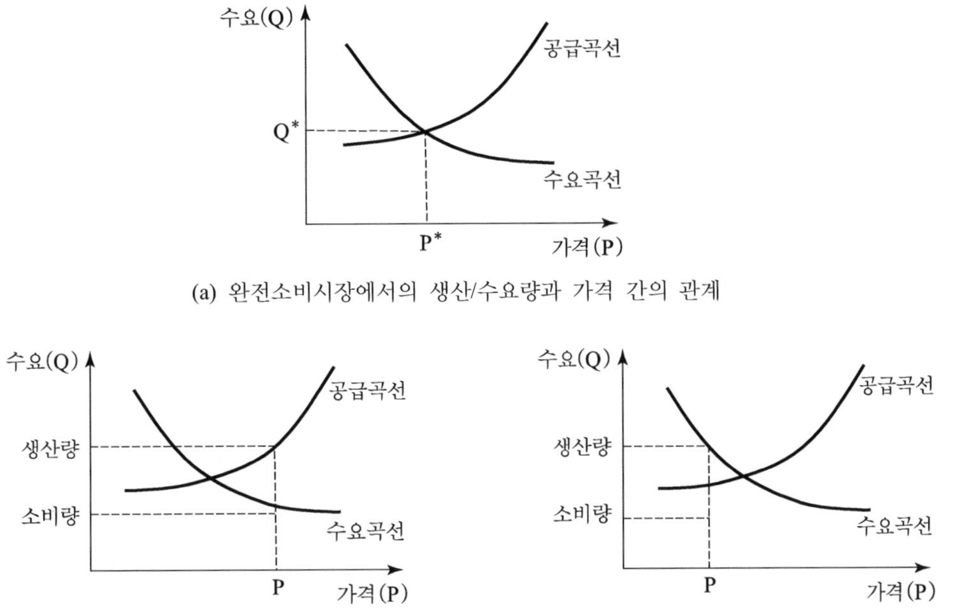

(a) 완전소비시장에서의 생산/수요량과 가격 간의 관계

(b) 가격이 높은 경우

(c) 가격이 낮은 경우

〈그림 1.6〉 수요–공급함수(Sheffi, 1985).

하고 수요는 감소하게 될 것이다. 그러므로 가격이 P*보다 낮거나 높다면 시장의 모든 재화가 구입되는 상태에서의 가격으로 향하게 하는 힘이 생기게 되는데, 이때의 상태 (P*, Q*)를 균형점이라 한다(Sheffi, 1985).

일반적으로 교통계획의 역할은 각 통행목적별, 시간대별, 계절별, 수단별로 다르게 나타나는 여객의 통행수요 및 화물의 수송수요를 교통체계가 갖고 있는 운영용량(operating capacity)과 균형을 이루도록 하는 것이라고 할 수 있다. 그러나 교통체계에서 수요와 공급이 균형을 이루도록 하는 것은 어려운 일이다. 앞에서 살펴본 바와 같이 교통수요가 시간과 공간에 따라 가변적이고, 용량 공급을 위한 재원에 대한 사회적 합의가 필요하며 이러한 합의와 건설에 장기간의 시간이 필요하기 때문이다.

(4) 교통체계

자동차, 철도 등 교통수단의 속도와 성능이 향상됨에 따라 시설공급에 대한 예산규모가 커지고 이를 운영하기 위한 교통공학 및 교통운영기술, 그리고 관련 제도와 규제도 함께 발전하였다.

도시 및 지역의 각종 경제・사회활동에서 교통의 기능이 큰 비중을 차지하지 않았던 시기의 교통계획은 주로 교량, 도로, 철도 등 독립적인 교통시설에 대한 공급계획이었다. 이러한 초기의 교통계획은 교통체계 전반, 나아가 도시 및 지역활동 체계의 관련요소를 고려하지 않은 단편적이며 근시안적인 것이었다.

일반적으로 체계(system)라는 용어는 '서로 관계를 갖고 있는 사물의 집합'을 말한다(송경현, 박용훈, 1999). 교통체계의 구성요소들은 각기 독립적으로 존재하는 것이 아니라 상호 밀접한 관련을 맺고 있어서, 상호작용의 과정에서 새로운 요소가 생성되거나 외부적인 힘이나 요소의 등장으로 교통체계의 한 부분에서 변화가 생기면, 이는 곧 다른 교통부문에 연쇄적인 반응을 일으켜 새로운 체계의 변화를 초래하게 된다(원제무, 2009, 재정리).

(5) 교통체계와 토지이용체계

도시를 지탱하고 유지시켜주는 가장 중요한 두 가지 요소는 교통체계와 토지이용체계이다. 토지이용계획은 일정한 토지 위에서 일어나는 다양한 도시활동이 필요로 하는 토지 및 시설의 질과 양을 분석하여 이를 합리적으로 배분, 조합, 분리시킴으로써 도시활동을 원활하게 하고 생활환경의 수준을 유지하고자 하는 것이다. 이에 비해 교통계획은 도시공간에서 이루어지는 다양한 도시활동을 서로 신속하게 연결시켜 접근성을 높여주는 역할을 한다. 교통계획과 토지이용계획은 상호 밀접한 관계를 가지므로 교통체계를 다룰 때에는 토지이용체계를 함께 다루어야 한다(원제무, 2009. 재정리).

교통과 토지이용은 다른 요소에 영향을 미치거나 함께 작용한다. <그림 1.7>에서 볼 수 있듯이 토지이용과 교통체계는 '닭과 달걀'과 같은 관계로서 상호 밀접한 연관을 지니면서 작용하고 있다고 할 수 있다. 토지이용과 교통과의 연관성을 살펴보면, 교통체계 측면에서는 각종 경제・사회활동의 주체인 가구, 기업 또는 정부기관이 어느 한 지역에 입지하게 되면 그 지역의 통행수요를 증대시켜, 결국 그 지역과 연결되는 교통시설의 교통혼잡을 야기하게 된다. 그 결과 그 지역에 접근하는 통행자의 통행비용이 증가하게 되므로 결국 그 지역의 접근성이 감소하게 된다. 따라서 교통혼잡 등 통행비용 증가를 막기 위해 각종 교통규제나 교통시설 공급정책을 필요로 하게 된다.

토지이용체계 측면에서 보면 활동의 입지는 그 지역의 토지이용 수요를 증가시켜 지가상승을 초래하게 된다. 각 활동의 주체는 지역의 지가와 통행비용을 동시에 고려하여 새로운 입지를 정하게 되며, 이때 각 지역의 지가와 통행비용을 동시에 고려한 입지의 상대적 이득을 입지잉여(locational surplus)라고 한다. 이때 각 활동의 주체인 가구, 기업, 정부기관 등은 각기 다른 입지잉여를 갖게 되며, 이들은 자신의 입지를 변경함으로써 더 나은 이득을 취하려고 한다. 결국 이러한 행태는 교통체계와 토지이용체계 모두에 영향을 주어 다시 입지잉여의 변화를 가져다주는 순환과정을 통해 균형상태에 이르게 된다(노정현, 1999. 재정리).

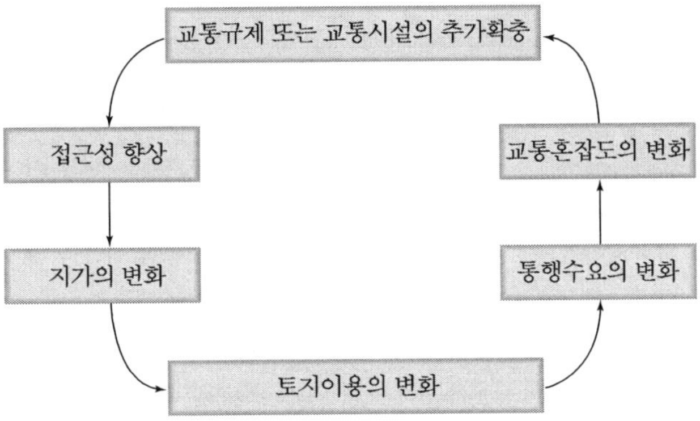

〈그림 1.7〉 교통과 토지이용의 관계(이건영, 원제무, 1989)

1.2 교통문제

1.2.1 교통문제의 발생

교통문제를 체계적으로 해결하기 위해서는 교통문제에 대한 명확한 인식이 우선되어야 한다. 이를 위해서는 교통체계가 어떻게 발전되어 왔고 어떠한 문제에 직면하여 왔는지를 살펴보아야 한다.

(1) 교통발달과 도시공간구조의 변천

특정 공간의 위치는 개인의 통행비용과 주거비용 간의 관계에 영향을 미치고 사회적으로는 업무, 모임 등의 통행 선택에 영향을 준다. 역사, 터미널 등 인공적인 교통시설의 위치도 공간에서의 활동이나 통행선택에 영향을 준다.

인간의 활동은 衣, 食, 住를 위한 것이었으며 이들을 연결하는 수단이 교통이었다. 인체로 비유하자면 교통은 핏줄과 같은 역할을 하여 특정한 공간에서 벌어지는 활동이 원활하게 수행될 수 있도록 지원한다. 핏줄이 인간 장기의 역할을 지원하듯이 교통수단은 공간구조, 교통시설, 교통문제의 특징을 좌우하는 중요한 요소이다. 새로운 교통수단이 등장할 때마다 속도의 증진과 대중화가 실현되었고, 자동차는 교통수단의 개인화를 가능케 하였다.

문제 1-6 어제 저녁에 여러분들이 활동한 지점을 선택한 이유에 대해 설명하시오.

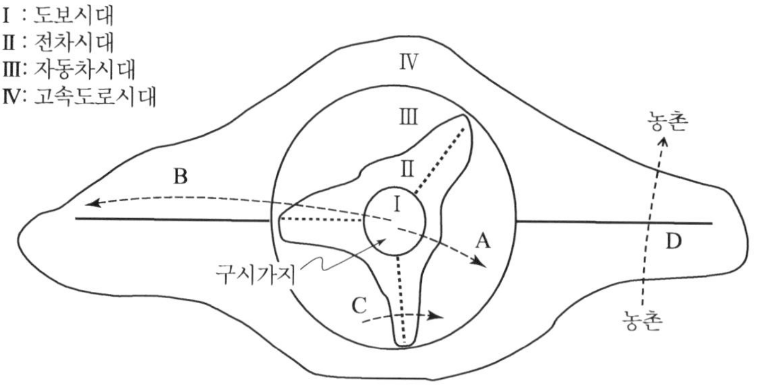

〈그림 1.8〉 교통시대별 도시지역의 확장(자료: 한주성, 1996)

교통수단 발달이 도시성장에 미치는 영향은 교통수단의 속도와 도시규모의 관계를 통해 파악할 수 있다. <그림 1.8>과 같이 교통의 기술적 변천에 따른 도시지역의 발달 과정을 세 시기로 구분하여 도시형태에 교통이 어떤 영향을 주었는지 파악할 수 있다(한주성, 1996. 재정리).

먼저 도보시대의 도시는 산업시대 이전의 도시와 일치하는데, 이 시대의 도시지역은 걸어서 이동할 수 있을 정도의 범위이다. 일반적으로 보행속도로 알려진 4 km/h와 보행거리로 알려진 10리의 개념이 이에 해당된다. 이때의 가로망은 보행으로 이동이 가능한 모든 곳에 도로가 발달하였기 때문에 도로망이 짧고 좁으며 불규칙적이었다.

증기기관과 차륜 교통시대에는 도시지역이 궤도노선을 따라서 발달하기 시작하였다. 그러나 철도는 궤도 주변에 있는 모든 지역이 아닌 역 주변만의 접근성을 향상시키므로 도시의 성장이 연속적이 아닌 불연속적인 양상을 보이게 되었다. 도시 내의 철도교통은 대체로 방사상의 노선망을 가지므로 별 형상의 도시를 만들고 교외가 발달함에 따라 연담도시를 형성하였다. 특히 지하철은 도심지역의 고층화와 고밀화를 형성시켰다.

19세기 말의 기술혁신에 의해 전력의 사용, 내연기관의 발달, 철골건물의 발달과 함께 자동차 교통에 의해 도시의 형태가 크게 영향을 받았다. 종래의 철도가 한정된 궤도 주변만을 도시화시켰던 것과는 다르게 자동차는 도시의 어느 곳이든지 이동을 가능하게 하여 도시지역이 확장되고 기존의 도시공간이 “내적다짐” 되어 동심원적 방사형으로 형성되었으며, 역세권은 부도심으로 형성되었다. 또한 레드번, 근린주구 등과 같이 보행과 자동차를 분리시키는 개념이 등장하기 시작하였다.

1.2.2 교통의 특성과 교통문제

(1) 교통의 특징

교통체계를 이용하는 주체와 통행목적이 다양하기 때문에 교통체계를 이루는 요소들 간의 조화가 필요하다. 교통수단과 교통시설 등 교통체계를 이루는 요소들 중 일부분이 충분히 갖추어져도 다른 부분이 부족하면 교통의 기능을 제대로 발휘할 수 없기 때문이다. 교통체계 내 구성요소들 간의 조화 여부는 사회적 요구의 변화와 교통수단과 교통시설 간의 기술진보의 차이, 도시계획이나 교통계획 등 관련계획의 일치 여부와 관련이 있다.

교통체계를 대표한다고 할 수 있는 도시교통의 특징을 개괄적으로 정리하면 다음과 같다(김성득, 1995. 재정리).

- 고밀도 대량수송이 특징이며 도시규모가 커짐에 따라 이러한 특징도 커진다.
- 하루, 요일, 계절 등의 주기성을 갖는다. 하루나 요일의 주기성은 일상생활의 반복을 반영하고, 계절적 주기성은 자연환경과 사회활동의 주기성에 의한 것이다.
- 통근, 통학, 쇼핑 등과 같이 주택지와 가까운 단거리 교통이 주이다.
- 도심이나 번화가 등을 향해 구심적인 방향성을 갖는다.

(2) 교통문제의 유형

산업혁명 이후 산업화와 산업기술의 분업화는 생산지와 소비자 간의 지리적 분리를 가속화시켰으며, 아울러 재화의 이동 또한 증대되었다. 특히 자동차는 지역 간 수송의 효율성을 제고시켰으며, 이는 재화의 생산지와 소비지 간의 지리적 분리와 수송수요를 증가시켜 왔다. 수송수요 증대에 따른 차량운송의 증가는 교통혼잡, 교통사고, 환경오염 등의 교통문제들을 발생시켰다(노정현, 1999).

교통문제를 개선하기 위해서는 교통문제를 보는 관점을 정확히 할 필요가 있다. 문제를 정확히 파악해야 비로소 문제를 처방할 수 있는 이론이나 정책의 제시가 가능하기 때문이다. 교통문제는 시대발전과 시대상황에 따라 달라지며, 여러 가지 유형과 수준의 교통문제가 복합적으로 발생하기도 한다. 따라서 시간과 공간, 사회환경에 따라 교통문제뿐만 아니라 문제를 해결하기 위한 답 또한 달라지게 된다.

교통문제는 다양하기 때문에 교통문제의 유형도 사람에 따라 다르게 분류한다(원제무, 2009). John Dickey(1983)는 교통문제를 타 부문에서 발생하여 교통에 영향을 주는 문제(토지이용, 인구와 자동차 증가, 유가 상승), 교통 자체의 문제(혼잡, 안전), 교통부문에서 발생하여 타 부문에 영향을 주는 문제(대기오염, 에너지, 형평성) 등 세 가지로 분류하였다. Altshuler(1979)는 에너지, 대기오염, 안전성, 형평성, 교통체증, 토지이용과 도시개발 측면에서 교통문제를 구분하였다.

이건영(1984)은 교통문제는 산업화와 경제성장에 따라 다음과 같이 단계적으로 나타난다고 하였다. 교통시설이 뒤떨어진 후진국에서는 교통난 해결이 주요 정책과제로 우리나라의 경우는 1950~60년대에 해당된다. 개발도상국 등에서는 산업화와 도시인구의 급격한 증가로 승용차의 이용률도 증가하지만 도시기반시설이 뒤따르지 못해 교통체증 문제가 발생한다. 선진국의 경우 도시성장이 둔화되어 교통체증 역시 일정 수준에 머물러 있게 되며, 환경복지 문제와 함께 교통공해에 대한 관심이 높아진다.

문제 1-7 여러분들이 주변에서 느끼는 교통문제에 대해 설명하시오.

원제무(2009)는 우리나라의 도시교통문제의 유형을 다음과 같이 다섯 가지로 나누어서 검토하였다. 첫째, 도시구조와 교통체계 간의 부조화 문제로 도시기능이 도심지에 편재되어 교통집중이 야기되고 통행이 시간적으로 집중(오전, 오후 첨두)되며, 도시의 확산으로 직장과 주거지가 멀어짐에 따라 교통시간이 증가하고 도시구조가 간선도로 위주로 형성되어 간선도로 이외의 도로는 교통처리 능력이 미흡한 것 등이 포함된다.

둘째, 교통시설공급의 부족(양적 측면)문제로 전근대적인 도시골격 위에 도시화가 형성되어, 도로율이 낮고 도심지 우회도로 부족, 도로의 연속성 결여, 도로의 기하구조 불량, 도로의 위계 불명확, 이면도로의 활용 미흡의 문제가 발생했다.

셋째, 교통시설의 운영관리 미숙(질적 측면) 문제로 이미 건설된 교통시설(도로, 교통시설물, 교차로, 주차, 교통안전, 보행, 표지판 등)이 효율적으로 운영되지 못하고 있다.

넷째, 교통계획 및 행정의 미흡문제로 교통계획이론이나 계획을 적용・운영할 수 있는 여건과 이러한 업무를 담당할 만한 행정기구가 미흡하다.

마지막으로, 대중교통체계의 비효율성으로 버스노선, 정류장, 지하철과 버스 연계, 지하철 간 연계가 비효율적으로 운영되고 있다.

이러한 교통문제는 독립적으로 발생할 수도 있지만 지역과 시간에 따라 동시적, 복합적으로 발생할 수도 있다. 또한 통행목적, 통행수단이 다양하게 관련될수록 복잡해진다. 이는 공간개발과 교통체계에 대한 이해관계자들의 가치와 주장이 서로 다르기 때문이다. 일반적으로 통행자들은 통행시간가치가 증가할수록, 즉 시간에 대해 느끼는 지불의사비용이 증가할수록 더 높은 수준의 교통문제 해결을 요구하게 된다.

:: 참고문헌

김대웅, 도시교통계획, 형설출판사, 2006.

김성득, 도시교통공학, 울산대학교출판부, 1995.

노정현, 교통계획(이론과 모형), 나남출판사, 1999.

도철웅, 교통공학원론, 청문각, 2006.

송경현, 박용훈 역, W. R. Blunden & J. A. Black 저, 교통과 도시계획, 명보문화사, 1999.

원제무, 도시교통론, 박영사, 2009.

이건영, 원제무, 도시교통정책론, 박영사, 1989.

이희승, 국어대사전, 민중서림, 2011.

임강원, 도시교통계획, 서울대학교출판부, 1997.

임강원, 임용택, 교통망분석론, 서울대학교출판부, 2003.

한주성, 교통지리학, 법문사, 1996.

한국도로공사, 고속도로 노선별 사업효과 분석 - 사회경제분야, 1999. 12.

홍갑선, 교통정책 어떻게 볼 것인가-교통문제를 보는 새로운 시각, 북북서, 2007.

홍성웅, 사회간접자본의 경제학, 박영사, 2006.

Sheffi, Urban Transportation Network, Prentice Hall, 1985.

02

교통정책과 교통계획

2.1 교통정책의 이해

제1장에서 다룬 다양한 교통문제를 해결하기 위해서는 다양한 교통정책들이 필요하다. 교통정책을 이해하기 위해서는 우선 교통이 어떤 기능을 하는지, 교통정책문제는 어떤 특성을 가지는지, 교통정책에는 어떤 유형이 있는지를 파악하는 것이 필요하다.

2.1.1 교통의 기능

원제무(2009)는 교통의 주요 기능을 다음과 같이 제시하였다.

- 승객과 화물을 일정한 시간에 목적지까지 운송시킨다.
- 문화, 사회활동 및 기타 건강, 교육 등의 활동을 수행시키는 데 이동성(mobility)을 부여한다.
- 도시화를 촉진시키고, 대도시와 주변 도시를 유기적으로 연관시킨다.
- 산업활동의 생산성(생산지-소비지 연결)을 제고시키고, 생산비를 낮춘다.

김대웅(2006)은 교통의 기능을 다음과 같이 제시하였다.

- 교통은 지역에 통일성을 부여한다. 지역 특색을 소멸시켜 생활환경을 유사화시키고 지역 간 격차를 작게 한다(이에 대해서는 고속철도로 인해 지방 대도시의 백화점 산업이 붕괴된다는 등의 반대되는 견해도 있다).
- 교통은 지역의 범위를 확대시킨다. 교통기관의 발달은 시간거리를 단축시켜 같은 시간에 도달 가능한 범위를 넓혀주므로 행정구역과 경제규모의 확대, 유통구조의

구조적 변화 등 시장권을 확대시킨다.

- 교통은 지역의 중심, 즉 핵을 명확하게 한다.
- 교통은 지역을 고밀화한다. 즉 토지이용을 변경시키고, 더욱 고도화하여 지역의 개발을 추진시킨다.
- 지역분업을 가능케 한다.

이건영(1992)은 교통의 목표를 다음 네 가지로 요약하였다.

- 이동성의 향상으로, 도시 및 지역 공간 내에 분포된 각종 기능 간의 연결을 원활하게 하는 것이 교통의 기능이다.
- 통행권의 보장으로, 시민들의 일상생활에 필요한 통행욕구는 필수적이며, 통행권은 복지적인 차원에서 보호되어야 한다.
- 쾌적한 교통환경의 조성으로, 교통행위에 수반된 정확성, 안락성, 편리성, 안전성 등 서비스와 관련 교통환경의 질을 높이는 것이다.
- 교통에 수반된 사회비용의 최소화이다. 즉 교통시간, 비용은 물론 환경오염, 교통사고 등 사회적 부담을 가능한 줄이는 것이다.

문제 2-1 여러분이 교통분야에서 가장 중요하다고 생각하는 목표는 무엇인가?

그 외에도 교통은 다음과 같은 기능을 가지고 있다(한주성, 1996). 먼저 경제적 기능으로 장소적 거리를 극복하여 생산이나 소비에 있어 효율성을 높인다. 이로 인해 교통의 발달은 산업 생산력의 증대와 시장의 형성이나 확대를 가져온다. 교통의 발달은 시장권을 확대하고 수송의 신속화와 대량화를 촉진시켰으며, 정기성과 운송빈도가 높아짐에 따라 운송비가 절감되어 경제활동을 보다 합리화시켰다.

둘째, 교통은 사회를 일반화시키거나 특수화시키는 사회적 기능을 갖는다. 19세기 독일에서 철도망 발달이 독일 민족의 통일을 가져왔고 봉건국가에서 근대국가로 발전시켰다. 이와 반대로 대도시에서 교통이 발달함에 따라 상업지구, 공업지구, 주택지구 등의 특색이 나타나는 특수화가 진전되기도 한다. 이 밖에도 교통은 직주분리, 여가통행 등의 사회적 기능을 갖는다.

2.1.2 교통정책문제의 특성

정책은 어떤 문제를 풀기 위한 행위이다. 그러나 한 사회에서 일어나는 모든 사건과 경향이 저절로 '문제'가 되는 것은 아니다. 문제시되는 상황이 어떤 기준에서 불만스러운 것으로 판단되었을 때 비로소 '문제'가 된다. 문제란 객관적으로 실재하는 것이 아니라 어떤 사건이 발생하거나 어떤 문제시되는 상황이 존재할 때 누군가에 의해 특별한 시기에 특별한 방법으로 '인지된' 것에 불과한 것이다. 다시 말하면 어떤 문제시되는 상황(problematic situation)이 있을 때 주체적 인간이 이를 인지하고, 어떤 판단기준과의 비교를 통해서 문제의식을 형성함으로써 비로소 '문제'로 나타나게 되는 것이다. 결국 문제란 '바람직하다고 여겨지는 상태와 현실 상태 또는 예측되는 미래 상태와의 차이'로 인식되는 것이라고 말할 수 있다(강근복, 2002). 문제의 분석과 정의를 제대로 하기 위해서는 정책문제의 특성을 정확히 이해하고 있어야만 정책문제를 분석할 때의 고려사항과 분석요소를 도출해 낼 수 있다. 정책문제, 특히 교통정책문제의 특성은 크게 7가지로 나누어 볼 수 있다.

(1) 문제 인식의 주관성

문제는 문제시되는 객관적인 상태 그 자체가 아니라 현실상황에 대한 판단(상황판단)과 바람직한 상태에 대한 판단(규범판단)이 복합적으로 구성되는 것이다. 그런데 사람마다 상이한 현실감을 갖고 상이한 가치관적 판단을 하게 되기 때문에 서로 다르게 문제를 정의한다. 교통문제에 있어서도 지역마다, 사람이나 집단마다 동일한 문제에 대해 주관적 판단을 통해 문제 여부나 문제의 심각성을 다르게 생각하는 경우가 많다.

(2) 가치판단의 함축성

정책문제는 가치판단이 개재되어 있다. 바람직하다고 여겨지는 가치와 불일치된다고 여겨지는 것이 정책문제이며, 정부가 해결을 의도하여 문제를 공식화한 것이라고 할 때 정책문제는 가치판단이 개재되어 있을 수밖에 없다.

교통문제는 개인적인 문제라기보다는 그 사회 전체가 풀어 나가야 할 문제이며, 집단적인 문제이다. 그러나 사회에는 다양한 집단이 존재하며 다양한 가치가 존재한다. 1장에서 살펴본 소비와 공급의 균형상황은 이상적인 상황으로, 실제로는 소비자와 공급자 간, 소비자와 소비자 간의 가치가 불일치하기 때문에 교통문제의 중요도에 대한 인식과 개선대안에 대한 가치충돌이 발생하게 되며, 정부가 개입할 필요성이 생기게 된다. 이러한 개입은 교통정책으로 실현되는데 이는 국가마다 지역마다 다르다.

(3) 문제의 상호 연관성, 복잡성

상당수의 문제들은 유사한 사건으로 인해 발생하는 경우가 많으며, 다른 문제와 관련되지 않고 홀로 존재하지는 않는다. 어떤 문제든지 그 발생원인이나 해결방안, 해결의 영향 등이 다른 문제들과 상호 연관성을 갖고 있다. 따라서 어느 특정 문제의 해결은 다른 문제를 악화시키거나 새로운 문제를 야기할 수도 있고 또는 다른 정책문제의 해결에 도움을 줄 수도 있다.

교통정책문제도 다른 정책문제들과 독립되어 발생하는 경우는 거의 없다. 교통정책문제는 해당 문제의 영향이 소규모 공간일수록, 단기간일수록 다른 정책문제들과의 독립성이 높다. 하지만 공간이 넓어질수록, 시간이 장기화될수록 다양한 이용자들의 통행선택에 영향을 받으며, 교통수단 등 교통체계에 의해 장단기적인 영향을 받는다. 또한 토지이용체계 등 교통문제를 벗어나 해당 사회의 다른 많은 정책문제들과 관련성을 갖는다. 즉 교통문제는 교통문제뿐만 아니라 사회 전반적으로 다른 정책문제와도 영향을 주고받는다. 예를 들어 교통정책에 영향을 주는 중요한 요소 중 하나인 유가는 정부예산 편성에 있어 중요한 세금정책의 영향을 받으며, 대중교통정책은 서민정책, 물가정책 등의 영향을 강하게 받는다.

문제 2-2 교통정책 간에도 서로 영향을 주는 경우가 있다. 대표적인 사례를 들어보시오.

(4) 문제의 가변성

특정 문제는 항상 일정한 형태와 내용을 지니고 있는 것이 아니다. 상황도 변하고 문제인식의 기초가 되는 현실에 대한 해석과 바람직한 상태를 결정하는 가치판단도 계속해서 변화한다. 그러므로 지금은 문제가 아닌 것이 시간이 지남에 따라 문제로 인식되기도 하고 지금은 심각한 문제로 인식되는 것이 시간이 지남에 따라 전혀 문제시되지 않을 수도 있다. 이러한 정책문제의 가변성 때문에 우리가 정의하고 있는 문제는 임의적이고 항상 불완전할 수밖에 없다. 따라서 정책문제는 정책과정 속에서 끊임없이 새로이 재정의되어야 한다.

교통문제에 있어서도 가치판단이 불변하는 상황은 거의 없다. 교통문제의 인식과 해결에 있어 그 시대와 사회가 요구하는 가치가 다르며, 그 가치도 주변 상황에 따라 달라진다. 예를 들어 교통분야에서 과거에는 환경문제가 중요한 문제가 아니었지만 최근에 와서는 그 중요성이 날로 커지고 있다.

이렇게 시간과 공간 등에 따라 교통문제가 달라지므로, 교통문제를 해결하려는 교통정책들도 달라야 한다. 대규모, 장기적인 문제일수록 장기적이고, 자본 투여적인 소수의 대안이 필요하며, 소규모, 단기적인 문제일수록 단기적이고, 다양한 대안이 필요하다. 따라서 교통문제의 재정의와 이에 대한 대안 모색을 위한 방법론이 필요하게 된다.

(5) 문제의 중요성 · 심각성

일반적으로 정책문제는 중요하고 심각하다고 여겨지는 문제이다. 대부분의 정책문제는 정도의 차이는 있지만 그 문제로 인해 피해를 입고 있는 사람이 비교적 많으며, 피해의 정도가 심하고 다른 문제에 대한 파급성이 큰 문제이다. 중요한 것으로 여겨지지 않는 문제는 정책문제로 취급되지 않는 것이 보통이다.

교통문제도 그 사회의 전체 효율성뿐만 아니라 개인의 경제활동에도 매일매일 상당한 영향을 줄 수 있기 때문에, 중요한 정책문제로 인식되고 있다. 특히 출근 등 경제활동을 위한 통행에서의 문제와 대중교통 등 많은 사람들이 이용하는 교통체계에서의 문제는 중요성과 심각성이 더욱 크다고 할 수 있다.

(6) 차별적 이해관계성

정책문제는 어떤 이익에 대해 차별적인 성격을 갖고 있다. 대개의 경우 어떤 문제로 인해 고통을 받고 있는 사람이 있는 반면에 그 문제의 방치로 인해 반사적 이익을 누리는 사람이 있게 마련이다. 예를 들어 새로운 도로를 신설할 경우 기존 도로 주변의 상권과 신설 도로에서의 상권이 달라지게 되며, 이로 인해 교통정책은 지역 간 또는 지역 내에서 주민들 간의 갈등의 원인이 되기도 한다.

이해관계자 집단 또는 시대별, 지역별로 추구하는 가치가 다르기 때문에 이러한 가치의 상충으로 인해 교통문제에 대한 우선순위와 중요도가 달라진다. 예를 들어 어떤 집단들은 교통정체문제보다 환경문제가 더 중요하기 때문에 도로, 터널 등 교통시설의 공급을 반대할 수 있으며, 어떤 지역은 철도보다 공항의 입지를 더 선호하기도 한다. 또한 동일한 지역이라도 시대별로 도로 또는 철도에 대한 투자를 선호하는 것이 달라지기도 한다. 또 다른 예로 버스정류장의 위치 변경은 최대한 많은 사람들에 대한 접근성 측면에서 시도된다 하더라도 일부 사람들의 접근성 저하, 인근 상업시설의 판매규모에도 영향을 주는 차별적 이해관계로 인해 갈등이 발생하기도 한다.

(7) 문제의 정치성

정책문제 정의의 과정은 정책의제 형성과정과 마찬가지로 정치적 과정의 성격을 띠고 있다. 정책목표나 문제 해결방법이 달라짐에 따라 관련된 사람들 사이에 이익과 불이익이 차별적으로 배분된다. 그러므로 특정 문제에 대하여 이해관계를 갖고 있는 집단들은 서로 자신들에게 유리한 방향으로 문제 정의가 이루어지도록 정치적 활동을 벌이게 된다.

교통정책의 시행에는 많은 비용이 든다. 특히 고속철도나 공항 등 장기적이고 대규모적인 정책을 실행하기 위해서는 상당한 비용이 소요되며, 대부분 국민들의 세금인 정부예산으로 집행된다. 따라서 각기 다른 가치를 가진 국민 집단들 간의 가치 상충문제, 즉 정치적인 문제화가 되기 쉽다. 따라서 교통정책을 실현시키기 위해서는 재원분배에 대한 합의와 이를 위한 시간을 필요로 한다.

문제 2-3 교통정책문제는 어느 시대, 어느 지역에서나 발생한다. 최근에 발생한 교통정책문제 중 여러분이 알고 있는 사례는 어떤 특성을 가지고 있는지 설명하시오.

2.2 교통계획의 개념

2.2.1 교통계획의 필요성

교통정책이 교통문제를 풀기 위한 수단이라면 교통계획은 어떤 교통정책을 수립할 것인가를 선택하기 위한 과정과 방법론이다. 교통계획의 필요성을 이해하기 위해서는 통행이 개별적 통행이 아니라 집단적 통행으로 발생한다는 것과 교통문제에 대한 정부 등 공공의 개입이 왜 필요한지를 먼저 살펴보아야 한다.

(1) 개인통행과 집단통행

제1장에서 개인의 통행과 통행선택에 대해 언급하였는데, 사람이 교통시설을 홀로 통행하는 경우는 거의 없다. 이를 이해하기 위해서 시간지리학(time geography)의 개념을 살펴보자. 시간지리학에서는 개인의 일상생활을 일정 시간 동안의 궤적으로 설명한다.

<그림 2.1>의 굵은 실선의 화살표는 한 개인이 일정 시간(보통 하루) 동안 이동한 경로(path)를 나타내는데, 공간을 입체적으로 나타내 시간까지 표현될 수 있도록 하였다. 그리고 어디에서 어디로 이동할 때 그 '어디'에 해당하는 부분, 즉 공간상에서의 각각의 점(point)들이 정거장(혹은 활동장, station)이 된다. 여러 사람의 경로를 그리게 되면

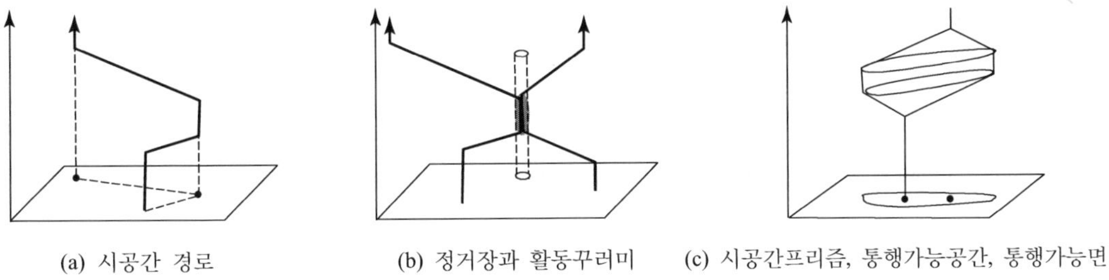

〈그림 2.1〉 시간지리학의 주요개념
[자료: 박기호 외, 2005, "시공간 개인통행자료의 지리적 시각화", 대한지리학회 40(3)]

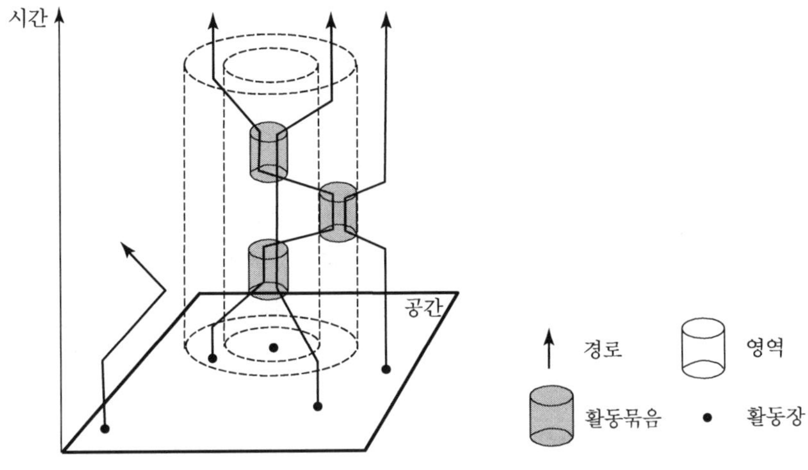

〈그림 2.2〉 시간지리학의 경로, 활동장, 활동묶음
[자료: 박기호 외, 2005, "시공간 개인통행자료의 지리적 시각화", 대한지리학회 40(3)]

(b)처럼 특정한 station에서 만나는 경우가 생기는데, 이 만나는 지점은 활동묶음(bundle)이라고 불린다. 이러한 개념들을 통해, 시간지리학에서는 한 사람 혹은 여러 사람의 이동과 만남을 추적할 수 있게 된다. 그림 (c)는 프리즘(prism)에 대한 것인데, 개인의 일상경로 중에서 여유가 생겼을 경우 주어진 이동수단(도보, 차량, 철도 등)을 이용해 최대한 이동할 수 있는 범위를 나타낸다. 그리고 그 경우 공간상에 투영되는 면적이 '통행가능면'이 된다.

개인의 이동과 관련되어, 시간지리학에서는 다음과 같이 세 가지 기본원칙을 제시한다.

- 사람은 누구나 하루 24시간을 부여받는다.
- 어느 누구도 동시에 서로 다른 두 장소에 존재할 수 없다.
- 서로 다른 두 장소를 이동할 때는 반드시 양(+)의 이동시간을 소비한다.

통행선택은 통행자 특성, 교통수단 특성, 통행의 특성에 따라 개인마다 다르지만 통행시간과 공간이 커질수록 실제 통행선택 결과의 불확실성이 커지게 된다. 즉 혼잡, 사고, 기상 등의 영향으로 인해 당초에 통행자가 예상하거나 기대했던 통행결과와 실제 통행결과가 달라질 가능성이 커지게 된다. 이에 따라 최적 통행선택을 지원하기 위한 교통정보의 제공, 효율적 교통관리의 필요성이 더욱 커지게 된다.

앞에서는 개인의 통행과 통행선택에 대해 언급하였으나 해당 지역의 교통문제를 풀기 위해서는 그 사회 전체의 통행을 대상으로 하여야 한다. 사람들마다 소득과 특성, 그리고 통행수단이나 통행경로 등이 다르므로 통행서비스에 대한 요구수준도 다른데, 한정된 공간과 시간에 고려해야 할 통행의 수가 너무나 많고 다양하기 때문에 통행자 개개인의 문제를 맞춤형으로 개선하는 것은 불가능에 가깝기 때문이다.

개인마다 특성이 다른 개인통행의 합이 집단통행이며, 이는 크게는 경제상황, 작게는 기상의 영향 등 교통체계 외부의 주변 환경에 따라 달라진다. 이렇게 다양한 교통선택과 교통문제에 따라 교통정책의 목표가 달라지며, 교통정책의 결과 또한 달라진다. 따라서 최적의 교통정책 제시가 어려워지며, 결국 차선의 대안을 선택할 수밖에 없을 수도 있다. 교통정책을 수립하기 위한 교통계획 수립 시에도 고려한 네트워크, 기종점 통행자료, 사회경제지표가 어떤 특정한 상황을 전제로 하는 것으로 일반적 상황을 고려하기는 어렵다.

통행과 관련된 선택은 장기적으로는 주거지 선택부터 단기적으로는 목적지선택, 수단선택, 경로선택으로 구분할 수 있다. 또한 이러한 통행선택에 따라 교통문제가 발생한다. 단기정책일수록 교통부문에서의 정책시행이 용이하다는 특징을 갖는다. 그러나 단기선택을 용이하게 하도록 하기 위해서는 장기선택을 위한 교통계획을 적절히 수립하여야 한다. 또한 토지이용체계와 교통체계가 악순환이 아닌 선순환적 관계를 갖게 하기 위해서도 교통계획의 수립이 중요하다.

(2) 통제주의적 정책과 시장주의적 정책

교통계획은 어떤 교통정책을 수립할 것인가를 선택하기 위한 과정과 방법론이며, 목표로 하는 정책유형은 일반적으로 통제주의적 정책과 시장주의적 정책으로 구분할 수 있다.

1) 통제주의적 정책

교통수요는 경제활동의 결과로서 발생하지만 교통계획은 통제를 전제로 한다. 계획의 시작은 널리 합의된 사회적 목표를 달성하려는 긍정적인 개념에서 비롯되었지만, 계획은 근본적으로 부정적인 성향을 갖는다. 즉 어떤 행위를 어떻게 통제하고, 어떻게 간섭하여 그 행위가 설정된 사회적 공동목표를 달성하도록 유도하느냐는 것이 계획의 본질이다. 계획의 목적은 규제와 통제를 통하여 사회적 목표에 도달하려는 것으로 궁극적으로 개인의 권한을 제한하고, 개인의 자유를 억제하여 사회적 목적에 맞게 통제하게 된다(홍갑선, 2007).

예를 들어 교통안전정책으로 널리 시행되는 교통신호 위반, 음주운전, 과속에 대한 단속은 벌점이나 운전면허 제한, 형사처벌이라는 규제정책과 함께 벌금이라는 가격정책을 취하는 것이다. 이와 유사하게 대중교통의 효율적, 우선적 통행을 확보하기 위해 버스전용차로제 위반 시에도 벌점과 벌금이 부여된다. 교통계획 정책분야에서는 도심지에서 주차면수를 제한하는 주차상한제와 대규모 행사 시 차량운행을 제한하는 차량부제운행을 예로 들 수 있다.

따라서 계획은 필연적으로 개인의 권한을 간섭하게 된다. 때로는 자유로운 행동뿐만 아니라 재산권이나 인권까지도 간섭하고 통제하게 된다. 이런 과정에서 갈등과 마찰이 생기고 저항이 심해지면, 아무리 사회적 공동목표가 합의되었다 하더라도 결과적으로 설정된 계획목표를 달성하기 어렵게 된다. 계획을 통한 정책적 간섭과 통제는 정책의 효과를 크게 제약할 수도 있다. 그러나 시장의 실패를 해결하고 시장의 편익을 제고하기 위해 교통체계에 대한 규제는 일반적으로 불가피한 것으로 받아들여지고 있다.

문제 2-4 통제주의적 교통정책에 대해 기타 사례를 들어 설명하시오.

2) 시장주의적 정책

정책이 설정된 목표를 달성할 수 있게 하기 위해서는 가능한 개인의 권한과 자유를 간섭하고 통제하는 것을 최소화해야 한다. 이것은 개인행위의 전면적인 통제와 간섭을 전제로 하는 규제적인 정책은, 개인행위를 허용하되 그 대신 그에 대한 비용을 부담하도록 하는 경제적 유인에 의한 접근방법보다 추진하기가 어렵고 덜 바람직하다는 것을 의미한다. 개인행위 제한을 비용부담과 비교하여 선택하도록 하는 경제적 유인에 의한 접근은 시장지향적인 정책이다. 시장지향적 정책은 개인에게 통제적 또는 규제적인 계획보다 더 광범위한 선택기회를 주기 때문에 훨씬 효율적이고 현실적이다(홍갑선, 2007).

예를 들면, 교통혼잡을 줄이기 위해서 또는 자동차 배출가스를 줄이기 위해서 자동차 운행을 억제하는 규제보다는 유류가격을 인상하여 자동차 운행을 줄이는 정책이 훨씬 효과적이다. 유류가격 인상은 유류소비를 효율적으로 하여 소비자 스스로 유류소비를 줄이는 방안을 찾아가게 만든다.

앞에서 예를 든 교통신호 위반, 음주운전, 과속에 대한 단속과 이를 위반했을 경우의 벌점이나 운전면허 제한, 형사처벌이라는 규제정책은 교통안전을 목적으로 하는 것으로 통행자들의 선택 대상이 되기는 어렵다. 이에 반해 자동차 운행을 줄이기 위한 유가정책 등 통행자들의 경제적인 선택을 유도하는 정책은 교통계획이 대안으로 하고 있는 주요 정책수단이다. 그러나 도심부 진입 혼잡통행료 등처럼 소득을 고려하지 않은 가격부담 정책은 형평성을 해친다는 비판도 있다.

문제 2-5 통제주의적 교통정책과 시장주의적 교통정책의 장단점을 비교하여 어떤 정책이 더 적절한지 의견을 제시하시오.

(3) 정부의 교통계획 수립 이유

일반적으로 시장이 실패하게 되는 요인들은 다양하며, 이러한 시장실패는 정부의 간섭과 시장참여의 근거, 정부가 SOC의 공급을 주도하는 배경이 된다(홍성웅, 2006). 이는 정부가 교통부문에 규제나 제한정책 등으로 개입하며, 교통계획을 수립하는 주요한 이유이기도 하다.

1) 교통시설의 독과점 방지

독과점은 하나 또는 소수의 공급 또는 수요자가 독점적 시장 지배력을 가지고 시장가격에 독점적인 영향을 행사하는 경우를 말한다. 하나의 기업이 재화나 서비스를 공급하는 비용이 둘 이상의 기업이 공급하는 데 비하여 낮은 경우는 자연독점이라 한다.

교통시설에 대한 투자와 관리는 해당 지역뿐만 아니라 도시 전역에 걸쳐 커다란 영향을 미치는데, 사적독점으로 인해 부작용이 발생하는 것을 방지하고 일정 수준 이상의 교통서비스를 확보하기 위해서는 정부에 의해 교통계획이 수립되어 진행되어야 한다.

2) 교통비용의 존재

전통적인 경제학의 균형이론은 모든 경제활동이 중력과 거리가 없는 세상에서 이루어지는 것으로 가정하여 재화의 생산비나 가격은 생산요소의 위치, 공급자나 소비자의 위치와 이동거리에 무관하게 결정된다. 그러나 재화와 사람의 이동에는 교통비용이 소요되며, 경제적 공간상에는 입지지대(location rent)가 형성되어 기업, 가계, 시설물은 모든 경제활동에서 공간독점(spatial monopoly)적인 지위를 갖는다. 따라서 교통시설 이용자의 편익은 이용자와 교통시설물 간의 거리에 따라서 차별적일 수밖에 없다.

3) 정보의 불확실성과 정보의 비대칭성

시장의 효율적 기능은 모든 경제주체들이 합리적 판단을 하기 위한 완전한 정보를 갖고 있을 때 가능하나, 공급자에 반해 수요자의 정보가 확실하지 않거나 작기 때문에 정보의 불확실성과 비대칭성(information asymmetry) 등의 문제가 발생한다. 교통시설은 생산기술과 과정이 복잡하고, 생산기간이 길게 소요되므로 정보의 불확실성과 비대칭성이 발생할 여지가 크다. 또한 교통체계를 구성하는 요소들은 복잡 다양하기 때문에 요소 간의 연결성, 체계성을 유지하여야 하며, 이러한 점들을 고려하여 효율성과 형평성을 확보하기 위해서는 정부의 개입이 필요하다.

4) 시장기능에 따른 효율적 자원배분이 불평등과 형평을 보장하는 것은 아님

시장 주체가 이미 가지고 있는 교육, 부 등의 부존자원에 대한 불평등한 속성들을 시장이 해소하기 어렵다. 예를 들어 주택, 교육 등의 공급은 시장기능에 전담시킬 경우 저소득층이 불리하다. 지역 간의 경제적 기반시설의 격차는 공간 독점적인 성격을 가지며, 시장효율성과 사회적 통합을 저해할 수 있다. 따라서 교통시설의 투자는 국토와 경제적 불균형 완화의 정책수단이 될 수 있다. 교통은 공공을 위한 서비스이므로 서비스의 효율성과 형평성을 확보하기 위해서는 교통계획에 대한 정부의 적극적인 개입이 필요하다.

5) 소비의 외부성

경제주체의 활동이 거래에 참여하지 않은 경제주체에게 편익이나 비용을 발생시키는 경우로, 시장을 통해 이에 대한 가격이나 비용에 적정하게 반영할 수 없기 때문에 외부성은 자원배분의 비효율성을 초래한다. 이러한 이유는 도로, 통신시설 등 외부경제(external economies)가 있는 재화는 시장에서 공급될 경우 사회가 필요한 양보다 적게 공급되고, 반대로 환경오염, 공해 같은 외부 불경제(external diseconomies)가 있는 재화는 정부의 통제 없이 시장에서 공급될 경우 과다 생산되기 때문이다. 교통은 일반 사적 재화나 용역과 달리 외부효과가 크므로 공공재적 성격을 갖는다.

정부에 의해서 입안·집행되는 교통정책이 사회·경제 활동에 깊숙이 관련되어 그 영향이 점점 심각해짐에 따라 제반 교통정책에 대한 관심도 커져 왔다. 그러나 정부의 규제가 시장실패를 극복하기 위한 만병통치의 묘약은 아니다. 일반적으로 다음과 같은 정부실패의 요인들이 존재하기 때문이다(홍성웅, 2006).

- **불완전한 정보의 문제**: 소비자가 자발적으로 진실한 지불의사를 밝히지 않기 때문에 정부는 개인의 선호를 추정할 수밖에 없다.
- **불가능성 정의에 따른 문제**: 개인의 선호가 알려진다 해도 개인의 욕구와 사회적 욕구를 조화시키는 것은 어려운 일이다.
- **형평성의 문제**: 공공재 창출에 필요한 자원은 수혜자와 비용의 부담자가 일치하기 어렵고, 수혜의 정도에 따른 비용을 부과하는 경우도 형평성을 기약하기 어렵다. 교통서비스에 있어서도 수혜자와 수혜에 따른 비용을 완벽하게 부과하기는 어렵다.
- **의사결정자들의 불완전성**: 정부관료, 정치집단 등이 스스로의 이기심을 앞세우는 도덕적 해이에 빠질 수 있기 때문에, 이들 집단은 스스로의 이익을 위하여 사회적 효율성을 저해하는 결정을 추구할 수 있고 또한 비능률적인 집행을 할 수 있다.

이러한 정부의 실패는 통제주의적 정책이나 규제정책의 실패원인과 유사하며, 계획의 수립과 적절한 집행이 어려운 이유이기도 하다.

2.2.2 교통계획의 정의와 기능

교통문제를 해결하기 위해서는 교통수요를 정확히 예측하고, 주어진 자원을 수요에 따라 적정 시설공급에 효율적으로 배분하고 효과적으로 관리하고 운영하는 계획이 필요하다. 특히 1960년대 말부터 이미 교통문제를 겪어 왔던 선진국을 중심으로 시작된 신교통수단 개발 등 기술혁신은 교통문제 해결에 적지 않은 희망을 가져다주고 있으나 교통수단의 다양화와 기술의 복잡성은 교통계획의 필요성을 더욱 요구하고 있다(노정현, 1999).

Meyer(1982)는 교통계획을 다음과 같이 정의하였다(원제무, 2009).

- 장래에 대한 기회와 제약조건을 미리 가늠해 보는 과정
- 교통정책대안을 이 같은 장래에 대한 기회와 제약조건에 조명시켜 초래될 단기적 또는 장기적인 결과와 영향을 밝혀내는 과정
- 의사결정과정에서 결정되는 교통정책사항을 미리 인식하는 과정
- 결정된 교통정책 실행대안을 지역, 관계 행정부서 등에서 선정된 목표와 연관시키는 과정
- 의사결정자(행정기관, 시민, 이용자)가 쉽게 이해할 수 있도록 교통정책대안을 의사결정자들에게 효과적으로 제시하는 과정

현재의 교통 여건으로부터 당위성을 이끌어내어 당면한 교통문제의 바람직한 미래상을 제기하는 교통계획은 아래와 같은 몇 가지의 기능을 가진다.

- 교통문제를 진단하고 인식할 수 있는 준거 마련
- 정책목표를 세울 수 있는 계기의 마련
- 근시안적인 교통계획의 장기적인 테두리 설정. 이를 통해 단기, 중기, 장기 교통정책의 조정과 상호연관성을 높여주며, 즉흥적인 계획과 집행 제어
- 부문별 계획 간의 상충과 마찰을 방지하기 위해 다양한 교통문제에 대해 부문별, 체계적 접근이 필요하며, 여러 구성요소들에 대한 계획 수립이 필요
- 계획가, 의사결정자, 이용자의 상호교류와 사회학습 분위기 조성
- 재원의 투자 우선순위 설정
- 교통행정의 지침 제공
- 집행된 교통정책을 점검해줄 수 있는 틀 제공

교통계획이란 교통시스템을 위한 프로그램을 준비하는 첫 단계이다. 계획은 자료수집, 분석 및 교통시스템의 모든 측면에 관한 자료를 제시하기 위한 조직적이고 합리적으로 수행되는 과정이다. 기존의 교통망 상태와 현재의 요구조건 및 장래수요를 비교하여 시스템의 필요성을 파악하고 소요자원을 공급할 수 있는 자원출처를 판단하고 시스템 중에서 필요성이 가장 큰 부분의 개선에 예산과 인력을 할당하기 위해 계획활동이 이루어진다. 교통계획은 다음과 같은 특성을 갖는다(도철웅, 1992 재정리).

- 계획은 향후 15~20년의 계획기간에 걸쳐 발생하는 교통의 필요성을 예측한다.
- 계획은 사람과 화물의 이동에 대한 장래 수요, 교통시설 및 규제시스템을 포함한 종합적인 것이다.
- 계획은 정기적으로 재평가하고 새롭게 수정하는 계속적인(continuous) 것이어야 한다.
- 계획은 의사결정을 뜻하는 것이지 결론이나 최종적인 해답을 의미하는 것이 아니다.

이상에서 언급된 내용들을 정리하면, 교통계획은 정책의 필요성과 가능성을 평가하는 과정이다. 정책의 필요성 검토는 교통정책으로 해결하고자 하는 문제의 인식이 적절한지를 평가하고, 목표를 수립하는 단계이다. 정책의 가능성 검토는 정책이 실현가능한지, 다른 더 나은 대안이 있지 않은지를 평가하는 단계라고 할 수 있다.

교통계획은 결코 쉬운 일이 아니다. 가장 큰 이유는 앞에서 살펴본 바와 같이 교통체계를 이루는 여러 가지 요소들이 서로 독자적이지 않아서 교통계획의 적절한 수준을

설정하기 어렵기 때문이다. 예를 들어 도시교통문제의 해결책은 규모가 다른 여러 교통공학적인 정책들을 합한 것인 경우가 많은데, 각 정책들의 영향 수준을 모두 고려한다는 것은 어려운 일이다. 또한 교통계획에 있어서의 문제는 교통계획안이 시행되었을 때 그 계획안이 교통체계 그 자신의 환경에 영향을 미친다는 사실이다. 마지막으로 교통현상은 자연적 제약에 의해서만 규정되는 것이 아니고, 지역의 경제적, 사회적, 문화적 발전과정에 의해 규정되는 부분이 많기 때문에 교통계획은 교통체계 내의 사람, 교통시설, 제도뿐만 아니라 교통체계 외부의 경제, 사회, 문화 등과의 관계도 함께 고려하여야 한다.

따라서 교통계획가는 과학자라기보다는 공학자라고 할 수 있다. 공학자(engineer)는 계획과 설계활동을 통해 사회의 편익과 복지에 기여하는 기능을 수행하는 사람이며, 그 활동이 창조성을 띤다는 점에서 과학자(scientist)와 구별된다. 과학자는 관찰된 어떤 현상의 분석, 이해, 설명을 통하여 그 현상을 전제로 하여 유일하고 종합적인 해답을 추구하는 데 비해, 공학자는 이전에 없던 것을 새로이 창출하여 당면한 필요성을 만족시켜야 하기 때문에 계획한 여러 가지 대안들이 완전치 못해도 경제성 등 현실적인 제약조건을 고려하여 그 중에서 최적안을 선택해야만 하는 것이다(도철웅, 1992 재정리).

2.2.3 교통계획의 유형

교통계획은 그 대상 지역에 따라 전국교통계획, 지역교통계획, 도시교통계획으로 나뉜다. 또 계획기간에 따라 장기교통계획, 중기교통계획, 단기교통계획으로 나뉜다. 계획대상이 되는 교통시설에 따라 분류하면, 도로계획, 철도계획, 항만계획, 공항계획, 주차장계획, 화물터미널계획 등이 있다. 또 계획의 목적에 따라 도로, 철도, 항만, 공항 등의 시설, 개선, 보수, 복구 등의 계획이 있다(도철웅, 2006).

교통계획이 이처럼 세분화되는 것은 교통현상이 복잡·다양해지고, 교통체계의 파급효과가 장기화될 뿐만 아니라 광범위해지므로 미시적으로 접근해야 할 필요성이 높아졌기 때문이다. 예를 들어 지구교통계획은 주거단지, 터미널, 상점가, 도심지의 일부 등 적용범위가 비교적 작은 공간이기 때문에 도시종합교통계획에서와 같이 포괄적으로 다룬다면 지구 내의 교통처리를 위한 실효성 있는 정책대안을 제시하기 힘들다(원제무, 2009).

(1) 교통계획의 공간적 분류

교통은 교통서비스의 대상 지역의 규모에 따라 국가, 지역, 도시, 지구, 교통축으로 구분된다. <표 2.1>은 교통을 공간적으로 분류한 다음 교통계획의 목표, 공간범위, 교통체계를 유형별로 구분한 것이다.

국가교통은 지역교통과 혼용하여 쓰고 있는데, 이는 지역교통이 포괄적이기 때문에 국가교통까지 다루고 있다고 보아야 할 것이다. 도시교통은 도시 내의 교통을 주된 대상으로 하고 있지만 도시 주변의 지역 간 도로까지도 그 대상 영역이 된다. 교통체계가 비교적 단순하고 교통문제가 심각하지 않은 소도시의 경우에는 세분된 계획을 세울 필요까지는 없지만, 도시기능이 세분화되고 도시구조가 다핵화된 대도시는 교통계획도 세분화되어야 한다. 지구교통은 도시 내의 블록이나 근린지구와 같은 소규모 지구를 다루는 교통이다. 마지막으로 교통축 교통은 도시 내에서 토지의 개발이 고도로 집중된 사업지역을 선형으로 연결하는 도로망의 일부에서 발생되는 교통이다.

〈표 2.1〉 교통계획의 공간적 분류와 특성

구분	교통계획목표	공간범위	교통체계
국가교통	국토이용의 효율성 제고를 위한 교통망 형성 국토의 균형발전을 위한 교통망	국가 전지역	고속도로 철도 항공 항만
지역교통	지역 간 승객 및 화물 이동 촉진 지역의 균형발전을 위한 교통망	지역 광역	고속도로 철도 항공
도시교통	도시 내의 교통효율성 증진 대량수송 수요의 원활한 처리	도시	간선도로 승용차 이면도로 도시고속도로 지하철, 전철, 버스
지구교통	지구 내 자동차의 통행제한 안전, 쾌적한 보행자 공간 확보	주거단지 상점가 도시 일부	이면도로, 주차장
교통축 교통	교통축별 교통처리 능력의 향상 교차로 용량 증대	교통축	간선도로, 교차로, 택시, 버스

자료: 원제무, 2009

(2) 교통계획의 시간적 분류

교통계획은 계획대상지역 전체의 목표달성을 위해 일어나는 교통문제를 파악하고 이를 해결하는 데 필요한 장기적인 계획도 필요하지만 이에 못지않게 교통문제를 진단하여 이에 적합한 서비스 개선이나 교통관리 및 운영을 수립하는 단기적 계획도 필요하다. 장·단기 계획이 서로 조화되어 운영되어야 그 실효성이 커지므로 양자가 일관성을 갖도록 노력하여야 한다(김성득, 1995).

단기교통계획은 보통 1~3년 이내에 시행될 수 있는 것으로, 신호시간 개선, 카풀, 주차환승장 건설, 대중교통 개선 등 주로 기존시설의 용량을 극대화하거나 운영방법을 개선하는 것이다. 이러한 방법은 주로 자본이 적게 들기 때문에 다양한 다수의 서로 다른 대안이 고려될 수 있다. 주로 서비스 지향적이며, 단기간을 목표로 하기 때문에 계획의 영향을 피드백하여 다음 교통계획에 다시 반영할 수 있다.

장기 또는 종합적 교통계획은 20년 이상의 장기적인 교통수요를 처리하는 데 필요한 교통시설 및 서비스를 계획하는 것으로, 새로운 도로구간 건설, 버스노선이나 고속도로 차로 증설, 고속대중교통 확장 등이 있다. 이것은 대규모의 예산을 필요로 하고 또 경제, 사회, 환경에 영향을 미칠 수 있는 대규모의 건설계획을 수반한다. 따라서 자본지향적이며, 소수의 유사한 대안이 주로 제시된다.

장기교통계획과 단기교통계획 간에는 교통사업의 유형이나 분석방법, 정책목표 등 다루어야 할 내용에 있어서 다음과 같은 차이점을 발견할 수 있다(원제무, 2009).

〈표 2.2〉 장기교통계획과 단기교통계획 비교

구 분	장기교통계획	단기교통계획
대안의 수	소수의 대안	다수의 대안
대안의 유사성	유사한 대안	서로 다른 대안
교통수요	교통수요가 비교적 고정	교통수요가 변화 가능
교통수단	단일 교통수단 위주	많은 교통수단 동시 고려
집 행	공공기관정책	공공기관 및 민간기관정책
내 용	장기적 관점	단기적 관점
	시설지향적	서비스지향적
	자본지향적	저자본비용
	추정지향적	피드백지향적

자료: 원제무, 2009

2.3 교통계획과정

2.3.1 정책분석의 기본구조

정책이 타당성, 실현성, 그리고 효율성을 모두 확보하려면 타당성, 실현성, 그리고 효율성의 모든 측면에서 분석이 이루어져야 한다. 이 세 가지 측면에서의 분석은 우선순위를 가지는데, 우선 그것이 사회의 규범에 적합한 필요성이 있어야 하고, 다음으로 실행에 옮길 수 있어야 하며, 효율적이어야 한다. 즉 정책분석은 현재 우리는 어떤 상황인가를 파악하여 타당한 정책방향을 설정해야 하고, 실현 가능한 정책목표를 정립해야 하며, 목적지향적이고 효율적인 행동대안을 수립해야 한다. 다시 말해 정책분석은 '어디로→무엇을→어떻게'의 방향으로 설정되어야 한다(강근복, 2002. 수정).

〈표 2.3〉 정책형성을 위한 정책분석의 분류

추구하는 대상	분석의 초점	분석형태
필요성 (should)	기본방향 설정 (어디로, where to)	판단
실현가능성 (can)	정책목표 설정 (무엇을, what to)	판단과 계산
효율성 (will)	행동대안 수립 (어떻게, how to)	계산

자료: 강근복, 2002 수정 정리

2.3.2 교통계획과정

현실에서의 교통계획은 다양한 교통정책대안 중에서 어떤 것이 바람직한지를 결정할 필요가 있을 때 수행되므로 대안에 대한 모형화와 수학적인 분석을 포함한 교통계획과정이 필요하다.

교통계획은 각종 교통문제를 체계적, 종합적으로 해결하기 위한 일련의 계획과정으로 여기에는 관련 현황조사 및 분석, 교통수요 예측, 시설 및 서비스공급대안의 작성, 대안평가 및 최적대안 선정, 집행 및 관리 등의 과정이 포함된다(노정현, 1999).

미국의 FHWA에서는 교통계획과 교통계획과정을 다음과 같이 정의했다(도철웅, 1992). 교통계획이란 사람과 화물의 이동을 위한 모든 시설을 대상으로 하는 것이며, 여기에는 터미널시설과 교통통제시설도 포함된다. 교통계획의 과정은 현재와 과거의 성장에 관한 자료를 수립하고 분석하는 것, 대상 지역 또는 도시의 목적과 목표를 설정하는 것, 지역 또는 도시의 장래 발전 및 교통수요를 예측하는 것을 포함한다. 또 이것은 실행 가능한 대안을 검토하는 것으로서, 교통계획안의 작성 및 평가뿐만 아니라 상황의 변화에 따라 정기적인 검토 및 계획변경을 하는 것도 포함된다. 교통계획의 기본과정은 다음의 6단계로 구분할 수 있다.

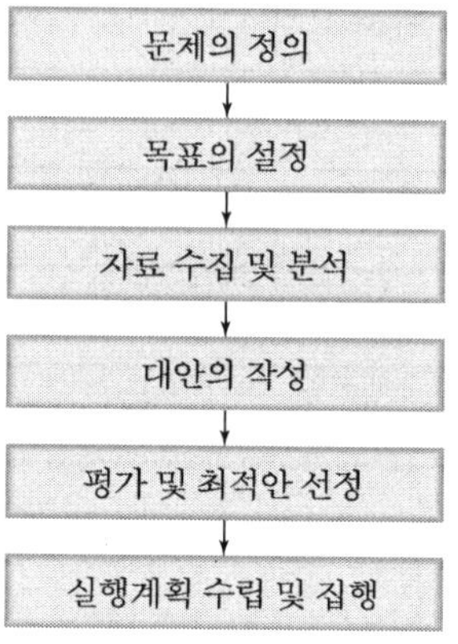

〈그림 2.3〉 교통계획의 기본과정

(1) 문제의 정의

현재 또는 가까운 장래에 예상되는 교통문제를 인식하고 그 문제를 진단한다. 이 단계는 교통문제를 구체적으로 정의하는 것으로 계획목표뿐만 아니라 추가하고자 하는 기준 및 문제해결의 장애가 되는 제약조건들을 규명하는 것이다. 여기서 기준이란 요구되는 교통시설의 서비스 수준으로서 문제해결의 척도가 되며, 제약조건은 재정적, 시간적, 지리적, 기술적 제약사항을 모두 포함한다(노정현, 1999).

(2) 목표의 설정

해결하고자 하는 문제가 명확히 규명되어 단순화되었다면 그 문제에 대한 궁극적이며, 총체적인 목표를 설정한 뒤, 이를 달성하기 위한 구체적 목표(objectives)를 정하는 과정이다. 일반적으로 이 과정은 의사결정자가 지역사회를 구성하는 각 집단의 요구를 통합하여 하나의 일치된 문제해결의 방향과 구체적 대상을 결정하는 것으로 각 집단의 선호도, 수요·공급의 기준 그리고 문제의 현상 등의 정보를 필요로 한다.

적절한 실행계획을 발전시키는 데는 계획기조가 필수적이다. 계획과정에서 이 기조를 잘 고려하지 않으면 두 가지 어려움에 부딪히게 된다. 첫째, 어떤 것이 적정 계획인지 확실하게 정의할 방법이 없으며, 사실상 좋은 계획과 나쁜 계획의 차이를 명확하게 파악할 수 없다. 둘째 지역사회의 가치로부터 분리된 계획은 시행하는 데 있어서 큰 저항에 직면할 수도 있다. 계획기조는 다음과 같은 위계에 따라 이해할 필요가 있다(도철웅, 2006 재정리).

- 가치(values): 사회나 집단 또는 개인의 윤리, 도덕의 근간이 되는 기본적인 성질로, 어떤 사회의 활동이나 행위를 지배하는 우선체계이다. 적어도 중기적으로는 이들이 줄어들거나 변하지 않는다.
- 목적(goals): 지역사회가 지향하는 총체적 목표로 한 사회가 영속적으로 추구하는 이상의 추상적 표현 또는 추구하는 결과이다(임강원, 1997 수정). 계획안은 이러한 이상적인 목적을 향해서 움직이는 사회를 겨냥한다. 예로서 지역사회의 전형적 목적은 "도시시설에 대한 편의성을 모든 경제사회계층에 대해 확대시키는 것이다."
- 목표(objectives): 목적의 구성요소 또는 목적을 달성하는 데 필요한 수단으로 구체적이며 도달할 수 있고 측정 가능하다. 위의 목적과 관련된 교통체계의 한 목표는 "모든 주거지역에 대해 직장과 쇼핑 그리고 위락중심지에 대한 접근도를 극대화 그리고 균일화시키는 것이다."(임강원, 1997). 예로서 기회균형의 목적과 관련된 교통목표는 "그 도시 내의 위치에 관계없이 모든 시민의 동일한 대중교통비용"이다.
- 기준(criteria): 어떤 계획의 목적이나 목표의 달성 정도를 재는 측정의 척도로, 예를 들어 교통비용균등의 목표 달성 여부를 판단하는 기준으로 개인소득에 대한 버스요금의 비율을 설정할 수 있다.
- 실행목표(standard): 다시 한 단계 아래의 목표로서 측정과 달성이 다 같이 가능해야 한다. 예로서 위에서 설정한 목표에 대한 실행목표는 '주요 도시활동센터는 대중교통수단으로 40분 거리를 초과하지 않도록 배치하는 것'이다.

교통정책을 입안하고 집행하려면 교통정책의 좌표를 설정해 주고 나아갈 방향을 제시해주는 정책목표를 설정해야 한다. 왜냐하면 목표는 현재 일어나고 있는 교통문제를 바탕으로 하여 장차 추구해야 할 명료화되고 제도화된 사회적 합의이기 때문이다(원제무, 2009).

현재 당면하고 있는 교통문제의 진단과 바람직한 개선방향은 교통정책의 목표 아래서 모색되어야 할 것이다. 교통정책의 목표는 도시나 지역의 특성과 여건에 따라 다양하게 설정될 수 있으나 일반적으로 질적 목표와 양적 목표, 장기목표와 단기목표로 구분할 수 있다. 질적 목표는 교통체계와 교통서비스의 질적인 변화를 유도하려는 목표이고, 양적 목표는 교통체계의 틀 안에서 교통의 양적인 측면을 조절하려는 목표가 된다.

또한 장기목표는 교통대안의 장기적 안목에서의 목표이고, 단기목표는 교통관리기법과 같은 단기교통사업을 추구하고자 할 때 설정하는 목표가 된다.

(3) 자료 수집 및 분석

대상 체계의 현상을 파악하고 이를 바탕으로 모형을 작성하기 위해 대상 체계의 물리적, 사회·경제적 자료와 통행특성 자료를 수집, 정리, 분석하는 단계이다. 이 단계에서 수집하는 대표적 자료는 현재 또는 기준연도의 교통시설자료, 특히 교통망 자료, 토지이용 현황자료, 기종점 통행자료 및 교통량 조사자료 그리고 통행자의 소득, 승용차 보유율, 국가 규모 및 구조 등 사회·경제적 자료 등을 들 수 있다. 교통계획을 위한 예측과 분석에서는 정확하고 객관화된 자료를 수집하여 사용하여야 한다.

(4) 대안의 작성

교통문제를 해결하기 위하여 결정된 목표를 구체적으로 실행하기 위한 대안을 작성하는 과정으로, 대안은 물리적 시설의 건설뿐만 아니라 기존 시설의 운영방법의 변경 등 교통시설의 개선안을 포함한다. 이 단계에서는 교통시스템이나 서비스에 대해 실현 가능한 몇 개의 대안을 작성한다. 이때 기존 시스템도 하나의 대안이 되어야 한다.

(5) 평가 및 최적안 선정

예측된 통행수요를 바탕으로 각 대안을 평가하여 설정된 목표를 효과적으로 달성하기 위한 최적안을 선정하는 단계로, 편익비용분석 등과 같은 경제성 평가는 물론 운영적, 재정적, 환경적, 사회적 측면의 평가를 포함한다(노정현, 1999).

정책이 집행되면 일반적으로 의도하였든지 의도하지 않았든지 간에 그에 대한 효과가 발생한다. 이러한 효과나 영향에는 긍정적인 측면이 있는가 하면 이와 반대로 부정적인 측면도 있게 된다. 그리고 이러한 효과가 정책 또는 사업 그 자체에 기인하는 것만이 아니라 다른 요인에 의해 발생하는 경우도 있다(한국도로공사, 1999).

그러므로 여러 정책대안들 중에서 어느 것이 좀 더 바람직한지를 알기 위해서는 정책대안들 하나하나가 채택되고 실행될 경우 어떠한 결과가 나타나게 될 것인지를 미리 예측해 보아야 한다. 정책대안이 실현되었을 경우에 나타나게 될 결과들을 미리 예측해 보는 것을 정책대안의 결과 예측이라 한다. 정책대안의 결과 예측은 대안 분석에서 가장 어려운 단계 중의 하나이면서 전문적인 능력과 시간이 부족한 정책결정자에게 정책분석이 기여할 수 있는 가장 중요한 단계이기도 하다(강근복, 2002).

정책이나 사업을 평가하는 데에는 주관적인 관점을 주로 이용하는 정성적 방법과 객관적인 통계자료 등을 활용하는 정량적 방법으로 구분할 수 있다. 정성적 방법은 전문가 집단에 대한 의견수렴 등의 방법을 통해 결과를 추정하고자 하는 방법으로 평가과정 및 결과가 객관적이지 못하다는 비판을 받을 수 있다. 반면에 정량적 방법은 인과변수를 이용하는 회귀모형 및 공간상호작용모형, 시계열분석법 등 다양한 통계분석방법을 들 수 있다(한국도로공사, 1999).

대안평가는 무엇을 할 것인가와 어떻게 할 것인가에 대한 평가가 중요하다. 예를 들어 도로 또는 도로와 지하철 투자병행이라는 두 가지 대안 가운데 어느 것을 택할 것인가는 기능적 대안, 즉 무엇을 하느냐(what to do) 하는 것을 결정하기 위한 분석이며, 다른 하나는 활동의 대안, 즉 지하철과 도로를 어느 정도의 서비스 수준과 용량을 갖도록 건설하느냐 하는(how to do) 것을 결정하기 위한 것이다. 이외에도 대안집행을 누가, 언제, 어디에 할 것인가도 중요한 평가사항이다.

정책평가의 시기는 사전평가, 과정평가, 사후평가로 구분한다. 사전평가란 정책시행 이전에 정책결정자에게 필요한 정보를 제공하고자 각종 대안들을 분석하고 평가하는 것을 의미하며, 정책타당성 평가 등이 해당된다. 과정평가는 정책이 집행되고 있는 도중에 집행상의 문제점을 해결하고 집행이 당초 정책결정에서 제시된 대로 진행되는가를 검증하는 것이다. 마지막으로 사후평가는 정책의 완료 이후에 그 정책이 의도했던 성과나 효과를 어느 정도 달성했는가를 평가하는 것이다(한국도로공사, 1999).

(6) 실행계획 수립 및 집행

선정된 최적안에 대한 구체적 실천계획(programs)을 마련하고 우선순위에 따라 이들 실천계획을 집행하는 과정이다. 이 과정에서 예기치 않던 새로운 문제가 대두될 수 있으며, 이 경우 피드백(feedback) 과정을 통해 전체 계획과정 전반 또는 일부분을 반복하기도 한다. 계획된 교통시설이 처리하게 될 장래 교통상황을 예측하고 교통 개선으로 인한 경제·인구부문의 변화를 알아내기 위해서는 계획과정에 피드백 과정이 포함되어야 한다.

:: 참고문헌

강근복, 정책분석론, 대영문화사, 2002.
김대웅, 도시교통계획, 형설출판사, 2006.
김성득, 도시교통공학, 울산대학교 출판부, 1995.
노정현, 교통계획(이론과 모형), 나남출판사, 1999.
도철웅, 교통공학원론, 청문각, 2006.
박기호 외, "시공간 개인통행자료의 지리적 시각화", 대한지리학회 40(3), 2005.
원제무, 도시교통론, 박영사, 2009.
이건영, 지역교통론, 일조각, 1992.
임강원, 도시교통계획, 서울대학교 출판부, 1997.
한국도로공사, 고속도로 노선별 사업효과 분석-사회경제분야, 1999.12.
한주성, 교통지리학, 법문사, 1996.
홍성웅, 사회간접자본의 경제학, 박영사, 2006.
홍갑선, 교통정책 어떻게 볼 것인가-교통문제를 보는 새로운 시각, 북북서, 2007.

03

자료수집 및 통계분석

3.1 자료 분석 및 요약의 기초

3.1.1 자료 분석과 요약의 배경

교통학의 주요 분야인 교통공학, 교통계획, 교통경제학 등은 모두 통계학에 기초를 두고 있다. 교통공학의 교통류 이론에서 교통계획의 핵심인 통행수요 예측의 기본과정까지 모든 교통분야에서는 통계학이 핵심도구로 이용된다. 이렇게 교통학이 통계학에 의존하는 이유는 교통공학의 연구 대상이 다양한 속성을 갖고 있으며, 그 다양한 속성이 가변성을 갖기 때문이다. 교통학의 궁극적인 목적은 사람들이 통행을 수행하면서 행하는 많은 통행 관련 의사결정들을 이론을 통해 설명하고 이를 모형으로 만든 뒤, 추정이나 예측에 이용해 통행자들의 사회경제 활동 편의성이 향상되도록 지원하는 것이다.

하지만 통행자라는 한 단어로 정의되는 통행행위의 주체는 실은 서로 상이한 사회경제적 특성을 갖고 있다. 예를 들어 10대 학생과 60대 고령 통행자들은 통행에 관련된 특성이 완전히 다를 것이다. 학생의 경우 대부분 도보로 통행을 수행하거나, 대중교통을 이용하며 행하는 사회경제적 활동도 교육과 관련되어 있겠으나, 성인의 경우 경제활동 참여 관련 통행의 비중이 높을 것이다. 도로구간의 차량속도도 예가 될 수 있다. 동일한 도로구간을 통행하는 차량들에 대해 속도 조사를 실시한다면 각 차량은 차량의 성능, 운전자의 특성에 의해 서로 다른 주행속도를 갖게 된다. <그림 3.1>과 같이 고령 운전자들의 경우 일반적으로 신체 반응속도가 일반 성인 운전자들에 비해 느리고 운전자의 희망속도가 낮기 때문에 청년 운전자에 비해 주행속도가 낮은 60 km/h로 주행한다고 가정하고, 청년 운전자는 희망속도가 높기 때문에 고령 운전자보다 높은 속도인

〈그림 3.1〉 도로구간의 통행속도

100 km/h로 주행한다고 가정해보자. 이 경우 두 대의 차량의 평균 속도는 (60+100)/2=80 km/h이다. 하지만 이 두 대의 차량 평균을 가지고 이 도로구간을 통행하는 모든 차량의 속도를 대표하는 속도를 찾을 수 있다고 말할 수는 없다. 전체 통과차량수가 일평균 5,000대라고 한다면 5,000대로 구성된 차량 전체 집합의 속도를 파악할 수 있는 충분한 수의 표본차량이 필요하다. 따라서 표본을 통해 모집단의 특성값(또는 모수)을 추정하기 위해서는 몇 개의 표본이 필요한가를 결정하는 것이 중요한 문제가 된다.

<그림 3.2>와 같이 전체 통과 차량들의 모든 속도를 다 조사하지 않는다면, 표본조사만으로 모집단의 특성을 완전하게 추정할 수 있는 가능성은 거의 없다. <그림 3.2>에서 전체 차량의 속도 분포가 표본을 통해 완벽하게 재현되려면 20 km/h 단위로 나누어진

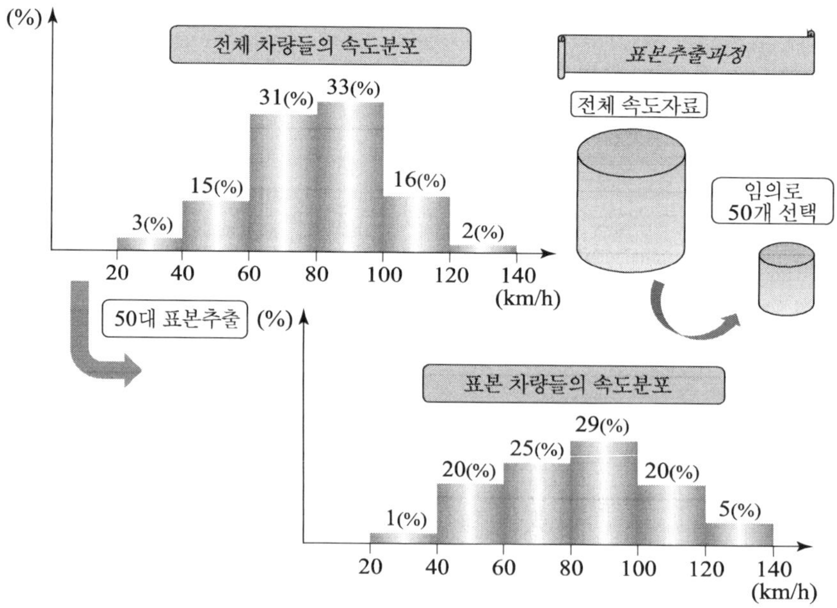

〈그림 3.2〉 표본 분석을 통한 모집단 모수 추정

모집단 자료의 각 속도구간에서 동일한 비율로 표본이 뽑아져야 한다. 하지만 모집단에서의 표본추출은 20~140 km/h에 걸친 모든 자료에서 정해진 숫자의 표본을 뽑는 것이기 때문에 각 구간에서 동일한 비율로 표본이 뽑히기는 어렵다. 따라서 우리가 이 장에서 공부할 통계학의 주요 내용은 다음과 같은 두 가지 질문에 답을 찾는 것이라 할 수 있다.

1. 어떻게 하면 최대한 정확하게 표본조사를 통해 모집단의 특성을 파악할 수 있는가?
2. 표본을 통해 파악된 모집단 특성의 추정은 얼마나 믿을 만한가?

통계학의 가장 기초 단계는 조사자료의 요약이다. 모집단의 특성 파악을 위해 조사한 표본들은 우리가 알고자 하는 정보를 파악하기 위해 요약되어야 한다. 예를 들어 정부기관에서 학생들의 발육상태를 확인하기 위해 우리나라 초등학생들의 신장에 대해 핵심정보를 특정 조사기관에 의뢰하였다고 하자. 조사기관은 학생들의 신장을 파악하기 위해 학년별로 전국에서 5,000명씩 표본조사를 실시하였다. 조사가 끝난 뒤 조사기관이 수만 명의 신장자료를 아무런 가공 없이 표로 정리해 정부에 제출한다면 이 자료를 모두 검토하여 정책 수립에 반영하는 것은 매우 어렵다. 이렇게 조사된 자료를 이용하기 위해서는 자료가 가진 정보의 요약이 필요하며, 가장 흔히 사용되는 방법은 표본의 평균(mean, average)을 계산하거나, 중간값(median)을 계산해 기준과 비교하는 것이다.

교통분야에서도 조사자료의 요약은 중요하다. 교통전문가가 국민들에게 도움을 주기 위해 방대한 교통문제들을 조사하더라도 이를 효과적으로 요약하지 못하면 의사결정자인 정부나 기업담당자들은 무엇이 핵심문제인지를 파악할 수 없게 된다. 하지만 현재

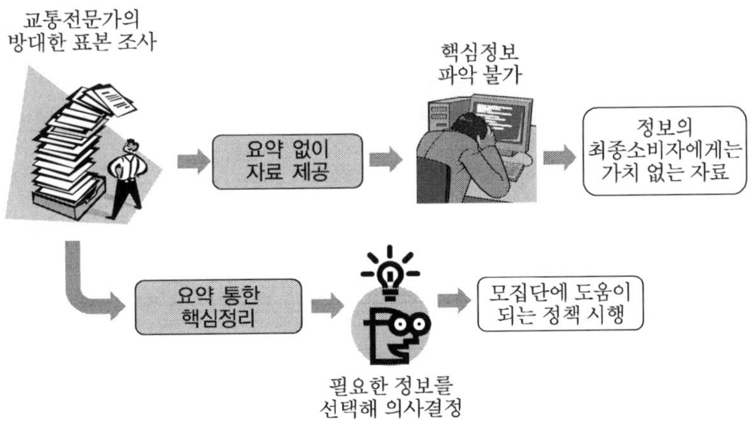

〈그림 3.3〉 조사자료 요약의 중요성

교통시스템이 가진 문제를 명확히 몇 가지로 정리하고 그 이유를 통계적으로 설명한다면, 담당자들은 쉽게 문제를 개선하고 국민들은 혜택을 볼 수 있다.

이와 같이 수집된 표본들이 가치를 갖기 위해서는 표본을 요약해 원하는 정보를 파악하는 과정이 필수적이다. 표본의 정보를 요약할 때 주로 이용할 수 있는 방법은 크게 (1) 그림을 통한 요약, (2) 통계값을 통한 요약의 두 가지로 나눌 수 있다.

(1) 그림을 통한 요약

표본 조사된 자료의 정보를 가장 쉽고 명료하게 확인할 수 있는 방법은 표본을 이용해 도수분포표(histogram)를 그리는 것이다. 도수분포표는 평균값이나 분산처럼 하나의 숫자로 표본집단의 특성을 정의하지는 않지만 표본이 전체적으로 어떤 특성을 갖고 있는지를 보여주는 패턴을 확인하는 데 유용하다. 예를 들어 <그림 3.4>에서 예시한 두 개의 도수분포표를 비교해보자. 두 그림은 각 지역주민들의 소득이 어떻게 분포되어 있는지를 파악하는 데 중요한 정보를 제공한다. A지역의 경우 100~300만 원의 월소득을 가진 주민들의 수가 가장 많고 고소득자들의 수가 상대적으로 작게 나타나고 있으며, B지역의 경우 300~400만 원의 소득을 가진 주민들의 수가 가장 많고, 이 소득구간을 중심으로 상대적인 저소득층과 고소득층이 대칭적으로 분포함을 알 수 있다. 이러한 패턴자료는 예를 들어 해당 지역에서 식당을 준비하는 사람이 어떤 주민들을 주 소비 대상으로 설정할 것인지를 결정할 때 중요한 정보가 될 수 있다.

이때 주의할 점은, 두 지역의 소득 분포는 다르지만 평균값은 300만 원으로 동일하다는 점이다. 따라서 두 지역의 표본그룹을 표본 평균소득만으로 정의한다면 두 지역의 소득은 동일하다는 결론에 도달하게 된다. 하지만 그림에서 보듯 두 지역의 소득 분포는 완전히 다르며 각 구간의 비중도 서로 상이하기 때문에 도수분포표로 확인한 두 지역의 소득은 다르다고 결론내릴 수 있다. 이와 같이 통계적인 판단은 어떤 비교기준을 이용하는가에 따라 동일한 자료에 대해서도 달라질 수 있다.

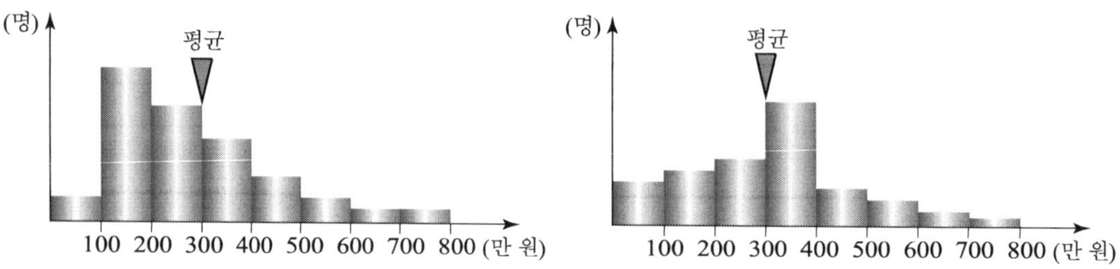

(a) A지역의 월소득 분포 (b) B지역의 월소득 분포

〈그림 3.4〉 두 지역에서 표본 조사된 소득의 도수분포표

도수분포표에서 x 축(가로축)은 관심의 대상이 되는 속성의 간격이 되며 y축 도수분포표(세로축)는 x 축에 설정된 간격 내에 속하는 표본의 수를 나타낸다. 도수분포표를 그리기 위해서는 먼저 관심속성이 가질 수 있는 값의 전체 범위를 어떻게 나눌 것인가를 결정하여야 한다. 이를 도수 간격 설정이라 한다. 설명한 바와 같이 도수분포표를 작성할 때 가장 먼저 결정해야 하는 것은 도수 간격이다. 이때 도수 간격은 작성자가 경험적으로 설정하는 것이 가능하지만, 식 (3.1)과 같은 경험식이 이용되기도 한다.

$$\text{도수 간격의 수} = 1 + 3.3\ln n \tag{3.1}$$

이 식은 스타지스(Sturges) 공식이라 불리며, 여기서 n은 도수분포표 작성에 사용될 표본의 수를 나타낸다.

문제 3-1 아래의 자료는 어느 지역의 월평균 야외활동 참여시간을 파악하기 위해 실시된 표본조사의 결과이다. 표본숫자는 50으로 설정하였으며 각 표본 개인들의 참여시간은 〈표 3.1〉에 제시하였다. 표본자료를 이용해 도수분포표를 그리시오. 각 개인의 프라이버시를 위해 이름 대신 고유 ID를 부여하였다.

〈표 3.1〉 어느 지역에서 표본 조사된 소득의 도수분포표

고유 ID	야외활동 참여시간	고유 ID	야외활동 참여시간
1	125	26	135
2	285	27	72
3	317	28	365
4	285	29	217
5	35	30	465
6	435	31	280
7	145	32	318
8	225	33	180
9	214	34	65
10	315	35	250
11	176	36	161
12	224	37	245
13	255	38	211
14	280	39	35
15	306	40	155
16	150	41	311
17	71	42	285
18	155	43	83
19	315	44	225
20	301	45	355
21	177	46	145
22	277	47	160
23	175	48	180
24	211	49	411
25	80	50	211

문제 3-2 〈표 3.2〉는 4개월 된 유아 30명을 대상으로 신장을 조사한 자료이다. 이를 이용하여 도수분포표를 작성하시오.

〈표 3.2〉 (단위: cm)

63.2	61.3	64.5	66.1	65.1
62.0	63.7	66.0	62.8	63.8
63.8	64.5	63.8	68.3	64.7
68.3	67.1	63.0	61.3	68.3
66.3	68.3	66.5	64.8	63.8
63.2	60.8	59.0	61.0	71.0

풀이 먼저, 도수분포표를 만드는 순서는 다음과 같다.

1) 자료에서 최댓값과 최솟값을 찾는다. → 최댓값: 71.0 cm, 최솟값: 59.0 cm
2) 계급 수를 결정한다. → 계급 수: $1+3.3 \log N = 1+3.3 \log 30 = 5.9 \fallingdotseq 6$
3) 각 계급에 속하는 값의 개수를 세어 도수를 구한다.

계급	계급값	도수
1계급(59~61)	60	2
2계급(61~63)	62	5
3계급(63~65)	64	12
4계급(65~67)	66	5
5계급(67~69)	68	5
6계급(69~71)	70	1

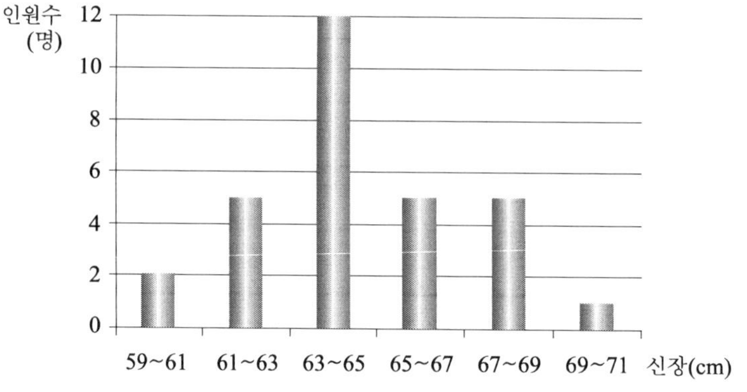

<그림 3.4>의 도수분포는 정의된 각 도수 간격마다 몇 개의 표본이 속하는지를 막대그래프의 높이를 통해 보여준다. 이러한 막대그래프의 패턴은 단일한 표본집단의 표본분포 패턴을 확인하는 데 도움을 주지만, 둘 이상의 표본집단 비교에는 적합하지 않다. 총 표본 숫자가 다를 경우 y축의 높이에 차이가 있기 때문이다. 이를 위해 각 도수 간격마다의 막대그래프 높이를 표본의 숫자 대신 백분율로 나타낸 도수분포를 상대도수분포(relative frequency distribution)라 한다.

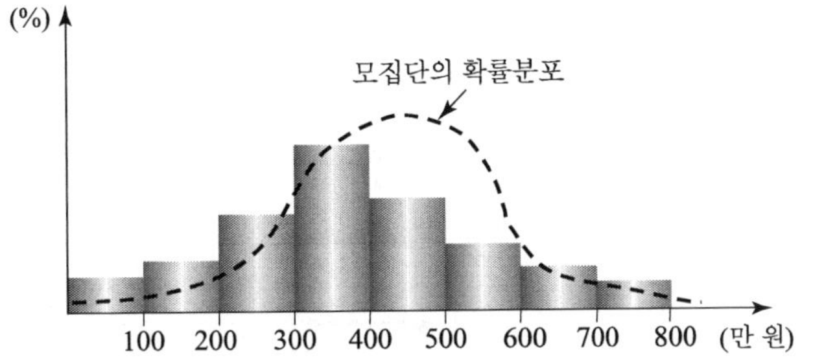

〈그림 3.5〉 상대도수분포와 표본의 확률분포

상대도수분포는 도수분포에서 각 구간의 표본 수를 전체 표본 수로 나누어 작성한다. 따라서 전체 막대그래프 높이의 합은 1이 되며 각 구간 막대그래프의 높이는 각 구간에 속하는 표본숫자의 백분율을 나타낸다. 따라서 상대도수분포는 전체 표본숫자에 상관없이 서로 다른 두 표본집단의 분포를 객관적으로 비교할 수 있으며, 표본이 속하는 모집단의 확률적 분포를 추측할 수 있다.

도수분포의 또 다른 특수한 형태는 누적도수분포(cumulative frequency distribution)이다. 누적도수분포의 작성방법은 <그림 3.6>과 같이 상대도수분포에서 가장 왼쪽의 막대그래프로부터 오른쪽으로 이동하면서 왼쪽의 막대그래프 높이를 오른쪽으로 합산하는 것이다. 상대도수분포의 경우 전체 막대그래프의 면적 합이 1.0이 되므로 누적도수분포의 경우 마지막 도수 간격의 막대그래프 높이가 1.0이 된다.

따라서 각 막대그래프는 높은 값을 갖는 간격으로(또는 오른쪽으로) 이동할수록 증가하며 이전 간격의 막대 높이보다 다음 막대의 높이는 항상 크거나 같아야 한다. 누적상대도수분포의 경우 막대의 높이는 해당 x축의 간격 값보다 모집단에서 추출한 표본의 값이 더 작거나 같은 값을 가질 확률과 동일하다.

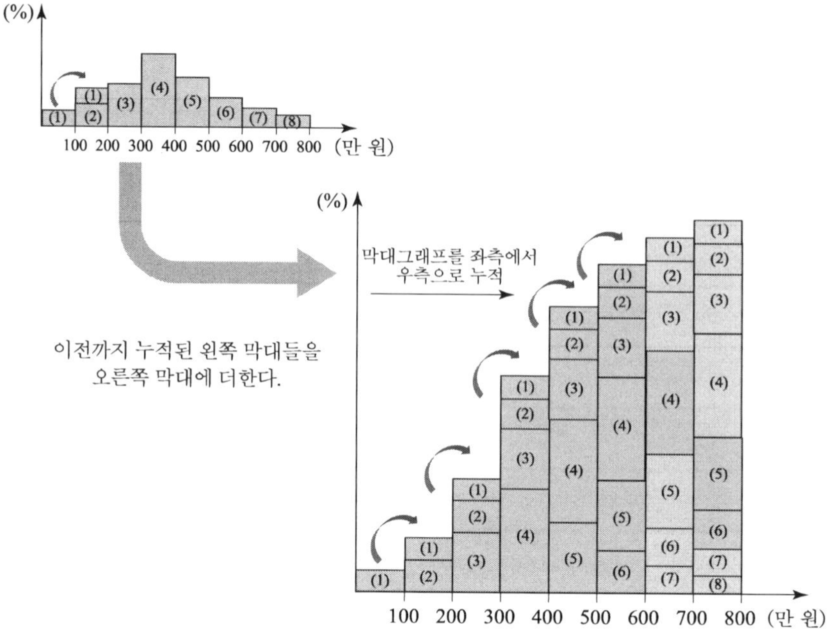

〈그림 3.6〉 상대도수분포를 이용한 누적도수분포의 작성

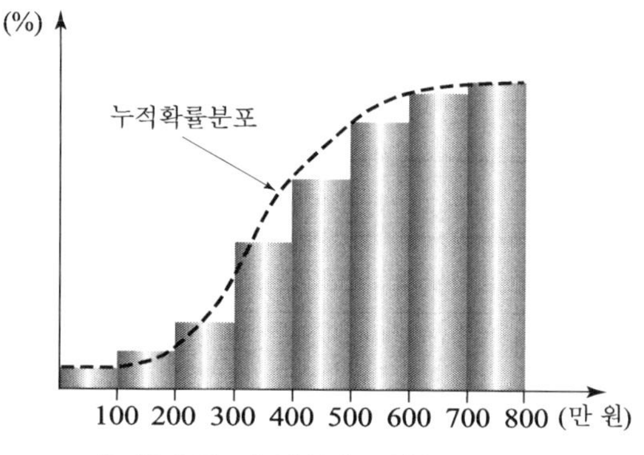

〈그림 3.7〉 누적상대도수분포

문제 3-3 문제 3-1에서 작성한 도수분포를 이용하여 1) 상대도수분포를 작성하고, 2) 누적상대도수분포표를 작성하시오.

문제 3-4 문제 3-2에서 작성한 도수분포를 이용하여 1) 상대도수분포를 작성하고, 2)누적상대도수분포표를 작성하시오.

풀이 도수의 합계에 대한 각 계급의 도수의 비율을 그 계급의 상대도수라고 하므로 1계급의 상대도수는 2/30≒0.07이고, 누적도수는 1~6계급의 상대도수가 차례로 누적된 값이므로 이를 표로 정리하면 다음과 같다.

계급	계급값	도수	상대도수	누적도수
1계급(59～61)	60	2	0.07	0.07
2계급(61～63)	62	5	0.17	0.23
3계급(63～65)	64	12	0.40	0.63
4계급(65～67)	66	5	0.17	0.8
5계급(67～69)	68	5	0.17	0.97
6계급(69～71)	70	1	0.03	1.0
합계	–	30	1.0	–

〈상대도수분포〉 〈누적도수분포〉

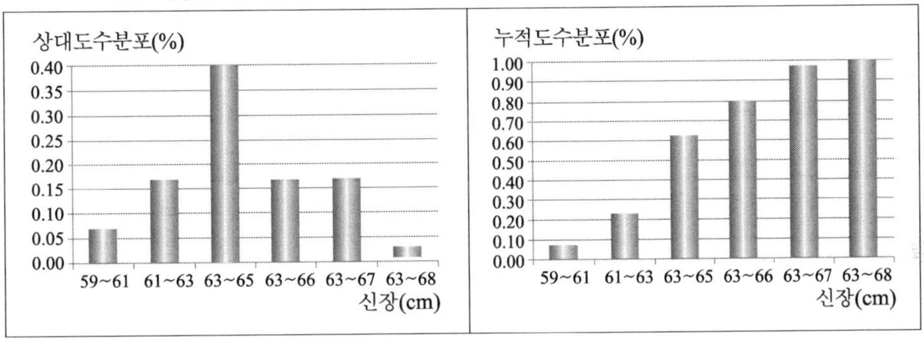

■

3.1.2 통계값을 통한 요약

(1) 중간값(median)

표본이 어떠한 성질을 가지고 있는지를 확인할 수 있는 또 다른 방법은 통계 특성값을 이용하는 것이다. 통계 특성값은 다양하게 정의가 가능한데 이 중 가장 기본적으로 이용되는 값은 표본의 중앙값(central value)이다. 중앙값이란 단어의 의미 그대로 자료 전체가 가진 값들 중 가장 가운데에 위치한 값을 의미한다. 수치적 의미에서는 전체 모집단, 또는 표본의 중간에 위치한 값에 불과하지만, 중간값은 현실에서 가장 중요한 역할을 하는 통계값이다. 예를 들어 우리나라 가구가 어느 정도의 월소득을 벌어들이고 있는지 알고 싶을 때 가장 쉽게 이에 대한 해답을 줄 수 있는 통계값은 중간값 중 하나인 가구별 월평균 소득이다. 이러한 의미에서 중간값은 자료가 가진 특성값들 중 가장 단순하지만 대표성을 가진 값이라 할 수 있다.

개념상으로는 단순하지만 과연 어떤 중간값이 표본집단이 가진 특성을 하나의 숫자로 단순하게 나타낼 수 있는가에 대한 대답은 상황에 따라 달라질 수 있다. <그림 3.8>

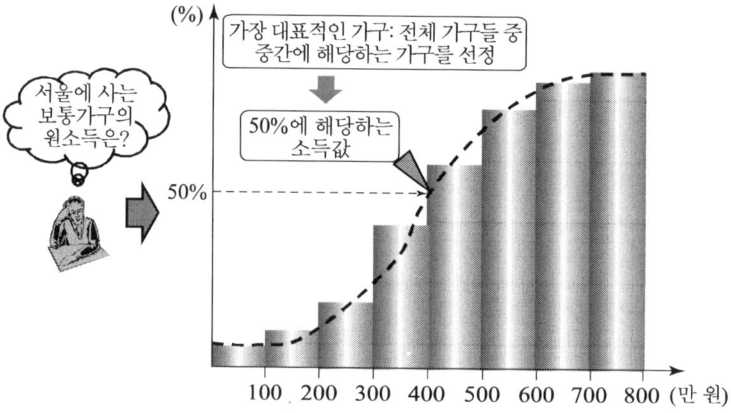

〈그림 3.8〉 대푯값의 선정 예

은 대푯값을 선정하는 하나의 예를 예시하고 있다. 서울에 거주하는 보통 가구의 월소득은 얼마인가라는 질문에 전체 가구들을 소득 크기에 따라 순서대로 나열한 뒤 중간에 해당하는 가구를 찾아 그 가구의 소득을 보통 가구의 소득으로 결정하였다.

하지만 설명한 바와 같이 대푯값을 결정하는 방법은 <그림 3.8>에서 설명한 중간값 이외에도 다양한 방법이 존재한다. 먼저, 자료의 중앙값을 정의하는 데 가장 흔히 쓰이는 것은 평균(mean 또는 average)이다. 관측된 표본값이 x_1, x_2, x_3, $\cdots$, x_n으로 정의된다고 가정하자. 이때 n은 표본의 숫자를 의미한다. 이 경우 표본의 평균은 식 (3.2)와 같이 계산된다.

$$\bar{x} = \frac{\sum_{i=1}^{n} x_i}{n} \tag{3.2}$$

식 (3.2)에 의해 계산되는 평균을 산술평균(arithmetic mean)이라고 부른다. 또는 각 표본에 상이한 가중치를 부여하는 가중평균과 대비하여 단순산술평균(simple arithmetic mean)이라고 정의한다. 만약 모집단(population)자료가 존재하는 경우 모집단의 평균은 식 (3.3)으로 계산 가능하다.

$$\mu = \frac{\sum_{i=1}^{N} x_i}{N} \tag{3.3}$$

이때 N은 모집단 내의 자료 숫자를 의미한다.

문제 3-5 한 연구소에서 근무 중인 연구원들의 통행실태 조사를 위해 네 명의 연구원에 대해 표본 통행시간 조사를 실시하였다. 네 표본들의 값은 65분, 85분, 47분, 77분이었다. 이 경우 연구소 근무 연구원들의 평균 통행시간은 얼마인가?

풀이 평균 근무시간 $= \dfrac{(65+85+47+77)}{4} = 68.5$분 ■

문제 3-6 특정 도로구간을 지나가는 네 대의 차량에 대해 속도 조사를 실시하였다. 조사 결과 각 차량의 속도는 60 km, 70 km, 50 km, 80 km로 나타났다. 이 경우 도로구간을 지나간 네 대 차량의 평균 통행속도는 얼마인가?

풀이 산술평균을 구하는 공식은 식 (3.3)과 같으므로 네 대의 차량의 평균 속도를 구하는 공식은 $\dfrac{(60+70+50+80)}{4} = 65$ km이다. ■

통계치로서 확률은 다양한 특성을 갖고 있는데 그 중 가장 대표적인 성질은 확률밀도함수라고 부르는 곡선 아랫부분의 면적을 정확히 양분한다는 점이다. 그 밖에 산술평균값과 표본의 값을 빼서 모두 더하면 그 합은 0이 된다. 이 성질은 확률밀도함수 아래의 면적을 양분하는 성질에서 기인하는 것이다. 또 각 표본들에 대해 하나의 값 y를 선정한 뒤 이 y값이 각 표본과의 편차의 제곱을 최소화시키는 값이라고 정의하면 y값이 산술평균이 된다.

통계학에서는 단순한 산술평균 이외에 다양한 형태의 평균이 사용되는데, 대표적인 예가 기하평균(geometric mean)과 조화평균(harmonic mean)이다. 기하평균이란 자료가 특정한 패턴을 갖고 증가하거나 감소할 때 그 평균적인 변화율을 계산하는 데 쓰이는 값이다. 이때 특정한 패턴이란 자료의 증가나 감소가 지수적으로 발생하는 경우를 의미한다. 예를 들어 자동차의 등록대수가 10년간 20,000대에서 40,000대로 증가했다면 1년

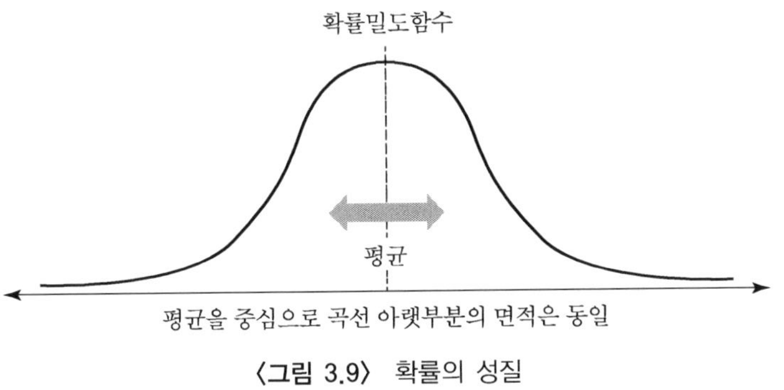

〈그림 3.9〉 확률의 성질

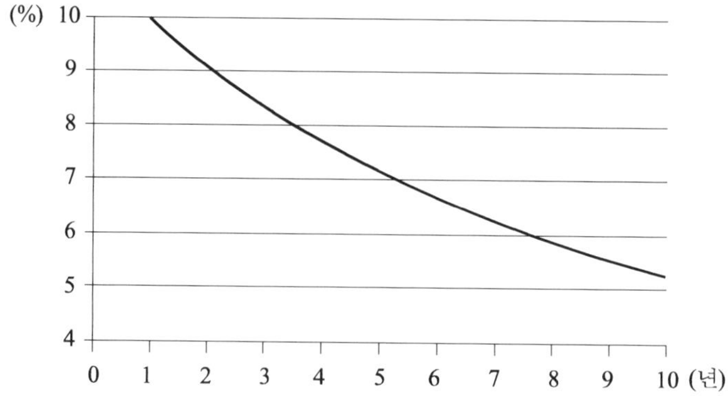

〈그림 3.10〉 평균 증가율의 감소

간 2,000대씩 증가했다는 결론이 나오므로 증가율은 평균 10%라고 할 수 있다. 하지만 이것은 올바른 계산법이 아니다. 해마다 2,000대씩 증가했다면 첫 해에는 20,000대에서 22,000대로 증가하였기 때문에 10% 증가라 할 수 있으나, 그 다음 해에는 22,000대에서 24,000대로 증가하였기 때문에 증가율은 9.09%가 된다. 이를 고려하면 <그림 3.10>과 같이 증가율은 해마다 감소하여 마지막 해에는 증가율이 5.26%에 불과하게 된다. 이렇게 증가율이 감소하는 이유는 해마다 동일한 크기로 증가하는 경우 증가율 계산의 기준이 되는 이전 연도의 자동차 등록대수가 해마다 증가하기 때문이다. 증가율은 (한 해 동안의 증가량/이전 연도 값)으로 계산된다. 따라서 동일한 양이 증가하지만 비교의 기준이 되는 이전 연도 차량대수가 증가하므로 증가율은 감소하게 된다. 이와 같이 10년 동안 20,000대가 40,000대로 20,000대가 증가했을 경우 연평균 증가량은 2,000대이지만 연평균 증가율은 10%가 아니다.

그렇다면 이 경우 10년간의 연평균 증가율은 얼마인가? 연평균 증가율을 계산하기 위해서는 해마다 과거 연도에 비해 증가하는 양을 증가율 계산에 반영할 수 있어야 한다. 만약 우리가 알고 싶은 증가율이 r이라고 하면 해당 증가율이 계속해서 처음 주어진 양에 곱해지는 형태로 최종연도의 값이 결정된다. 이 개념을 앞의 자동차 등록대수 문제에 적용할 경우 식 (3.4)와 같은 관계를 갖는다. 이때 총 연도 수가 10년이므로 $(1+r)$은 10회 곱해진다.

$$20{,}000 \cdot (1+r) \cdot (1+r) \cdot (1+r) \cdot \cdots \cdot (1+r) = 40{,}000 \tag{3.4}$$

따라서 식 (3.4)는 식 (3.5)와 같이 정리 가능하며,

$$20{,}000 \cdot (1+r)^{10} = 40{,}000 \tag{3.5}$$

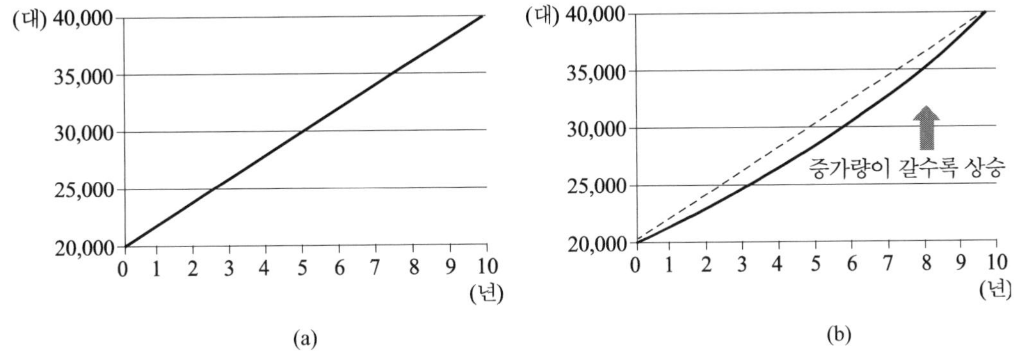

〈그림 3.11〉 평균 증가량의 비교

이 경우 r은 7.18(%)로 계산된다. <그림 3.11>은 매년 2,000대씩 차량 등록대수가 증가하는 경우와 해마다 7.18(%)씩 증가하는 경우를 비교하고 있다. 그림 (b)에서 보는 바와 같이 고정된 비율로 증가하는 경우 점선으로 표시된 2,000대씩 증가하는 경우에 비해 초기에는 증가의 기울기가 작지만 시간이 갈수록 증가폭이 커져 10년 뒤에는 동일한 증가량을 기록하게 된다. 이렇게 연평균 증가율 등의 계산에 사용되는 평균 개념이 기하평균이다.

문제 3-7 A시의 2008년 인구는 150,000명이었다. 현재 통계청에서 예상한 2018년 A시의 인구 예상치는 다수의 토지개발계획을 반영하였을 때 420,000명이다. 그렇다면 2008년부터 2018년까지 인구의 평균 증가율은 얼마인가?

풀이 2008년 인구는 150,000명이고 2018년 인구는 420,000명이므로 10년간 인구는 1.0845배 증가하였다. 따라서 식 (3.5)에 따르면 다음과 같은 식을 얻을 수 있다.

$$(1+r)^{10} = 1.10845$$

따라서 r의 값은 0.10845이므로 10년간 평균 인구증가율은 10.845%가 된다. ■

문제 3-8 B고속도로에서 하루 평균 30,000대의 차량이 통행하고 있으며, 올해 도로확장공사가 완공된다고 한다. 완공일로부터 8년 후 예측되는 B고속도로 총 통행량이 65,000대라고 한다면 B고속도로 차량의 평균 증가율은 얼마인가?

풀이 식 (3.5)에 대입하여 문제를 정리하면

$$30{,}000 \cdot (1+i)^{8} = 65{,}000$$

양변을 30,000으로 나누면

$$(1+i)^8 = \frac{65,000}{30,000}$$

i를 남기고 우변으로 보내면

$$i = \sqrt[8]{\frac{65,000}{30,000}} - 1 = 0.10147\cdots \fallingdotseq 0.1045$$

따라서 r의 값은 0.1045이므로 8년간 평균 증가율은 10.45%가 된다. ■

또 다른 종류의 평균으로 이용되는 것이 조화평균이다. 조화평균은 특히 교통공학에서 차량의 속도평균을 계산할 때 많이 이용되는 개념이다. 조화평균은 주어진 변수에 역을 취하여 얻어지는 평균이다. 예를 들어 <그림 3.12>와 같이 총 구간길이가 10 km인 도로가 있다고 가정해보자. 어떤 자전거 이용자가 첫 5 km를 1시간 동안 달리고, 나머지 5 km를 30분 동안 달렸다. 이 경우 그림에서 보는 바와 같이 첫 번째 구간을 달린 속도는 5 km/h이며, 두 번째 구간을 달린 속도는 10 km/h이다. 두 속도의 산술평균을 계산한다면 평균 속도는 (5+10)/2 = 7.5 km/h이다. 하지만 이는 실제 이 사람이 경험한 통행속도가 아니다. 실제 경험 통행속도는 이 사람이 얼마의 속도로 전체 구간을 달렸는지는 전체 소요시간과 전체 구간길이를 고려하면 얻을 수 있다. 전체 구간길이는 10 km이며 소요시간은 1.5시간이므로 통행속도는 10/1.5 = 6.667 km/h이다. 이 값은 앞에서 두 구간의 산술평균으로 구한 7.5 km/h보다는 작다.

이러한 차이가 발생하는 이유는 두 구간을 달린 시간이 다르기 때문이다. 즉, 동일한 구간길이를 달렸지만 운전자는 처음 1시간 동안은 5 km/h로 달렸고, 다음 1시간 동안은 10 km/h의 속도로 달렸다. 따라서 평균 통행속도를 계산할 때는 각 속도가 주행시간에 비례해 적용되어야 한다. 즉, 5 km/h는 2/3만큼 반영되고, 10 km/h는 1/3만큼만 반영되어야 한다. 이 경우 평균은 가중평균(weighted average)이 되고 그 값은 6.667 km/h가 되어 전체 구간에 대해 평균 통행시간을 구한 것과 동일해진다. 이때 동일한 거리를

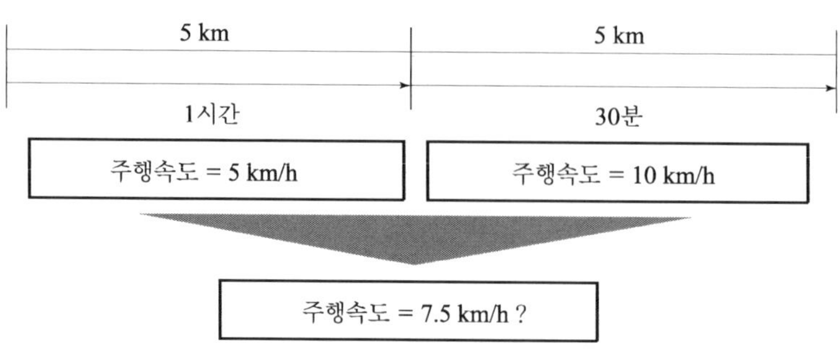

〈그림 3.12〉 조화평균 계산 개념

주행하더라도 낮은 속도로 달린 구간에서 시간을 더 많이 소요하기 때문에 조화평균값은 언제나 산술평균값보다 작거나 같은 값을 갖는다. 가중평균의 개념 없이 직접 조화평균을 계산하는 경우 식 (3.6)을 이용하면 된다.

$$\bar{x}_h = \frac{1}{\frac{1}{n}\left(\frac{1}{x_1}+\frac{1}{x_2}+....+\frac{1}{x_n}\right)} = \frac{n}{\sum_{i=1}^{n}\left(\frac{1}{x_i}\right)} \tag{3.6}$$

<그림 3.13>의 예제에 식 (3.6)을 적용해보자.

$$\bar{x}_h = \frac{1}{\frac{1}{2}\left(\frac{1}{5}+\frac{1}{10}\right)} = 6.667$$

이와 같이 간단히 조화평균값을 계산할 수 있다.

문제 3-9 차량이 고속도로 전체 구간을 세 가지 속도로 달렸다. 첫 번째 구간은 2 km 길이로서 차량은 이 구간을 95 km/h로 주행하였고, 터널구간에서는 60 km/h로 달렸으며, 마지막 세 번째 구간을 80 km/h로 주행하였다. 만약 차량이 고속도로 시점부를 오전 8시 45분에 출발하였다면 차량이 고속도로 종점부에 도착했을 때 시간은 몇 시인가?

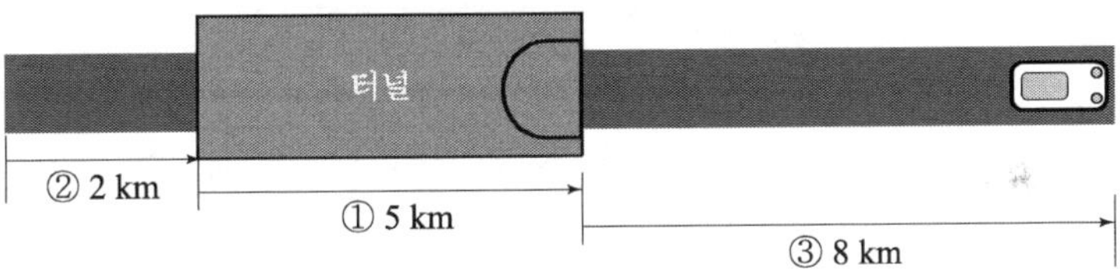

〈그림 3.13〉 조화평균 예제

풀이 앞의 본문의 문제와는 달리 주어진 예제의 경우 각각의 구간 길이가 다르게 정의되었다. 이 경우 각 구간에서 실제 어느 정도의 통행시간을 소비했는지를 주어진 속도를 통해 계산할 수 있다.

첫 번째 구간의 경우 2 km 길이를 95 km/h로 달렸으므로, 소비된 총 시간은 0.2105시이며, 초로 환산하면 75.79초가 된다. 두 번째 구간의 경우 0.0833시를 소비해 소요된 시간은 300초가 되며, 세 번째 구간에서는 360초를 소비하였다. 따라서 15 km 구간을 달리는 데 소요된 시간은 735.79초가 되고, 이를 이용해 전체 15 km 주행한 평균 통행속도를 계산하면 차량은 평균 속도 73.39 km/h로 주행한 것이 된다. 세 주행속도의 산술평균은 (95+60+80)/3=78.33 km/h로 계산되므로 산술평균이 전체 구간의 실제 가중평균에 비해서는 더 작은 값을 갖는다는 사실을 확인할 수 있고, 차량이 실제 종점에 도착한 시간은 오전 8시 45분부터 735.79초, 즉 12분 16초가 경과한 8시 57분 16초가 된다.

하지만 이와 같이 실제 경과한 시간을 일일이 계산하지 않고 각 구간의 거리를 기준으로 실제 구간에서 소요된 시간의 가중평균을 통해 조화평균의 개념으로 계산해보자. 각 구간의 길이에 차이가 있으므로 식 (3.6)을 그대로 적용하는 대신 식 (3.6)을 유도할 때 고려한 가중평균의 개념을 적용하였다. 전체 통행시간은 735.79초였고 첫 번째 구간에서 소비된 시간은 75.79초, 두 번째 구간에서의 시간은 300초, 세 번째 구간에서의 소비시간은 360초였다. 따라서 이를 가중평균의 개념으로 계산하면 다음과 같다.

$$\frac{75.79}{735.79}\times 95+\frac{300}{735.79}\times 60+\frac{360}{735.79}\times 80=73.39$$

이와 같이 각 구간에서의 소비시간을 기준으로 가중평균을 계산하더라도 앞에서 실제 소비시간을 계산한 후 전체 구간거리를 고려해 평균 통행속도를 계산한 결과와 동일한 속도를 얻을 수 있음을 확인할 수 있다.

이때 가중평균 계산 시 쉽게 범할 수 있는 오류가 구간 통행시간 대신에 구간 통행거리의 가중평균을 계산하는 것이다. 즉,

$$\frac{2}{15}\times 95+\frac{5}{15}\times 60+\frac{8}{15}\times 80=75.33$$

이와 같이 구간거리를 이용해 가중평균을 하면 위 예제의 경우 시간을 이용해 가중평균을 했을 때보다 평균 속도가 크게 계산된다. 이는 상대적으로 높은 속도로 주행한 마지막 구간의 비중이 크게 고려되기 때문인데, 실제 주행 시에는 이 구간을 높은 속도로 통과하기 때문에 소요되는 시간은 상대적으로 낮은 속도로 주행한 구간보다 그 길이가 크지 않다. 따라서 통행자가 실제 체감하는 속도보다는 높은 속도가 나타나게 된다.

이와 같이 평균적인 통행속도를 계산하는 경우에는 거리와 시간과의 관계를 통해 전체 구간을 통과하며 운전자가 체감하는 대표적인 속도를 계산해야 하며, 이는 구간별 통행시간을 통한 가중평균을 고려해야 실제 평균 통행속도와 같은 결과를 얻을 수 있다. ■

이론적인 통계 분석에서는 평균이 가장 흔히 이용되지만 대푯값의 계산에는 다른 값들도 자주 이용된다. 최빈값(mode)도 그 중 하나이다. 최빈값은 표본자료에서 가장 자주 나타나는 값을 의미한다. 예를 들어 다음과 같은 표본들이 있다고 가정하자.

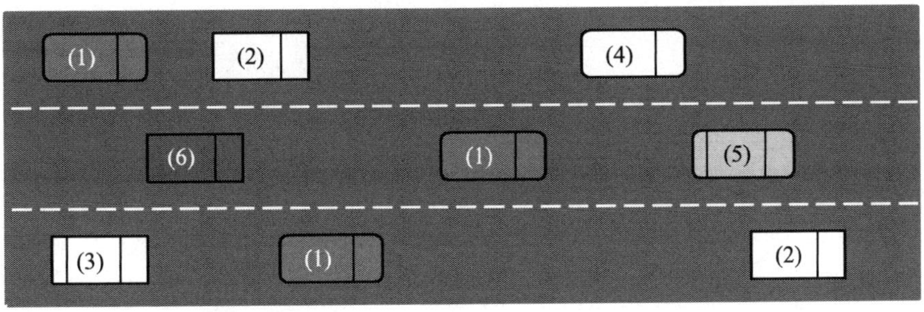

(1)번 차량: 3대　　(2)번 차량: 2대　　(3), (4), (5), (6)번 차량: 1대

〈그림 3.14〉 대표적인 차량의 결정

3, 4, 5, 5, 5, 6, 6, 7

이 경우 표본 평균값은 4.375이다. 그러나 자료의 최빈값은 5이다.

산술평균이라는 통계값이 있는데도 최빈값이 대푯값으로 이용되는 이유는 표본들의 성질에 기인한 것이다. <그림 3.14>와 같이 차량 개발을 위해 현재 시장에서 어떤 차량이 가장 인기가 있는, 또는 많이 팔린 승용차인지를 조사하는 상황을 가정해보자. 일정 시간 동안 도로를 조사한 결과 (1)번 차량은 3대, (2)번 차량은 2대, 나머지 차량들은 모두 1대씩 관측되었다. 따라서 조사 결과 가장 대표적인 차량은 (1)번 차량으로 결정할 수 있다.

<그림 3.14>에서 보는 바와 같이 최빈값은 표본의 성질이 연속변수가 아닌 불연속변수일 때 대푯값을 결정하는 데 자주 이용된다. 위의 예에서 만약 산술평균을 계산한다면 2.78(=(1+1+1+2+2+3+4+5+6)/9)이 되는데, 이는 각 차종에 설정된 번호를 산술적으로 더해 총 대수로 나눈 값으로 존재하는 의미 없는 차종이 된다. 그 밖에 연속형 표본값을 이용하는 경우에도 최빈값은 확률적 성질을 갖는 모집단에서 표본을 추출할 때 가장 자주 관측되는, 또는 도출되는 값으로서의 의미를 갖는다.

중간값(median)은 <그림 3.8>과 같이 모든 자료의 값을 크기 순서에 따라 정렬시켰을 때 가장 중간에 위치하는 값이다. 수학적 관점에서 중간값은 평균과 비교해 편기된 값을 제공할 가능성이 있기 때문에 표본 특성을 가장 잘 나타내는 대푯값이라고는 할 수 없다. 하지만 여러 통계분석에서 중간값을 이용하는 경우를 흔히 볼 수 있는데, 그 이유는 평균에 비해 중간값이 극단값의 영향을 크게 받지 않기 때문이다. 예를 들어 차량 속도 조사를 실시하였다고 가정해보자. 조사 차량의 대수는 10대였고 그 값은 아래와 같다.

45, 48, 51, 51, 55, 62, 63, 70, 72, 140

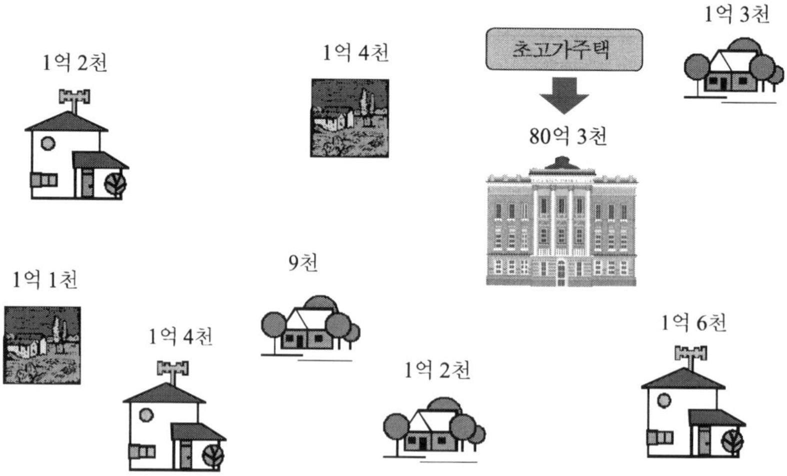

- 초고가주택이 포함된 평균 주택가격: 10억 원
- 초고가주택이 제외된 평균 주택가격: 1억 2600만 원
- 초고가주택이 포함된 중간 주택가격: 1억 3천만 원
- 초고가주택이 제외된 중간 주택가격: 1억 2500만 원

〈그림 3.15〉 중간값을 통한 주택가격의 결정

이 경우 중간값은 55와 62의 중간값을 취하면 되므로 58.5 km/h로 결정되며, 평균값은 65.7 km/h이다. 위의 자료집합에서 140 km/h라는 속도가 관측기기 오류에 의한 잘못된 값이라 생각해보자. 만약 위 자료에서 140을 떼고 나머지 9개 자료로 평균을 구한다면 평균은 57.4 km/h가 된다. 따라서 표본 1개에 따라 8 km/h 이상의 값의 변화가 발생했다. 하지만 중간값의 경우 나머지 9개 자료의 중간값은 55 km/h이다.

앞에서 살펴본 바와 같이 중간값은 순서에 의해 결정되기 때문에 각 표본들이 어떤 값을 갖는지를 고려하지는 않는다. 이러한 중간값의 성질 때문에 각 표본의 속성값을 구체적으로 반영할 수 없다는 단점이 있으나, 반대로 이러한 성질 때문에 소량의 극단적인 표본에 의해 대푯값이 왜곡되는 현상을 피할 수 있다. 따라서 중간값은 표본 조사 시 극단적인 오차가 포함된 표본이 조사될 가능성이 있거나 소수의 극단적인 값을 갖는 표본이 존재하는 경우 이러한 극단값에 의한 왜곡의 영향을 줄이는 데 효과적이다. 때문에 주택가격과 같은 민감하고 왜곡 발생 가능성이 높은 경우 중간값을 대푯값으로 쓰는 경우가 있다.

<그림 3.15>의 경우 대부분의 주택은 1억 원대 초반의 가격을 갖고 있으나 한 저택의 가격이 80억 3천만 원으로 초고가로 형성되어 있다. 이 경우 평균 주택가격은 약 10억 원이 된다. 하지만 실제로 집을 가진 사람들 중 그림의 집 가격이 10억 원과 유사한 경우는 찾을 수 없다. 이러한 경우 10억 원이라는 가격을 이 지역의 대표적인 주택가격이

라 말할 수는 없다. 이러한 편기와 왜곡을 배제할 수 있는 통계값이 바로 중간값이다. 중간값의 경우 초고가주택의 포함 여부와 관계없이 1억 2500만 원에서 1억 3천만 원 사이의 가격을 제공하고 있다. 따라서 이 가격은 지역 내 가장 일반적인 주택의 가격을 대표한다고 할 수 있다. 주택가격과 같은 민감한 통계치의 경우 극단치의 영향을 최소화시키는 또 다른 이유는 초고가주택과 같이 가격이 매우 높은 경우에는 그 값의 변동 절댓값도 매우 크다. 따라서 이러한 경우에는 대푯값의 불안정성이 나타날 수 있으므로, 순서에 의해 결정되어 보다 안정적인 통계값을 제공하는 중간값이 더 적합하다고 할 수 있다.

(2) 분산의 계측(measure of dispersion)

앞 절에서 우리는 표본의 속성을 대표하는 값을 어떻게 결정할 것인가에 대해 살펴보았다. 하지만 표본의 특성을 파악하기 위해서는 속성 대푯값만으로는 부족하다. 아래의 두 표본집단을 비교해보자.

〈표 3.3〉 두 학급 학생들의 신장 조사 결과: Case 1 (단위: cm)

	1	2	3	4	5	6	7	8	9	10
A학급	175	182	135	185	128	193	189	185	142	186
B학급	172	175	168	167	168	174	167	171	170	168

<표 3.3>의 자료에 따르면 두 학급의 학생 평균 신장은 170 cm로 동일하다. 하지만 평균 신장이 동일하다고 해서 이 두 학급의 신장이 유사하다고 말할 수는 없다. 개별적인 자료의 값들을 살펴보면 두 학급 학생들의 신장자료에는 오히려 큰 차이가 있다고 말할 수 있다. 이러한 차이를 객관적으로 평가하기 위해 이용되는 통계치가 분산이다.

<그림 3.16>은 두 학급 간 신장의 차이를 그림을 통해 어떻게 설명할 수 있는지를 예시하고 있다. 다각형 그래프의 경우 A학급 학생들의 신장 그래프는 안팎으로 크게 변동하는 톱니바퀴의 형태를 갖는 반면, B학급의 그래프는 170 cm를 중심으로 원형에 가까운 형태를 갖고 있다. 이는 A학급의 경우 최댓값과 최솟값의 차이가 큰 반면 B학급의 경우 그 차이가 크지 않기 때문이다. (b)에서 보인 선형그래프에서도 두 학급의 신장 간에는 큰 차이가 있다는 점을 확인할 수 있다. 선형그래프에서는 그래프가 존재하는 가장 높은 위치와 낮은 위치를 비교해 자료의 범위를 파악할 수 있다. B학급의 경우 수평에 가까운 패턴을 보이고 있는데 이는 B학급 학생들의 경우 학생들 간 신장의 편차가 크지 않음을 의미한다. 이와 같이 대푯값과 함께 표본이나 모집단의 특성을

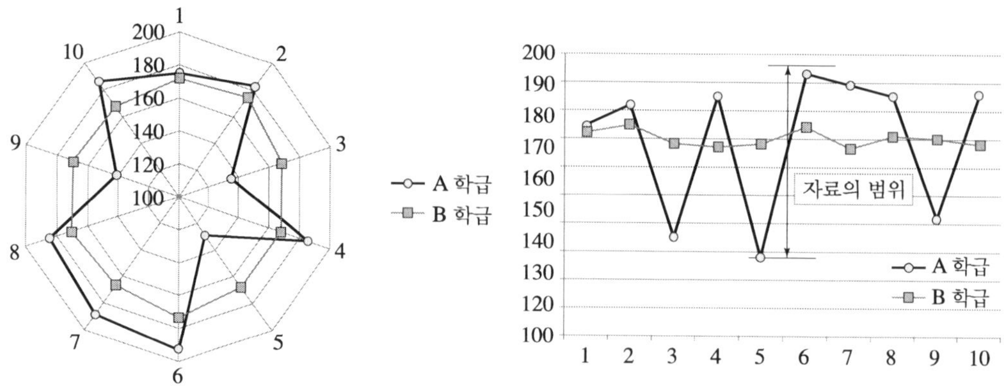

(a) 다각형그래프 (b) 선형그래프

〈그림 3.16〉 그림을 통한 분산의 표현: Case 1

정의하는 또 다른 중요한 통계값은 자료가 얼마나 큰 다양성을 가지고 있는가, 또는 얼마나 광범위한 분포 범위를 갖고 있는가이다. 이를 확인하는 것을 분산의 계측이라 한다.

이러한 자료의 분포 정도(dispersion)를 나타내는 데는 다음과 같은 몇 가지 계측자(measure)들이 이용된다. 자료의 분포 정도를 나타내는 가장 기본적인 지표는 범위(range)이다. 범위는 자료의 가장 큰 값과 가장 작은 값 사이의 거리로 나타낸다. 예를 들어 <표 3.3>에서 A학급 신장의 범위는 최댓값 193, 최솟값 128에 따라 65이며, B학급의 경우는 8이다.

〈표 3.4〉 두 학급 학생들의 신장 조사 결과: Case 2 (단위: cm)

	1	2	3	4	5	6	7	8	9	10
A학급	175	182	135	185	128	193	189	185	142	186
C학급	193	175	168	170	169	176	128	174	175	172

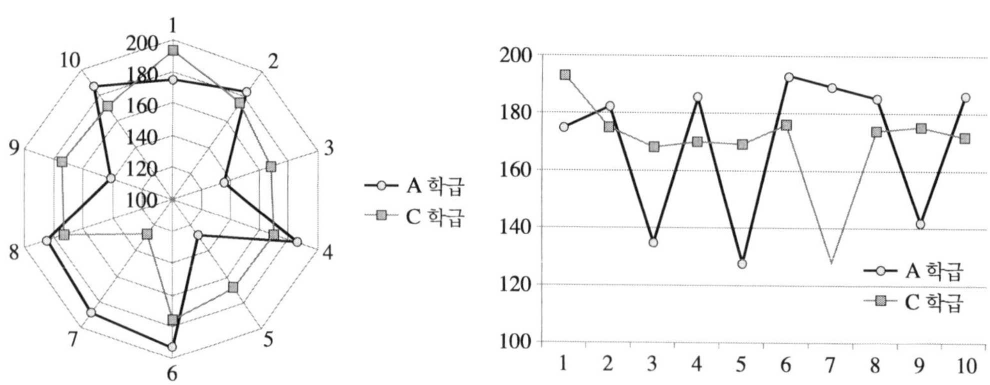

(a) 다각형그래프 (b) 선형그래프

〈그림 3.17〉 그림을 통한 분산의 표현: Case 2

범위는 자료가 존재하는 구간을 알려준다는 측면에서 중요한 정보라 할 수 있으나 기본적으로 가장 큰 자료값과 작은 자료값만을 참조하기 때문에 다른 표본들이 어떤 값을 갖는지에 대해서는 고려가 불가능하다.

<그림 3.17>에서 새로 제시한 C학급의 경우 범위에 있어서는 A학급과 동일한 65를 나타낸다. 최댓값과 최솟값 역시 193과 128로 동일하다. 하지만 <그림 3.17>의 (b)에서 쉽게 확인할 수 있듯이 두 학급의 신장표본들이 분포되어 있는 형태는 크게 다르다. (a)에서 알 수 있듯이 C학급의 경우 대부분의 표본들이 160～180 사이의 구간에 속해 있으나, A학급의 경우 편차가 매우 큰 것을 확인할 수 있다. 이와 같이 범위는 자료의 분포 특성에 대해서는 중요한 정보를 주지 못한다는 사실을 알 수 있다. 이를 위해 이용되는 통계값이 바로 분산(variance)이다.

분산은 범위가 제공하지 못하는 정보, 즉 자료들이 평균으로부터 얼마나 가깝게 위치하고 있는지를 파악할 수 있도록 해준다. 모집단의 분산의 경우 식 (3.7)과 같이 정의된다.

$$\sigma^2 = \frac{\sum_{i=1}^{N}(x_i - \mu)^2}{N} \tag{3.7}$$

이때 N은 모집단 내의 자료 수이다. 만약 자료가 표본을 대상으로 한 것이라면 표본분산은 식 (3.8)과 같이 정의된다.

$$s^2 = \frac{\sum_{i=1}^{n}(x_i - \overline{x})^2}{n-1} \tag{3.8}$$

이때 n은 표본의 숫자이며, $\overline{x}$는 표본평균이다. 위의 식은 또 아래의 식 (3.9)와 같이 나타낼 수도 있다.

$$s^2 = \frac{\sum_{i=1}^{n}x_i^2 - n \cdot \overline{x^2}}{n-1} \tag{3.9}$$

문제 3-10 식 (3.9)를 이용해 〈표 3.3〉와 〈표 3.4〉에서 제시한 세 학급의 신장표본들의 분산을 계산하시오.

분산의 경우 자료의 평균과 각 자료들 간의 편차에 대한 정보를 제공하지만 그 크기 단위가 자료 단위의 제곱형태로 나타나기 때문에 자료값에 비해 범위가 얼마나 큰지에 대한 판단이 어렵다. 따라서 분산값에 근(root)을 취해 분산의 단위를 표본의 단위와 일치시킬 수 있다. 이를 표준편차(SD, Standard Deviation)라고 하며, 아래와 같이 계산한다.

$$s = \sqrt{s^2} \text{ 와 } \sigma = \sqrt{\sigma^2} \tag{3.10}$$

〈표 3.5〉 경부고속도로 차량속도 조사 표본

구분	속도(km/h)	$(x_i - \mu)^2$
1	42.5	169.0
2	68.3	163.8
3	78.5	529.0
4	65.3	96.0
5	28.3	739.8
6	52.1	11.6
7	35.5	400.0
8	80.6	630.0
9	70.1	213.2
10	33.8	470.9
평균	55.5	3423.3
분산		380.4

자료의 평균은 55.5 km/h이며, 표본분산은 380.4이다. 따라서 표준편차는 $\sqrt{380.4} =$ 19.5이다. 이는 각 표본값들과 평균 사이의 편차값이 평균적으로 19.5 km/h임을 의미한다.

문제 3-11 식 (3.10)을 이용해 〈표 3.3〉와 〈표 3.4〉에서 제시한 세 학급의 신장표본들의 표준편차를 계산하시오.

문제 3-12 A지역에 설치된 10개의 검지기에서 하루 동안 관측된 차량대수가 〈표 3.6〉과 같을 때, 관측된 차량의 분산을 구하시오.

〈표 3.6〉

검지기 번호	검지된 차량대수(대)
1	55
2	35
3	64
4	38
5	47
6	33
7	53
8	62
9	48
10	38
평균	47.3

풀이

검지기 번호	차량대수(x_i)	평균(μ)	$(x_i-\mu)^2$
1	55	47.3	59.29
2	35	47.3	151.29
3	64	47.3	278.89
4	38	47.3	86.49
5	47	47.3	0.09
6	33	47.3	204.49
7	53	47.3	32.49
8	62	47.3	216.09
9	48	47.3	0.49
10	38	47.3	86.49
합계	473	–	1116.1

식 (3.7)을 이용하여 분산값을 계산하면

$$\sigma^2 = \frac{\sum_{i=1}^{N}(x_i-\mu)^2}{N} = \frac{1116.1}{10} = 111.61$$

이다. ■

문제 3-13 〈표 3.6〉과 식 (3.10)을 이용하여 표준편차를 계산하시오.

풀이 $\sigma = \sqrt{\sigma^2} = \sqrt{111.61} \fallingdotseq 10.56$ ■

표준편차는 자료의 각 값들이 평균에 대해 얼마나 떨어져 있는지를 알려주지만, 이 값은 자료의 절대적인 확률적 임의성을 나타낼 뿐, 다른 자료들과의 비교에는 쓰일 수 없다. 예를 들어 두 자료가 동일한 표준편차를 가졌다고 하더라도 두 자료의 평균이 다르다면 두 분포 중 어느 분포가 더 변동성이 큰 분포인지를 판단할 수 없다. 속도자료 A가 평균이 30 km/h이고 표준편차가 10 km/h이며, 자료 B는 평균이 80 km/h이고 표준편차가 10 km/h라면 표준편차는 동일하지만 자료의 확률 임의성은 자료 A가 훨씬 크다고 할 수 있다.

이와 같이 자료의 변동성 분석에서는 표준편차와 평균이 동시에 고려되어야 하며, 이를 위해 이용되는 통계치가 분산계수(coefficient of variance)이다.

$$CV = \frac{SD}{mean} = \frac{s}{\bar{x}} \tag{3.11}$$

또는 백분율의 형태로 식 (3.12)와 같이 나타낼 수 있다.

$$CV = \frac{s}{\bar{x}} \cdot \frac{100}{1} (\%) \tag{3.12}$$

자료의 범위를 나타내는 이러한 통계값들은 모두 자료의 확률 임의성이 얼마나 큰가를 파악하는 데 이용된다.

(3) 비대칭성(asymmetry)

자료분포의 비대칭이란 자료 전체의 분포가 평균을 중심으로 얼마나 대칭 형태에서 벗어나 있는가를 의미한다. 자료의 비대칭을 계측하는 척도로는 왜도(skewness)가 이용되며, 어떤 방향으로 편기되어 있는가는 평균과 중간값(median)을 이용해 다음과 같이 세 가지 경우로 정의한다.

① mean > median: 우측으로 편기(positively skewed, skewed to right)

② mean < median: 좌측으로 편기(negatively skewed, skewed to left)

③ mean = median: 대칭(symmetrical, 0 skewed)

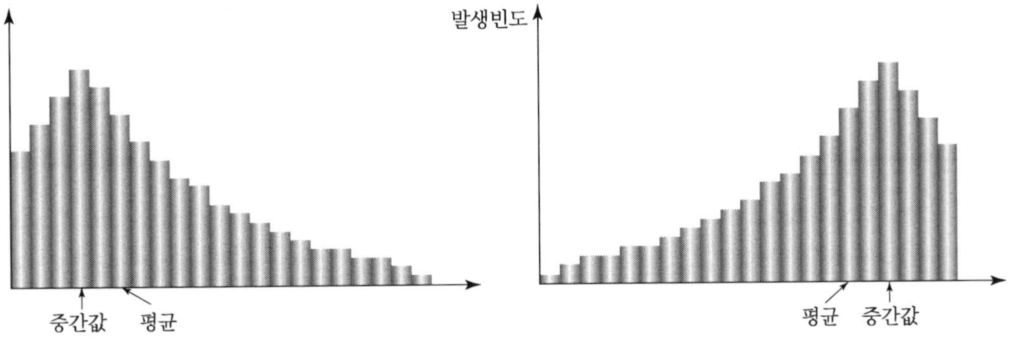

(a) 우편기(positively skewed) (b) 좌편기(negatively skewed)

〈그림 3.18〉 분포의 비대칭성

분포의 비대칭성을 계측하는 방법은 크게 두 가지 방법을 이용하는데, 첫 번째 방법은 피어슨(K. Pearson) 기법이다. 피어슨 기법은 <그림 3.18>에서 보인 바와 유사하게 평균값과 최빈값(mode)이 얼마나 떨어져 있는가를 이용해 자료의 비대칭 정도를 계측하는 방법이다. 이때 서로 다른 두 자료 간의 비교를 위해 분산계수에서 썼던 방법과 유사하게 평균과 최빈값 간의 차이를 표준편차로 나누어 비대칭성의 크기를 정의한다.

$$\text{skewness} = \frac{\bar{x} - m_0}{s} \tag{3.13}$$

여기서, m_0는 최빈값을 나타낸다. 식 (3.13)의 값은 일반적으로 ∓ 3 사이에 존재하는데 값이 ∓ 0.25인 경우 왜도가 낮다고 판단하고, ∓ 0.25보다는 크지만 ∓ 0.50보다는 작다면 완만하다고 판단한다. ∓ 0.50 이상의 범위에 있으면 왜도가 크다고 판단한다. 식 (3.13)과 같은 특별한 식을 이용하는 것에 비해 자료분포의 특성을 계량화하는 일반적인 방법은 자료의 모멘트를 이용하는 방법이다. 이를 Central moment라 정의하며, 수학식으로 나타내면 식 (3.14)와 같다.

$$M_n = E\left[(x_i - \bar{x})^n\right] \tag{3.14}$$

만약 n의 값이 2이면 이 값은 식 (3.15)와 같이 정의된다.

$$M_2 = variance = E\left[(x_i - \bar{x})^2\right] \tag{3.15}$$

표본추정값의 경우 자유도를 고려해 식 (3.16)으로 평균에 대한 2차 모멘트를 계산한다.

$$M_2 = s^2 = \sum_{i=1}^{n} \frac{(x_i - \bar{x})^2}{n-1} \tag{3.16}$$

식 (3.15)와 식 (3.16)은 자료의 분산식과 동일하다. 자료의 2차 모멘트란 자료값과 평균 간의 거리를 제곱하여 자료의 개수로 나누어 구한 자료의 모멘트이다. 이와 유사하게 $n=3$이면 3차 모멘트로서 M_3로 나타내고 아래와 같이 계산한다.

$$M_3 = skewness = \sum_{i=1}^{n} \frac{(x_i - \bar{x})^3}{n} \tag{3.17}$$

표본 skewness계수는 단위가 없으며 아래와 같이 정의된다.

$$g_1 = \frac{M_3}{s^3} = \frac{M_3}{M_2^{3/2}} \tag{3.18}$$

만약 이 값이 (+)이면 이는 표본의 분포가 오른쪽으로 편기되어 있음을 의미한다.

이렇게 모멘트를 이용한 왜도의 측정은 평균과 자료 간 편차의 합계는 0이 되어야 한다는 성질을 이용한 것이다. 즉 식 (3.18)의 값이 0에서 멀어지면 멀어질수록 비대칭성이 커진다고 판단할 수 있다.

문제 3-14 식 (3.18)을 이용해 문제 3.11과 3.12 자료의 3차 모멘트값을 계산하시오.

자료분포의 마지막 성질은 자료의 분포 첨두가 얼마나 뾰족한가이다. 이를 계량적으로 측정하는 방법이 첨도(kurtosis, flatness)이며, 이는 자료의 4차 모멘트라 하고 식 (3.19)와 같이 정의된다.

$$g_2 = \frac{M_4}{s^4} = \frac{M_4}{M_2^2} \quad \text{여기서} \quad M_4 = \frac{(x_i - \bar{x})^4}{n} \tag{3.19}$$

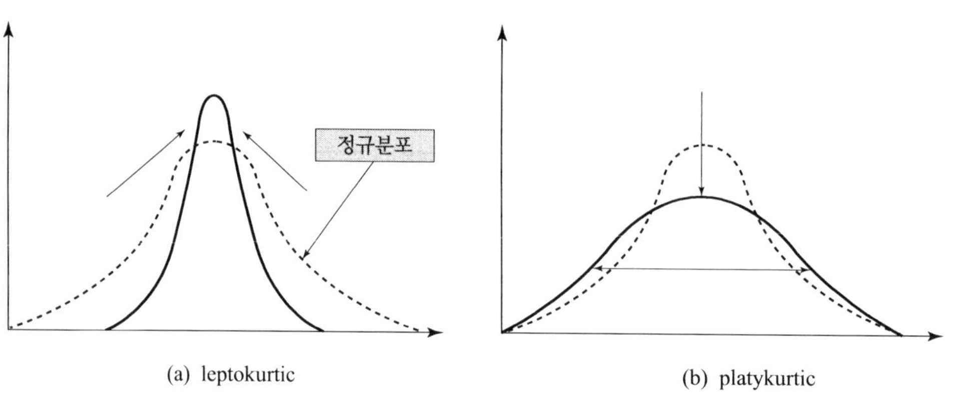

〈그림 3.19〉 leptokurtic과 platykurtic

정규분포의 성질로부터 $M_4/s^4 = 3 = g_2$로 정의된다. 이 g_2의 값을 통해 표본분포의 kurtosis 성질을 정의하는데, 만약 $g_2 > 3$이면 분포의 첨두가 정규분포에 비해 예리한 것이다. 이를 "leptokurtic" distribution이라 부른다. 반대로 만약 $g_2 < 3$이면 분포의 첨두가 정규분포에 비해 덜 예리한 것이다. 이를 "platykurtic" distribution이라 부른다. 이때 분포의 첨두가 3보다 크면 분포의 첨두 최고 높이가 정규분포의 첨두보다 높은 것이며, 3 이하이면 정규분포 첨두에 비해 완만한 형태를 갖는다.

(4) 쌍으로 정의되는 자료

1) 산포도

산포도(scattergram)는 쌍으로 이루어진 자료의 성질을 설명하는 데 가장 자주 이용되는 그래프이다. 산포도를 그리는 방법은 두 개의 쌍으로 이루어진 자료에 대해 각각의 자료값에 해당하는 축을 설정한 뒤 두 값으로 이루어진 점을 쌍을 이룬 자료로 표시하는 것이다. 따라서 일반적으로 산포도는 2차원 그래프로 그려진다. 만약 자료쌍이 두 축에 대해 동일한 값을 가진다면, 이 점은 45° 선상에 위치해야 한다. 이러한 분석은 특히 참값과 추정값을 비교하는 것과 같이 이상적인 상황에서 쌍을 이룬 두 값들이 일치해야 할 때 이상적인 상태에 얼마나 접근했는지를 평가하는 데 유용하게 이용될 수 있다.

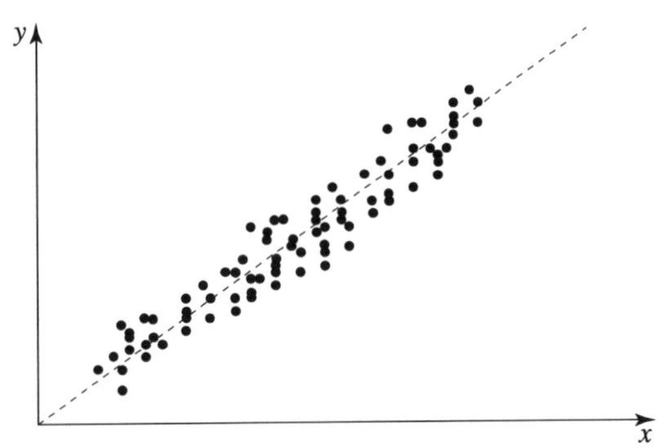

〈그림 3.20〉 산포도의 예

2) 통계값을 이용한 방법

① (표본) 공분산[(sample) covariance]

(표본) 공분산은 표본 자료에서 두 변수 간의 관련성을 분석하는 데 많이 사용되는 지표이다. 이는 식 (3.20)과 같이 계산된다.

$$Cov[x,y] = \frac{\sum_{i=1}^{n}(x_i - \bar{x})(y_i - \bar{y})}{n-1} \tag{3.20}$$

② (표본) 상관계수[(sample) correlation coefficient]

(표본) 상관계수는 공분산에 비해 더 정규화된 통계값이다. 공분산의 경우 자료값의 크기에 의해 그 크기가 상대적이므로 서로 다른 두 표본자료들을 비교하는 데는 적합하지 않지만, (표본) 상관계수는 -1에서 1 사이의 값을 갖도록 정규화되기 때문에 비교에 적합한 성질을 갖고 있다. 만약 이 값이 음의 값을 가지면 하나의 변수값이 감소할 때 다른 변수의 값은 증가함을 의미한다. 반대로 양의 상관계수값은 두 변수가 함께 증가하는 관계임을 의미한다.

$$r(x,y) = \frac{1}{n-1} \cdot \frac{\sum_{i=1}^{n}(x_i - \bar{x})(y_i - \bar{y})}{s_x \cdot s_y} \qquad -1 \leq r(x,y) \leq 1 \tag{3.21}$$

이때 s_x와 s_y는 x와 y의 표본 표준편차를 의미한다.

만약 자료를 통해 얻은 산포도가 <그림 3.21>과 같이 45° 직선상에 위치하는 경우 상관계수는 $+1/-1$의 값을 갖는다. 이를 완전한 선형상관이라 부른다.

이때 주의할 점은 $r(x, y)$는 선형 상관성을 계측하는 측정자라는 점이다. <그림 3.22>에서 두 변수는 매우 깊은 관계를 갖고 있으나 이는 선형은 아니다. 따라서 이러한 경우 $r(x, y)$의 값은 거의 0에 가까울 것이다.

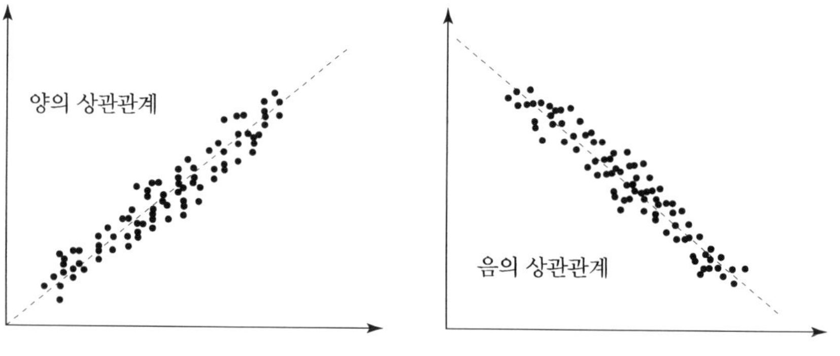

〈그림 3.21〉 자료의 상관성과 산포도

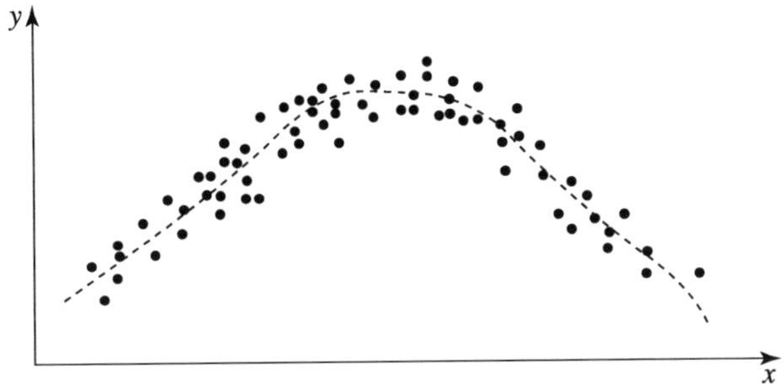

〈그림 3.22〉 높은 상관관계와 낮은 $r(x,y)$값의 예

3.2 확률의 기초

3.2.1 확률의 기초 개념

확률이론은 불확실성에 대해 연구하는 수학의 한 분야이다. 통계학이나 자료 조사 역시 확률이론에서 궁금해 하는 가장 기초적인 질문, 즉 얼마나 자주 특정한 사상이 발생하는가에 대한 답을 구하기 위한 것이라 할 수 있다. 이 장에서 설명하는 통계학에서 다루는 중요한 문제인 가설의 검증이나 모수값의 추정도 모집단보다 작은 표본수를 이용하는 경우 불확실성하에서 모집단의 통계 특성값을 추정해야 하기 때문에 모집단의 확률특성을 고려해야 한다. 따라서 이 장에서는 기초통계학 이해에 필요한 확률의 기초 이론에 대해 설명한다. 이를 위해서는 몇 가지 용어들에 대해 먼저 설명해야 한다.

(1) 표본공간과 변수

- 표본공간(sample space): 실험(experiment)에 의해 도출될 수 있는 산출결과

  예) 주사위의 표본공간은 {1, 2, 3, 4, 5, 6}이다.

표본공간은 확률문제가 다루는 변수의 종류에 따라 두 가지 형태로 구분할 수 있다.

가. 이산형 표본공간(discrete sample space): 산출결과가 정수 형태임

나. 연속형 표본공간(continuous sample space): 산출결과가 실수 형태임

- 사상의 발생확률(probability for an event): 특정한 산출물을 얻을 확률

모든 사상들은 표본공간 내에서 확률적인 관계를 갖게 되는데, 만약 특정한 사상이 다른 사상의 발생에 영향을 주지 않는다면 이 둘 간의 관계를 독립(independence)이라

고 한다.

수학적으로는 식 (3.22)의 조건이 만족되면 두 사상 A와 B는 독립이라고 정의한다.

$$P(B|A) \ (=B \text{ given } A) = P(B) \tag{3.22}$$

이때 조건부확률 $P(B|A)$는 식 (3.23)과 같이 정의된다.

$$P(B|A) = \frac{P(A \cap B)}{P(A)} = \frac{P(\text{Common outcomes})}{P(\text{All outcomes of } A)} \tag{3.23}$$

만약 A와 B가 상호 독립이라면

$$P(B|A) = \frac{P(A \cap B)}{P(A)} = P(B) \tag{3.24}$$

따라서 A와 B가 독립이라면

$$P(A \cap B) = P(A) \cdot P(B) \tag{3.25}$$

가 된다.

문제 3-15 한 버스 정류장에 3가지 형태의 버스가 도착한다고 가정하자. 각 버스의 도착확률은 각각 아래와 같다.

$$A = 30(\%),\ B = 50(\%),\ C = 20(\%)$$

각 버스는 늦을 확률을 갖고 있는데, Pr(A버스가 늦을 확률)=0.6, Pr(B버스가 늦을 확률)=0.1, Pr(C버스가 늦을 확률)=0.4이다. 이 경우 정류장에서 버스를 기다릴 때 운행스케줄에 비해 늦게 버스가 도착할 확률은 얼마인가?

풀이 $(0.6 \times 0.3) + (0.1 \times 0.5) + (0.4 \times 0.3) = 0.31$ ■

문제 3-16 어느 3차로 도로에서 차종별 구성비가 각각 자동차(A) = 60%, 버스(B) = 30% 트럭(T) = 10%의 비율로 구성되어 있으며, 각 차량이 좌회전할 확률은 Pr_a (승용차의 좌회전 확률) = 0.4, Pr_b (버스의 좌회전 확률) = 0.2, Pr_t (트럭의 좌회전 확률) = 0.6 이다. 이 경우 승용차, 버스, 트럭 모두 좌회전할 확률은 얼마인가?

풀이 $(0.6 \times 0.4) + (0.3 \times 0.2) + (0.1 \times 0.6) = 0.36$ ■

(2) 임의변수(random variable)

확률을 고려하는 모형에서 확률성을 갖는 모든 변수들은 임의변수이다. 임의변수란 실험(experiment)을 거치기 전까지는 그 값을 사전에 알 수 없는 변수를 의미하는 것으로,

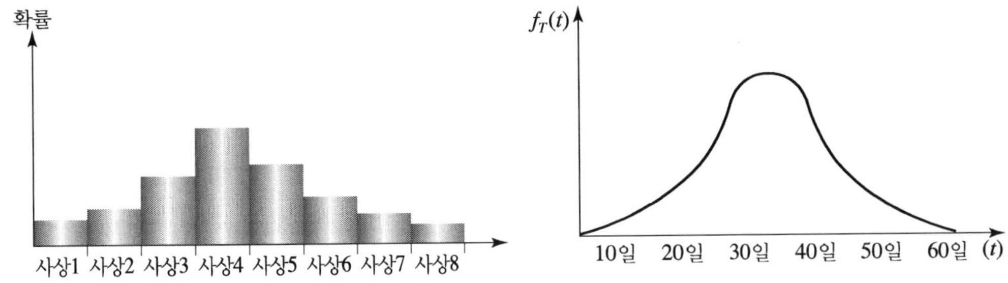

(a) 확률질량함수　　(b) 확률밀도함수

〈그림 3.23〉 확률질량함수와 확률밀도함수

그 값은 확률분포를 통해 정의된다. 이때 확률분포는 이산형(discrete)과 연속형(continuous)으로 구분된다.

이산형의 경우 모든 사상들이 하나씩 세는 것이 가능하며 모든 사상의 확률을 더하면 1이 된다. 이때 각 사상의 상대도수를 나타내는 히스토그램은 확률질량함수(probability mass function, pmf)라고 한다. 이렇게 pmf로 정의되는 확률분포는 푸아송(Poisson) 분포와 이항(binomial) 분포 등이 있다.

이항분포의 확률을 계산할 때 가장 기본적인 필요조건은 문제에서 다루는 사상이 셀 수 있다는 점이다. 만약 사상을 세는 것이 불가능한 경우 이 사상은 연속형 임의변수로 정의되어야 한다.

<그림 3.23>의 (b)에서 t는 고속도로의 특정 구간에서 발생하는 사고 간의 시간길이를 나타낸다. 이때 시간은 1일, 5일과 같이 하나하나 셀 수 있는 것처럼 보이지만 실제로는 무한하게 분할될 수 있는 연속형 변수이다. 따라서 이 경우 t는 연속형 임의변수가 된다.

주의할 점은 (b)에서 $f_T(t)$ 자체가 확률을 나타내지는 않는다는 점이다. 확률밀도함수의 확률은 임의변수값의 범위가 주어져야만 계산이 가능하다. 즉 연속형 변수에서 확률은 확률밀도함수의 높이로만 정의가 가능한 것이 아니라 함수곡선 이하의 면적에 의해서 정의된다. 만약 (b)에서 한 번 사고가 발생한 뒤 다음 사고가 발생할 시점이 10에서 20일 사이인 확률을 계산한다고 하면 식 (3.26)과 같은 계산이 필요하다.

$$Pr(10 < \text{사고 간 시간간격} < 20) = \int_{10}^{20} f_T(t)\,dt \tag{3.26}$$

3.2.2 확률밀도함수의 성질

(1) 확률밀도함수의 확률 정의

확률은 여러 가지 성질을 가지고 있는데, 가장 대표적인 성질은 모든 사상의 확률은

0보다는 크거나 같고 1보다는 작거나 같아야 한다는 것이다. 이러한 성질은 확률밀도함수에서도 만족되어야 하는데 수학식으로는 식 (3.27)과 같이 나타낼 수 있다.

$$0 \leq P_x(x) \leq 1 \tag{3.27}$$

또 확률공간의 전체 확률값의 합은 1이 되어야 하므로 임의변수의 존재 구간 전체에 대해 확률밀도함수의 곡선 아래의 면적을 모두 더하면 1이 되어야 한다. 이 역시 식 (3.28)과 같이 나타낼 수 있다. 만약 변수의 존재구간이 $[a, b]$로 정의된다면,

$$0 \leq \int_a^b f_x(x)\,dx \leq 1 \tag{3.28}$$

(2) 확률질량함수 및 확률밀도함수의 기댓값

확률질량함수나 확률밀도함수로 정의되는 임의변수의 기댓값은 식 (3.29) 및 (3.30)과 같이 정의된다.

1) 이산형 임의변수의 경우

$$E[x] = \sum_{i=1}^{N} x_i \cdot P_i(x_i) \tag{3.29}$$

2) 연속형 임의변수의 경우

$$E[x] = \int_{-\infty}^{\infty} x \cdot f_x(x)\,dx \tag{3.30}$$

<그림 3.24>와 같이 확률밀도함수에서 적분항을 이용하면 함수의 1차 모멘트, 즉 기댓값을 계산할 수 있다. 이 사실을 고려하면 식 (3.30)에서 확률밀도함수가 무게를 갖는

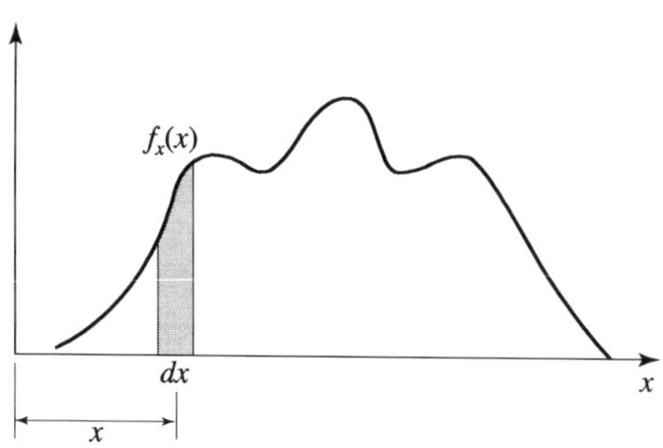

〈그림 3.24〉 확률밀도함수를 이용한 모멘트의 계산

분포라 가정하면 식 내의 x는 무게중심까지의 거리를 의미하고, 이는 곧 1차 모멘트의 정의가 된다. 모멘트는 $x \cdot f_x(x)$이며 그 함수의 총 모멘트는 식 (3.30)과 같다.

(3) 임의변수 함수의 기댓값

x가 알려진 분포 $P_x(x)$를 갖는 임의변수라 가정하면, x를 변수로 갖는 함수 $g(x)$의 기댓값 $E[g(x)]$는 어떻게 계산하는가? 이 문제는 다음과 같이 쓸 수 있다.

$$P_x(x) = P_{g(x)}(g(x)) \tag{3.31}$$

예를 들어 $g(x) = 100 \cdot x$라 가정하자. 이때, x는 주사위를 굴려 나오는 숫자이다. 이 경우 주사위의 숫자 x를 $g(x)$로 변환하는 과정은 <그림 3.25>와 같다. <그림 3.25>에서 보인 바와 같이 확률밀도함수의 모양에는 아무런 변화가 없다. 유일한 변화는 함숫값이 x에서 $g(x)$로 바뀐 것이다. 따라서 함수 $g(x)$의 기댓값은 식 (3.32)와 같이 계산할 수 있다.

$$E[g_x(x)] = \sum_{x=1}^{N} g_x(x) \cdot P_x(x) \tag{3.32}$$

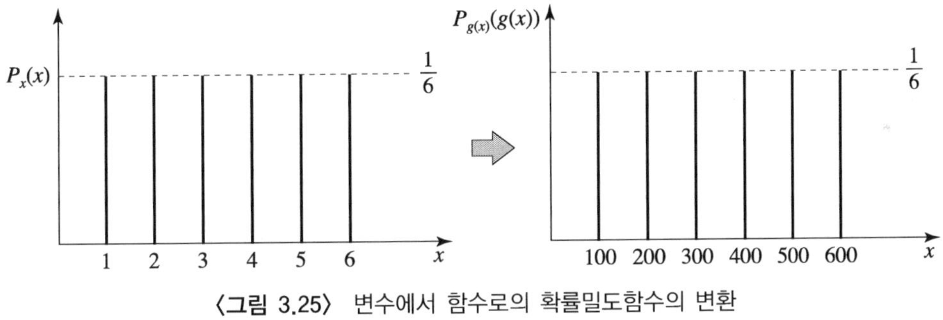

〈그림 3.25〉 변수에서 함수로의 확률밀도함수의 변환

함수 내의 변수가 이산형 변수인 식 (3.32)와 달리 연속형 변수를 갖는 함수의 경우 어떻게 기댓값을 계산할 수 있는가? 예를 들어 x가 범위 $0 \le x \le \lambda$에서 uniform 분포를 따른다면, 이 전체 범위에서 확률의 합은 1이 되어야 하므로 각 x의 확률밀도는 $1/\lambda$로 정의되어야 한다. 이러한 확률 통계치를 갖는 uniform 분포는 <그림 3.26>에 예시하였다.

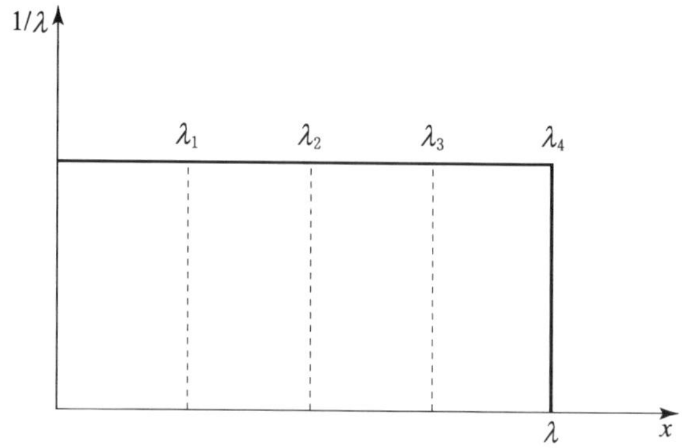

〈그림 3.26〉 uniform 분포

이때 변화를 위한 함수를 $g(x) = x^2$으로 정의하자. 연속형 변수의 변환을 모든 점들에 대해서는 시행하기 어려우므로 전체 변수 범위를 4개로 구분한 뒤 이산형 변수와 같이 변환을 시행해보자. 이 경우 각 부분영역은 각각 0.25의 확률을 가지며, 이 확률값은 변환 전후에 동일한 값을 가져야 한다.

따라서 x^2의 확률밀도함수는 쉽게 계산이 가능하다. 일단 변수 x에 승수를 취하였기 때문에 x축의 길이에 변화가 발생한다. 하지만 새로운 구간길이에 대해서도 각 구간 사이 영역의 확률값은 0.25로 동일해야 한다. 따라서 새롭게 얻은 x^2의 확률밀도함수는 <그림 3.27>과 같다. <그림 3.27>에서 A1 = A2 = A3 = A4이다. 이 조건은 함수의 형태를 우하향 감소함수의 형태로 만든다. 만약 우리가 각 구간을 무한히 작게 정의한다면 변환된 확률밀도함수의 형태는 <그림 3.28>과 같이 연속형의 감소함수가 된다.

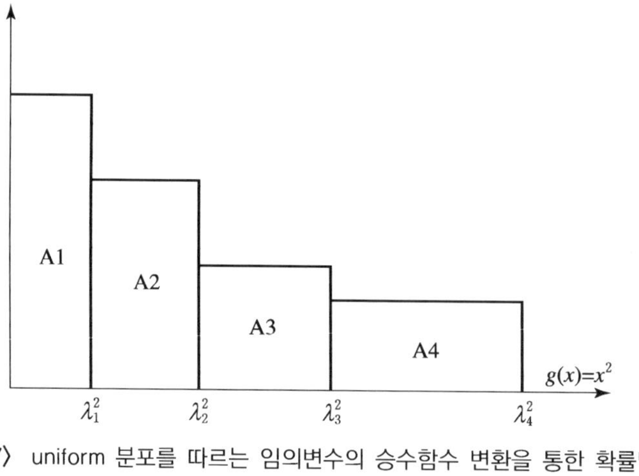

〈그림 3.27〉 uniform 분포를 따르는 임의변수의 승수함수 변환을 통한 확률밀도함수

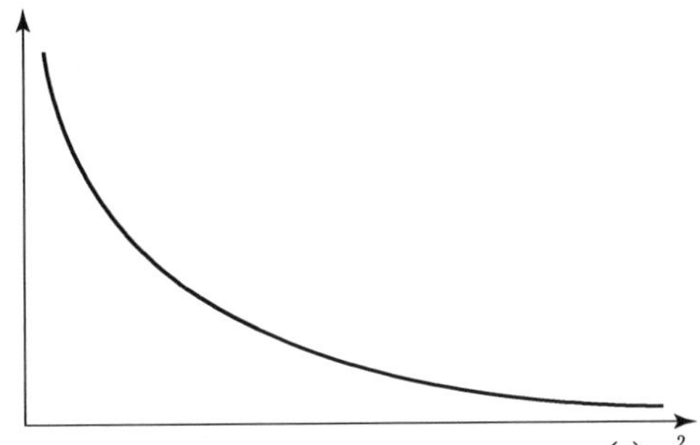

〈그림 3.28〉 변환에 따른 지수형 확률밀도함수

3.2.3 확률밀도함수의 종류

(1) 푸아송 분포(Poisson distribution)

푸아송 분포는 프랑스 수학자 푸아송(S. D. Poisson, 1781~1840)에 의해 발견된 확률분포로서 다양한 자연현상을 설명하는 데 널리 사용된다. 푸아송 분포의 확률 계산식은 식 (3.33)과 같이 정의된다.

$$P(N=n)=\frac{(\lambda \cdot t)^n \cdot e^{-\lambda \cdot t}}{n!} \tag{3.33}$$

만약 성공확률(또는 도착률)과 시간간격(interval length)이 λ와 t로 각각 정의된다면, 얼마나 많은 성공횟수를 기록할 것인가? 푸아송 분포는 이에 대한 답을 찾는 데 쓰이는 확률 분포이다.

교통공학에서 푸아송 분포는 차량 도착시간 간의 간격을 분석하는 데 자주 이용된다. 즉, 차량 도착이 푸아송 분포를 따른다고 가정하고 차량 간 차두간격의 분포의 확률성을 분석한다. 예를 들어 차량의 도착이 푸아송 분포를 따르는 경우 주어진 시간 n 동안 한 대의 차량도 도착하지 않을 확률을 계산해보자.

$$\text{Pr (0 arrival in time } t)=\frac{(\lambda \cdot t)^0 \cdot e^{-\lambda \cdot t}}{0!}=e^{-\lambda \cdot t} \tag{3.34}$$

여기서, 주어진 시간 t 동안 차량 도착이 없다는 것은 <그림 3.29>와 같이 차량 도착 간의 시간간격이 t보다 크다는 의미가 된다.

따라서

$$Pr(\text{headway} \geq t)=e^{-\lambda \cdot t} \tag{3.35}$$

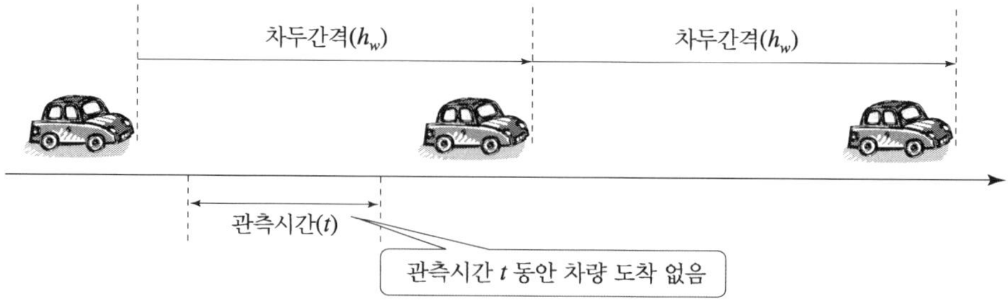

〈그림 3.29〉 관측시간과 차두간격 간의 관계

식 (3.35)는 차량이 도착하지 않을 확률을 나타내는 것이며, 1에서 이 값을 빼면 식 (3.36)과 같이 차량의 도착간격의 확률분포를 얻을 수 있다.

$$Pr(\text{headway} < t) = 1 - e^{-\lambda \cdot t} \tag{3.36}$$

확률은 확률밀도함수의 적분으로 계산되며, 도착차량의 확률분포를 $f(h)$로 정의하면 식 (3.36)은 식 (3.37)과 같이 다시 쓸 수 있다.

$$Pr(\text{headway} < t) = \int_0^t f(h)\,dh \tag{3.37}$$

이때, 식 (3.37)의 확률밀도함수의 적분, 즉 차두간격이 t보다 작을 확률은 <그림 3.30>과 같이 차두간격이 0부터 t로 주어졌을 때 이 구간에 대해 도착분포의 확률밀도함수를 적분한 것과 같다. 즉, 주어진 t시간보다 작은 구간에 대한 차두간격의 확률밀도함수의 곡선 이하 영역 크기가 차두간격이 특정한 시간길이보다 짧을 확률이 된다.

$$Pr(\text{headway} < t) = \int_0^t f(h)\,dh = 1 - e^{-\lambda \cdot t} \tag{3.38}$$

이제, $f(h)$ 함수를 얻기 위해 식 (3.38)을 미분해보자.

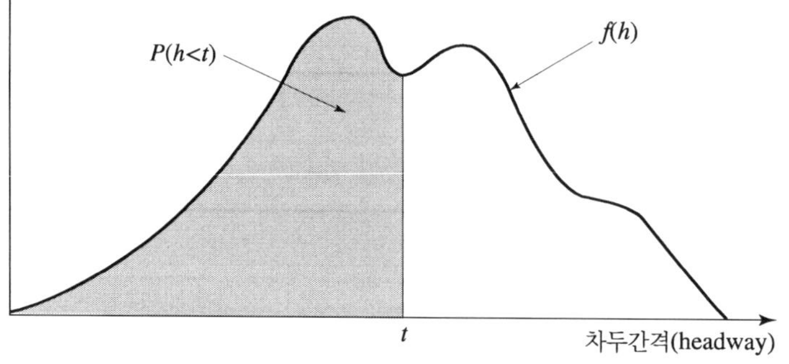

〈그림 3.30〉 확률밀도함수의 적분을 통한 차량도

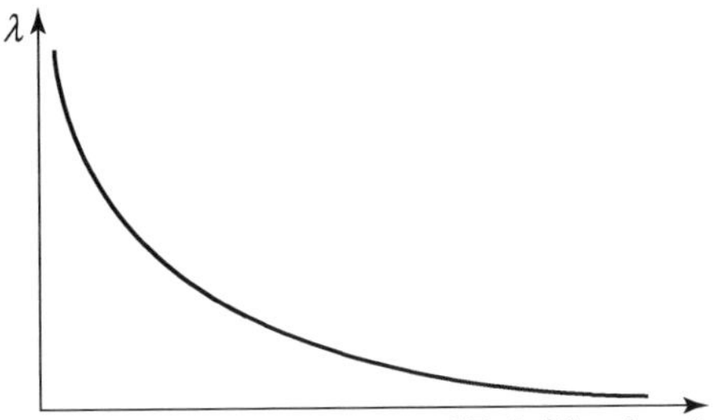

〈그림 3.31〉 차두간격의 음지수분포

$$f(h) = \frac{d}{dt}(1 - e^{-\lambda \cdot t})|_{t=h} \tag{3.39}$$

따라서 차량 도착 확률밀도함수는 식 (3.40)과 같이 결정된다.

$$f_H(h) = \lambda \cdot e^{-\lambda \cdot h} \tag{3.40}$$

식 (3.40)의 분포를 음지수분포(negative exponential distribution)라고 하며, 그 형태는 <그림 3.31>과 같다.

푸아송 분포(또는 푸아송 과정)은 임의로 발생하는 사상(event)을 설명하는 데 흔히 이용되는데, 단 푸아송 분포가 적용되기 위해서는 만족되어야 할 몇 가지 가정들이 있다. 이를 푸아송 가정이라 하며 아래와 같다.

1) 작은 시간길이 Δt 동안 최소 한 번의 도착이 발생할 확률은 $\lambda \cdot \Delta t$이다.
2) 특정한 시간길이 동안의 도착숫자는 그 이전 관측 시간간격 동안의 도착숫자나, 현재 관측시간의 시작시점의 영향을 받지 않는다. (푸아송 분포는 비기억성(memoryless, no memory)을 갖는다.)
3) 연속되지 않은 시간간격 동안의 도착숫자들은 상도 독립인 임의변수이다.
4) 작은 시간길이 Δt 동안 둘 이상의 도착이 발생할 확률은 0이다.

문제 3-17 서울시에서는 한 공원에 방문객들을 위한 주차장을 건설하기로 하였다. 주차수요가 얼마나 되는지를 알아보기 위해 조사를 실시한 결과 차량들은 평균 5분에 1대씩 도착하는 것으로 나타났다. 차량의 도착이 푸아송 분포를 따르는 경우 10분, 20분, 30분 동안 차량이 한 대도 도착하지 않을 확률은 각각 얼마인지 계산하시오.

풀이 푸아송 분포로 도착하는 차량에 대해 특정한 시간길이 동안 차량이 도착하지 않을 확률은 식 (3.35)를 통해 계산할 수 있다.

5분에 1대씩 차량이 도착한다고 하였으므로 도착률 $\lambda = 1/(5*60)=1/300$(대/초)로 정의된다. 식 (3.35)에 의해 각 확률은 다음과 같이 계산할 수 있다.

$$Pr(\text{headway} \geq 10 \text{ min}) = e^{-\frac{1}{5\times 60}\cdot(10\times 60)} = e^{-2} = 0.135335$$

$$Pr(\text{headway} \geq 20 \text{ min}) = e^{-\frac{1}{5\times 60}\cdot(20\times 60)} = e^{-4} = 0.018316$$

$$Pr(\text{headway} \geq 30 \text{ min}) = e^{-\frac{1}{5\times 60}\cdot(30\times 60)} = e^{-6} = 0.002497$$ ■

문제 3-18 운전면허 취득자 60,000명을 대상으로 지난 4년간의 사고발생건수를 조사한 결과 전체 8,000건으로 나타났다. 4년간 3회 이상 교통사고를 일으킨 사람을 교통사고 상습자라고 한다면, 교통사고 상습자는 몇 명인가?

풀이

$$m = \lambda \cdot t = \frac{8,000}{60,000} \fallingdotseq 0.13$$

x가 3회 이상이므로 $1-[p(0)+p(1)+p(2)]$

$$p(0) = \frac{0.13^0 \times e^{(-0.13)}}{0!} = 0.8780$$

$$p(1) = \frac{0.13^1 \times e^{(-0.13)}}{1!} = 0.1142$$

$$p(2) = \frac{0.13^2 \times e^{(-0.13)}}{2!} = 0.0074$$

교통사고 3회 이상 일으킬 확률은

$$p(x \geq 3) = 1 - p(x \leq 2) = 1 - [p(0)+p(1)+p(2)]$$
$$= 1 - 0.8780 + 0.1142 + 0.0074 = 0.0004$$

따라서 교통사고 상습자는 60,000×0.0004=24명이다. ■

(2) 이항분포(binomial distribution, Bernoulli distribution)

이항분포는 베르누이 시행(Bernoulli trials)에 의해 발생하는 사상의 확률을 설명하는 데 쓰이는 분포이다. 이때 베르누이 시행이란 두 가지 사상만이 발생하는 시행을 의미하는 것으로, 두 가지 사상이란 성공과 실패를 의미한다. 즉, 베르누이 시행은 확률을 갖는 사상의 형태 중 가장 단순한 확률사상으로 성공확률을 p, 실패확률을 q라고 하면 확률의 성질에 의해 $p=1-q$, $q=1-p$, 그리고 $p+q=1$이 된다. 이러한 사상을 정의하기 위해 확률변수는 X로 정의하는데, 따라서 사상이 성공이면 $X=1$의 값을 갖고 사상이 실패이면 $X=0$의 값을 갖는다. 이때, X를 이항변수(binomial variable)라 하고, 이 확률변수가 따르는 확률분포를 이항분포(binomial distribution)라고 한다.

이항확률은 n번의 시도에서 x번의 성공을 거둘 확률을 나타내는 것으로, 전체 시도 x회 동안 n번 성공할 확률을 정의하면 식 (3.41)과 같이 정의된다.

$$p^{x} \cdot \underbrace{(1-p)}_{\text{실패 확률}}{}^{\overbrace{n-x}^{\text{실패 횟수}}} \tag{3.41}$$

이때 주의할 점은 베르누이 시행은 한 번에 한 번의 결과만을 얻을 수 있기 때문에 복수의 시행을 실시할 경우 성공과 실패가 순서를 이룬다는 점이다. 하지만 이항확률 계산에 있어서 성공과 실패가 발생하는 순서가 영향을 미치지 않는다. 따라서 성공과 실패가 발생하는 순서가 다르더라도 성공과 실패의 총수가 같다면 동일한 사상으로 간주되며, 이항확률의 계산을 위해서는 모든 가능한 경우의 확률을 합산해야 한다.

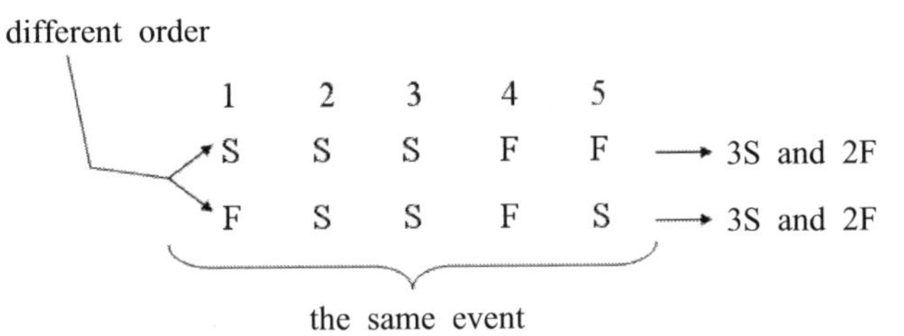

〈그림 3.32〉 베르누이 시행에서의 성공과 실패

이를 고려하면 이항확률함수는 다음과 같이 정리할 수 있다.

$$\begin{aligned} Pr(n\text{번 시도에서 } x\text{번째 성공}) &= {}_{n}C_{x} \cdot p^{x} \cdot (1-p)^{n-x} \\ &= \frac{n!}{x!(n-x)!} p^{x} \cdot q^{n-x} \end{aligned} \tag{3.42}$$

이항확률 분포를 따르는 시행의 경우 성공횟수의 기댓값과 분산은 다음과 같다.

$$E[x] = n \cdot p\text{: 평균 성공횟수} \tag{3.43}$$

$$\sigma_x^2 = n \cdot p \cdot (1-p) \tag{3.44}$$

문제 3-19 도착교통류가 이항분포를 따른다고 가정하자. 즉, 작은 시간간격 동안에는 한 대 이상 차량 도착이 발생하지 않는다고 가정하자.

1초 동안 1대의 차량이 도착할 확률: p
1초 동안 한 대의 차량도 도착하지 않을 확률: $1-p$

차로당 평균 교통류율은 900(대/시)라 가정한다. 이는 즉, 성공확률 $p=900/3600=0.25$(초당)라 정의한다. 이 경우 5초 동안 3대의 차량이 도착할 확률은 얼마인가?

풀이 5초 동안 세 번의 도착을 기록하는 경우는 A를 도착이라 하고 N을 비도착이라 하면 다음과 같은 경우들이 있다.

P[A,A,A,N,N] 또는 P[A,A,N,A,N] 또는 [A,A,N,N,A], …

AAANN의 경우 각 초가 독립적인 시행이라 하면, 성공확률로 나타내면 P · P · P · (1－P) · (1－P)가 된다. 이 경우 성공확률을 정리하면 $p_3 \cdot (1-p)_{5-3}$으로 나타낸다. 또, 이러한 확률로 나타내는 사상은 총 $_5C_3$개가 있다. 따라서 5초 동안 3대가 도착할 확률은 $_5C_3 \cdot p_3 \cdot (1-p)_{5-3}$이 된다. ■

문제 3-20 도착교통류가 이항분포를 따른다고 가정하자. 즉, 작은 시간간격 동안에는 한 대 이상 차량 도착이 발생하지 않는다고 가정하자.

1초 동안 1대의 차량이 도착할 확률: p
1초 동안 한 대의 차량도 도착하지 않을 확률: $1-p$

차로당 평균 교통류율은 600(대/시)라고 가정한다. 이 경우 7초 동안 2대의 차량이 도착할 확률은 얼마인가? 또, 해당 도로가 두 개의 차로를 가지고 있고 두 차로 모두 평균 교통류율이 600(대/시)로 같다면 두 차로를 함께 고려해 10초 동안 3대의 차량이 도착할 확률은 얼마인가?

문제 3-21 어느 3차로에서 좌회전 교통량이 1/3, 우회전 교통량이 2/3이다. 총 4대 차량 중 2대 이하로 우회전할 확률을 구하시오. (단, 도착교통량은 이항분포를 따른다고 가정한다.)

풀이 $p=\frac{2}{3},\ q=\frac{1}{3},\ n=4,\ x=2$이므로

식 (3.42)에 대입해 보면

$$B(x) = {}_nC_x \cdot p^x \cdot q^{(n-x)}$$

$$B(0) = {}_4C_0 \cdot \left(\frac{2}{3}\right)^0 \cdot \left(\frac{1}{3}\right)^{4-0} = 0.0123$$

$$B(1) = {}_4C_1 \cdot \left(\frac{2}{3}\right)^1 \cdot \left(\frac{1}{3}\right)^{4-1} = 0.0988$$

$$B(2) = {}_4C_2 \cdot \left(\frac{2}{3}\right)^2 \cdot \left(\frac{1}{3}\right)^{4-2} = 0.2963$$

$$B(0 \le x \le 2) = B(0) + B(1) + B(2) = 0.4074$$

즉, 40.74%이다. ■

(3) 기하분포(geometric distribution)

기하분포 역시 푸아송 분포나 이항 분포와 같은 베르누이 시행을 고려한다. 기하분포에서 고려하는 확률은 n번째 시행에서 첫 번째 성공을 기록할 확률을 의미한다. 이를 수학적으로 나타내면 식 (3.45)와 같이 표현할 수 있다.

$$P(\text{first success in the } n\text{th trial}) = P \cdot (1-P)^{n-1} \tag{3.45}$$

즉, 식 (3.45)는 $n-1$번 동안 계속 실패한 이후 n번째 시행에서 첫 번째 성공을 하는 경우의 확률을 의미한다.

따라서 기하분포의 기댓값과 분산은 식 (3.46)과 같이 계산이 가능하다.

$$E[N] = \frac{1}{P} \tag{3.46}$$

예를 들어 성공확률이 0.1인 경우 한 번의 성공을 위해서는 평균 10회의 시도를 해야 한다.

분산의 경우 식 (3.47)과 같이 계산이 가능하다.

$$\sigma_x^2 = \frac{(1-P)}{P^2} \tag{3.47}$$

(4) 음이항분포(negative binomial distribution)

음이항분포의 확률은 n번째 시도에서 x번째 성공을 거둘 확률을 의미한다. 음이항분포의 확률시행은 이항분포와 유사하게 생각될 수 있는데, 이항분포의 경우 n회의 시행에서 x회의 성공을 기록하는 확률을 계산하기 때문에, 꼭 n번째 시행에서 마지막 성공인 x번째 성공을 기록하지 않는 경우까지 확률계산에서 고려한다. 하지만 음이항분포의 경우에는 마지막 시행인 n번째 시행에서 반드시 x번째 성공을 기록해야 한다.

따라서 음이항분포의 확률조건은 두 가지 조건이 순차적으로 만족되어야 하는데, 첫 번째 조건은 $n-1$번째 시행까지 $x-1$번의 성공을 기록하여야 하며, 두 번째 조건은 마지막 n번째 시행에서 다시 성공을 기록해야 한다. 이를 기초로 음이항분포의 확률식을 정리하면 식 (3.48)과 같다.

$$P(n\text{번째 시도에서 } x\text{번째 성공을 거둘 확률}) \\ = {}_{n-1}C_{x-1} \cdot P_x \cdot (1-P)_{n-x} \tag{3.48}$$

(5) 정규분포(normal distribution)

앞부분까지 살펴본 확률분포들은 확률변수값이 이산형 변수를 갖는 분포들이었다. 이산형 변수란 1, 2, 3과 같이 변수의 값이 연속적으로 분포하는 값이 아니라 불연속적으로 정의되는 값들을 의미한다.

이러한 분포의 대표적인 예는 정규분포이다. 정규분포 함수는 C. F. Gauss에 의해 개발된 것으로 그는 천문학 자료를 연구하다 정규분포 함수를 개발하였다. 표본의 평균이 μ이고 표본들의 분산이 σ_2인 경우 정규분포의 밀도함수는 식 (3.49)를 따른다.

$$f(x, \mu, \sigma^2) = \frac{1}{\sqrt{2\pi\sigma^2}} e^{-\frac{1}{2}\left[\frac{x-\mu}{\sigma}\right]^2} \quad -\infty < x < \infty \tag{3.49}$$

정규분포가 갖는 확률속성을 정리하면 아래와 같다.

1) 최빈값은 $x=\mu$에서 발생한다.

2) $x=\mu$에서 세로축을 기준으로 확률밀도함수는 대칭의 형태를 갖는다.

3) 확률밀도함수의 변곡은 $x=\pm\sigma$에서 발생한다.

4) 정규분포함수는 점근적으로 수평축에 접근한다.

<그림 3.33>에 보인 바와 같이 확률밀도함수의 곡선 아래 전체 면적은 $\mu\pm\sigma$ 사이의

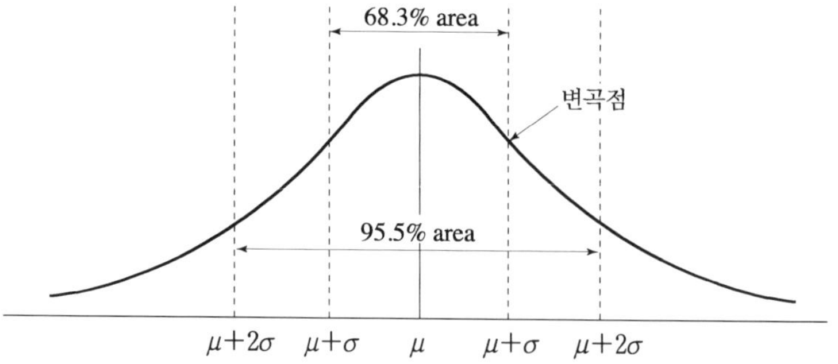

〈그림 3.33〉 정규분포의 확률속성

구간에 95%가 속한다. 따라서 정규분포함수의 경우 확률변수가 95%의 확률로 존재하는 구간의 정의는 $[\mu-\sigma, \mu+\sigma]$이다.

(6) 균일분포(uniform distribution)

균일분포는 연속형 확률변수를 다루는 확률밀도함수 중 가장 단순한 형태로 균일분포에서는 동일한 간격은 모두 동일한 확률을 갖는다. 확률분포는 두 가지 모수값들로 정의되는데, 이를 a와 b라 하자. a는 확률밀도함수가 정의되는 구간의 최솟값을 의미하며, b는 구간의 최댓값을 의미한다. 정규분포는 수학적으로 $U(a, b)$로 정의되며, 확률밀도함수의 수학적 형태는 식 (3.50)과 같다.

$$f(x) = \frac{1}{b-a} \quad \text{for} \quad a \le x \le b,$$
$$= 0 \quad \text{for} \quad x < a \text{ 또는 } x > b \tag{3.50}$$

<그림 3.34>가 정의한 바와 같이 구간이 a와 b로 정의되는 경우 확률밀도는 모든 구간에서 $1/(b-a)$로 정의된다.

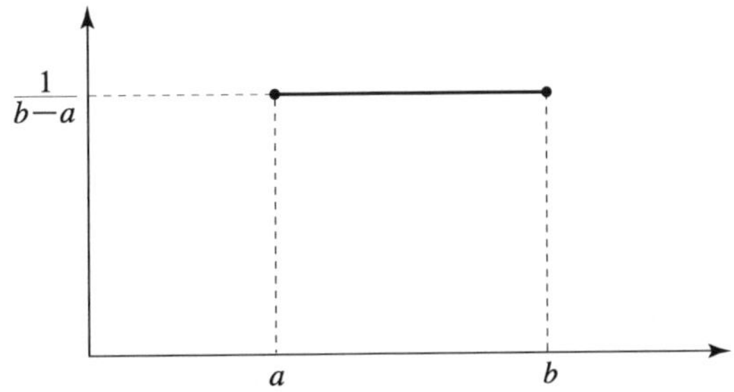

〈그림 3.34〉 균일분포의 확률밀도함수

3.2.4 표본을 통한 통계값의 추정

(1) 단순 임의표본 분석(simple random sampling and analysis)

단순 임의표본 분석이란 단순 임의표본 추출을 통해 얻어진 표본들을 통해 모집단의 통계값을 추정하는 기법들을 의미한다. 이때 단순 표본 추출이란 모든 표본들이 추출될 확률이 동일한 경우를 가정해 표본을 추출하는 것을 의미한다. 엄밀히 표본 추출 환경을 고려할 경우 모집단의 수가 무한하지 않다면 표본이 추출됨에 따라 남아 있는 모집단 개체들이 선택될 확률은 증가한다. 하지만 단순 임의표본 추출의 경우 선택될 확률은 모두 동일하며 변하지 않는다고 가정한다.

단순 임의표본 추출의 경우 가장 먼저 결정해야 할 사항은 표본의 숫자를 얼마로 결정해야 하는가이다. 표본의 숫자가 너무 크게 결정되는 경우 표본 조사에 소요되는 비용과 시간이 조사에서 요구되는 정밀도에 비해 과도해지는 반면, 표본의 숫자가 작다면 모집단의 모수값을 정확하게 추정하는 것이 어려워진다.

단순 임의추출에서 표본을 추출하는 일반적인 방법은 Pseudo Random Number(PRN)라고 하는 컴퓨터에서 발생되는 난수를 이용하는 방법이다. PRN의 경우 0~1 사이의 실수로 발생하는데, 이를 이용해 임의의 표본을 추출하는 것이다. 이를 위해서는 먼저 N개의 모든 모집단 개체에게 1부터 N까지의 번호를 부여한다. 다음으로는 1에서 N까지의 개체들에 대해 선택될 개체를 PRN을 이용해 선정해야 한다. 이를 위해서는 0~1 사이의 난수를 특정 구간 사이의 값으로 변환해야 한다. x와 $y(y>x)$ 사이에 존재하는 하나의 실수값을 PRN에서 발행하는 실수값 R을 이용해 선정하는 데 이용하는 식은 식 (3.51)과 같다.

$$R_{x,y} = x + R \cdot (y - x) \tag{3.51}$$

예를 들어 N개의 모집단에서 표본을 추출하는 경우 $x=0$, $y=N$으로 설정한 뒤, 식 (3.51)에 의해 얻어지는 실수값을 반올림해 표본을 추출할 수 있다. 단, 실수값이 0.5보다 작은 경우 다시 난수를 발생시켜 식 (3.51)을 적용할 수 있다.

이렇게 표본추출을 통해 얻어진 표본자료들을 이용하는 두 가지 목적은 크게 두 가지로 나눌 수 있다. 첫 번째는 모집단의 모수를 추정하는 일이다. 예를 들어 교통계획의 경우 가구당 차량 소유대수나 가구의 수입, 가구당 통행 발생횟수 등을 표본가구 자료를 통해 추정하는 경우가 이에 해당한다. 이 경우 추정의 정확도에 대한 설정이 필요하며, 추정의 정확도는 표본의 숫자에 영향을 받는다. 표본자료 분석의 두 번째 목적은 모집단에 대한 통계가설 감정을 시행하는 것이다. 즉, 모집단의 확률적 속성에 대해 분석에 앞서 가설을 설정한 뒤 주어진 신뢰도에 따라 모집단의 확률분포에 대한 가정 후 가설이 수락 가능한지 아닌지를 테스트한다. 예를 들어 종로구의 가구 평균 통행횟수가 1일 3회라는 가설을 주어진 신뢰도 95%에 대해 수락 가능한지 아닌지를 테스트하는 것이다. 이때, 추정이나 테스트의 대상이 되는 모집단 통계 모수들은 다음과 같은 것들이 있다.

1) Mean $\overline{x}$

모집단의 평균의 경우 표본에 의해 추정된 평균과 동일하다고 가정한다. 즉,

$$\text{모집단의 평균 } \overline{x} \text{ 추정치 } \hat{\overline{x}} = \overline{x} \text{ (표본의 평균)} \tag{3.52}$$

2) 모집단 총량(Population total) x의 추정

$$\hat{x} = N \cdot \bar{x} = \frac{N \cdot \sum_{i=1}^{N} x_i}{n} \tag{3.53}$$

3) 평균이나 총합의 비율 R의 추정치

$$\hat{R} = \frac{Y}{X} = \frac{\bar{y}}{\bar{x}} = \frac{\sum_{i=1}^{n} y_i}{\sum_{i=1}^{n} x_i} \tag{3.54}$$

(2) 표본 추출과 정규분포

단순 표본 추출에 의해 얻어진 표본들을 통해 모집단의 모수들을 추정하는 과정에서는 모집단이 어떤 확률분포를 따르는가에 대한 가정이 필요하다. 일반적으로 모집단의 확률분포로 가장 많이 가정되는 분포는 정규분포이다. 표본을 이용한 모집단 모수 추정 시 우리는 다양한 정규분포의 성질을 이용하게 되는데 이 중 대표적인 성질은 표본 추출의 재생성(reproductive property of normal distribution)이다.

만약 $x_1, x_2, x_3, \cdots, x_n$이 평균이 $\mu_1, \mu_2, \mu_3, \cdots, \mu_n$이고 분산이 $\sigma_1^2, \sigma_2^2, \sigma_3^2, \cdots, \sigma_n^2$인 정규분포를 따르는 임의변수라 할 경우, 식 (3.55)와 같이 x 임의변수의 산술조합으로 정의되는 임의변수 y가 정의 가능하다.

$$y = a_1 \cdot x_1 + a_2 \cdot x_2 + a_3 \cdot x_3 + \cdots + a_n \cdot x_n \tag{3.55}$$

이때, 임의변수 y의 평균과 분산은 식 (3.56), (3.57)과 같이 정의된다.

$$\mu_y = a_1 \cdot \mu_1 + a_2 \cdot \mu_2 + a_3 \cdot \mu_3 + \cdots + a_n \cdot \mu_n \tag{3.56}$$

$$\sigma_y^2 = a_1 \cdot \sigma_1^2 + a_2 \cdot \sigma_2^2 + a_3 \cdot \sigma_3^2 + \cdots + a_n \cdot \sigma_n^2 \tag{3.57}$$

이와 같이 표본의 확률분포를 정의한다면 표본의 평균이 따르는 확률분포의 추정이 가능하다. 평균이 μ이고 분산이 σ^2인 정규분포를 따르는 모집단으로부터 n개의 임의 표본을 추출했다고 가정해보자. 앞에서 정의한 정규분포의 재현성에 의해 만약 모집단이 정규분포를 따른다면 각 표본 x_i 역시 정규분포를 따른다. 또, 정규분포를 따르는 표본들의 산술평균 역시 정규분포를 따르게 된다. 즉, $\bar{x} = \frac{x_1 + x_2 + x_3 + \cdots + x_n}{n}$ 역시 정규분포를 따르며, 표본의 평균이 따르는 정규분포의 평균과 분산은 식 (3.58), (3.59)와 같이 정의된다.

$$\mu_x = \frac{1}{n}(n \cdot \mu) = \mu \tag{3.58}$$

$$s_x^2 = \frac{1}{n^2}(n \cdot \sigma^2) = \frac{\sigma^2}{n} \tag{3.59}$$

따라서 모집단이 정규분포를 따르는 경우 표본의 평균은 $\bar{x} \sim N\left(\mu, \frac{\sigma^2}{n}\right)$의 분포를 따른다. 또, 모집단이 정규분포를 따르는 것이 명시적으로 증명되지 않더라도 모집단의 수가 매우 크다면 표본의 평균은 식 (3.58)과 식 (3.59)에 의해 정의되는 정규분포를 따른다고 가정할 수 있다.

또, 만약 분산이 σ^2인 모집단으로부터 추출된 n개의 표본으로부터 계산된 표본의 평균이 $\bar{x}$라면, 모집단의 확률분포는 아래 식을 이용해 $N(0,1)$으로 정의되는 표준 정규분포(the standardized normal distribution)로 변환될 수 있다.

$$n \rightarrow \infty \text{일 때, } Z = \frac{\bar{x} - \mu}{\sigma / \sqrt{n}} \tag{3.60}$$

표본 추출의 경우 모집단의 N이 무한히 크지 않은 한정된 숫자인 경우 표본 x_i의 분산은 표본분산의 정의에 따라 식 (3.61)과 같이 쓸 수 있다.

$$\overline{\sigma^2} = \frac{\sum_{i=1}^{N}(x_i - \bar{x})^2}{N-1} \tag{3.61}$$

표본의 분산이 식 (3.61)과 같이 계산된다면, 임의표본 추출에서 얻어진 표본의 평균 $\bar{x}_i$의 분산 $Var(\bar{x}) = S_{\bar{x}}^2$의 계산이 가능하다. 이때 표본평균의 분산이란 표본의 평균과 모집단의 평균 간의 분산을 의미한다. 다시 설명하면 표본의 값들이 모집단의 평균으로부터 얼마나 멀리 떨어져 있을 것인지를 설명하는 것이다. 따라서 그 값은 식 (3.62)와 같이 정의될 수 있다.

$$Var(\bar{x}) = S_{\bar{x}}^2 = Var(\bar{x} - \bar{X}) = Var(\bar{x}) - Var(\bar{X}) \tag{3.62}$$

모집단의 숫자가 한정되어 있는 경우 식 (3.62)는 식 (3.63)과 같이 정리될 수 있다.

$$Var(\bar{x}) = \frac{\sigma^2}{n} - \frac{\sigma^2}{N} = \frac{\sigma^2}{n} \cdot \left(1 - \frac{n}{N}\right) = \frac{\sigma^2}{n} \cdot (1-f) \tag{3.63}$$

여기서, $\frac{n}{N} = f$: sampling rate(또는 sampling fraction)

$1-f$: finite population correction(fpc)

$\dfrac{N}{n}=\dfrac{1}{f}$: expansion factor

식 (3.63)과 같이 표본평균의 분산이 정의되는 경우 평균의 표준편차는 식 (3.64)와 같이 정의될 수 있다.

$$SE(\overline{x})=\sqrt{Var(\overline{x})}=\frac{\sigma}{\sqrt{n}}\cdot\sqrt{1-f} \tag{3.64}$$

만약 모집단이 매우 커서 $N\rightarrow\infty$로 가정할 수 있는 경우, $f=\left(1-\dfrac{n}{\infty}\right)\cong 1$로 가정할 수 있다. 일반적인 경우 f값이 0.05보다 작은 경우 표준편차 계산 시 무시할 수 있다. 즉, f값이 매우 작은 경우 모집단의 크기 N은 표본평균의 표준편차 계산에 영향을 미치지 않는다.

분산이 σ^2으로 같은 두 모집단이 있다고 가정하자. 200,000개의 모집단에서 500개의 표본을 추출하였고, 또 다른 모집단 10,000개로부터 500개의 표본을 추출하였다. 이 경우 모집단의 크기는 20배나 차이가 나지만 표본율의 경우 0.9975(=200/200,000)와 0.95 (=500/10,000)로 거의 차이가 나지 않는다. 이를 고려하면 실제 표본추출의 경우 N이 작지 않다면 표본의 숫자가 모집단 모수 추정의 정확성에 더 큰 영향을 미친다고 할 수 있다.

(3) 표본에 의한 모집단 모수 추정과 표본 수의 결정

식 (3.64)의 경우 모집단의 분산 σ^2이 표본평균의 표준편차 계산에 필요하다. 하지만 모집단의 분산은 표본들에 의해서는 파악이 어려운 값이다. 따라서 일반적으로는 σ^2 대신에 S^2을 쓰는 것이 일반적이다. 표본의 분산은 식 (3.65)와 같이 계산이 가능하다.

$$S^2=\frac{\sum_{i=1}^{n}(x_i-\overline{x})^2}{n-1} \tag{3.65}$$

표본분산을 이용해 표본평균의 분산 및 표준편차를 다시 계산하면 식 (3.66) 및 (3.67)과 같다.

$$Var(\overline{x})=S_{\overline{x}}^2=\frac{S^2}{n}\cdot(1-f) \tag{3.66}$$

$$SE(\bar{x}) = \frac{S}{\sqrt{n}} \cdot \sqrt{1-f} \tag{3.67}$$

앞에서 설명한 바와 같이 모집단 및 표본의 평균이 정규분포를 따르는 경우 모집단의 평균이 존재할 구간은 주어진 신뢰수준에 대해 식 (3.68)과 같이 정의될 수 있다.

$$\text{모집단의 평균} = \bar{x} \pm \frac{t \cdot S}{\sqrt{n}} \cdot \sqrt{1-f} \tag{3.68}$$

식 (3.68)은 표본평균이 존재할 것으로 추정되는 구간, 즉 표본평균을 중심으로 표준편차에 의해 정의되는 상하위 구간에 의해 정의된다. 이때, t는 모집단 평균 추정에 필요한 신뢰도 수준을 정규분포의 구간으로 변환하는 계수값으로, 그 구체적인 값은 <표 3.7>과 같이 정의된다.

〈표 3.7〉 정규분포에 따른 신뢰도 구간 계수 t값의 정의

신뢰도 $100 \cdot (1-\alpha)$ %	50%	80%	90%	95%	99%
$t_{\alpha/2}$	0.67	1.28	1.64	1.96	2.58

t값의 경우 1.96이라 하면 표준 정규분포밀도함수에서 95%의 면적이 평균인 0을 중심으로 ±1.96으로 정의되는 범위 내에 속한다는 사실을 나타낸다. 이러한 신뢰구간의 정의를 통해 우리는 필요한 신뢰수준이 정의되는 경우, 이를 만족시키기 위해 필요한 표본의 숫자를 계산할 수 있다.

만약 필요한 신뢰수준이 $100 \cdot (1-\alpha)$%로 주어진다면, 추정자가 포함하는 오차의 크기는 식 (3.69)에 의해 계산되는 d보다는 작을 것이다.

$$\begin{aligned} d &= \frac{t_{\alpha/2} \cdot S}{\sqrt{n}} \cdot \sqrt{1-f} = t_{\alpha/2} \cdot S \cdot \sqrt{\frac{1}{n} - \frac{1}{N}} \\ &= \text{absolute error} \left[f = \left(\frac{n}{N} \right) \right] \end{aligned} \tag{3.69}$$

이제 식 (3.69)를 표본의 숫자와 오차항으로 나누어 정리해보자.

$$\left(\frac{d}{t_{\alpha/2} \cdot S} \right)^2 = \frac{1}{n} - \frac{1}{N} \tag{3.70}$$

이 경우 필요한 표본의 숫자는 식 (3.70)을 n에 대해 정리해 얻을 수 있다.

$$\frac{1}{n}=\left(\frac{d}{t_{\alpha/2}\cdot S}\right)^2+\frac{1}{N} \tag{3.71}$$

즉, 신뢰수준이 $100\cdot(1-\alpha)$%로 주어지는 경우 필요 표본 숫자는 식 (3.72)에 의해 계산 가능하다.

$$n=\frac{1}{\left(\frac{d}{t_{\alpha/2}\cdot S}\right)^2+\frac{1}{N}} \tag{3.72}$$

만약 모집단의 숫자 N이 매우 큰 경우 $1/N$은 0으로 간주할 수 있으며, 이 경우 식 (3.72)는 식 (3.73)과 같이 간단해진다.

$$n=\frac{1}{\left(\frac{d}{t_{\alpha/2}\cdot S}\right)^2} \tag{3.73}$$

절대오차값 d는 때로는 평균에 대한 상대오차율 r에 의해서도 정의가 가능하다. 이때, $d=r\cdot\bar{x}$라 정의하면 식 (3.73)은 식 (3.74)와 같이 다시 쓸 수 있다.

$$n=\left(\frac{t_{\alpha/2}\cdot S}{r\cdot\bar{x}}\right)^2=\left(\frac{t_{\alpha/2}\cdot CV}{r}\right)^2 \tag{3.74}$$

여기서, CV=모집단의 추정(coefficient of variation)을 의미한다.

문제 3-22 조사에서 요구되는 신뢰수준이 95%로 모집단의 평균값을 추정해야 한다고 가정하자. 표본을 충분히 추출하는 경우를 가정해 $t_{0.025}=1.96$이고 $CV=20\%$라 하자.

풀이 신뢰도 95% 추정의 경우 상대오차율은 5%(=0.05)가 된다. 따라서 식 (3.74)를 이용하면 필요한 표본의 개수는 아래와 같이 계산할 수 있다.

$$n=\left(\frac{1.96\times0.2}{0.05}\right)^2=61.46\approx 62\text{개}$$ ■

모집단의 개수가 무한하지 않고 N=200인 경우를 고려해보자. 이렇게 모집단의 수가 무한하지 않은 경우 이를 고려해 표본의 개수를 조정해야 한다. 이렇게 제한된 모집단의 경우 표본 개수를 조정하는 식은 식 (3.75)와 같다.

$$n = \frac{n_0}{1 + \frac{n_0}{N}} \tag{3.75}$$

이때, n_0는 식 (3.72)~(3.74)에 의해 계산된 값이다. 시 (3.75)를 앞의 예제에 적용하면 아래와 같이 표본의 개수 조정이 가능하다.

$$n = \frac{61.46}{1 + \frac{61.46}{200}} = 47 \text{ (제한된 모집단 수에 따라 조정된 표본 개수)}$$

이제 단순 표본추출에 따른 표본평균의 계산법에 대해 살펴보자. 모집단 평균 추정에 대한 신뢰수준이 100 · (1−α)%로 주어지는 경우 추정구간, 즉 주어진 신뢰수준에서 모집단 평균이 존재할 것이라 추정되는 구간은 식 (3.76)과 같이 계산된다.

$$\bar{x} \pm \frac{t_{\alpha/2} \cdot S}{\sqrt{n}} \cdot \sqrt{1-f} \tag{3.76}$$

자세한 설명을 위해 모집단의 평균과 표본평균 간의 차이를 표준 정규분포값 Z를 이용해 $Z = \frac{\bar{x}-\mu}{\sigma/\sqrt{n}}$로 정규화하자. 이때, $Z \sim \frac{\bar{x}-\mu}{s/\sqrt{n}}$, 즉 Z가 표본분산에 의해 계산되는 표준 정규분포값을 따른다고 가정해보자. 이 경우 Z값이 특정한 신뢰구간, 즉 $\pm t_{\alpha/2}$에 의해 정의되는 범위 사이에 존재할 확률은 $1-\alpha$와 같다. 즉,

$$P(-t_{\alpha/2} < Z < t_{\alpha/2}) = 1 - \alpha \tag{3.77}$$

식 (3.77)은 주어진 신뢰수준이 $1-\alpha$일 때 모집단의 평균과 표본의 평균 간 편차가 $\pm t_{\alpha/2}$에 속할 표준화된 차이의 확률을 의미한다. 이는 <그림 3.35>와 같이 나타낼 수 있다.

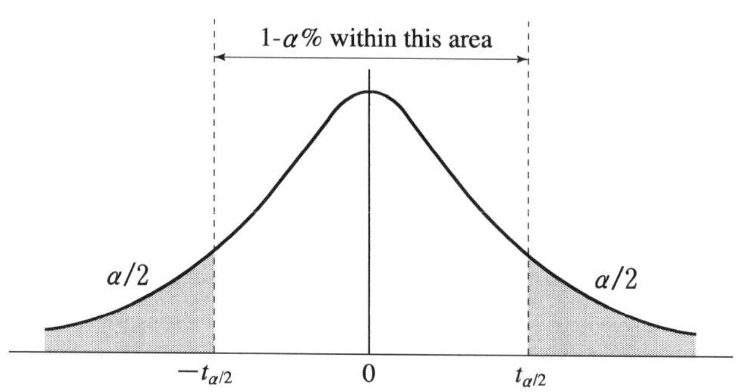

〈그림 3.35〉 모집단 평균이 존재할 것으로 추정되는 구간

문제 3-23 한 도시에서 가구방문조사계획을 수립 중이다. 조사에서 요구되는 신뢰수준이 95%라 가정하고 도시 전체 인구의 평균 연령을 추정하려 한다. 표본의 숫자가 충분히 추출하는 경우를 가정해 $t_{0.025}=1.960$이고 $CV=10\%$라 하자. 필요한 표본의 숫자는 얼마인가?

풀이 필요한 표본의 숫자는 식 (3.74)를 이용해 계산할 수 있다.

$$n=\left(\frac{t_{\alpha/2}\cdot S}{r\cdot \bar{x}}\right)^2=\left(\frac{t_{\alpha/2}\cdot CV}{r}\right)^2=\left(\frac{1.96\cdot 0.1}{0.05}\right)^2=15.36\cong 16\text{가구}$$ ■

3.3 교통조사기법

3.3.1 통행의 정의

교통조사의 대상은 크게 나누어 사람과 차량으로 구분할 수 있다. 사람들의 경우 사람들의 활동지점의 위치와 활동의 종류, 활동지점과 활동지점 간을 연결하는 통행수단과 경로 등을 조사하여 교통계획의 기초자료로 이용하게 된다. 이러한 사람들의 시공간상에서의 연속된 활동(activity)들은 교통계획에서 이용의 편의성을 위해 통행(trip)이라는 분절 단위로 나누어져 정리되는데 그 과정은 <그림 3.36>과 같다.

<그림 3.36>에서 보는 바와 같이 두 개의 활동 사이에는 이 두 지점을 연결하는 통행이 하나가 존재하고, 모든 개인들이 밤이 되면 집으로 돌아온다는 가정을 하면 활동의 숫자와 통행의 숫자는 같아진다. 그림의 상단에 표시된 하나의 활동연쇄(activity chain)가 그림 하단에 표시된 세 개의 통행으로 분리되는 과정을 보면, 통행의 종류는 통행의 종점에서 시행되는 활동에 의해 정의된다는 사실을 확인할 수 있다. 즉, 집에서 회사로 이동하는 출근통행의 경우 종점인 회사에서의 업무활동에 의해 통행의 목적이 정의되는 것이다.

개인의 하루 동안의 활동 및 통행 관련 선택은 <그림 3.36>과 같이 모두 연결되어 있으나, 이러한 관련성을 모두 고려할 경우 통행분석이 매우 복잡해지기 때문에, 교통계획과정에서는 각 통행들은 모두 독립적이며 통행 내의 속성, 즉 통행비용, 통행시간 등에 의해서만 설명된다고 가정한다.

사람 통행에 대한 조사에서는 각 개인에 대해 <그림 3.36> 내에 속하는 정보들을 최대한 수집하게 되는데, 이때 개인들의 숫자가 너무 크기 때문에 일반적으로는 전체 모집단 중 일부 표본만을 수집한 뒤, 이를 기초로 전체 모집단의 통행정보를 추정하게 된다.

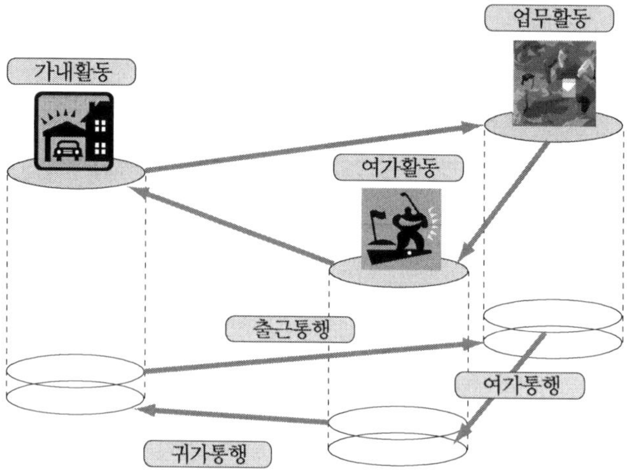

〈그림 3.36〉 통행과 활동의 관계

이러한 과정을 전수화라고 한다.

통행조사를 실시할 경우 가장 현실적인 문제는 표본의 숫자를 결정하는 것이다. 신뢰도를 확보하는 데 필요한 최소한의 표본 숫자는 이미 앞 절에서 상세히 설명하였으나, 분석의 정확도를 위해서는 표본은 많으면 많을수록 좋다. 하지만 표본의 숫자를 늘린다면 분석신뢰도가 증가하는 대신에 조사비용도 증가하게 된다. <그림 3.37>은 조사비용과 분석신뢰도 간의 관계를 설명하고 있다.

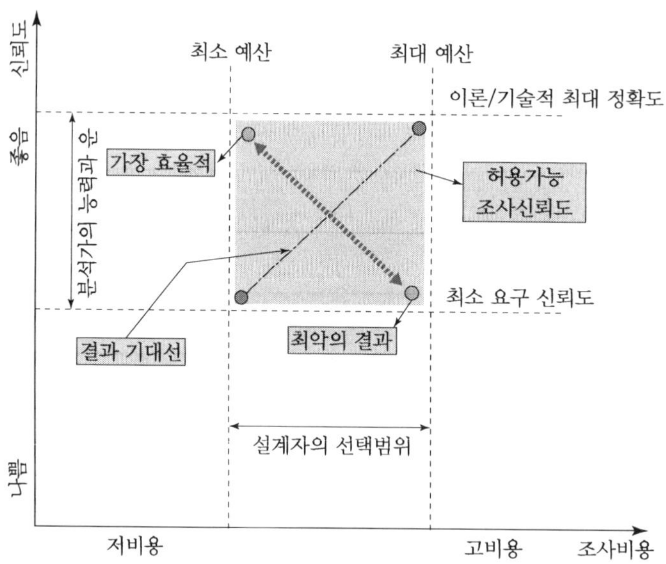

〈그림 3.37〉 조사비용과 분석 신뢰도

<그림 3.37>에서 보는 바와 같이 모든 분석에는 최대와 최소의 허용가능 신뢰도와 예산한계가 존재한다. 최대의 정확도는 일반적으로 기술적 한계에 의해 정의되며, 예산의 한계란 최대 예산으로 정의된다. 반면에 최소 예산이란 요구되는 최소 수준의 신뢰도를 위해 필요한 예산 수준을 나타낸다. 이러한 4개의 제약들이 적용되면 <그림 3.37> 내 음영과 같이 분석결과가 도출될 수 있는 가능 영역이 표시된다. 음영 내에서 가장 좋은 결과는, 예산은 최소로 사용하고 최대의 분석신뢰도를 얻는 좌상향 점이다. 이에 비해 최대 비용을 쓰고 최소의 신뢰도를 얻는 우하향 점이 최악의 결과라 할 수 있다.

하지만 이렇게 기울기가 (−)인 결과들은 운이나 분석상의 잠재요인 등 불확실한 요소들에 의해 영향을 받았을 때 나타나는 결과이며, 일반적으로는 (+)부호의 선을 따라 투자한 예산만큼의 분석 신뢰도를 얻을 수 있다고 가정한다. 즉, 예산이 증가할수록 분석의 정확도도 증가하는 것으로 가정한다.

이때 분석가는 과연 원하는 신뢰도의 수준을 기준으로 비용을 결정해야 하는데, 일반적으로는 그림과 같이 투입비용과 신뢰도의 관계는 정비례하는 것이 아니라 요구되는 정확도가 정밀해질수록 필요로 하는 추가 조사비용은 크게 증가하는 경향이 있다. 이러한 사실은 앞 절에서 요구정확도와 표본숫자 간의 승수관계를 통해서도 확인할 수 있다.

통행 관련 조사에서 가장 중요한 정보는 통행의 기점과 종점, 그리고 이 기종점 간에 발생한 통행의 양과 통행을 시행한 통행수단이다. 이때 사람들의 통행기점과 종점을 조사하는 것을 기종점조사(OD survey, Origin-Destination survey)라고 부른다. 사람통행 이외에 자동차나 화물에 대해서도 이러한 기종점 조사가 시행되고, 이를 표 형식으로 정의하는데, 이렇게 얻어진 표를 자동차 기종점표, 화물 기종점표라고 부른다.

3.3.2 차량기반조사

차량기반조사란 도로상에서 시행되는 조사로서 도로를 통과하는 차량들을 대상으로 무차별적인 전량조사를 시행하는 것이 일반적이다. 차량기반통행조사의 예로는 폐쇄선(cordon line) 조사와 스크린라인(screenline) 조사가 있다.

코든라인 조사란 <그림 3.38>과 같이 분석 대상지역 내를 폐곡선으로 정의하고 이 폐곡선을 통과하는 차량들을 유입과 유출에 대해 조사하는 것을 말한다. <그림 3.38>을 보면 양방향 화살표 중 C로 표시된 것들의 경우 분석지역을 둘러싼 폐곡선상을 통과하는 모든 도로상에서 조사가 실시된다. 코든라인 조사를 통해 우리는 분석지역 내를 유출입하는 통행을 확인할 수 있으며, 이를 이용해 분석지역의 기종점 표 중에서 통과 통행과 역외 통행의 양을 확인할 수 있다. 통행의 기종점 위치에 따른 종류 구분은 <그림 3.39>에 설명하였다.

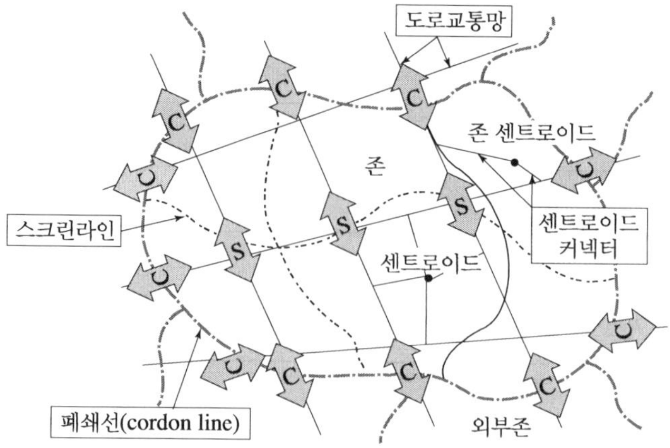

〈그림 3.38〉 코든라인 조사와 스크린라인 조사

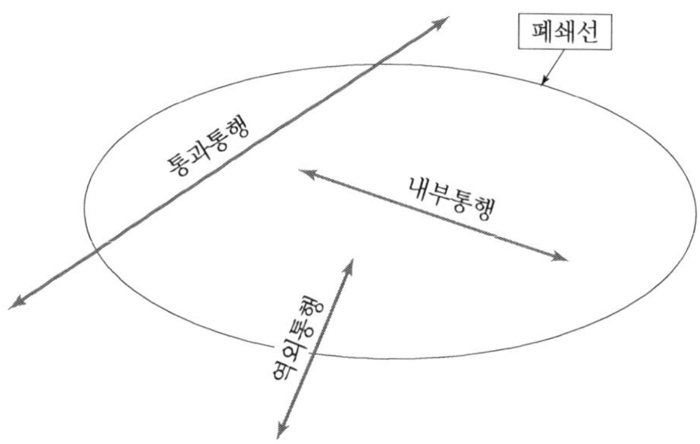

〈그림 3.39〉 기종점 위치에 따른 기종점 통행의 구분

이에 비해 스크린라인 조사의 경우 내부 통행의 총량을 파악하기 위해 시행되는 것으로 일반적으로 분석지역 내에 하나 또는 몇 개의 분할선을 긋고 이 선을 통과하는 도로상의 통행량을 조사해 실시하게 된다. 이때 스크린라인의 선정은 분석지역 내부를 물리적으로 지형적으로 구분하며 총량의 파악이 유리한 곳을 기준으로 선정되는데, 예를 들어 서울의 경우 한강을 스크린라인으로 선정해 한강교량을 통과하는 차량들을 스크린라인 조사하는 경우가 많다. 코든라인과 스크린라인 조사는 일반적으로 기종점 통행수요의 총량을 파악하고 검증하거나 통행배정 결과의 신뢰성을 확인하는 데 많이 이용된다.

3.3.3 사람기반조사

사람기반조사란 통행의 직접적인 주체인 사람들에 대해 직접 그들의 활동을 조사하는 것을 의미한다. 이러한 조사에는 가구통행조사가 가장 중심 조사로 이용되고 그 밖에 직장방문조사, 차량번호판조사, 대중교통이용객조사, 터미널승객조사 등이 함께 이용된다.

가구통행조사란 특정 가구에 대해 일정기간 동안 수행한 통행과 활동에 대한 조사를 실시하는 것이다. 구체적으로 조사의 기법에는 1) 가구방문조사, 2) 우편조사, 3) 학생이용설문조사, 4) 인터넷/휴대전화조사 등의 종류가 있다.

가구방문조사란 가장 전통적인 가구통행조사 기법으로 조사자가 표본으로 선택된 가구를 방문하여 대상 가구 가족구성원의 전날 24시간, 또는 7일간의 전체 통행/활동을 조사하는 것이다. 조사과정에서 조사자가 대상자에게 구체적인 질문을 추가하거나 설문자가 궁금한 내용이나 애매한 내용을 조사자에 물어볼 수 있는 장점이 있으나, 조사자의 의도가 설문결과에 영향을 미칠 수도 있다. 또한 응답률이 높지만 비용이 크게 소비되는 단점이 있다.

우편조사는 가구방문조사의 단점을 보완할 수 있는데 표본으로 추출된 가구에 대하여 조사표를 보내고 이를 우편으로 다시 회신 받는 조사방식을 의미한다. 이 기법은 조사원이 필요 없기 때문에 적은 비용이 소요되지만 회수율이 저조하고 적극적 참여자가 응답률이 높기 때문에 통행조사 결과가 이들의 설문에 의해 크게 좌우되어 편기, 왜곡되는 현상이 발생할 수 있다.

학생설문조사란 우편조사와 가구방문조사의 장점을 결합한 것으로 가구 대신에 학교를 방문하여 조사표를 배포하고, 이를 다시 학교를 통해 수거하는 방식을 뜻한다. 학생설문조사의 장점은 조사비용이 적고 대신 학생들의 인적자료를 이용해 표본 설계가 쉬우며 학교에서 학생들을 대상으로 조사하는 것이므로 응답률도 높게 나타날 수 있다는 점이다. 하지만 학생 가구의 경우 부모의 연령이 제한적이므로 폭넓은 표본의 확보가 어렵다는 단점을 가지고 있다.

최근에는 이러한 조사의 단점을 보완하고자 <그림 3.40>과 같이 정보통신기술을 이용한 통행조사기법들이 개발되고 있다. 이러한 조사의 경우 양질의 정확한 자료 수집이 가능한데, 예를 들어 개인의 기억에 의존한 답변보다 정확한 정보 수집이 가능한 장점이 있다. 하지만 조사 대상자의 연령대가 통신기기를 능숙하게 이용하는 연령대로 제한될 가능성이 높고 기술에 따라 조사결과가 영향 받을 수 있는 가능성이 있다.

이렇게 가구 통행조사를 통해 전수화에 필요한 충분한 표본을 확보하지 못한 경우에는 보완조사를 통해 추가 표본을 확보하게 된다. 먼저 많이 시행되는 조사는 직장이나 터미널, 병원과 같이 대중 이용시설이나 영업장을 방문해 조사를 실시하는 방법이다. 이는 다양한 표본을 확보할 수 있다는 장점이 있으나, 일반적으로 학교조사와 마찬가지로 시설 특성에 따라 조사대상이 한정되는 특성을 갖고 있다. 그 밖에 대중교통 관련

조사를 위해 대중교통수단 이용객 조사를 실시하거나, 화물 기종점표 구성을 위해 영업용 차량조사를 실시하고, 통행시간 조사나 경로 조사를 위해 차량번호판조사를 실시하기도 한다.

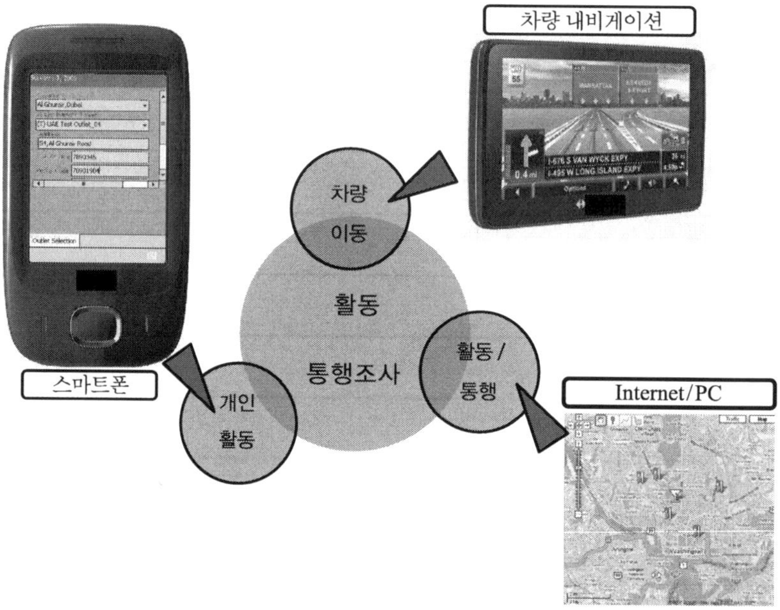

〈그림 3.40〉 정보통신기술을 이용한 통행조사

:: 참고문헌

김우철 외, 현대 통계학(제3개정판), 영지문화사, 1995.

윤기중, 통계학(제3전정판), 법문사, 1996.

임강원, 도시교통계획 - 이론과 모형, 서울대학교출판부, 초판 제2판, 1992.

최기현(편저), 응용확률론, 자유아카데미, 1994.

Jayakrishnan, R., University of California, 2005.

Kim H., "New Dynamic Travel Demand Modeling Methods in Advanced Data Collecting Environments", Ph. D. dissertation, University of California, Irvine, 2008.

04

교통수요 예측 및 분석기법

4.1 교통수요 예측

4.1.1 교통수요 예측의 필요성

교통계획의 중요한 기초자료로 제공되어 교통정책을 수립할 때 다양하게 활용되는 교통수요(transportation demand)는 교통시설이나 교통체계를 이용하는 규모로서 통행량으로 표현된다. 교통수요 예측과정이 교통계획에서 중요한 이유는 분석과정을 통해 예측된 교통수요가 다음과 같은 두 가지 형태의 전략을 평가할 때 정량적 투입요소(quantitative input)로 이용되기 때문이다.

첫째, 교통시설의 공급전략을 평가할 때 이용된다. 다시 말해서 통행량이 어디서 얼마만큼 이동하는지, 통행자의 편익은 얼마인지 또는 해당 교통시설을 이용하지 않는 비통행자에게 가는 영향력은 얼마인지 등 다양한 교통전략에 대한 효과를 평가하고자 할 때 이용되는 것이다. 교통시설의 공급전략은 예를 들면 추가적인 도시고속도로의 건설, 새로운 대중교통시스템의 도입, 교통수요 관리기법이나 주차기법의 전환, 또는 버스전용차로의 도입 등 여러 형태가 있을 수 있는데 교통수요는 이러한 형태의 교통정책을 도입할 때 중요한 기초자료로 이용된다.

둘째, 토지이용계획을 평가할 때 이용된다. 교통수요 분석과정에서 우리는 토지이용패턴과 교통수요 간 관련성에 관한 정보를 제공받는다. 즉 주어진 교통체계하에서 토지이용패턴 변화에 따른 통행량 추정치를 제공받게 되는 것이다.

전자의 경우, 교통수요를 창출하는 사회경제적 활동패턴은 정책변수(policy variable)로 고려되지 않는다. 다시 말해서 분석에서 사회경제적 활동패턴은 고정되거나 외생적이라고 가정하고, 교통수요만을 내생적이라 받아들인다. 반면 후자의 경우에는 교통시설의 공급은 고정되어 있다고 가정하고, 교통수요의 결정인자들만이 변화한다고 가정한다. 이때 교통수요 분석은 수요와 공급 간 장기적인 상호 변화 효과를 직접적으로 설명할 수 없기 때문에 두 가지 요소 중에서 하나만 시간에 따라 변화한다고 가정하고 피드백 과정을 거치는 것이 보통이다.

4.1.2 교통수요 예측

어느 지역에 특정 교통시설을 신설하거나 개선해야 할 필요성이 있는지 등의 교통계획(transportation planning)을 하고자 할 때 우리는 한정된 예산하에서, 그리고 사전에 판단해야 하기 때문에 교통수요는 장래의 교통체계하에서 발생될 수요를 현재 시점에서 예측하게 되는데, 이러한 작업을 교통수요 예측이라 한다. 앞서 설명한 바와 같이 교통수요는 토지이용과 밀접한 관련성을 갖고 상호작용을 하기 때문에 교통수요를 예측하기 위해서는 장래 토지이용패턴을 선행적으로 추정해야 한다. 제9장에서 설명할 교통투자사업의 타당성 조사사업에서 교통수요 예측은 경제성 분석의 비용과 편익을 계산하기 위한 전 단계로 수행되며, 전체 타당성 조사사업에서 가장 많은 시간을 필요로 하게 된다.

(1) 교통수요 예측과정

교통수요 예측과정은 기준연도의 토지이용패턴하에서 교통존과 네트워크 및 통행량 자료를 구축하여 기준연도 모형의 정산단계를 거쳐 모형을 검증한 다음, 이를 토대로 장래 교통수요를 추정하는 과정을 거치게 된다. 기준연도 모형의 정산(calibration)이란 현재의 토지이용과 교통체계를 토대로 이용자의 통행패턴을 현실과 가장 적합하게 묘사하는 과정을 의미한다.

목표연도의 교통수요를 보다 정확하게 예측하기 위해서는 현재의 토지이용 특성과 인구수, 자동차 보유대수 등과 같은 사회경제지표를 활용하여 현재의 교통체계하에서 통행패턴을 현실과 비슷하게 모사하는 과정인 정산단계가 무엇보다 중요하다.

교통계획단계에서 예측된 교통수요는 정량화되어 분석되므로 매우 유용하게 활용되지만 유의해야 할 점이 있다. 교통모형은 일반적으로 통행자의 행태가설에 기초하고 있기 때문에 교통수요분석모형은 현재의 교통수요와 교통체계 조건하에서 현 통행자의 행태를 반영하여 구축된다. 따라서 교통수요분석모형은 장래 제반 상황이 현재 교통수요 분석을 수행하는 상황과 현격히 다르지 않을 때 적용하여야 하며, 기 반영된 통행자

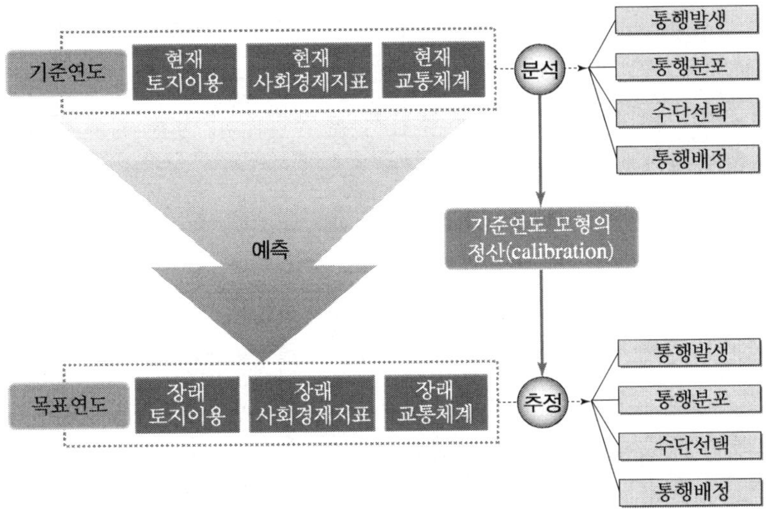

〈그림 4.1〉 교통수요 예측과정

행태는 통행자의 장기적인 변화과정을 모두 반영할 수 없기 때문에 단기적으로 적용하는 것이 바람직하다.

(2) 교통수요 예측의 분석범위

교통수요를 예측하기 위해서는 먼저 분석범위(scope)를 설정해야 한다. 예를 들어 도시교통수요를 예측하고자 할 때 공간적 범위는 도시의 정치적 경계 또는 행정적 경계를 초월하는 영역으로 연구범위를 설정하는 것이 일반적이다. 왜냐하면 도시교통에서 중요한 통행량의 이동을 설명하기 위해서는 통행을 유발하는 모든 범위의 거주지를 포함해야 하기 때문이다. 도시교통수요는 주로 매일 발생하거나 주 단위로 정기적으로 발생하는 통행활동으로 인해 유발된다. 결과적으로 도시교통수요를 예측할 목적으로 도시의 영역을 정의하고자 한다면 도시 내와 교외, 그리고 대부분의 사람들이 행하는 경제적 활동을 포함하는 주거지역을 모두 포함해야 하는 것이다.

또한 교통수요를 효율적이고 효과적으로 분석하기 위해서는 분석범위를 한정할 필요성도 있다. 교통수요와 공급에 영향을 미치는 요인은 매우 다양할 뿐만 아니라 상호 연관되어 있으므로 교통수요를 예측하기 위해서는 이를 단순화시켜야 한다. 예를 들어 승용차 수요는 승용차 보유대수에 영향을 받고, 교통시설의 공급에 영향을 미친다. 반대로 승용차 보유대수는 교통시설의 이용 여부에 영향을 받는다. 이러한 요인들을 동시에 분석하는 것은 매우 힘들고 결과적으로 너무 복잡해서 분석할 수 없을 수도 있다.

일반적으로 교통수요의 분석범위는 통행활동과 교통수요(공급)에 영향을 미치는 요인들 간 관련성에 의해 결정된다. 통행활동은 모형의 내생변수로 고려되는 반면 나머지

두 가지 요소는 외생변수로 고려되는 것이 일반적이다. 승용차 보유와 같은 의사결정뿐만 아니라 거주지와 같은 공간적 위치와 관련된 선택은 분석에 포함되지 않는데, 이는 이들 요인이 중요하지 않아서가 아니라 분석의 범위를 한정할 필요가 있기 때문이다. 교통수요 분석의 목적은 통행활동에 영향을 미치는 요인 간 의미 있는 관계식을 구축하는 것이고, 이러한 관계식은 주로 교통량과 그 효과를 추정하는 데 이용된다.

(3) 교통수요 예측의 분석수준

교통수요를 예측하고자 할 때에는 분석범위의 상세수준(level of detail)도 적절하게 정해야 하는데, 상세수준은 교통수요를 예측하는 목적에 따라 달라진다. 예를 들어 지하철 역사를 새로이 건설하거나 기존 도로에 교차로를 추가하고자 한다면 통행량을 공간적으로 그리고 시간적으로도 보다 세밀하게 예측할 필요가 있다. 그렇지만 토지이용 패턴의 변화로 인한 교통체계 전체의 경제적 효과를 평가하고자 하면 연간 내지는 계절별 통행량 추정치를 분석하면 될 것이다.

그렇다고 교통수요의 상세 분석수준이 교통수요 예측의 목적에 따라서만 결정되는 것은 아니다. 교통수요 분석의 상세수준은 분석해야 할 교통체계의 행태적 특성에 의해서도 영향을 받는다. 예를 들어 도시교통에서 대부분의 통행활동은 매일 발생하지만 주중인지 주말인지에 따라 차이를 보인다. 주중에는 통근활동과 쇼핑활동이 상대적으로 안정되게 일어나고 시간적으로 비슷한 패턴을 보인다. 마찬가지로 대부분의 친교활동과 레저활동은 주말에 주로 일어난다. 따라서 이 경우 시간에 따른 교통수요를 보다 상세하게 예측할 필요성은 없고 일일통행량을 예측하기만 하면 된다. 또한 교통수요 분석의 공간적 상세수준은 도시구조(urban structure)와 교통 네트워크(transportation network)의 특성도 고려해야 한다. 따라서 분석 네트워크와 교통존을 구축하는 단계는 다음 절에서 별도로 논의하게 되겠지만 교통수요 분석에서 상당히 중요한 단계가 된다.

4.2 교통수요 분석기법

4.2.1 교통수요 분석기법의 개요

(1) 기본가설

교통수요를 분석하는 기본적인 접근법은 미시경제학적 수요이론(microeconomic demand theory)을 이용하는 것이다. 즉 통행행태가설을 이용하는데, 효용 극대화 원칙

(principle of utility maximization)이 기저를 이루고 있으며 이 원칙은 대부분의 교통수요모형을 도출하는 데 이용되고 있다. 효용 극대화 원칙을 설명하기 위해서는 통행활동과 통행활동에 영향을 미치는 요인들 간 관련성을 설명하는 효용함수(utility function)를 설정한 다음 효용함수와 관련된 가설을 검정해야 한다.

교통수요모형을 도출하는 기본가설은 교통수요가 도시활동에 대한 수요와 직접적으로 연관되어 도시활동으로부터 유발된다는 것이다(Kanafani, 1983 정리). 통근, 쇼핑, 친교, 레저와 같은 활동은 활동수요집합(activity demand set)이라고 부르는 하나의 집합에서 선택된다고 가정한다. 활동수요집합은 개인과 가계의 도시활동을 모두 포함하는데, 이는 개인과 가계의 사회경제적 특성(socioeconomic characteristics)에 달려 있다. 예를 들어 가계의 활동수요집합은 가계의 규모뿐만 아니라 가계소득이나 고용자 수에 따라서도 달라질 수 있다. 그렇지만 현실적으로 모형을 구축할 때에는 개인이나 가계의 모든 활동을 활동수요집합에 포함시킬 수는 없다.

한편 활동공급집합(activity supply set)은 토지이용패턴과 교통체계의 특성에 따라 정의되며, 잠재적 통행자에게 활동공급집합은 특정 거리나 교통비용 등을 고려한 도시활동에 의해 영향을 받는다. 또한 활동수요집합과 활동공급집합은 도시활동이 어디서 일어나는지와도 관련이 되기 때문에 교통수요는 사회경제적 특성과 교통체계의 속성에 직접적으로 영향을 받는다.

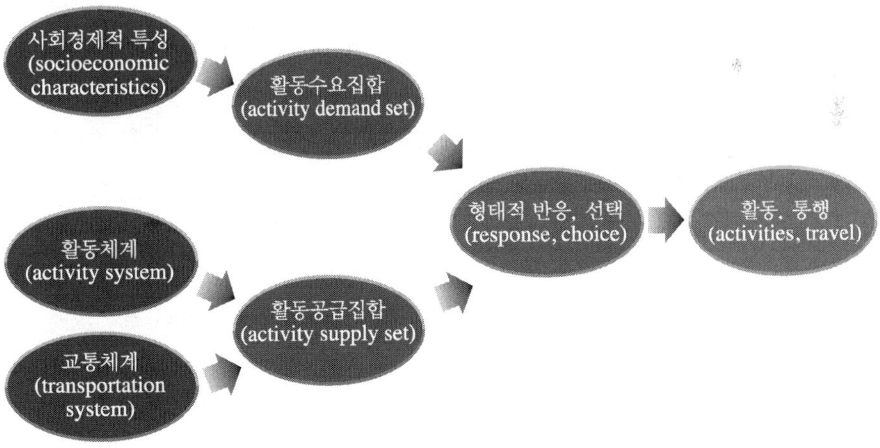

〈그림 4.2〉 도시교통수요의 기본가설(자료: Kanafani, 1983)

교통수요를 분석할 때 통행자의 행태와 관련된 가정은 통행자의 선택과정(choice process)과 밀접하게 관련된다. 일반적으로 통행자들은 특정 도시활동을 하기 위해서 일어나는 통행과 관련된 일련의 선택과정에 직면한다. 이때 통행자의 선택은 활동수요집합과 활동공급집합에 직접적으로 관련된다고 가정한다. 다시 말해 특정 통행목적을 위한 목적지를 선택할 때, 통행자는 활동수요집합과 활동공급집합의 교차점에서 이용 가능한 도시활동을 선택하게 되고 이면에는 활동이 속성과 교통체계의 속성에 대한 신택도 깔려 있다. 대부분 교통수요 분석에서 이러한 두 가지 집합은 독립적이라 가정한다. 이전에도 언급한 바와 같이 교통에서 수요와 공급 간 상호 관련성은 단기 분석에서는 고려하지 않기 때문이다.

교통수요 분석에서 통행과정은 기본적으로 통행활동에 대한 수많은 속성 중에서 하나를 선택하는 과정을 표현하는 것이다. 이러한 선택은 도시활동 그 자체에 대한 선택과 강하게 관련되어 있다. 통행목적은 도시활동의 특성을 대변한다고 볼 수 있으므로 교통수요를 분석할 때 각기 다른 통행목적에 대해 별도의 모형으로 구조화시킨다. 또한 모형을 단순화시키기 위하여 일반적으로 통근, 업무, 쇼핑, 레저 등 개별 활동에 대한 수요는 모두 독립적이라고 가정한다. 주어진 통행목적하에서 통행자는 다음과 같은 여러 선택에 직면한다.

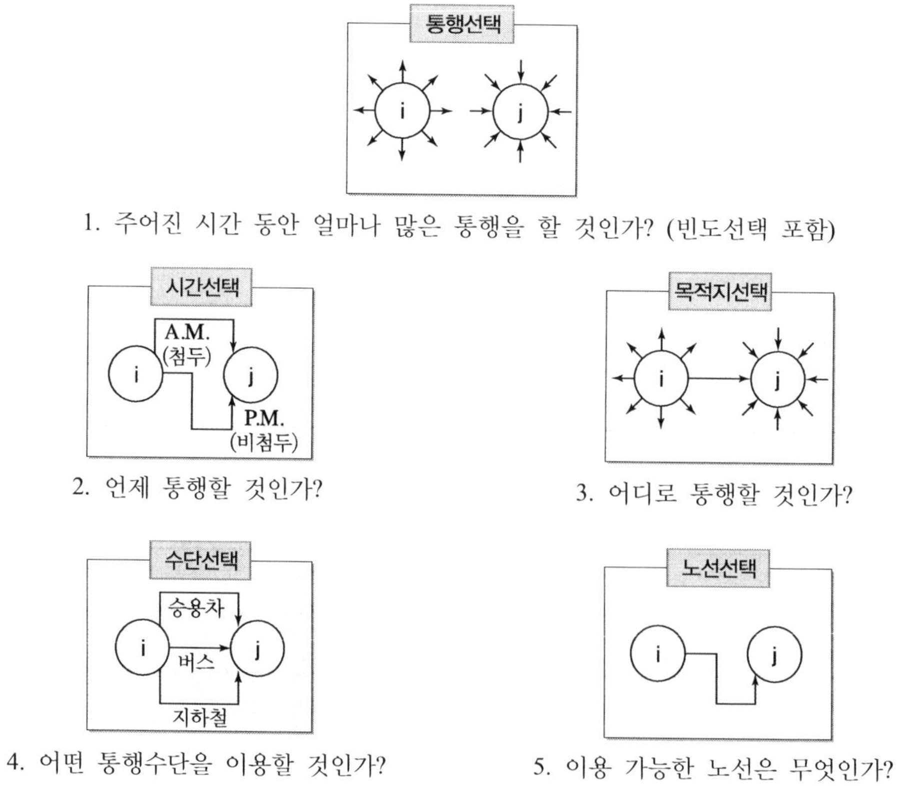

〈그림 4.3〉 통행자의 선택사항

통행자의 선택과정을 이해하고 이를 모형화하는 것은 교통수요를 분석하는 데 필수적이다. 상관되어 있지 않은 통행활동에 대한 수많은 선택사항을 모두 수반하는 과정은 상당히 복잡하기 때문에 모든 가정을 수식으로 증명하는 것은 실질적으로 불가능하다.

일반적으로 선택과정을 모형화할 때 두 가지 문제가 발생한다. 첫째, 선택이 독립적으로 일어나느냐의 문제와 둘째, 만약 선택이 독립적으로 일어난다면 그러한 선택이 동시에 일어나느냐 순차적으로 일어나느냐의 문제이다. 이 물음에 대한 해답은 선택과정을 모형화하여 교통수요모형을 정립하는 데 중요한 함의를 갖는다.

첫 번째로 선택이 독립적으로 일어난다는 것은 각 통행속성의 선택이 다른 선택과 독립이라는 것을 의미한다. 예를 들면 목적지선택은 수단선택과 독립이라는 것이다. 이는 목적지-수단선택의 결합확률에 영향을 미친다. 반대로 선택이 독립적이지 않다는 가정은 통행의 속성을 선택하는 것이 다른 통행의 속성값에 의존적이라는 것을 의미한다. 즉 목적지선택은 수단선택에, 수단선택은 목적지선택에 의존적이라는 것이다. 이 경우 조건부 확률구조로 속성선택을 정의해야 한다.

마찬가지로 노선선택이 목적지선택에 독립이라는 가정은 비현실적이다. 그러나 교통수요를 분석하는 중요한 목적이 무엇인지를 먼저 판단할 수는 있다. 통근통행을 예로 들어보자. 통근통행은 그 특성상 목적지가 가장 먼저 선택되고 선택된 목적지는 기타 다른 통근통행의 속성에 독립이며, 기타 다른 통근통행의 속성들은 가장 먼저 선택된 목적지에 의해 결정된다. 따라서 일반적으로 선택은 독립이 아니지만 더 중요한 선택에 대해서 덜 중요한 선택은 의존적이라는 위계가 존재하게 된다.

두 번째로 선택이 동시에 일어나는지 순차적으로 일어나는지에 대한 해답은 결론을 내리기 힘들다. 동시에 일어난다는 가정은 모든 대안에 대한 속성이 통행자에게 이용가능하고 어떠한 선택에도 영향을 미친다는 점에서 가장 일반적이다. 그러나 이러한 가정은 통행자가 통행을 할 때 항상 모든 요인을 고려한다는 것을 의미한다. 다수단 도시교통 네트워크에서 수많은 대안과 그 대안에 대한 속성들은 너무 많아서 현실적으로 이를 모두 고려하기 힘들다. 따라서 동시적인 의사결정과정은 대단히 힘들다. 반면 순차적으로 일어난다는 가정은 대안 중에서 보다 더 중요한 선택을 먼저 하게 되는 위계가 존재한다는 것을 의미한다. 통행자의 의사결정과정에서 위계를 결정하는 요인은 현실적으로 두 가지를 들 수 있다.

먼저 의존통행자(captive rider)인가 선택통행자(choice rider)인가의 문제와 관련된다. 의존통행자는 특정 통행속성과 관련하여 선택을 할 수 없는 상황에 직면한다. 예를 들어 승용차를 이용할 수 없는 통행자와 버스만 이용할 수 있는 통행자는 수단선택을 거의 할 수 없다. 단거리 도보나 자전거 통행자를 제외하고 통행수단은 이미 버스로 정해져 있다. 이는 노선선택에서도 일어나는데 대중교통수단을 이용할 수밖에 없다면 기점과 종점 간 노선이 현실적으로 하나의 노선으로 정해진다.

통행의 위계를 결정하는 또 다른 요인은 장기(long-term)냐 단기(short-term)냐에 따라 달라진다. 특히 통근통행에 있어 목적지선택은 매일 변화하지 않는 장기적인 결정사항이다. 그러나 수단선택이나 노선선택과 같은 통근통행의 속성은 매일 변화할 수 있다. 이 경우 목적지선택이 먼저 이루어지고 나서 다른 통행속성에 대한 선택이 뒤따르게 된다. 즉 목적지선택에 조건부 선택이 이루어진다. 이러한 두 가지 요인은 통행행태이론을 정하는 데 주요한 고려사항이 된다.

(2) 교통수요 분석기법

교통수요를 추정하는 분석기법은 앞서 설명한 바와 같이 접근방식에 따라서 크게 순차적 모형(sequential model)과 동시적 모형(simultaneous model)인 통합모형으로 구분할 수 있다.

순차적 모형은 기준연도 자료를 바탕으로 단계적으로 교통수요를 예측하는 모형으로, 대표적으로 전통적인 4단계 교통수요모형을 들 수 있다. 통행발생(trip generation), 통행분포(trip distribution), 수단선택(mode choice), 통행배정(trip assignment)의 각 단계별로 독립된 수요추정과정을 순차적으로 적용하기 때문에 단계 간 상호연관관계를 반영하지 못하는 단점이 있는 반면 이해가 쉽고, 관련 정책에 대한 교통수요 변화를 분석하기가 용이하다는 장점이 있다.

반면 통합모형(combined model)은 네 단계를 부분적으로 또는 전체를 통합하여 교통수요를 예측하는 모형으로 통행발생－수단분담통합모형(CGM, Combined Generation and Modal split model), 통행분포－수단분담통합모형(CDM, Combined Distribution and Modal split model), 통행분포－통행배정통합모형(CDA, Combined Distribution and Assignment model) 등 여러 형태가 있을 수 있다. 특히 통행배정단계를 제외하고 계량경제모형을 적용하여 통행발생과 통행분포 및 수단선택단계를 동시에 추정하는 직접수요모형(direct demand model)도 통합모형에 속한다. 이때 '수단선택(mode choice)'이라는 용어 대신에 '수단분담(modal split)'이라는 용어를 사용한 이유는 통합모형에서는 개별 통행자가 이용 가능한 수단대안 중에서 특정 교통수단을 선택하는 행위에 초점을 두는 것이 아니라 집계되어 있는 통행발생량을 각 수단별로 분담시키는 데 초점을 두었기 때문이다.

이 외에 소규모 지역이나 단기적인 교통계획 등 개략적으로 교통수요를 추정하기 위해서 이용되는 기법인 개략적 교통수요 추정기법을 들 수 있다. 과거추세연장법이나

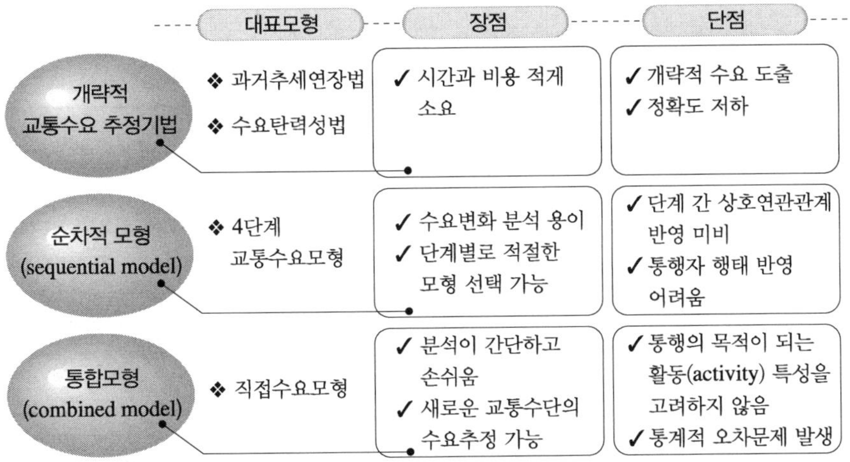

〈그림 4.4〉 교통수요 분석기법의 장단점

수요탄력성법과 같은 개략적 교통수요 추정법은 시간과 비용이 적게 소요된다는 장점이 있으며, 주로 선택대안이 다수일 경우 몇 개의 중요한 대안으로 선택의 폭을 좁히는 경우에 한정적으로 사용된다(원제무, 2000).

이러한 세 가지 분석기법은 개인이나 가계와 같은 개별 수준의 비집계 자료(disaggregate data)를 이용하여 분석하기도 하고 경우에 따라서는 시장 수준의 집계 자료(aggregate data)를 이용하여 분석하기도 한다.

4.2.2 개략적 수요추정기법

(1) 과거추세연장법

과거추세연장법은 가장 간단한 수요추정기법으로서 과거 연도별 교통수요 실적을 토대로 목표연도의 수요를 예측하는 방법이다. 과거 교통수요의 추세선 유형은 선형식, 지수식, 로그식, 다항식, 이동평균식 등 임의대로 적용할 수 있기 때문에 분석가에 따라서 달라질 수 있다는 단점이 있다.

문제 4-1 과거추세연장법

경인선의 연도별 수송량이 다음과 같다고 할 때 2015년의 경인선 승객 수를 구하시오.
(단, 경인선의 수요증가 추세는 선형식을 따른다고 가정한다.)

연도	수송량(명)	연도	수송량(명)	연도	수송량(명)
2001년	127,868	2004년	144,163	2007년	178,895
2002년	128,868	2005년	166,643	2008년	185,980
2003년	139,638	2006년	174,137	2009년	185,782

풀이 경인선의 승객 수 증가 추세를 선형식으로 표현하면 다음과 같다.

$Y = 8524.7X + 116485 = 8524.7$

(여기서, Y = 경인선의 승객 수, X = 연도)

X는 2001을 기준으로 $X_{2001} = 1$, $X_{2002} = 2$, ⋯, $X_{2015} = 15$이므로

$Y = 8524.7 \times 15 + 116485 = 244355.5$, 즉 244,356명이다.

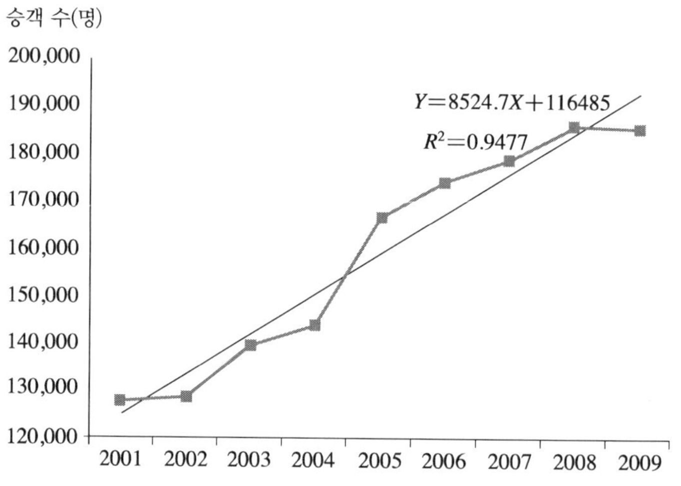

■

(2) 수요탄력성법

개략적 수요추정기법의 두 번째 방법은 수요탄력성법으로 교통체계나 교통시설의 변화에 따른 교통수요의 민감도를 추정하는 기법이다. 이때 수요탄력성(demand elasticity)은 교통체계나 교통시설의 변화를 나타내는 정책변수, 즉 통행시간이나 통행거리, 통행요금 등의 변화에 따른 교통수요의 변화 정도를 의미한다.

수요탄력성은 교통수요에 직접적으로 영향을 미치는 변수와 교통수요와의 관계인 직접 탄력성과 한 교통수단의 변수가 다른 교통수단의 수요에 영향을 미치는 정도인 간접 또는 교차 탄력성으로 구분된다.

$$\epsilon_P = \frac{\Delta D/D}{\Delta P/P} = \frac{P}{D} \cdot \frac{\Delta D}{\Delta P} \tag{4.1}$$

여기서, ϵ_P: 수요 탄력성

D: 교통수요량

P: 통행시간, 통행거리, 통행요금 등 정책변수

ΔD: 교통수요 변화량

ΔP: 교통체계 변화를 나타내는 변수의 변화량

점탄력성(point elasticity)은 다음과 같이 계산된다.

$$\epsilon_P = \frac{\partial D / D}{\partial P / P} = \frac{P}{D} \cdot \frac{\partial D}{\partial P} \tag{4.2}$$

수요탄력성은 실질적인 경험이나 실험사실에 의해 산출하기도 하고, 수요모형에 의해 산출하기도 하며, 회귀분석에 의해 산출하기도 한다. 이러한 수요탄력성법은 교통수요에 영향을 미치는 변수를 판단할 수 있기 때문에 과거추세연장법보다는 보다 정밀하게 교통수요를 추정할 수 있다.

문제 4-2 버스요금에 따른 일일 버스 승객의 교통수요 간에 다음 그림과 같은 관계를 가진다고 할 때 버스수요의 요금탄력성을 구하고 버스요금이 900원에서 1,000원으로 인상되는 경우 버스 승객 수를 구하시오.

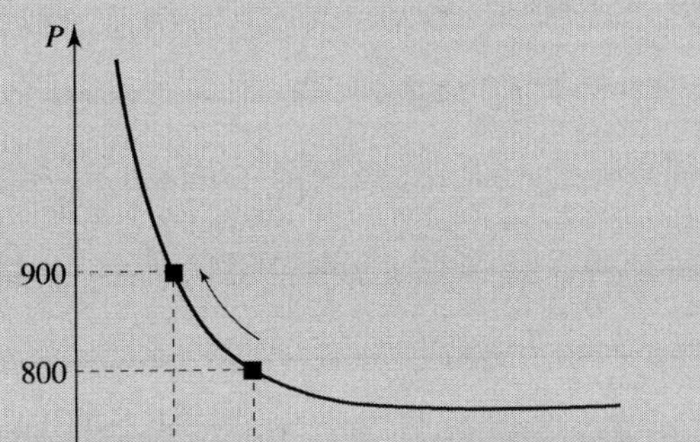

풀이 P=버스요금과 D=승객 수 사이의 수요탄력성을 수식으로 나타내면 다음과 같다.

$$\epsilon_P = \frac{\Delta D / D}{\Delta P / P} = \frac{P}{D} \cdot \frac{\Delta D}{\Delta P}$$

$$\epsilon_P = \frac{\frac{\Delta D}{D}}{\frac{\Delta P}{P}} = \frac{\frac{(2{,}000 - 2{,}500)}{2{,}500}}{\frac{(900 - 800)}{800}} = \frac{-\frac{1}{5}}{\frac{1}{8}} = -1.6$$

따라서 버스수요의 가격탄력성 ϵ_P는 -1.6이다.

또한 버스요금이 900원에서 1,000원으로 인상되면

$$\triangle D = \epsilon_P \cdot \frac{\triangle P}{P} \cdot D = -1.6 \cdot \frac{(1{,}000-900)}{900} \cdot 2{,}000 = -356$$

승객 수 변화량은 -356으로 356명의 버스승객 수가 감소하게 된다.

따라서 버스 총 승객 수는 $2000-356=1622$, 즉 1,622명이 된다. ■

4.2.3 4단계 교통수요모형

(1) 4단계 교통수요모형의 개념

전통적인 4단계 교통수요모형은 대표적인 순차적 모형(sequential model)으로서, 교통수요자들의 의사결정과정이 순차적인 선택과정을 거쳐 일어난다고 가정하여 교통수요를 예측하는 추정기법이다. 4단계의 순차적 과정은 통행발생, 통행분포, 수단선택, 통행배정의 단계를 말한다.

① 통행발생(trip generation): $X_i = X_i(D_i)$

② 통행분포(trip distribution): $X_{ij} = X_i p(j \mid i)$

③ 수단선택(mode choice): $X_{ijm} = X_{ij} p(m \mid i, j)$

④ 통행배정(trip assignment): $X_{ijmr} = X_{ijm} p(r \mid i, j, m)$

여기서, X^p_{ijmrt} : 통행목적 p를 위해서 출발지 i로부터 목적지 j로 교통수단 m과 통행경로 r을 이용해서 t 시간대에 통행하는 통행량

4단계 교통수요모형의 일반적인 구조는 다음 그림과 같이 이루어져 있다. 4단계 교통수요 추정기법은 먼저 교통존과 네트워크의 구축, 자료의 수집, 그리고 기준연도 모형에 대한 정산(calibration)과 검증(validation)으로부터 출발한다. 수집 자료는 연구지역에 대한 기준연도의 인구, 고용 및 자동차 보유대수와 같은 사회경제적 특성과 쇼핑센터, 교육 및 레저시설 등을 포함하는 경제활동 수준을 모두 포함한다.

순차적 모형의 과정은 첫째, 통행발생(trip generation)단계로 사회경제지표를 이용하여 각 교통존에서 발생(trip production)하고 도착(trip attraction)하는 총 통행량을 추정한다. 둘째, 통행분포(trip distribution)단계로 통행발생단계에서 추정된 총 발생통행량과 도착통행량을 특정 목적지, 다시 말해서 공간상의 분포에 배분시켜 교통존 간 교차 통행량(trip interchange)을 만든다. 셋째, 수단선택(mode choice)단계로 통행분포단계에서

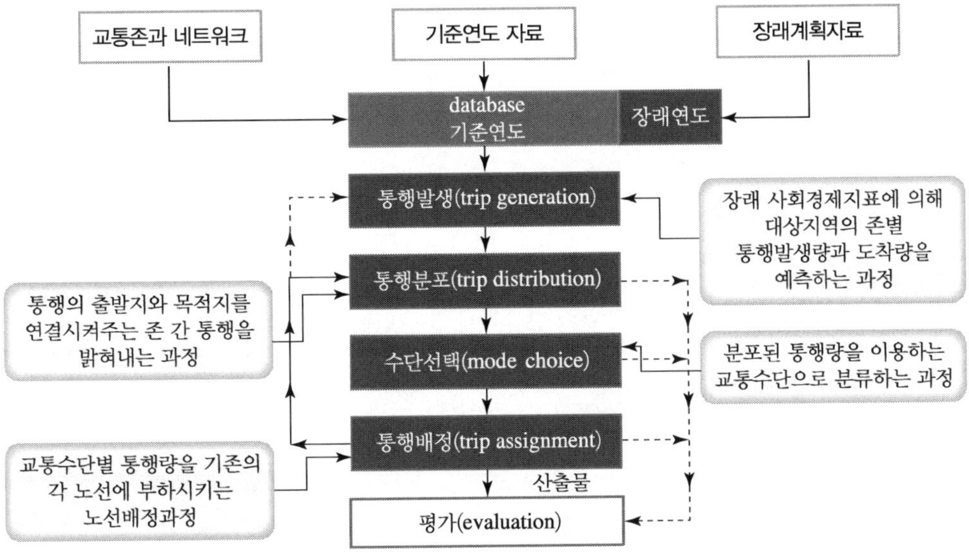

〈그림 4.5〉 4단계 교통수요모형의 일반적인 구조

생성된 교통존 간 교차 통행량을 이용자가 선택 가능한 교통수단별로 세분한다. 마지막으로 통행배정(trip assignment)단계로 각 교통수단별 통행량을 각 노선에 부하시킨다. 일반적으로 이러한 4단계 과정은 수단별 존 간 통행비용이 안정된 값을 가질 때까지 순차적으로 반복한다. 이러한 4단계 모형은 제5장에서 보다 자세하게 다루기로 한다.

통행발생, 통행분포, 수단선택, 통행배정의 순차적인 과정을 거쳐 교통수요를 예측하는 방법은 각 단계별 결과에 대한 검증으로 현실 묘사가 가능하고, 단계별로 적절한 모형을 선택할 수 있다는 장점이 있다. 반면 일반적으로 통행발생을 비탄력적으로 만들고, 교통체계에 의해 제공되는 서비스 수준에 독립적이어서 비현실적인 경우도 생긴다. 또한 자료의 수집과 분석이 어렵고, 과거 일정 시점에 대해 모형화를 수행하므로 경직성이 발생하기도 한다.

4단계 모형은 가장 일반적인 방법이기는 하지만 절대적인 방법이라고 할 수는 없다. 예를 들어 통행발생 다음에 또는 통행발생과 함께 수단선택을 통행분포단계 전에 수행하기도 한다. 이는 통행발생 단위(개인 또는 가계)에 의해 행해지는 의사결정에 영향을 미치는 변수를 보다 중시하고자 하기 때문이다. 그러나 통행분포 전에 수단선택을 하게 되면, 모형에 수단의 속성을 포함시키기 어려워져서 수단선택모형의 정책적 함의가 떨어지기도 한다.

최근에는 경전철, 바이모달 트램 등과 같은 신교통시스템이 출현하고, 자동차 교통이 아닌 자전거나 보행과 같은 녹색교통수단이 재평가되고 있어 개인의 통행특성을 고려한 개별행태모형에 대한 연구가 다양하게 진행되고 있다. 현재까지 사용되어 온 대부분의 모형은 미국과 유럽 등 사회・경제・정치・문화적으로 안정기에 개발된 모형이므로 현재의 복잡 다양화되고 불안정한 시기에는 적합하지 않을 수 있다.

(2) 교통수요에 영향을 미치는 요소

4단계 통행수요 예측과정에는 다양한 요소들이 영향을 미치게 된다. 이들은 크게 토지이용(입지), 통행자 특성, 통행특성, 통행수단 특성, 그리고 네트워크 특성 등으로 구분되며, 각 단계별 영향요소는 다음과 같다.

1) 통행발생에 영향을 미치는 요소

사회경제활동은 토지를 기초로 발생하기 때문에 통행발생은 토지이용과 밀접한 관계를 갖고 있다. 즉, 토지이용이 고도화될수록 더 많은 사회활동이 발생하며 이를 지원하는 통행도 증가하게 된다. 통행발생에 영향을 미치는 또 다른 요소로는 인구수나 소득과 같은 통행자의 사회경제지표, 통행 자체 특성, 그리고 이동수단인 교통시스템 등이 있다.

먼저, 토지이용변수로 상업시설, 업무시설, 주거시설 등과 같이 해당 교통존의 토지이용시설 및 토지이용밀도 등 존의 공간적 특성이 통행발생에 영향을 미치며 이들 토지이용이 변하는 경우 통행발생 역시 변하게 된다. 두 번째 사회경제지표로는 통행발생에 영향을 미치는 통행자의 특성으로서 가구원수, 자동차 보유대수, 가구소득, 직업 등이 있다. 세 번째 통행 자체의 특성으로 출근, 업무, 위락 등 통행목적과 장거리 또는 단거리 등 통행거리, 그리고 출발하는 통행시간대가 통행발생량에 영향을 미친다. 마지막으로 교통시스템 요소로 교통시스템에 접근하기 위한 접근성, 도로의 혼잡 정도에 따라 통행발생량이 변하게 된다.

2) 통행분포에 영향을 미치는 요소

목적지를 결정하는 통행분포단계에 영향을 미치는 요소로는 출발지와 목적지의 토지이용 특성, 두 지점 간 통행거리, 비용 등 통행저항, 그리고 통행자의 특징 등이 영향을 미치게 된다. 먼저, 기점과 종점에서의 토지이용 특성들은 통행유출량과 통행유입량의 크기에 영향을 미치기 때문에 토지이용(입지)특성이 중요한 요소가 된다. 즉, 인구밀도나 토지이용이 고밀화된 지역에는 통행분포량이 많게 된다. 이에 반해 기종점 간 통행거리나 비용 등은 통행을 방해하는 요소로 작용하며 통행목적에 따라서도 다른 통행분포패턴을 보이는 것으로 알려져 있다. 이 외에 통행자의 나이나 소득 등과 같은 사회경제적인 특성들도 영향요소로 작용한다.

3) 통행수단 선택에 영향을 미치는 요소

통행수단 선택에 영향을 미치는 요소는 크게 통행자의 속성, 통행특성, 그리고 통행수단의 특징 등이 있으며, 통행단 수단선택인 경우 토지이용과 관련된 요소들이 추가로 영향을 미친다. 통행자의 속성에는 나이, 성별, 가구 소득수준, 자동차 보유대수 등이 있으며 특히 가구당 소득은 주된 요소로 작용한다. 통행특성에는 통행목적이 무엇인지, 통행시간대가 언제인지, 통행거리는 얼마나 되는지 등의 요소가 있으며 통행목적이 업무나 등교 등과 같은 의무통행(compulsory trip)인 경우 정시성이 확보된 통행수단이 주로 선택되며, 비의무통행의 경우 다양한 수단이 선택된다. 마지막으로 통행수단의 특징은 통행수단 선택 시 대표적인 변수로서 기종점쌍 간 통행시간 및 통행비용, 그리고 편리성, 쾌적성, 안전성 등이 있다.

4) 통행배정에 영향을 미치는 요소

마지막 단계인 통행배정은 실제 이동경로를 결정하기 때문에 토지이용특성을 제외한 요소들이 주로 영향을 미치게 된다. 대표적인 요소로는 네트워크 특징으로서, 도로나

〈표 4.1〉 각 단계별 통행수요에 영향을 미치는 요소

특성구분	영향요소	수요예측단계			
		통행발생	통행분포	수단선택	통행배정
토지이용(입지)	▪ 주거입지 ▪ 인구밀도 ▪ 토지시설용도	○	○	△	
통행자의 특징	▪ 통행자의 사회경제지표 (나이, 성별, 소득, 자동차 보유대수, 운전 면허증 소지 여부, 가구원 수 등)	○	○	○	○
통행 특징	▪ 통행목적(통근, 통학, 업무, 쇼핑, 여가 등) ▪ 통행시간대(첨두, 비첨두) ▪ 통행거리(단거리, 장거리)	○	○	○	○
통행수단의 특징	▪ 교통수단의 서비스 수준 - 계량요소: 통행시간, 비용 등 - 비계량요소: 편리성, 쾌적성, 안전성 등 ▪ 대중교통 접근성			○	○
네트워크 특성	▪ 네트워크 연결성 ▪ 링크의 용량, 초기 통행시간 ▪ 설계속도				○

○: 주요소, △: 부요소

철도의 연결성과 링크의 용량, 초기 통행시간 등이 주된 영향요소가 된다. 또한 서로 다른 통행자 간의 이질적인 특성과 통행수단들 간의 속성들은 다사용자계층 통행배정(multiple user class trip assignment)모형으로 표현된다. 다사용자계층모형은 현재 널리 사용되고 있지는 않지만 통행자의 행태를 좀 더 정확히 표현할 수 있다는 장점이 있기 때문에 향후 사용빈도가 증가할 것으로 예상된다. 이 외에 통행시간대와 같은 통행특징도 통행배정단계에 영향을 미치게 되는데, 출발시간선택(departure time choice)모형과 동적통행배정모형(dynamic trip assignment)에 주로 영향을 미치게 된다.

4.2.4 통합모형

통합모형(combined model)은 개요에서 설명한 바와 같이 CGM, CDM, CMA 등 여러 형태가 있을 수 있으나 통행발생단계를 통행분포나 수단선택단계와 통합하는 모형은 주로 회귀분석이나 카테고리 분석법 등 일반적인 통행발생모형을 사용하므로 이에 관한 설명은 제5장을 참조하기로 하고, 대표적인 통행분포－수단분담통합모형(CDM, Combined Distribution and Modal-split model)과 직접수요모형(direct demand model)을 설명하기로 하자.

(1) 통행분포-수단분담통합모형

통행분포－수단분담통합모형은 엔트로피 극대화 모형을 이용하여 통행분포와 수단선택모형을 동시에 추정하는 방법이다. 먼저 엔트로피 극대화 문제를 2개의 수단(binary choice)에 대해서 정의하여 식으로 나타내면 다음과 같다(Ortuzar, 2002).

$$Max \ln W\{q_{ij}^k\} = -\sum_{ij}(q_{ij}^k \ln q_{ij}^k - q_{ij}^k) \tag{4.3}$$

subject to

$$\sum_{jk} q_{ij}^k - O_i = 0$$

$$\sum_{ik} q_{ij}^k - D_j = 0$$

$$\sum_{ijk} q_{ij}^k c_{ij}^k - C = 0$$

여기서, $\sum_{ij} q_{ij} = Q$ 이고, $\sum_{ij} c_{ij} = C$

여기서, q_{ij}^k: 교통수단 k를 이용하는 출발지 i와 도착지 j 간 교차통행량

O_i: 출발지 i에서 유출되는 총 발생통행량

D_j: 도착지 j로 유입하는 총 도착통행량

c_{ij}^k: 교통수단 k의 출발지 i와 도착지 j 간 일반화 통행비용

라그랑주 함수식을 이용하여 위의 엔트로피 극대화 문제를 풀면 다음과 같이 풀이된다.

$$L = -\sum_{ij}(q_{ij}^k \ln q_{ij}^k - q_{ij}^k) + \sum_i \alpha_1 (O_i - \sum_{jk} q_{ij}^k) + \sum_j \alpha_j (D_j - \sum_{ik} q_{ij}^k) \quad (4.4)$$
$$+ \beta (C - \sum_{ijk} q_{ij}^k c_{ij}^k)$$

엔트로피 극대화 제1계 조건(FOC)에 의하여 $q_{ij}^k = k_i O_i k_j D_j \exp(-\beta c_{ij}^k)$이고,

여기서 $k_i = \dfrac{1}{\sum_i k_j D_j \exp(-\beta c_{ij}^k)}$이고, $k_j = \dfrac{1}{\sum_j k_i D_i \exp(-\beta c_{ij}^k)}$

수단 1의 분담률(P_{ij}^1)은 다음과 같이 나타난다.

$$P_{ij}^1 = \frac{q_{ij}^1}{q_{ij}} = \frac{\exp(-\beta c_{ij}^1)}{\exp(-\beta c_{ij}^1) + \exp(-\beta c_{ij}^2)} \quad (4.5)$$

여기서, P_{ij}^1: 교통수단 1을 이용하여 출발지 i에서 도착지 j로 통행하는 통행비율

수단 1의 함수형태는 결국 로짓(logit) 형태로 다음과 같은 속성을 가지고 있다. 첫째, S-shaped curve를 그리게 되는데, 전환곡선과 유사한 형태를 가지고 있다. 둘째, $c_1 = c_2$라면, $P_1 = P_2 = 0.5$가 된다. 셋째, $c_2 \gg c_1$라면, P_1은 1.0이 되는 경향이 있다. 넷째, 다음의 식과 같이 다수단 문제로 쉽게 확장할 수 있다.

$$P_{ij}^k = \frac{\exp(-\beta c_{ij}^k)}{\sum_k \exp(-\beta c_{ij}^k)} \quad (4.6)$$

이때 β는 수단선택모형의 모수(parameter)에 해당되는데, 잘 알려진 바와 같이 하나의 모수, 즉 β에 너무 많은 의미를 부여하고 있다는 단점이 있기 때문에 실제 적용단계에서는 다음과 같이 모수(λ)를 추가하는 형태로 이용되었다.

$$q_{ij}^{kn} = k_i^n O_i^n k_j D_j \exp(-\beta_n K_{ij}^n) \frac{\exp(-\lambda_n c_{ij}^k)}{\sum_k \exp(-\lambda_n c_{ij}^k)} \quad (4.7)$$

여기서, K_{ij}^n: 유형 n에 속하는 통행자가 인지하는 복합통행비용(composite cost of travelling)

복합통행비용은 이론적으로 여러 방식으로 설정할 수 있는데, 1970년대에는 비용의 최솟값이나 가중평균값을 이용하기도 하였다. 이후 Williams(1977)가 $K_{ij}^n = \frac{-1}{\lambda} \ln \sum_k \exp(-\lambda_n c_{ij}^k)$이고, $\beta_n \leq \lambda_n$라는 설정을 부가하여 통행분포-수단분담통합모형식을 보다 정밀하게 모형화하였지만 서서히 비집계 수단선택모형(disaggregate mode choice model)으로 대체되었다.

(2) 직접수요모형

직접수요모형(direct demand model)은 동시적 모형인 통합모형의 하나로서 통행배정단계를 제외한 통행발생, 통행분포 및 수단선택과정을 하나의 계량경제모형을 이용하여 통합하여 교통수요를 추정하는 기법이다. 통행배정과정은 교통망 분석에 따라서 수많은 경로를 고려할 수 있기 때문에 이들 경로에 대한 설명변수인 통행비용함수를 찾을 수는 있지만 종속변수인 통행량을 경로별로 찾기란 거의 불가능하기 때문에 제외한다. 직접수요모형은 다음과 같은 식으로 표현될 수 있다.

$$X_{ijmrt}^p = X(D^p, S_{ijmrt} \text{ for all } i, j, m, r, t) \tag{4.8}$$

여기서, X_{ijmrt}^p: 통행목적 p를 위해 출발지 i로부터 목적지 j로 교통수단 m과 통행경로 r을 이용해서 t 시간대에 통행하는 통행량

D^p: 통행목적 p를 위한 수요변수 벡터

S_{ijmrt}: i, j, m, r, t로 주어진 특성을 가지는 통행의 공급변수 벡터

직접수요모형은 세 가지 단계를 하나로 통합하여 손쉽게 추정할 수 있다는 용이성이 확보되는 반면 이론적 문제점과 적용상의 문제점도 동시에 가지고 있다. 첫째, 이론적 문제점은 통행수요가 파생수요임을 간과하고 있다는 점이다(임강원, 1997). 즉 통행의 목적이 되는 활동의 특성을 고려하지 않고, 단순히 교통수단의 서비스 수준의 개선이 통행수요를 증가시킨다고 가정한다. 둘째, 적용상의 문제점은 모형의 정산과정에서 통계적인 오차문제가 발생한다는 점이다. 즉 인구, 자동차 보유대수, 소득과 같은 사회경제적 변수나 교통수단의 통행시간, 통행비용 등과 같은 변수를 설명변수로 이용하는 계량경제모형을 이용하기 때문에 로그변환을 통한 선형식을 회귀분석법으로 추정하는 단계에서 설명변수 간 다중공선성 문제와 측정오차 등의 문제가 발생한다.

직접수요모형은 대표적으로 Baumol-Quandt 모형, SARC(Systems Analysis and Research Corporation) 모형, 그리고 McLynn 모형을 들 수 있다. 이 중에서 Baumol-Quandt 모형을 소개하자면, 워싱턴과 보스턴을 연결하는 미국 북동부 교통축 연구에 이용된 모형으로, 교통수단별 통행시간과 통행비용, 운행빈도 등의 변수값을 이용한 계량경제모형이다. 최적의 교통수단과 상대적인 교통서비스 수준의 특성으로 수단을 구분하기 때문에 이론적으로 교통수단을 구별하지 않는다고 볼 수 있다. 따라서 이 모형에서 교통수단은 구체적인 수단이 아닌 추상수단(abstract mode)으로 간주되기 때문에 추상수단수요모형(abstract mode demand model)이라고 부르기도 한다.

$$X_{ij}^{k} = \alpha_0 P_i^{\alpha 1} \cdot P_j^{\alpha 2} \cdot I_i^{\alpha 3} \cdot I_j^{\alpha 3} \cdot M_i^{\alpha 4} \cdot M_j^{\alpha 5} \cdot N_{ij}^{\alpha 7} \cdot (t_{ij}^{k}/t_{ij}^{b})^{\beta 0} \cdot (c_{ij}^{k}/c_{ij}^{b})^{\beta 1} \cdot (h_{ij}^{k}/h_{ij}^{b})^{\beta 2} \tag{4.9}$$

여기서, X_{ij}^{k}: 출발지 i에서 목적지 j로 가는 교통수단 k의 통행량

P: 인구수

I: 인당 소득

M: 제조업 고용자 구성비

N_{ij}: 출발지 i와 목적지 j 간 운행 가능한 교통수단의 수

t: 통행시간(t_{ij}^{b}: 최소 통행시간을 갖는 최적교통수단 b의 i-j 간 통행시간)

c: 통행비용(c_{ij}^{b}: 최소 통행비용을 갖는 최적교통수단 b의 i-j 간 통행비용)

h: 운행빈도(h_{ij}^{b}: 최소 통행빈도를 갖는 최적교통수단 b의 i-j 간 운행빈도)

α, β: 추정하여야 할 모수(parameter)

위의 Baumol-Quandt 모형식은 로그변환을 통해 선형식으로 변환한 다음 회귀분석법으로 모수를 추정한다. 교통수단을 추상수단으로 간주하므로 장래 새로운 교통수단의 도입에 따른 통행수요를 추정할 수 있다는 장점이 있다. 그러나 최적교통수단의 속성값을 기준으로 타 교통수단의 상대적 값을 변수로 사용하므로 새로운 교통수단이 도입될 경우 상황에 따라서 통행수요의 총체적인 증감 방향이 달라질 수 있다.

문제 4-3 어느 지역의 대중교통을 이용하는 쇼핑 통행량 수요를 추정하기 위한 직접수요모형이 다음과 같이 추정되었다고 가정하자. 이때 이 지역의 대중교통을 이용하는 일일 총 쇼핑통행 수요를 구하시오. (단, 1번 존의 소매업 고용자 수는 100명이고, 2번 존의 소매업 고용자 수는 200명이다.)

$$V_{ijt} = PE_j\, t_{ijt}^{-0.59}\, c_{ijt}^{-0.32}$$

V_{ijt}: i존과 j존 간 대중교통수단 t를 이용하는 일일 쇼핑 통행량
PE_j: j존의 소매업 고용자 수
t_{ijt}: i존과 j존 간 대중교통수단의 총 통행시간
c_{ijt}: i존과 j존 간 대중교통수단의 총 통행비용

존 간 통행시간(분)

O \ D	1	2
1	15	30
2	32	16

존 간 통행비용(원)

O \ D	1	2
1	500	1000
2	1100	600

풀이 1. 1번 존에서 1번 존으로 가는 쇼핑 통행량

$$V_{11} = PE_1\, t_{11}^{-0.59}\, c_{11}^{-0.32} = 100 \times (15^{-0.59}) \times (500^{-0.32}) = 2.8(\text{통행})$$

2. 1번 존에서 2번 존으로 가는 쇼핑 통행량

$$V_{12} = PE_2\, t_{12}^{-0.59}\, c_{12}^{-0.32} = 200 \times (30^{-0.59}) \times (1000^{-0.32}) = 2.9(\text{통행})$$

3. 2번 존에서 1번 존으로 가는 쇼핑 통행량

$$V_{21} = PE_1\, t_{21}^{-0.59}\, c_{21}^{-0.32} = 100 \times (32^{-0.59}) \times (1100^{-0.32}) = 1.4(\text{통행})$$

4. 2번 존에서 2번 존으로 가는 쇼핑 통행량

$$V_{22} = PE_2\, t_{22}^{-0.59}\, c_{22}^{-0.32} = 200 \times (16^{-0.59}) \times (60^{-0.32}) = 5.0(\text{통행})$$

따라서 일일 총 쇼핑통행수요=2.8+2.9+1.4+5.0=12.1(통행)이다. ■

문제 4-4 문제 4-3에서 대중교통 통행시간(t_{ijt})에 대한 쇼핑통행(V_{ijt})의 수요탄력성을 구하시오.

풀이 먼저, 통행시간에 대한 수요탄력성은 다음과 같이 정의된다.

$$\epsilon_{t_{ijt}} = \frac{\partial V_{ijt} / V_{ijt}}{\partial t_{ijt} / t_{ijt}} = \frac{t_{ijt}}{V_{ijt}} \cdot \frac{\partial V_{ijt}}{\partial t_{ijt}}$$

여기서, $\dfrac{\partial V_{ijt}}{\partial t_{ijt}} = PE_j(-0.59)t_{ijt}^{-1.59}c_{ijt}^{-0.32}$

따라서 수요탄력성은 다음과 같다.

$$\begin{aligned}\epsilon_{t_{ijt}} &= \frac{t_{ijt}}{PE_j t_{ijt}^{-0.59} c_{ijt}^{-0.32}} PE_j(-0.59) t_{ijt}^{-1.59} c_{ijt}^{-0.32} \\ &= -0.59\end{aligned}$$

즉, 통행시간(t_{ijt})의 지수항이 수요탄력성이 된다. 마찬가지로 대중교통의 통행시간(c_{ijt})에 대한 수요탄력성은 -0.32가 된다. ■

4.3 교통존과 네트워크

4.3.1 교통존

(1) 교통존의 개요

교통존(TAZ, Traffic Analysis Zone)은 개별단위를 집계하고, 모형으로 구축하기 위하여 관리가 가능한 덩어리로 만드는 데 이용된다. 교통존은 개수와 크기가 중요한데, 교통존의 개수와 크기는 서로 상관되어 있다. 즉 교통존의 개수가 많아질수록 교통존이 포함해야 할 공간적인 영역은 더 작아진다고 볼 수 있다. 교통수요를 예측하는 모형을 구축할 때에는 두 가지의 상충되는 목표, 즉 정확도와 비용 사이에서 타협점을 찾아야 한다. 원칙적으로 정확도를 높이기 위해서는 보다 자세한 교통존과 네트워크를 구축해야 한다.

교통존을 구축할 때는 먼저 연구대상지역(study area)을 그 이외의 지역과 구별해야 하며, 연구대상지역을 정하고자 할 때에는 모형을 구축하는 교통체계와 관심의 대상이 되는 통행의 특성을 함께 고려해야 한다. 이때 통행의 특성은 예를 들면 해당 통행이 필수통행인지 또는 선택통행인지, 아니면 장거리 통행인지 단거리 통행인지 등 여러 특성을 모두 포함한다. 또한 연구대상지역은 고려하고 있는 교통체계를 포함하는 특정 영역보다 조금 더 크게 설정해야 하는데, 이는 노선의 재배정이 일어나거나 목적지 변화 등이 발생할 수 있기 때문이다.

(2) 교통존의 설정논리

교통존은 일반적으로 다음과 같은 논리에 의해 설정된다(Ortuzar, 2002). 첫째, 교통존의 크기는 모든 활동이 센트로이드에 집중되어 있다는 가정 때문에 발생되는 집계오차가 너무 크지 않도록 설정되어야 한다. 즉 자료 수집이 가능하고 분석목적에 적합하도록 공간 단위를 구축해야 한다. 여러 개의 작은 교통존을 이용하여 시스템을 구축하기 시작하는 것이 편리하다고 할 수 있는데, 이는 나중에 평가하고자 하는 프로젝트의 특성에 따라 다양한 방법으로 집계가 가능하기 때문이다.

둘째, 교통존은 일반적인 정보체계에 의한 자료집계의 단위이기 때문에 가급적 행정구역과 일치시켜야 한다. 특히 센서스 존과 일치되는 것이 바람직하다.

셋째, 교통존은 가급적 토지이용과 사회경제적 특성이 동질적이어야 한다. 즉 같은 존에서는 가능한 한 동질적인 특성을 갖도록 한다. 예를 들어 소득이 매우 차이가 나는 센서스 존은 설사 그 크기가 아주 작다고 하더라도 집계해서는 안 된다.

넷째, 교통존의 범위, 즉 경계는 코든라인과 스크린라인, 그리고 과거 교통존과 상응해야 한다. 그러나 실제 주요 간선도로를 교통존의 경계로 이용하는 것은 바람직하지 못하다. 교통존의 경계에서 생성되고 끝나는 통행이 있을 때, 통행배정상에 어려움이 발생하기 때문이다.

다섯째, 교통존의 형태, 즉 모양은 가능한 한 현실의 통행활동을 한 점으로 대표하여 표시할 수 있도록 설정한다. 따라서 센트로이드 커넥터를 쉽게 결정할 수 있도록 만들어야 하며, 이는 특히 나중에 존 간(intra-zonal) 특성을 추정할 때 더 중요해진다. 하나의 교통존은 반드시 교통 네트워크와 접근비용을 표현하기 위해서 부여하는 센트로이드 커넥터를 표현해야 하기 때문이다.

여섯째, 교통존의 중심점과 연결된 주변의 정책 관련 주요 링크에 비현실적으로 지나친 부하를 주지 않을 정도로 교통존의 크기를 설정하되, 똑같은 크기를 가져서는 안 된다. 만약 교통존이 똑같은 크기를 갖는 경우 통행시간이 유사해지거나, 더 혼잡한 지역에 더 작은 존을 설정하게 된다.

마지막으로 통행의 유출입이 현실과 같이 가능한 한 자연스럽게 표현될 수 있도록 교통존을 설정한다.

(3) 교통존 체계

교통존 체계(zoning system)는 크게 외부존(external zone)과 내부존(internal zone), 존 센트로이드(zone centroid) 및 센트로이드 커넥터(centroid connector)로 구성된다 (Ortuzar, 2002).

먼저 연구대상지역의 외부지역은 일반적으로 몇 개의 외부존(external zone)으로 구분된다. 어떤 경우는 하나의 외부존만으로도 충분한 경우가 있을 수 있고, 장거리와 단거리 통행과 같은 각기 다른 유형의 통행량을 추정할 때에는 외부존을 거리로 세분화시켜 고려하는 경우도 있을 수 있다.

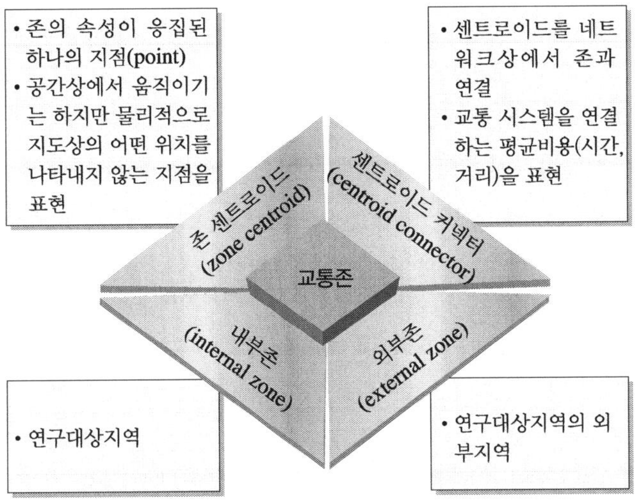

〈그림 4.6〉 교통존 체계의 구성

연구대상지역은 외부존보다 더 많고 작은 내부존(internal zone)으로 구성된다. 내부존의 개수는 다음과 같은 기준 간 타협점으로 정해진다. 즉, 교통량을 관리해야 하는 세부 교통체계에 대한 분석에서는 주차장이나 주요 통행 유발지점, 또는 도착지점까지도 표현하는 보다 작은 존을 구축해야 하는 반면 전략적인 연구라면 보다 규모가 큰 존을 구축하여 교통수요를 분석할 수 있다.

교통수요모형에서 교통존은 소위 존 센트로이드(zone centroid)라고 불리는, 교통존의 속성이 응집된 하나의 지점(point)으로 대표된다. 이러한 개념적인 지점은 공간상에서 움직이기는 하지만 물리적으로 지도상의 어떤 위치를 나타내지 않는 지점을 표현하기에 가장 적합하다고 볼 수 있다.

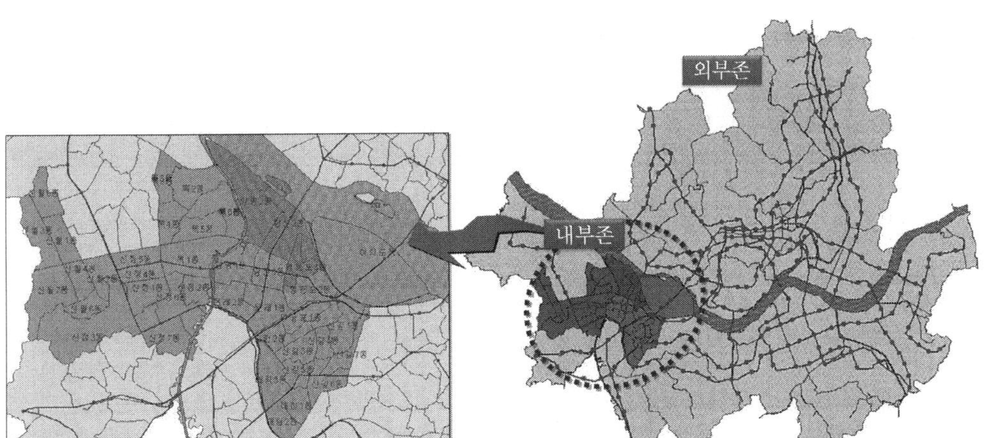

〈그림 4.7〉 내부존과 외부존의 표현(예시)

마지막으로 센트로이드는 네트워크상에서 센트로이드 커넥터(centroid connector)에 의해 교통존과 연결된다. 센트로이드 커넥터는 해당 교통존 내 출발지와 목적지를 갖는 통행에 대해서, 교통체계를 연결하는 평균 통행비용(또는 평균 통행시간이나 평균 통행거리)을 표현하는 것이다. 각각의 센트로이드 커넥터와 관련된 비용만큼 중요한 것은 네트워크상에서의 노드(node)라고 볼 수 있는데, 노드는 교통존의 자연스러운 진출입 지점에 가까워야 한다. 교통수요모형에서 센트로이드와 센트로이드 커넥터의 역할은 존의 경계를 정의하는 데도 도움을 준다.

4.3.2 네트워크

(1) 네트워크의 개요

교통계획의 공급측면을 대표하는 교통 네트워크(transportation network)는 도로와 철도 등의 교통시설물 정보를 모형에 적용할 수 있도록 디지털 자료화한 것을 의미한다. 교통 네트워크는 도로 네트워크와 대중교통 네트워크로 구분할 수 있는데, 도로 네트워크의 경우 일반적으로 결절점(node)과 링크(link)로 구성된다. 결절점은 도로의 교차로나 고속도로 진출입구 내지는 연계지점 등을 들 수 있으며, 링크는 결절점과 결절점 간 도로를 의미한다.

대중교통 네트워크의 경우 보다 상세하게 표현해야 하는데, 제공되는 서비스에 따라 네트워크의 구조를 설정해야 하므로 결절점과 링크에 더해 노선(line)이 추가된다. 버스나 철도 등은 대중교통서비스에 따라서 결절점을 입력해야 하며, 보통 적절한 정류장이나 철도역으로 표현하게 된다. 또한 대중교통을 이용하는 도보 링크와 서비스를 환승하는 링크와 관련된 추가적인 비용을 모형에 링크로 표현해야 한다.

〈표 4.2〉 네트워크의 구성요소

구성요소	도로 네트워크	대중교통 네트워크
결절점(node)	▪ 교차로 ▪ 고속도로 진출입구(I/C) ▪ 고속도로 연계지점(J/C)	▪ 정류장 ▪ 종점 ▪ 환승장
링크(link)	▪ 결절점 간 도로 링크(방향별)	▪ 결절점 간 노선 링크(방향별)
노선(line)	-	▪ 정해진 시간과 경로를 가진 버스 노선, 지하철 노선 등

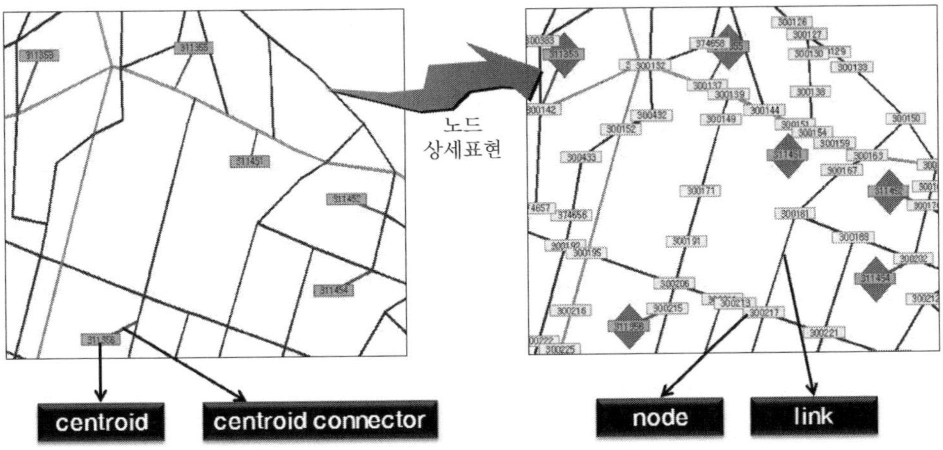

〈그림 4.8〉 네트워크의 표현(예시)

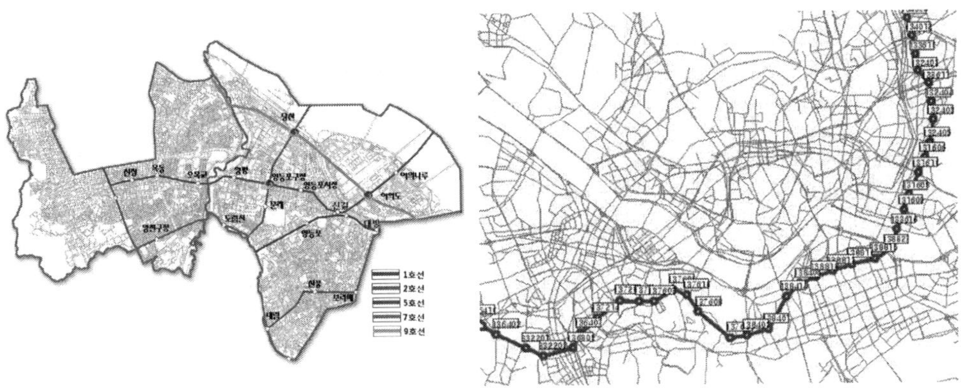

지하철 노선 버스 노선

〈그림 4.9〉 대중교통 노선의 표현(예시)

(2) 네트워크의 집계수준

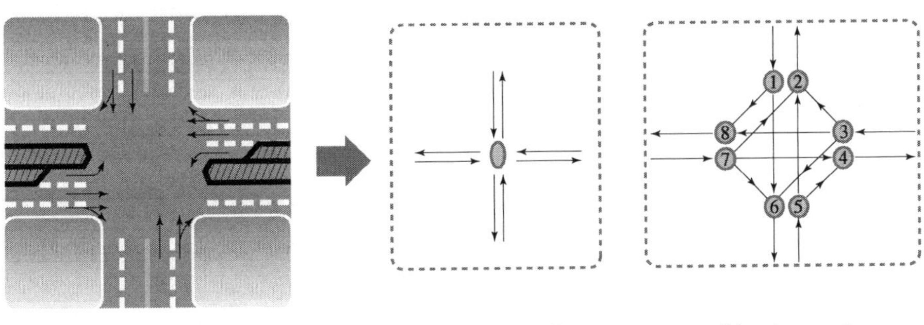

4지 교차로 예제 (a) macroscopic (b) microscopic

〈그림 4.10〉 네트워크의 집계수준

교통 네트워크는 집계 수준에 따라서 표현을 달리할 수 있는데, 구축방법에 따라서 거시적 네트워크(macro network representation)와 미시적 네트워크(micro network representation)로 나눌 수 있다. 거시적 네트워크는 하나의 노드로 교차지점을 표현하는 기법으로 교차로의 각 방향별 회전에 대한 용량과 통행저항을 구분하여 표현할 수는 없으며 회전금지를 반영하기 힘들다는 단점이 있다. 반면 미시적 네트워크는 회전과 직진

|사례| 교통 네트워크 구축사례

미국의 NTAD(National Transportation Atlas Database)와 BPM(Best Practice Model)의 교통 네트워크 구축사례를 살펴보면 다음과 같다. 먼저 NTAD는 지역 간 통행에 대한 도로, 철도, 수로, 항로 및 대중교통 노선과 같은 링크와 주요 터미널, 환승 터미널, 교차점 등과 같은 노드로 구성된 데이터베이스를 구축하고 있다. NTAD의 교통 네트워크는 도로의 명칭(노선번호), 용량, 도로등급, 교통량, 철도노선명 등 비교적 간단한 정보를 모두 포함하고 있다.

BPM은 뉴욕, 뉴저지, 코네티컷의 교통 네트워크로서 BPM Project의 일환으로 1996년 이후 2년 동안의 기초 구축연구를 수행한 후 1998년부터 2008년까지 10년간에 걸쳐 구축하였다. BPM의 도로 네트워크는 차선 수, 기능별 위계, 통행속도, 주차제한, 화물차 운행제한, 교통량 등의 정보를 포함하여 53,000여 개의 링크로 구성된다. 대중교통 네트워크는 기본적인 대중교통 노선 특성, 즉 통행시간과 통행거리를 비롯하여 환승과 접근수단 및 통행요금에 대한 정보 등을 입력해 놓고 있다. 100여 개의 지하철 노선과 900여 개의 통근열차, 2,300여 개의 버스 노선, 50여 개의 페리 노선이 구축되어 있다.

〈표 4.3〉 교통 네트워크 구축사례

구분	도로 네트워크	대중교통 네트워크
미국 NTAD	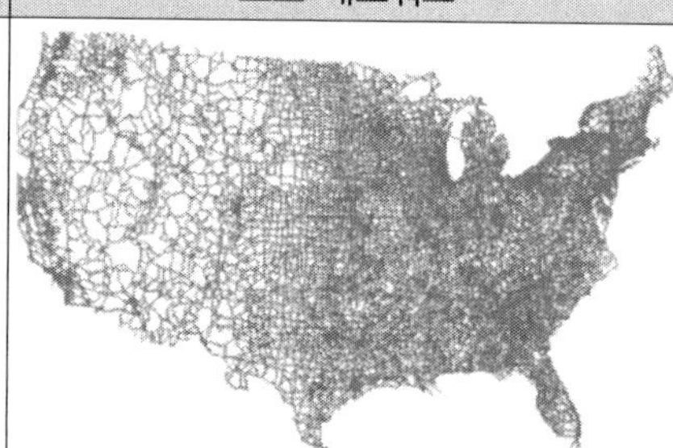	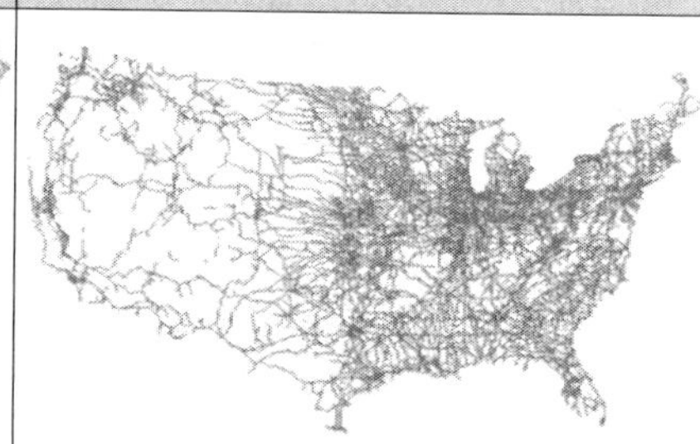
뉴욕 BPM	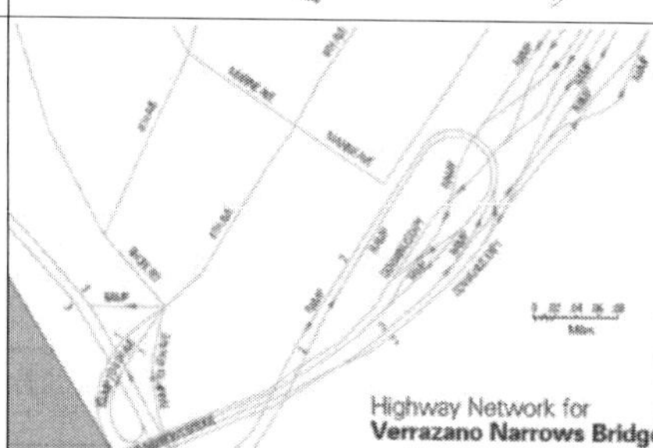	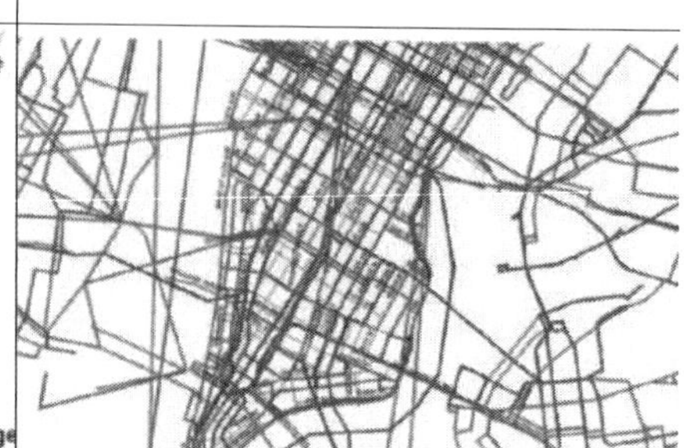

을 다른 링크로 적용하여 각 방향별 용량 및 통행저항을 분석에 반영할 수 있다. 보통 세밀한 교통류 시뮬레이션 모형을 사용할 때에는 비집계 수준의 세밀한 표현을 하는 경우가 많다.

네트워크는 더 큰 시스템의 하부구조이기 때문에 대상이 되는 연구지역에 있는 네트워크를 다른 부분과 연결시키는 곳에 코든 지점(cordon point) 또는 접근 지점으로 정의되는 곳이 있다면 이를 코든과 분리시킬 수도 있다. 이러한 지점을 경계점(gateway)이라고 부르며, 외부존과 경계점을 연결시킬 때 더미링크를 이용한다.

(3) 링크 속성

교통 네트워크상에서 링크를 입력할 때 필수적인 속성은 링크 길이와 통행속도 및 링크용량이다. 이때 통행속도는 자유통행속도 또는 주어진 교통량 수준에서 관측된 속도를 의미하며, 링크용량은 일반적으로 시간당 승용차 단위로 환산된 용량(PCU, Passenger Car equivalent Unit)으로 표현된다.

이 외에 추가적으로 요구되는 링크 속성은 고속도로, 간선도로, 국도, 지방도 등의 도로유형과 차로폭, 차로 수, 그리고 버스차로 유무 또는 특정 차량 이용금지 여부, 회전금지 또는 비보호 회전 유무, 교차로 유형과 신호 시간을 포함하는 자세한 교차로 정보, 지체에 대한 용량과 신호주기 등이 포함된다.

현실과 가장 유사하게 링크를 묘사하기 위해서는 제일 먼저 링크 속성에 통행시간과 통행거리를 효율적으로 반영할 수 있어야 하고, 더불어 도로유형과 서비스 속성, 신호와 용량 등도 반영할 수 있어야 한다.

〈표 4.4〉 링크 속성

필수 속성	부가 속성
• 링크길이 • 통행속도 • 링크용량	• 도로유형 • 도로폭과 차로 수 • 버스차로 유무 또는 특정 차량 이용금지 여부 • 회전금지 또는 비보호 회전 유무 등 • 교차로 유형과 교차로 정보 • 지체에 대한 용량과 신호주기

(4) 통행지체함수

링크 속성과 더불어 교통수요 분석 시 구축해야 하는 네트워크의 중요한 또 다른 속성은 통행지체함수(VDF, Volume-Delay Function)를 들 수 있다. 통행지체함수를 이해하기 위해서는 번서 교통분야의 수요와 공급함수를 살펴보아야 하기 때문에 교통수요 함수와 교통공급함수를 간단히 살펴본 후 통행지체함수를 논하기로 하자.

교통분야에서 수요와 공급의 균형을 논할 때 교통수요함수, 즉 통행수요함수(travel demand function)는 서비스 수준 변화에 따른 통행량 변화를 표현하는 함수를 뜻한다.

$$q = f(c) \tag{4.10}$$

여기서, q: 통행량

c: 통행시간, 통행요금 등 통행의 인지비용(perceived travel cost)

한편 교통분야에서 공급함수는 경제학에서의 공급곡선과 달리 소비되는 양이 아니라 교통량 변화에 따른 서비스 수준(LOS, Level of Service), 즉 통행시간, 신뢰성, 안전성, 접근성 등 교통산업에서 생산되는 특성값의 변화를 표현하는 함수를 의미한다. 따라서 공급함수는 성과함수(performance function)의 형태로 표현되는데, 서비스 특성을 통행시간이나 통행비용으로 한정하게 되면 성과함수는 결국 통행비용함수(travel cost function)가 된다. 통행비용함수는 통행 배정 시 저항함수(impedance function)로 작용하며, 링크용량이나 자유속도 등 링크 속성과 함께 교통상황을 반영해준다.

$$c_a = c_a(x) \tag{4.11}$$

여기서, c_a: 링크 a의 통행비용함수

x: 해당 링크 x_a를 포함하는 전체 링크의 통행량

결국 수학적인 통행비용함수식은 통행지체함수(VDF, Volume-Delay Function) 형태로 표현이 되며, 크게 링크 통행지체함수식과 교차로 통행지체함수식으로 구분할 수 있다. 링크 통행지체함수식은 BPR식(1964), 교차로 통행지체함수식은 Webster식(1958)이 대표적이며, BPR식의 경우 다음과 같이 표현된다.

$$t_a(x_a) = t_0 \left\{ 1 + \alpha \left(\frac{x_a}{Q_a} \right)^{\beta} \right\} \tag{4.12}$$

여기서, t_0: 초기 자유속도에 의한 링크통행시간

x_a: 링크 a의 교통량

Q_a: 링크 a의 용량

α, β: 파라미터

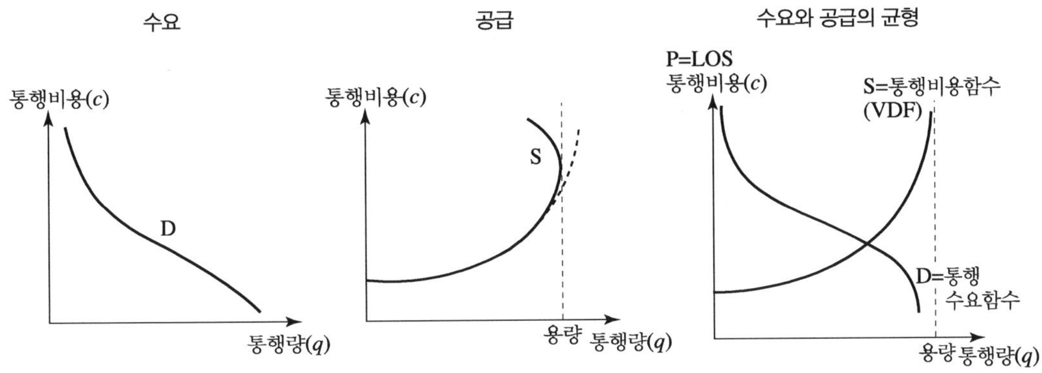

〈그림 4.11〉 통행지체함수(VDF)

우리나라의 교통 데이터베이스(DB)는 수도권과 지역 간 교통 DB로 구분되어 있는데, 수도권의 교통 네트워크의 경우 통행지체함수는 BPR식을 사용하고 있으며, 고속도로와 도시고속도로 및 내부순환로, 그리고 간선도로와 보조간선도로, 일반도로, 국도와 지방도 및 시군도, 램프 등 10개 이상의 통행지체함수(VDF)로 구분된다. 한편 지역 간 교통 네트워크의 경우에는 고속국도, 일반국도, 지방도 및 국지도, 광역시도 및 시군도, 도시고속화도로, 램프로 구분하되, 차로 수에 따라서 1차로, 2차로, 3차로 이상으로 세분하고 있다.

:: 참고문헌

김대웅, 도시교통계획, 형설출판사, 2006.
노정현, 교통계획(이론과 모형), 나남출판사, 1999.
원제무, 도시교통론, 박영사, 2009.
원제무, 알기쉬운 도시교통, 박영사, 2000.
이건영 · 원제무, 도시교통정책론, 박영사, 1989.
임강원, 도시교통계획, 서울대학교출판부, 1997.
임강원 · 임용택, 교통망분석론, 서울대학교출판부, 2003.
Kanafani, A., Transportation Demand Analysis, McGraw-Hill, 1983.
Ortuzar, J. D. and L. G. Willumsen, Modelling Transport, Wiley, 2002.

05

4단계 교통수요모형

5.1 4단계 예측과정 및 예측모형

5.1.1 통행과 통행선택

(1) 교통수요 예측과정

사회경제활동을 영위하기 위하여 유발되는 통행은 통행자들에게 다음과 같은 몇 가지 선택을 요구하게 된다.

- 통행을 할 것인지 아닌지?
- 통행을 한다면 언제 할 것인지?
- 어디로 통행할 것인지?
- 어떤 교통수단으로 통행할 것인지?
- 어느 경로를 통하여 목적지에 도착할 것인지?

통행에 관한 위와 같은 선택문제들을 통행수요 추정과정에 녹여 놓은 것이 전통적인 4단계 통행수요모형이다. 즉, 처음 두 가지 선택문제는 통행발생(trip generation)에 관한 것이며, 세 번째 선택문제는 목적지를 선택하는 통행분포(trip distribution), 네 번째 선택은 수단선택(mode choice), 그리고 마지막 선택문제는 통행경로를 선택하는 통행배정(trip assignment) 문제가 된다. 따라서 4단계 교통수요예측모형은 이들 선택문제들이 일련의 과정을 통하여 단계적으로 진행된다고 가정하고 통행수요를 단계별로 예측하는 것이다.

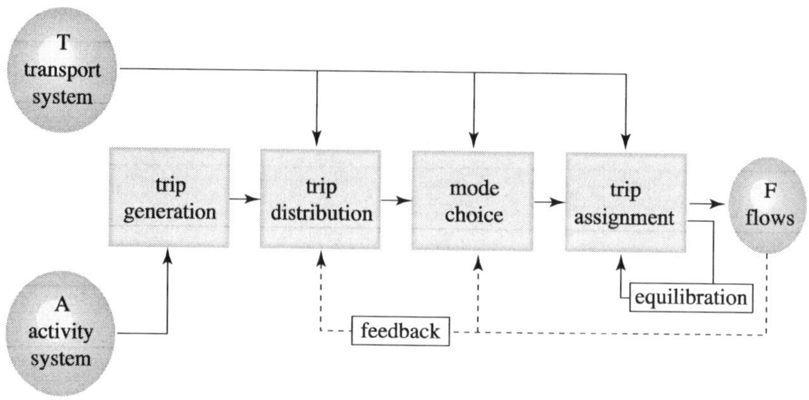

〈그림 5.1〉 4단계 통행수요모형의 순환(feedback) 구조

<그림 5.1>은 4단계 통행수요 추정과정을 보여주는 것으로, 통행수요를 유발하는 도시활동시스템(activity system)과 교통시설공급인 교통시스템(transport system)이라는 2개의 요소가 4단계 과정에 직접적으로 영향을 미치며, 통행발생, 통행분포, 수단선택, 그리고 통행배정이 순차적인 과정을 통하여 단계별로 통행수요를 추정하고 있다. 여기서 하나 유의해야 할 사항은 그림에서 보듯이 마지막 통행배정과정으로부터 교통량(flow)이 산출되면 전 예측과정이 종료되는 것이 아니라 각 단계들이 서로 영향을 미치는 순환(feedback)과정이 반복된다는 점이다. 즉, 산출된 교통량이 통행배정단계뿐만 아니라 그 앞 단계인 교통수단선택이나 통행분포에 영향을 미치는 것이다. 이런 순환과정은 일반적으로 안정적인 해, 즉 더 이상 통행수요에 변화가 없는 균형상태(equilibrium)에 이를 때까지 반복된다.

5.1.2 4단계 통행수요예측모형

4단계 통행수요 예측과정을 실제적으로 표현하기 위해서는 이를 구현할 수 있는 모형이 필요하다. <표 5.1>은 현재까지 각 단계별로 제시된 추정모형들을 보여주고 있으며, 이들 모형들에 대해서는 다음 절부터 자세히 설명한다.

〈표 5.1〉 4단계 통행수요추정모형

4단계 통행수요 추정과정		추정모형
통행발생 (trip generation)	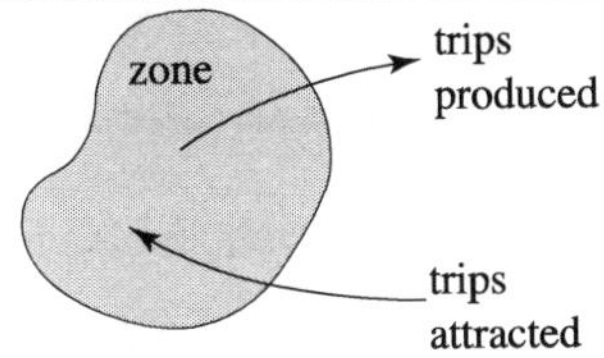	▪ 증감률법 ▪ 원단위법 ▪ 회귀분석 ▪ 교차분류분석법
통행분포 (trip distribution)	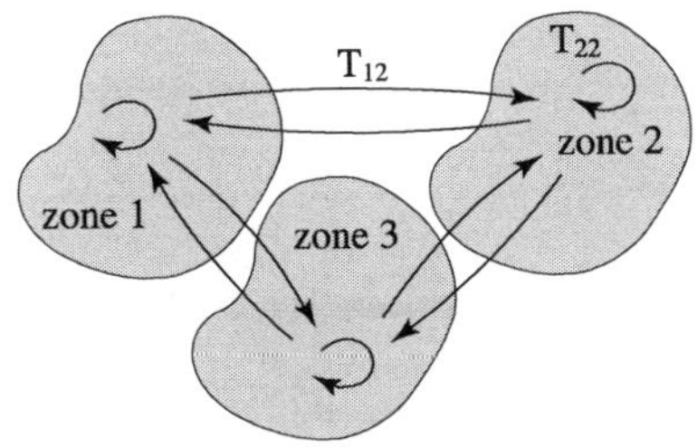	▪ 성장인자모형 ▪ 중력/엔트로피 모형 ▪ 간섭기회모형
수단선택 (mode choice)	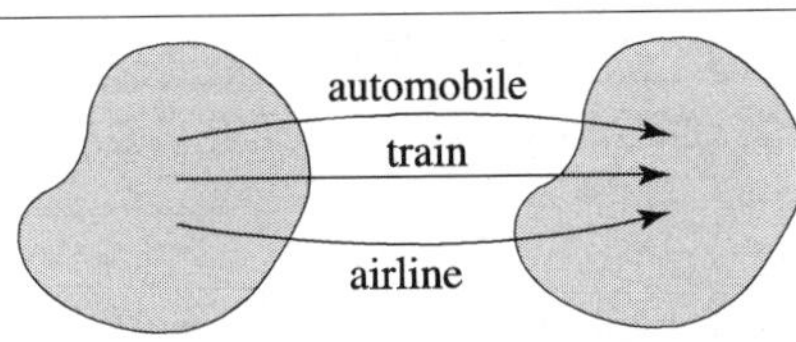	▪ 전환곡선법 ▪ 회귀분석 ▪ 로짓수단선택모형
통행배정 (trip assignment)	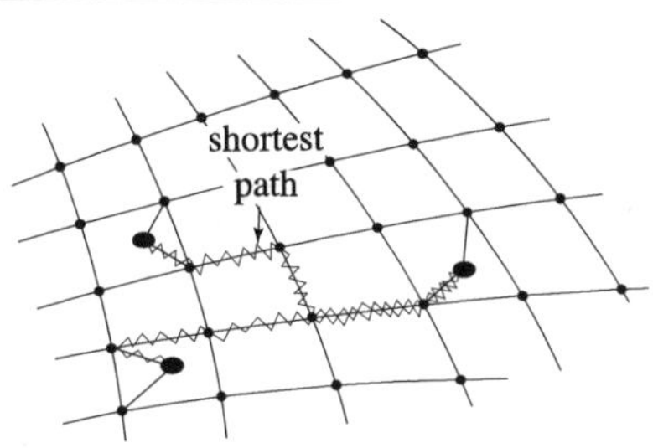	▪ 전량배정모형 ▪ 용량제약모형 ▪ 점진적 통행배정모형 ▪ 균형 통행배정모형

5.2 통행발생

5.2.1 통행발생의 개요

통행발생(trip generation)은 4단계 교통수요예측단계의 첫 번째 단계로서 교통존(traffic analysis zone)에서 유출되거나 교통존으로 유입되는 통행량을 추정하는 단계이다. 따라서 통행발생은 통행유출(trip production)과 통행유입(trip attraction)으로 구분하여 산출되며 일반적으로 통행목적(trip purpose)별로 통행발생량이 다르기 때문에 각 통행목적별로 추정한 후, 최종적으로 이들을 집계하여 통행발생량을 산출하게 된다.

통행발생량을 추정하는 방법으로는 증감률법, 원단위법, 교차분류분석법, 회귀분석 등이 있다. 증감률법은 통행발생량에 영향을 미치는 인구, 자동차 보유대수 등 사회경제지표의 증감률에 기준연도 통행발생량을 곱하여 장래 통행발생량을 구하는 방법으로 통행발생량이 이들 사회경제지표의 증감에 비례한다는 가정을 갖고 있다. 원단위법은 단위 토지면적 또는 단위 사회경제지표당 발생통행량(원단위)을 계산한 후, 이를 이용하여 장래 통행발생량을 추정하는 방법이며, 교차분류분석법은 분석 대상을 좀 더 구체적으로 구분하여 원단위를 적용하는 방법이다. 마지막으로 회귀분석법은 통행발생량과 이와 관계가 있는 사회경제지표들 간의 관계를 수리적인 함수로 표현하여 장래 통행발생량을 추정하는 방법이다.

5.2.2 원단위법

원단위법은 시카고지역 교통연구(Chicago Area Transportation Study, 1956)에서 최초로 적용된 방법으로 용도별 단위 토지면적당, 또는 단위 사회경제지표당 통행발생량을 이용하여 장래 통행발생량을 추정하는 방법이다. 즉, 토지용도별로 단위면적당 발생하는 통행량이나 단위가구당, 단위인구당 통행발생량을 조사한 후 이를 장래 면적 또는 가구 수, 인구수에 곱하여 통행발생량을 구한다. 그러나 이 방법은 기준연도의 원단위가 장래에도 변하지 않을 것이라는 기본 전제를 갖고 있으며, 주로 토지와 관련된 변수만을 사용하기 때문에 그 이외의 요소들에 대한 고려가 부족하고 통행목적을 반영하지 못한다는 한계가 있다.

문제 5-1 원단위법

A존에 위치한 기업의 사무직원과 생산직원의 수 및 일일통행량이 다음과 같다.

직원구분	직원 수	일일통행량
사무직원	500명	600통행
생산직원	1,000명	1,500통행
합계	1,500명	2,100통행

이 존에 새로운 기업이 설립되어 추가로 사무직원 200명과 생산직원 300명이 발생된다고 할 때 A존에서 발생하는 총 통행발생량은 얼마인지 계산하시오.

풀이 먼저, 단위직원당 통행발생 원단위를 계산하면 다음과 같다.

- 사무직원 원단위 = 600통행/500명 = 1.2통행/명

- 생산직원 원단위 = 1,500통행/1,000명 = 1.5통행/명

구해진 원단위를 이용하여 추가로 발생하는 통행발생량은 다음과 같이 계산된다.

- 사무직원 추가 통행발생량 = 1.2통행/명 × 200명 = 240통행
- 생산직원 추가 통행발생량 = 1.5통행/명 × 300명 = 450통행

따라서 총 통행발생량은 기존 통행량과 추가 통행량을 합하여 다음과 같다.

- 총 통행발생량 = 2,100통행 + 690통행 = 2,790통행 ■

5.2.3 교차분류분석법

교차분류분석법(cross-classification analysis)은 카테고리분석법(category analysis)이라고도 하며, 통행발생 또는 통행유입과 관련된 사회경제지표들, 예를 들어 인구수, 자동차 보유대수, 소득수준, 가구원 수 등과 통행량 간의 관계를 이용하여 통행발생량을 추정하는 방법이다. 이 방법은 분석 대상에 속하는 가구를 특정 사회경제지표에 따라 분류시켜 해당 분류에 속하는 가구집단의 평균 통행발생률을 이용하여 통행발생량을 추정하기 때문에 모든 가구를 하나의 집단으로 간주하는 원단위법에 비해 좀 더 정확한 추정이 가능하다.

교차분류분석법은 먼저 분석 대상 가구들을 분류한 후, 통행발생과 밀접한 관계가 있는 가구의 사회경제지표들을 선정하고, 이들 변수들에 대한 평균 통행발생률을 추정한다. 추정된 통행발생률을 가구 수와 곱하여 존별 통행발생량을 구하는 방법으로 다음과 같이 표현된다.

$$O_i = \sum_j r_i^j h_i^j \tag{5.1}$$

여기서, O_i: i존의 통행발생량

r_i^j: i존에 속하는 가구 중 사회경제적 특성 j로 분류된 가구의 평균 통행발생률

h_i^j: i존에 속하는 가구 중 사회경제적 특성 j로 분류된 가구의 수

즉, 분류된 가구집단의 평균 통행발생률에 가구 수를 곱하여 통행발생량을 추정한다. 교차분류분석법은 이해하기가 쉽고 수집된 자료를 효과적으로 활용할 수 있으며 추정의 정확도가 높은 장점이 있다. 또한 공간적인 전이(spatial transferability)를 어느 정도 확보할 수 있는 반면, 분류된 집단별로 구체적인 통행원 단위가 필요하고 통계적인 검증이 어렵다는 단점들이 있다.

문제 5-2 **교차분류분석법**

가구당 가족 수 및 차량 보유대수와 1일 통행발생량이 다음 표와 같을 때, 교차분류분석법을 이용하여 장래 통행발생량을 추정하시오.

(a) 가구당 통행발생량과 사회경제지표(가구원 수 및 차량보유대수)

(단위: 가구, 통행/일)

가구당 가구원 수	가구당 차량보유대수					
	0대		1대		2대 이상	
	가구 수	통행발생량	가구 수	통행발생량	가구 수	통행발생량
1	748	896	1,598	4,160	277	325
2	1,352	1,868	1,616	5,983	583	1,271
3	1,129	1,572	2,139	11,985	4,096	18,336
4명 이상	567	1,219	4,301	18,097	5,321	24,618

풀이 (b) 가구당 평균 통행발생률 계산(통행발생량/가구 수) (단위: 통행/일)

가구당 가구원 수	가구당 차량보유대수		
	0대	1대	2대 이상
1	1.20	2.60	1.17
2	1.38	3.70	2.18
3	1.39	5.60	4.48
4명 이상	2.15	4.21	4.63

(c) 장래 예상가구 수 (단위: 가구)

가구당 가구원 수	가구당 차량보유대수		
	0대	1대	2대 이상
1	20	38	6
2	15	49	112
3	9	35	174
4명 이상	4	21	350

(d) 1일 통행발생량 예측치(장래 예상가구 수×가구당 평균 통행발생률) (단위: 통행/일)

가구당 가구원 수	가구당 차량보유대수			계
	0대	1대	2대 이상	
1	24	99	7	130
2	21	181	244	446
3	13	196	780	989
4명 이상	9	88	1,621	1,718
계	67	564	2,652	3,283

■

5.2.4 회귀분석

회귀분석(regression analysis)은 통행유출량(또는 유입량)이라는 종속변수와 이에 영향을 미치는 하나 또는 그 이상의 설명변수 간의 관계를 수식적으로 표현하는 방법으로 실제 통행발생량 예측에 널리 활용되고 있다. 통행발생단계에서 회귀분석의 종속변수는 존 또는 가구별 통행유출량(통행유입량)이 되며, 설명변수는 이와 관련된 각종 사회경제지표들(인구, 자동차 보유대수, 고용자 수 등)이 된다.

설명변수가 1개인 경우를 단순회귀분석모형(simple regression model)이라고 하며 다음과 같이 표현된다.

$$\text{(통행유출: trip production)}\ \ O_i = \alpha + \beta x \tag{5.2}$$

$$\text{(통행유입: trip attraction)}\ \ D_i = \alpha + \beta x$$

여기서, O_i는 i존의 통행유출량, D_i는 i존의 통행유입량이며, x는 인구, 자동차 보유대수, 고용자 수 등 사회경제지표이다. 또한 α, β는 회귀계수(parameter)이며 단순회귀분석식의 파라미터는 관측값과 회귀추정값 간의 오차를 최소화시키는 최소제곱법(method of least squares)에 의해 다음과 같이 계산된다.

$$\beta = \frac{n\sum_i x_i O_i - \sum_i x_i \sum_i O_i}{n\sum_i x_i^2 - (\sum_i x_i)^2} \tag{5.3}$$

$$\alpha = \frac{\sum_i O_i}{n} - \beta \frac{\sum_i x_i}{n} \quad \text{(여기서, } n\text{은 관측값의 개수를 의미한다.)}$$

만약 하나의 종속변수와 2개 이상의 설명변수로 구성될 경우, 다중회귀분석(multiple regression model)이라 하며 n개의 설명변수를 갖는 회귀모형식은 다음과 같다.

$$O_i = \alpha + \beta_1 x_1 + \cdots + \beta_n x_n \tag{5.4}$$

$$D_i = \alpha + \beta_1 x_1 + \cdots + \beta_n x_n$$

회귀분석은 교차분류분석법에 비해 필요한 자료의 수가 적으며, 통계적으로 모형에 대한 검증이 가능하다는 장점을 갖고 있다. 반면 종속변수와 독립변수 간의 관계가 통계적으로 유의함이 입증되어야 하며, 다중회귀모형식의 경우 설명변수 간의 다중공선성(multicollinearity) 문제가 야기될 수 있다는 점에 유의해야 한다.

문제 5-3 **회귀분석**

어느 도시의 교통존(traffic zone)별 통행유출량과 통행유입량이 다음과 같이 차량 보유대수 및 고용자 수와 밀접한 관계를 갖는다고 가정하자. 이 경우 통행유출량과 통행유입량에 대한 단순회귀모형식을 추정하고 장래 통행발생량을 예측하시오.

(a) 기준연도 자료

구분 \ 존(i)	1	2	3	4	5	6
통행유출량(O_i)	30	70	120	90	50	40
차량보유대수(x_i)	15	30	50	40	30	10
통행유입량(D_i)	40	60	110	120	40	30
고용자 수(y_i)	20	40	60	60	20	15

(b) 장래 목표연도 사회경제지표

변수 \ 존(i)	1	2	3	4	5	6
차량보유대수(x_i)	20	35	60	50	40	20
고용자 수(y_i)	25	50	70	80	50	30

풀이 먼저, 통행유출량을 위한 단순회귀분석식을 추정해 보자.

(c) 통행유출 회귀분석 추정과정

존	x_i	x_i^2	$(\sum x_i)^2$	O_i	$x_i O_i$
1	15	225		30	450
2	30	900		70	2,100
3	50	2,500	$(175)^2$	120	6,000
4	40	1,600		90	3,600
5	30	900		50	1,500
6	10	100		40	400
합	175	6,225	30,625	400	14,050

$$\beta = \frac{n\sum_i x_i O_i - \sum_i x_i \sum_i O_i}{n\sum_i x_i^2 - (\sum_i x_i)^2} = \frac{6\times 14,050 - 175\times 400}{6\times 6,225 - 30,625} = 2.13$$

$$\alpha = \frac{\sum_i O_i}{n} - \beta\frac{\sum_i x_i}{n} = \frac{400}{6} - 2.13\times\frac{175}{6} = 4.54$$

따라서 다음과 같은 회귀분석식을 구할 수 있다.

$$O_i = 4.54 + 2.13 x_i$$

위와 동일하게 통행유입량에 대한 회귀분석식도 다음과 같이 추정된다.

$$D_i = 0.38 + 1.85y \text{ (여기서, } \alpha = 0.38,\ \beta = 1.85)$$

(d) 장래 존별 통행유출량과 유입량

다음으로 구해진 2가지 회귀분석식을 이용하여 장래 목표연도 각 존별 통행유출량과 유입량을 계산하면 다음과 같다. 여기서, 통행유출량의 합계와 유입량의 합계가 다른 것은 서로 다른 회귀모형식으로 구해졌기 때문이며 이런 문제를 해결하기 위하여 통행유출량과 유입량의 조정(balancing)이 필요하다.

구분 \ 존(i)	1	2	3	4	5	6	합계
통행유출량(O_i)	47	79	132	111	90	47	506
통행유입량(D_i)	47	93	130	148	93	56	566

■

5.2.5 통행유출량과 유입량의 조정(balancing production & attraction)

일반적으로 통행발생모형을 이용하여 구해진 각존별 통행유출량의 총합과 통행 유입량의 총합은 동일하지 않은데, 이는 통행유출량과 유입량 산출 시 사용된 모형식이나 원단위가 서로 다르기 때문이다. 따라서 이들 총량을 일치시킬 필요가 있으며, 통행유출량 또는 통행유입량을 기준으로 일치시키나 이 둘을 평균하여 일치시킬 수 있다. 경험적으로 유출량(production)을 기준으로 일치시키는 것이 더 정확하다고 알려져 있으며, 다음과 같은 과정을 거치게 된다.

[단계 1] 조정유출량(control total of production) 계산

$$CT_p = \sum_z O_z + \sum_e O_e - \sum_e D_e \tag{5.5}$$

여기서, CT_p: control total of productions

O_z: z존의 통행유출량

O_e: 외부존(external station)의 통행유출량

D_e: 외부존(external station)의 통행유입량

[단계 2] 조정계수(balancing factor) 계산

$$factor = \frac{CT_p}{\sum_z D_z} \tag{5.6}$$

여기서, $factor$: 목적별 조정계수

D_z: z존의 통행유입량

[단계 3] 조정유입량(balanced trip attraction) 계산

$$D_z^b = factor \times D_z \tag{5.7}$$

여기서, D_z^b: z존의 조정된 통행유입량(balanced trip attraction)

문제 5-4 유출입통행량의 조정

10개의 내부존과 3개의 외부 스테이션(station)으로 구성된 지역을 대상으로 다음 표와 같이 각 존별 통행유출량과 유입량이 산출되었다. 이들 총량을 일치시키시오.

Zone	Unbalanced Work Trips	
	Productions	Attractions
1	100	4,000
2	300	3,000
3	500	5,000
4	1,000	1,000
5	1,500	1,200
6	1,000	1,500
7	5,000	500
8	7,500	100
9	3,000	1,500
10	1,000	2,000
Subtotal	20,900	19,800
External Station		
11	500	50
12	1,000	100
13	250	25
Subtotal	1,750	175
Total	22,650	19,975

풀이 (1) 조정계수(factor) 계산

$$factor = \frac{CT_p}{\sum_z D_z} = \frac{\sum_z O_z + \sum_e O_e - \sum_e D_e}{\sum_z D_z} = \frac{20,900 + 1,750 - 175}{19,800}$$

$$= 1.1351$$

(2) 조정계수를 적용하여 산출된 조정된 유입량

$$D_z^b = factor \times D_z = 1.1351 \times 4{,}000 = 4{,}540.4 \fallingdotseq 4{,}540$$

(1번존 조정유입량 계산)

이와 같은 방법으로 1번 존부터 10번 존까지의 조정유입량은 아래 표와 같다.

Zone	Unbalanced Work Trips		Balanced Work Trips	
	Productions	Attractions	Productions	Attrations
1	100	4,000	100	4,540
2	300	3,000	300	3,405
3	500	5,000	500	5,675
4	1,000	1,000	1,000	1,135
5	1,500	1,200	1,500	1,362
6	1,000	1,500	1,000	1,703
7	5,000	500	5,000	568
8	7,500	100	7,500	114
9	3,000	1,500	3,000	1,703
10	1,000	2,000	1,000	2,270
Subtotal	20,900	19,800	20,900	22,475
External Station				
11	500	50	500	50
12	1,000	100	1,000	100
13	250	25	250	25
Subtotal	1,750	175	1,750	175
Total	22,650	19,975	22,650	22,650

■

5.3 통행분포

5.3.1 통행분포의 개요

통행분포(trip distribution)는 앞의 통행발생단계에서 추정된 각 존별 통행유출량과 통행유입량이 주어진 상태에서 이들 통행량을 각 존별로 연결시키는 단계이다. 즉, 특정 존에서 발생한 통행발생량을 다른 존으로 배분시키는 과정으로 통행분포단계에서는 각 존 사이의 통행량을 추정하게 된다. <표 5.2>는 기종점 통행표(OD trip table)를 보여주고 있는데, 통행발생단계에서 구해진 O_i와 D_j가 주어진 상태에서 기점 i와 종점 j

〈표 5.2〉 기종점 통행표(OD trip table)

O \ D	1	2	…	j	…	n	O_i
1	q_{11}	q_{12}		q_{1j}		q_{1n}	O_1
2	q_{21}	q_{22}		q_{2j}		q_{2n}	O_2
⋮							
i	q_{i1}	q_{i2}		q_{ij}		q_{in}	O_i
⋮							
n	q_{n1}	q_{n2}		q_{nj}		q_{nn}	O_n
D_j	D_1	D_2		D_j		D_n	q

쌍 간의 통행량 q_{ij}를 추정하는 것이 통행분포단계이다. 따라서 이들 간에는 다음과 같은 관계가 성립된다.

[유출통행량 제약]

$$\sum_{j}^{n} q_{ij} = q_{i1} + q_{i2} + \cdots + q_{ij} + \cdots + q_{in} = O_i \tag{5.8}$$

[유입통행량 제약]

$$\sum_{i}^{n} q_{ij} = q_{1j} + q_{2j} + \cdots + q_{ij} + \cdots + q_{nj} = D_j \tag{5.9}$$

[총 통행량 제약]

$$\sum_{i}^{n}\sum_{n}^{n} q_{ij} = \sum_{i}^{n} O_i = \sum_{j}^{n} D_j = q \tag{5.10}$$

여기서, q는 총 통행량이다. 기종점 간 통행량을 구하기 위한 통행분포모형은 다양하게 제시되고 있다. 먼저 기준연도의 통행분포에 장래 성장인자를 곱하여 구하는 성장인자모형(growth-factor model)이 있으며, 균일 성장인자모형, 평균 성장인자모형, Fratar 모형 등이 여기에 속한다. 두 번째 모형으로는 통행발생의 크기와 기종점 간의 통행저항을 고려한 중력모형(gravity model)이 있으며 그 외에 엔트로피 극대화모형(entropy maximization model), 간섭기회모형(intervening opportunity model) 등이 있다.

5.3.2 성장인자모형

(1) 균일 성장인자모형(uniform growth factor model)

균일 성장인자모형은 성장인자모형 중 가장 단순한 모형으로 하나의 단일 성장인자만을 적용하여 장래 존 간 통행분포량을 추정하는 방법이다. 성장인자로는 기준연도 총 통행량 대비 장래 목표연도 총 통행량의 비율을 성장인자로 사용한다. 즉, 이 방법은 기준연도 통행분포에 단일 성장인자를 곱하여 장래 통행분포를 예측하며, 다음과 같은 수식으로 표현된다.

$$q_{ij}^{*} = q_{ij}^{o} F^{o} \tag{5.11}$$

(여기서, q_{ij}^{*}는 기점 i에서 종점 j 간 장래 통행량, F^{o}는 균일 성장인자이다.)

$$F^{o} = \frac{q^{*}}{q^{o}} \tag{5.12}$$

(여기서, q^{*}는 장래 목표연도 총 통행량이며 q^{o}는 기준연도 총 통행량이다.)

문제 5-5 **균일 성장인자모형**

기준연도 기종점 통행분포와 장래 목표연도 통행발생량이 표 (a)와 (b)로 주어질 때, 목표연도의 기종점 통행분포를 균일 성장인자모형을 이용하여 추정하시오.

(a) 기준연도 기종점 통행분포표

O \ D	1	2	3	O_i
1	3	4	4	11
2	2	5	2	9
3	4	3	3	10
D_j	9	12	9	30

(b) 목표연도 존별 통행발생량

O \ D	1	2	3	O_i
1				18
2				10
3				17
D_j	15	20	10	45

풀이 존 간 통행분포를 구하기 위하여, 먼저 균일 성장인자를 구하면 다음과 같다.

$$F^{o} = \frac{q^{*}}{q^{o}} = \frac{45}{30} = 1.5$$

따라서 목표연도 존 간 통행량은 기준연도 통행분포에 균일 성장인자를 곱하여 다음과 같이 구해진다.

O \ D	1	2	3	O_i
1	4.5	6	6	16.5
2	3	7.5	3	13.5
3	6	4.5	4.5	15
D_j	13.5	18	13.5	45

■

(2) 평균 성장인자모형(average growth factor model)

평균 성장인자모형은 각 존별 통행유출 성장인자와 통행유입 성장인자의 평균값을 적용하는 모형으로 균일 성장인자모형보다는 좀 더 정밀한 방법이다. 즉, 각 존에서 유출되거나 유입되는 기준연도 통행량과 목표연도 통행량의 비율인 성장인자들을 평균한 후, 기준연도 통행분포에 곱하여 장래 통행분포를 추정한다. 평균 성장인자모형은 반복과정을 거쳐 추정되며 일반적으로 다음과 같이 표현된다.

$$q_{ij}^{n} = q_{ij}^{n-1} \frac{(E_i^{n-1} + F_j^{n-1})}{2} \tag{5.13}$$

여기서, q_{ij}^{n}은 반복 수 n에서 기점 i에서 종점 j 간 통행량이며, E_i^{n-1}, F_j^{n-1}은 다음과 같이 계산된다.

$$\text{기점 } i\text{의 성장인자: } E_i^{n-1} = \frac{O_i^*}{O_i^{n-1}} \tag{5.14}$$

$$\text{종점 } j\text{의 성장인자: } F_j^{n-1} = \frac{D_j^*}{D_j^{n-1}}$$

여기서, O_i^*와 D_j^*는 목표연도의 기점 i의 유출량과 종점 j의 유입량이며, O_i^{n-1}, D_j^{n-1}은 각각 반복 수 $n-1$에서 기점 i의 유출량과 종점 j의 유입량을 나타낸다. 이런 반복과정은 일반적으로 $E_i^n \approx 1.0$, $F_j^n \approx 1.0$에 접근할 때까지 반복한다.

문제 5-6 평균 성장인자모형

기준연도 통행분포가 표 (a)와 같으며, 장래 목표연도 존별 통행발생량이 표 (b)와 같을 때 목표연도의 기종점 통행분포를 평균 성장인자모형을 이용하여 추정하시오. (단, 반복 수 2회까지만 계산)

(a) 기준연도 기종점 통행분포표

O \ D	1	2	3	O_i
1	0	80	90	170
2	60	0	80	140
3	50	80	0	130
D_j	110	160	170	440

(b) 목표연도 존별 통행발생량

O \ D	1	2	3	O_i
1				210
2				220
3				190
D_j	170	220	230	620

풀이 <반복 수 $n=1$인 경우>

각 기종점별 존별 성장인자(E_i^0, F_j^0)를 계산하면 다음과 같다.

$$E_1^0 = \frac{O_1^*}{O_1^0} = \frac{210}{170} = 1.24 \qquad F_1^0 = \frac{D_1^*}{D_1^0} = \frac{170}{110} = 1.55$$
$$E_2^0 = \frac{O_2^*}{O_2^0} = \frac{220}{140} = 1.57 \qquad F_2^0 = \frac{D_2^*}{D_2^0} = \frac{220}{160} = 1.38$$
$$E_3^0 = \frac{O_3^*}{O_3^0} = \frac{190}{130} = 1.46 \qquad F_3^0 = \frac{D_3^*}{D_3^0} = \frac{230}{170} = 1.35$$

따라서 계산된 E_i^0, F_j^0의 값을 이용하여 반복 수 $n=1$에서 존 간 통행량 (q_{ij}^1)을 계산하면 다음과 같다.

$$q_{11}^1 = q_{11}^0 \frac{(E_1^0 + F_1^0)}{2} = 0 * \frac{(1.24 + 1.55)}{2} = 0$$
$$q_{12}^1 = q_{12}^0 \frac{(E_1^0 + F_2^0)}{2} = 80 * \frac{(1.24 + 1.38)}{2} = 105$$
$$q_{13}^1 = q_{13}^0 \frac{(E_1^0 + F_3^0)}{2} = 90 * \frac{(1.24 + 1.35)}{2} = 117$$

$$q_{21}^1 = q_{21}^0 \frac{(E_2^0 + F_1^0)}{2} = 60 * \frac{(1.57 + 1.55)}{2} = 94$$
$$q_{22}^1 = q_{22}^0 \frac{(E_2^0 + F_2^0)}{2} = 0 * \frac{(1.57 + 1.38)}{2} = 0$$
$$q_{23}^1 = q_{23}^0 \frac{(E_2^0 + F_3^0)}{2} = 80 * \frac{(1.57 + 1.35)}{2} = 117$$

$$q_{31}^1 = q_{31}^0 \frac{(E_3^0 + F_1^0)}{2} = 50 * \frac{(1.46 + 1.55)}{2} = 75$$
$$q_{32}^1 = q_{32}^0 \frac{(E_3^0 + F_2^0)}{2} = 80 * \frac{(1.46 + 1.38)}{2} = 114$$
$$q_{33}^1 = q_{33}^0 \frac{(E_3^0 + F_3^0)}{2} = 0 * \frac{(1.46 + 1.35)}{2} = 0$$

O \ D	1	2	3	O_i
1	0	105	117	222
2	94	0	117	211
3	75	114	0	189
D_j	169	219	234	622

<반복 수 $n=2$인 경우>

위와 동일한 방법으로 출발지 및 목적지 존별 성장인자(E_i^1, F_j^1)를 계산하면 다음과 같다.

$$E_1^1 = \frac{O_1^*}{O_1^1} = \frac{210}{222} = 0.95 \qquad F_1^1 = \frac{D_1^*}{D_1^1} = \frac{170}{169} = 1.01$$

$$E_2^1 = \frac{O_2^*}{O_2^1} = \frac{220}{211} = 1.04 \qquad F_2^1 = \frac{D_2^*}{D_2^1} = \frac{220}{219} = 1.00$$

$$E_3^1 = \frac{O_3^*}{O_3^1} = \frac{190}{189} = 1.01 \qquad F_3^1 = \frac{D_3^*}{D_3^1} = \frac{230}{234} = 0.98$$

따라서 반복 수 $n=2$에서의 존 간 통행량(q_{ij}^2)을 계산하면 다음과 같다.

$$q_{11}^2 = q_{11}^1 \frac{(E_1^1 + F_1^1)}{2} = 0 * \frac{(0.95 + 1.01)}{2} = 0$$

$$q_{12}^2 = q_{12}^1 \frac{(E_1^1 + F_2^1)}{2} = 105 * \frac{(0.95 + 1.0)}{2} = 102$$

$$q_{13}^2 = q_{13}^1 \frac{(E_1^1 + F_3^1)}{2} = 117 * \frac{(0.95 + 0.98)}{2} = 113$$

$$q_{21}^2 = q_{21}^1 \frac{(E_2^1 + F_1^1)}{2} = 94 * \frac{(1.04 + 1.01)}{2} = 96$$

$$q_{22}^2 = q_{22}^1 \frac{(E_2^1 + F_2^1)}{2} = 0 * \frac{(1.04 + 1.0)}{2} = 0$$

$$q_{23}^2 = q_{23}^1 \frac{(E_2^1 + F_3^1)}{2} = 117 * \frac{(1.04 + 0.98)}{2} = 119$$

$$q_{31}^2 = q_{31}^1 \frac{(E_3^1 + F_1^1)}{2} = 75 * \frac{(1.01 + 1.01)}{2} = 76$$

$$q_{32}^2 = q_{32}^1 \frac{(E_3^1 + F_2^1)}{2} = 114 * \frac{(1.01 + 1.0)}{2} = 115$$

$$q_{33}^2 = q_{33}^1 \frac{(E_3^1 + F_3^1)}{2} = 0 * \frac{(1.01 + 0.98)}{2} = 0$$

따라서 2회차 반복과정을 거쳐 산출된 결과가 표 (c)에 나타나 있다.

(c) 목표연도 존별 통행발생량

O \ D	1	2	3	O_i
1	0	102	113	222
2	96	0	119	211
3	76	115	0	189
D_j	172	217	232	622

(3) Fratar 모형

이 모형은 Fratar(1954)에 의해 개발된 성장인자모형의 하나로 균일 성장인자모형이나 평균 성장인자모형이 유출입 제약조건을 만족시키지 못하는 문제를 해결한 모형이다. 타 성장모형에 비해 복잡하고 반복적인 계산과정을 거쳐야 하는 한계를 갖고 있지만 기준연도 통행분포표(OD table)를 이용하여 유출입제약을 만족시키는 장래 통행분포를 추정할 수 있기 때문에 실제 많이 사용되는 방법 중 하나이다. 그러나 이 방법은 기준연도 통행분포가 장래에도 동일하게 지속된다는 가정하에 수행되기 때문에 장래 통행패턴이 변화되는 경우 추정력이 저하되며, 기종점 간 통행저항을 고려할 수 없다는 한계가 있다. Fratar 모형의 반복계산은 다음과 같이 표현된다.

$$q_{ij}^{n} = q_{ij}^{n-1} E_i^{n-1} F_j^{n-1} \frac{(L_i^{n-1} + M_j^{n-1})}{2} \tag{5.15}$$

여기서, q_{ij}^{n}은 반복 수 n에서 기점 i에서 종점 j 간 통행량이며, E_i^{n-1}, F_j^{n-1}은 다음과 같이 계산된다.

$$E_i^{n-1} = \frac{O_i^*}{O_i^{n-1}} \tag{5.16}$$

$$F_j^{n-1} = \frac{D_j^*}{D_j^{n-1}}$$

여기서, O_i^*와 D_j^*는 목표연도의 기점 i의 유출량과 종점 j의 유입량이며, O_i^{n-1}, D_j^{n-1}은 각각 반복 수 $n-1$에서 기점 i의 유출량과 종점 j의 유입량을 나타낸다. 또한, L_i^{n-1}과 M_j^{n-1}은 다음과 같다.

$$L_i^{n-1} = \frac{\sum_j q_{ij}^{n-1}}{\sum_j F_j^{n-1} q_{ij}^{n-1}} \tag{5.17}$$

$$M_j^{n-1} = \frac{\sum_i q_{ij}^{n-1}}{\sum_i E_i^{n-1} q_{ij}^{n-1}}$$

Fratar 모형의 반복과정은 E_i^n, F_j^n이 1.0에 접근할 때까지 반복한다.

문제 5-7 **Fratar 모형**

기준연도 통행분포가 표 (a)와 같으며, 장래 목표연도 존별 통행발생량이 표 (b)와 같을 때 목표연도의 기종점 통행분포를 Fratar모형을 이용하여 추정하시오.

(a) 기준연도 기종점 통행분포표

O \ D	1	2	3	O_i
1	0	80	90	170
2	60	0	80	140
3	50	80	0	130
D_j	110	160	170	440

(b) 목표연도 존별 통행발생량

O \ D	1	2	3	O_i
1				210
2				220
3				190
D_j	170	220	230	620

풀이 <반복 수 $n=1$인 경우>

각 기종점별 존별 성장인자(E_i^0, F_j^0)를 계산하면 다음과 같다.

$$E_1^0 = \frac{O_1^*}{O_1^0} = \frac{210}{170} = 1.24 \qquad F_1^0 = \frac{D_1^*}{D_1^0} = \frac{170}{110} = 1.55$$

$$E_2^0 = \frac{O_2^*}{O_2^0} = \frac{220}{140} = 1.57 \qquad F_2^0 = \frac{D_2^*}{D_2^0} = \frac{220}{160} = 1.38$$

$$E_3^0 = \frac{O_3^*}{O_3^0} = \frac{190}{130} = 1.46 \qquad F_3^0 = \frac{D_3^*}{D_3^0} = \frac{230}{170} = 1.35$$

또한 L_i^0와 M_j^0는 다음과 같이 구해진다.

$$L_1^0 = \frac{170}{(1.55*0)+(1.38*80)+(1.35*90)} = 0.733$$

$$L_2^0 = \frac{140}{(1.55*60)+(1.38*0)+(1.35*80)} = 0.697$$

$$L_3^0 = \frac{130}{(1.55*50)+(1.38*80)+(1.35*0)} = 0.692$$

$$M_1^0 = \frac{110}{(1.24*0)+(1.57*60)+(1.46*50)} = 0.658$$

$$M_2^0 = \frac{160}{(1.24*80)+(1.57*0)+(1.46*80)} = 0.741$$

$$M_3^0 = \frac{170}{(1.24*90)+(1.57*80)+(1.46*0)} = 0.717$$

따라서 계산된 E_i^0, F_j^0, L_i^0, M_j^0의 값을 이용하여 반복 수 $n=1$에서 존 간 통행량(q_{ij}^1)을 계산하면 다음과 같다.

$$q_{11}^1 = q_{11}^0 E_1^0 F_1^0 \frac{(L_1^0 + M_1^0)}{2} = 0$$

$$q_{12}^1 = q_{12}^0 E_1^0 F_2^0 \frac{(L_1^0 + M_2^0)}{2} = 80*1.24*1.38*\frac{(0.733+0.741)}{2} = 101$$

$$q_{13}^1 = q_{13}^0 E_1^0 F_3^0 \frac{(L_1^0 + M_3^0)}{2} = 90*1.24*1.35*\frac{(0.733+0.717)}{2} = 109$$

$$q_{21}^1 = q_{21}^0 E_2^0 F_1^0 \frac{(L_2^0 + M_1^0)}{2} = 60*1.57*1.55*\frac{(0.697+0.658)}{2} = 99$$

$$q_{22}^1 = q_{22}^0 E_2^0 F_2^0 \frac{(L_2^0 + M_2^0)}{2} = 0$$

$$q_{23}^1 = q_{23}^0 E_2^0 F_3^0 \frac{(L_2^0 + M_3^0)}{2} = 80*1.57*1.35*\frac{(0.697+0.717)}{2} = 120$$

$$q_{31}^1 = q_{31}^0 E_3^0 F_1^0 \frac{(L_3^0 + M_1^0)}{2} = 50*1.46*1.55*\frac{(0.692+0.658)}{2} = 76$$

$$q_{32}^1 = q_{32}^0 E_3^0 F_2^0 \frac{(L_3^0 + M_2^0)}{2} = 80*1.46*1.38*\frac{(0.692+0.741)}{2} = 115$$

$$q_{33}^1 = q_{33}^0 E_3^0 F_3^0 \frac{(L_3^0 + M_3^0)}{2} = 0$$

(c) 1회차 장래 기종점표

O \ D	1	2	3	O_i
1	0	101	109	210
2	99	0	120	219
3	76	115	0	191
D_j	175	216	229	620

<반복 수 $n=2$인 경우>

위와 동일한 방법으로 출발지 및 목적지 존별 성장인자(E_i^1, F_j^1)를 계산하면 다음과 같다.

$$E_1^1 = \frac{O_1^*}{O_1^1} = \frac{210}{210} = 1.00 \qquad F_1^1 = \frac{D_1^*}{D_1^1} = \frac{170}{175} = 0.97$$

$$E_2^1 = \frac{O_2^*}{O_2^1} = \frac{220}{219} = 1.00 \qquad F_2^1 = \frac{D_2^*}{D_2^1} = \frac{220}{216} = 1.02$$

$$E_3^1 = \frac{O_3^*}{O_3^1} = \frac{190}{191} = 0.99 \qquad F_3^1 = \frac{D_3^*}{D_3^1} = \frac{230}{229} = 1.00$$

또한 L_i^1과 M_j^1은 다음과 같다.

$$L_1^1 = \frac{210}{(0.97*0)+(1.02*100)+(1.00*109)} = 0.989$$
$$L_2^1 = \frac{219}{(0.97*99)+(1.02*0)+(1.00*120)} = 1.013$$
$$L_3^1 = \frac{191}{(0.97*76)+(1.02*115)+(1.00*0)} = 0.999$$

$$M_1^1 = \frac{175}{(1.00*0)+(1.00*99)+(0.99*76)} = 1.004$$
$$M_2^1 = \frac{216}{(1.00*100)+(1.00*0)+(0.99*115)} = 1.01$$
$$M_3^1 = \frac{229}{(1.00*109)+(1.00*120)+(0.99*0)} = 1.0$$

따라서 반복 수 $n=2$에서의 존 간 통행량(q_{ij}^2)을 계산하면 다음과 같다.

$$q_{11}^2 = q_{11}^1 E_1^1 F_1^1 \frac{(L_1^1+M_1^1)}{2} = 0$$
$$q_{12}^2 = q_{12}^1 E_1^1 F_2^1 \frac{(L_1^1+M_2^1)}{2} = 101*1.00*1.02*\frac{(0.989+1.01)}{2} = 103$$
$$q_{13}^2 = q_{13}^1 E_1^1 F_3^1 \frac{(L_1^1+M_3^1)}{2} = 109*1.00*1.00*\frac{(0.989+1.0)}{2} = 109$$

$$q_{21}^2 = q_{21}^1 E_2^1 F_1^1 \frac{(L_2^1+M_1^1)}{2} = 99*1.00*0.97*\frac{(1.013+1.004)}{2} = 97$$
$$q_{22}^2 = q_{22}^1 E_2^1 F_2^1 \frac{(L_2^1+M_2^1)}{2} = 0$$
$$q_{23}^2 = q_{23}^1 E_2^1 F_3^1 \frac{(L_2^1+M_3^1)}{2} = 120*1.00*1.00*\frac{(1.013+1.0)}{2} = 121$$

$$q_{31}^2 = q_{31}^1 E_3^1 F_1^1 \frac{(L_3^1+M_1^1)}{2} = 76*0.99*0.97*\frac{(0.999+1.004)}{2} = 73$$
$$q_{32}^2 = q_{32}^1 E_3^1 F_2^1 \frac{(L_3^1+M_2^1)}{2} = 115*0.99*1.02*\frac{(0.999+1.01)}{2} = 117$$
$$q_{33}^2 = q_{33}^1 E_3^1 F_3^1 \frac{(L_3^1+M_3^1)}{2} = 0$$

여기서, 반복 수 $n=2$단계에서 계산된 존별 성장인자 E_i^1, F_j^1의 값이 Fratar 모형의 수렴조건인 1.0에 근접하여 수렴하고 있다. 2회차 반복과정을 거쳐 산출된 결과가 표 (c)에 나타나 있다. 표에서 보듯이 총 통행량의 제약뿐만 아니라 유출제약 및 유입제약도 어느 정도 만족되었음을 알 수 있으며, 반복 수를 증가시키면 이들 조건을 정확히 만족하게 된다.

(d) 목표연도 존별 통행발생량

O \ D	1	2	3	O_i
1	0	103	109	212
2	97	0	121	218
3	73	117	0	190
D_j	170	220	230	620

■

5.3.3 중력모형

(1) 중력모형의 분류

중력모형(gravity model)은 뉴턴(Newton)의 중력모형을 통행분포에 적용한 모형으로 기종점 간 통행량은 기점의 통행유출량과 종점의 통행유입량에 비례하고 기종점 간 통행저항(travel impedance)에 반비례한다는 개념으로 모형화한 것이다. 중력모형은 성장인자모형과 달리 기점과 종점의 통행발생량 크기를 고려하고, 기종점 간 거리나 통행시간, 비용 등과 같은 통행저항을 명시적으로 고려할 수 있다는 장점을 갖고 있으며 엔트로피 극대화모형(entropy maximization model)과 수학적으로 동일한 것으로 증명되었다.

중력모형은 총량만을 만족시키는 총량제약(total flow constrained) 중량모형과 통행유출량만을 만족시키는 유출제약(production constrained) 중력모형, 통행유입량을 만족시키는 유입제약(attraction constrained) 중력모형, 그리고 유출제약과 유입제약을 동시에 만족시키는 이중제약(doubly constrained) 중력모형으로 나누어진다. 가장 단순한 형태인 총량제약 중력모형은 다음과 같다.

[총량제약 중력모형]

$$q_{ij} = kO_iD_jf_{ij}(c_{ij})$$

$$\text{제약조건: } \sum_i\sum_j q_{ij} = q \quad (\text{총량제약})$$

여기서, k는 총량과 관련된 조정계수(balancing factor)이며, $f_{ij}(c_{ij})$는 기종점 ij 간 통행저항함수이고, q는 총 통행량이다. 기종점 간 통행량을 구하기 위해서는 먼저 조정계수 k값을 결정해야 하는데, 제약조건으로부터 다음과 같이 계산된다.

$$\sum_i\sum_j q_{ij} = \sum_i\sum_j kO_iD_jf_{ij}(c_{ij}) = q$$

따라서 $k=\dfrac{q}{\sum_i\sum_j O_iD_jf_{ij}(c_{ij})}$ 이다.

이중제약 중력모형(doubly constrained gravity model)의 경우도 동일하게 표현할 수 있는데, 이중제약 중력모형은 일반적으로 다음과 같다.

[이중제약 중력모형]

$$q_{ij}=a_iO_ib_jD_jf_{ij}(c_{ij})$$

제약조건: $\sum_j q_{ij}=O_i$ (유출제약)

$\sum_i q_{ij}=D_j$ (유입제약)

여기서, a_i, b_j는 기점 i와 종점 j의 통행유출입량과 관련된 조정계수로 제약조건으로부터 다음과 같이 구해진다.

$$\sum_j a_iO_ib_jD_jf_{ij}(c_{ij})=O_i \rightarrow a_i=\frac{1}{\sum_j b_jD_jf_{ij}(c_{ij})}$$

$$\sum_i a_iO_ib_jD_jf_{ij}(c_{ij})=D_j \rightarrow b_j=\frac{1}{\sum_i a_iO_if_{ij}(c_{ij})}$$

〈표 5.3〉 제약조건별 중력모형 형태 및 조정계수

제약조건	모형식	조정계수
총량제약 (total flow constrained)	$q_{ij}=kO_iD_jf_{ij}(c_{ij})$ (5.18) s.t $\sum_i\sum_j q_{ij}=q$	$k=\dfrac{q}{\sum_i\sum_j O_iD_jf_{ij}(c_{rs})}$
유출제약 (production-constrained)	$q_{ij}=a_iO_iD_jf_{ij}(c_{ij})$ (5.19) s.t $\sum_j q_{ij}=O_i$	$a_i=\dfrac{1}{\sum_j D_jf_{ij}(c_{ij})}$
유입제약 (attraction-constrained)	$q_{ij}=O_ib_jD_jf_{ij}(c_{ij})$ (5.20) s.t $\sum_i q_{ij}=D_j$	$b_j=\dfrac{1}{\sum_i O_if_{ij}(c_{ij})}$
이중제약 (doubly-constrained)	$q_{ij}=a_iO_ib_jD_jf_{ij}(c_{ij})$ (5.21) s.t $\sum_j q_{ij}=O_i$ $\sum_i q_{ij}=D_j$	$a_i=\dfrac{1}{\sum_j b_jD_jf_{ij}(c_{ij})}$ $b_j=\dfrac{1}{\sum_i a_iO_if_{ij}(c_{ij})}$

그런데, a_i, b_j는 구하기가 쉽지 않은데, 수식에서 보듯이 a_i식에 b_j가 포함되어 있고, b_j식에는 a_i가 있기 때문이다. a_i, b_j를 구하기 위하여 이들을 반복적으로 수행하는 Furness 방법이 제시되어 있다.

위와 동일한 방법으로 유출제약 및 유입제약 중력모형에 대한 조정계수를 산출할 수 있으며, <표 5.3>은 각 제약조건에 따른 중력모형식과 조정계수를 보여주고 있다.

(2) 통행저항함수

중력모형에 사용되는 $f_{ij}(c_{ij})$는 기종점 간 저항함수(impedance function)로 일반적으로 다음과 같은 형태를 주로 사용한다.

1) 지수함수(exponential function)

$$f_{ij}(c_{ij}) = \exp(-\beta c_{ij})$$

2) 파워함수(power function)

$$f_{ij}(c_{ij}) = c_{ij}^{-\alpha}$$

3) 결합함수(combined function)

$$f_{ij}(c_{ij}) = c_{ij}^{\alpha} \exp(-\beta c_{ij})$$

여기서, α, β는 각 저항함수의 파라미터(parameter)로 관측치로부터 추정해야 할 값이며 로그변환(log transformation)을 통하여 선형형태로 바꾼 후 추정한다. <그림 5.2>는 각 통행저항함수를 나타낸 것으로, 그림에서 보듯이 지수함수와 파워함수는 지속적으로 감소하는 함수형태로 단거리 통행에 대하여 제대로 표현하지 못하는 한계가 있으나, 결합함수를 장단거리 통행시간을 모두 표현할 수 있는 형태임을 알 수 있다.

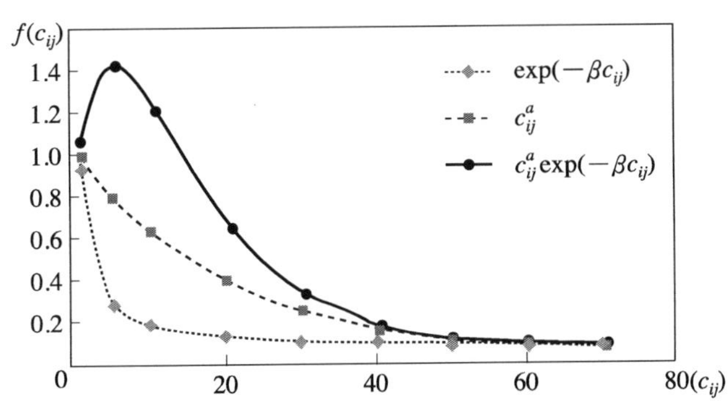

〈그림 5.2〉 통행저항함수 형태

(3) 중력모형의 조정계수(a_i, b_j)값 산출

이중제약 중력모형의 조정계수를 추정하기 위하여 Furness 방법(Furness method)을 주로 이용하는데, 계산과정은 다음과 같다.

[단계 0] 반복 수 $n=0$

$b_j^n = 1.0$으로 놓고 다음 식으로 a_i^n값 계산

$$a_i^n = \frac{1}{\sum_j b_j^n D_j f_{ij}(c_{ij})}$$

[단계 1] $n = n+1$

[단계 2] 구해진 a_i^{n-1}값을 다음 식에 대입하여 b_j^n값 계산

$$b_j^n = \frac{1}{\sum_i a_i^n O_i f_{ij}(c_{ij})}$$

[단계 3] 구해진 b_j^n값을 아래 식에 대입하여 a_i^n값 계산

$$a_i^n = \frac{1}{\sum_j b_j^n D_j f_{ij}(c_{ij})}$$

[단계 4] 수렴성 검토

만약 $\left|a_i^n - a_i^{n-1}\right| \simeq 0$이며 $\left|b_j^n - b_j^{n-1}\right| \simeq 0$이면 중지

그렇지 않으면 [단계 1]로 진행

문제 5-8 총량제약 중력모형

장래 목표연도 통행발생량이 표 (a)와 같이 예측되었으며, 그때 각 기종점 간 통행저항이 표 (b)와 같은 경우 총량제약(total flow constrained) 중력모형을 이용하여 기종점 통행량을 추정하시오. 여기서 통행저항함수는 다음과 같다고 가정한다.

$$f_{ij}(c_{ij}) = c_{ij}^{-1}$$

(a) 목표연도 존별 통행발생량

O \ D	1	2	3	O_i
1				210
2				220
3				190
D_j	170	220	230	620

(b) 기종점 존 간 통행비용(c_{ij})

O \ D	1	2	3
1	1	3	4
2	3	1	2
3	4	2	1

풀이 먼저 총량제약 중력모형의 조정계수 k값은 <표 5.3>에 의해 다음과 같이 계산된다.

$$k = \frac{620}{\left[\frac{(210)(170)}{1} + \frac{(210)(220)}{3} + \frac{(210)(230)}{4} + \frac{(220)(170)}{3} + \frac{(220)(220)}{1} + \frac{(220)(230)}{2} + \frac{(190)(170)}{4} + \frac{(190)(220)}{2} + \frac{(190)(230)}{1}\right]}$$

$$= 0.00279$$

따라서 총량제약 중력모형식에 의해 장래 존 간 통행분포(q_{ij}^*)를 계산하면 다음과 같으며, 표 (c)와 같이 정리된다. 표에서 보듯이 총량제약 중력모형의 경우 총 통행량(여기서는 $q = 620$)만 만족시키며 존별 유출량이나 유입량은 만족시키지 못함을 알 수 있다.

$$q_{11}^* = 0.00279 \times 210 \times 170 \times 1^{-1} = 99$$
$$q_{12}^* = 0.00279 \times 210 \times 220 \times 3^{-1} = 43$$
$$q_{13}^* = 0.00279 \times 210 \times 230 \times 4^{-1} = 34$$
$$q_{21}^* = 0.00279 \times 220 \times 170 \times 3^{-1} = 35$$
$$q_{22}^* = 0.00279 \times 220 \times 220 \times 1^{-1} = 135$$
$$q_{23}^* = 0.00279 \times 220 \times 190 \times 2^{-1} = 71$$
$$q_{31}^* = 0.00279 \times 190 \times 170 \times 4^{-1} = 23$$
$$q_{32}^* = 0.00279 \times 190 \times 220 \times 2^{-1} = 58$$
$$q_{33}^* = 0.00279 \times 190 \times 230 \times 1^{-1} = 122$$

(c) 장래 목표연도 통행분포표(OD trip table)

O \ D	1	2	3	O_i
1	99	43	34	176
2	35	135	71	241
3	23	58	122	203
D_j	157	236	227	620

■

문제 5-9 유출제약 중력모형

예제 5-8과 동일한 문제를 유출제약(production constrained) 중력모형으로 기종점 통행량을 추정하시오.

풀이 유출제약 중력모형의 존별 조정계수 a_i값은 <표 5.3>에서 제시된 식을 이용하여 다음과 같이 계산된다.

$$a_1 = \frac{1}{\frac{170}{1} + \frac{220}{3} + \frac{230}{4}} = 0.00332$$

$$a_2 = \frac{1}{\frac{170}{3} + \frac{220}{1} + \frac{230}{2}} = 0.00255$$

$$a_3 = \frac{1}{\frac{170}{4} + \frac{220}{2} + \frac{230}{1}} = 0.00261$$

따라서 유출제약 중력모형식에 의해 장래의 존 간 통행분포(q_{ij}^*)를 계산하면 다음과 같고, 계산결과들이 다음 표 (c)와 같이 정리된다. 예상했듯이 유출제약 중력모형은 존별 유출량만을 만족시키고 있다.

$$q_{11}^* = 0.00332 \times 210 \times 170 \times 1^{-1} = 119$$
$$q_{12}^* = 0.00332 \times 210 \times 220 \times 3^{-1} = 51$$
$$q_{13}^* = 0.00332 \times 210 \times 230 \times 4^{-1} = 40$$
$$q_{21}^* = 0.00255 \times 220 \times 170 \times 3^{-1} = 32$$
$$q_{22}^* = 0.00255 \times 220 \times 220 \times 1^{-1} = 123$$
$$q_{23}^* = 0.00255 \times 220 \times 190 \times 2^{-1} = 65$$
$$q_{31}^* = 0.00261 \times 190 \times 170 \times 4^{-1} = 21$$
$$q_{32}^* = 0.00261 \times 190 \times 220 \times 2^{-1} = 55$$
$$q_{33}^* = 0.00261 \times 190 \times 230 \times 1^{-1} = 114$$

(c) 장래 목표연도 통행분포표(OD trip table)

O \ D	1	2	3	O_i
1	119	51	40	210
2	32	123	65	220
3	21	55	114	190
D_j	172	229	219	620

■

문제 5-10 **유입제약 중력모형**

예제 5-8과 동일한 문제를 유입제약(attraction constrained) 중력모형으로 기종점 통행량을 추정하시오.

풀이 먼저, 도착지 존별 조정계수 b_j값은 <표 5.3>에 의해 다음과 같이 계산된다.

$$b_1 = \frac{1}{\frac{210}{1} + \frac{220}{3} + \frac{190}{4}} = 0.00302$$

$$b_2 = \frac{1}{\frac{210}{3} + \frac{220}{1} + \frac{190}{2}} = 0.00260$$

$$b_3 = \frac{1}{\frac{210}{4} + \frac{220}{2} + \frac{190}{1}} = 0.00284$$

또한, 유입제약 중력모형식에 의해 장래 목표연도의 존 간 통행분포(q_{ij}^*)는 다음과 같이 계산되고 이를 정리하면 표 (c)와 같다. 표에서 보듯이 유입제약 중력모형 역시, 각 존별 유입량만을 만족시키고 있음을 알 수 있다.

$$q_{11}^* = 210 \times 0.00302 \times 170 \times 1^{-1} = 108$$
$$q_{12}^* = 210 \times 0.00260 \times 220 \times 3^{-1} = 40$$
$$q_{13}^* = 210 \times 0.00284 \times 230 \times 4^{-1} = 34$$
$$q_{21}^* = 220 \times 0.00302 \times 170 \times 3^{-1} = 38$$
$$q_{22}^* = 220 \times 0.00260 \times 220 \times 1^{-1} = 126$$
$$q_{23}^* = 220 \times 0.00284 \times 230 \times 2^{-1} = 72$$
$$q_{31}^* = 190 \times 0.00302 \times 170 \times 4^{-1} = 24$$
$$q_{32}^* = 190 \times 0.00260 \times 220 \times 2^{-1} = 54$$
$$q_{33}^* = 190 \times 0.00284 \times 230 \times 1^{-1} = 124$$

(c) 장래 목표연도 통행분포표(OD trip table)

O \ D	1	2	3	O_i
1	108	40	34	182
2	38	126	72	236
3	24	54	124	202
D_j	170	220	230	620

■

문제 5-11 **이중제약 중력모형**

예제 5-8과 동일한 문제를 이중제약(doubly constrained) 중력모형으로 기종점 통행량을 추정하시오.

풀이 이중제약 중력모형을 풀기 위해서는 먼저 조정계수 a_i와 b_j값을 결정해야 하며, 다음과 같은 Furness 방법이 주로 이용된다.

① 조정계수의 결정

[반복 수 $n=0$]

$b_j=1.0$으로 설정

[반복 수 $n=1$]

<a_i값 계산> $b_j=1.0$인 상태에서 a_i값 계산

$$a_1^1=\frac{1}{(1*170*1^{-1})+(1*220*3^{-1})+(1*230*4^{-1})}=0.00332$$

$$a_2^1=\frac{1}{(1*170*3^{-1})+(1*220*1^{-1})+(1*230*2^{-1})}=0.00255$$

$$a_3^1=\frac{1}{(1*170*4^{-1})+(1*220*2^{-1})+(1*230*1^{-1})}=0.00261$$

<b_j값 계산> 앞에서 계산된 a_i값을 이용하여 b_j값 계산

$$b_1^1=\frac{1}{(0.00332*210*1^{-1})+(0.00255*220*3^{-1})+(0.00261*190*4^{-1})}$$
$$=0.99189$$

$$b_2^1=\frac{1}{(0.00332*210*3^{-1})+(0.00255*220*1^{-1})+(0.00261*190*2^{-1})}$$
$$=0.96029$$

$$b_3^1=\frac{1}{(0.00332*210*4^{-1})+(0.00255*220*2^{-1})+(0.00261*190*1^{-1})}$$
$$=1.05186$$

[반복 수 $n=2$]

<a_i값 계산> 반복 수 $n=1$에서 구한 b_j값을 이용하여 a_i값 계산

$$a_1^2=\frac{1}{(0.99189*170*1^{-1})+(0.96029*220*3^{-1})+(1.05186*230*4^{-1})}$$
$$=0.00334$$

$$a_2^2 = \frac{1}{(0.99189*170*3^{-1})+(0.96029*220*1^{-1})+(1.05186*230*2^{-1})}$$
$$= 0.00257$$

$$a_3^2 = \frac{1}{(0.99189*170*4^{-1})+(0.96029*220*2^{-1})+(1.05186*230*1^{-1})}$$
$$= 0.00257$$

<b_j값 계산> 앞에서 계산된 a_i값을 이용하여 b_j값 계산

$$b_1^2 = \frac{1}{(0.00334*210*1^{-1})+(0.00257*220*3^{-1})+(0.00257*190*4^{-1})}$$
$$= 0.98835$$

$$b_2^2 = \frac{1}{(0.00334*210*3^{-1})+(0.00257*220*1^{-1})+(0.00257*190*2^{-1})}$$
$$= 0.95799$$

$$b_3^2 = \frac{1}{(0.00334*210*4^{-1})+(0.00257*220*2^{-1})+(0.00257*190*1^{-1})}$$
$$= 1.05708$$

[반복 수 $n=3$]

<a_i값 계산> 반복 수 $n=2$에서 구한 b_j값을 이용하여 a_i값 계산

$$a_1^3 = \frac{1}{(0.98835*170*1^{-1})+(0.95799*220*3^{-1})+(1.05708*230*4^{-1})}$$
$$= 0.00334$$

$$a_2^3 = \frac{1}{(0.98835*170*3^{-1})+(0.95799*220*1^{-1})+(1.05708*230*2^{-1})}$$
$$= 0.00258$$

$$a_3^3 = \frac{1}{(0.98835*170*4^{-1})+(0.95799*220*2^{-1})+(1.05708*230*1^{-1})}$$
$$= 0.00256$$

<b_j값 계산> 앞에서 계산된 a_i값을 이용하여 b_j값 계산

$$b_1^3 = \frac{1}{(0.00334*210*1^{-1})+(0.00258*220*3^{-1})+(0.00256*190*4^{-1})}$$
$$= 0.98747$$

$$b_2^3 = \frac{1}{(0.00334*210*3^{-1}) + (0.00258*220*1^{-1}) + (0.00256*190*2^{-1})}$$
$$= 0.95797$$

$$b_3^3 = \frac{1}{(0.00334*210*4^{-1}) + (0.00258*220*2^{-1}) + (0.00256*190*1^{-1})}$$
$$= 1.05780$$

<수렴성 검토> a_i값과 b_j값의 수렴성 검토

$$\left|a_i^n - a_i^{n-1}\right| \simeq 0$$

$$a_1^2 - a_1^1 = 0.00335 - 0.00334 = 0.00000$$
$$a_2^2 - a_2^1 = 0.00258 - 0.00258 = 0.00001$$
$$a_3^2 - a_3^1 = 0.00256 - 0.00256 = 0.00001$$

$$\left|b_j^n - b_j^{n-1}\right| \simeq 0$$

$$b_1^2 - b_1^1 = 0.98611 - 0.98701 = -0.00088$$
$$b_2^2 - b_2^1 = 0.95665 - 0.95667 = -0.00002$$
$$b_3^2 - b_3^1 = 1.05634 - 1.05561 = 0.00073$$

이상의 결과를 살펴보면 반복계산의 수렴기준을 만족하므로 반복계산을 중지한다.

② 존 간 통행분포량 산정

반복 수 $n = 3$단계에서 계산된 a_i값과 b_j값을 이중제약 중력모형에 대입하여 존 간 통행량 q_{ij}를 구하면 다음과 같으며, 이를 정리한 내용이 표 (c)에 나와 있다. 표에서 보듯이 유출제약 및 유입제약이 모두 만족됨을 알 수 있다.

$$q_{11} = 0.00335*210*0.98611*170*1^{-1} = 118$$
$$q_{12} = 0.00335*210*0.95665*200*3^{-1} = 49$$
$$q_{13} = 0.00335*210*1.05634*230*4^{-1} = 43$$

$$q_{21} = 0.00258*220*0.98611*170*3^{-1} = 32$$
$$q_{22} = 0.00258*220*0.95665*220*1^{-1} = 119$$
$$q_{23} = 0.00258*220*1.05634*230*2^{-1} = 69$$

$$q_{31} = 0.00256*190*0.98611*170*4^{-1} = 20$$
$$q_{32} = 0.00256*190*0.95665*220*2^{-1} = 51$$
$$q_{33} = 0.00256*190*1.05634*230*1^{-1} = 118$$

(c) 장래 목표연도 통행분포표(OD trip table)

O \ D	1	2	3	O_i
1	118	49	43	210
2	32	119	69	220
3	20	52	118	190
D_j	170	220	230	620

■

5.3.4 중력모형의 파라미터 추정

통행저항함수에 존재하는 파라미터를 추정하는 방법은 Hyman(1969)에 의해 다음과 같이 제시되었다(Ortuzar et al. 1994). Hyman의 방법은 효율적인 중력모형의 정산기법으로 알려져 있으며 다음과 같은 관계를 기본으로 한다.

$$c(\beta) = \sum_{ij}[q_{ij}(\beta)c_{ij}]/q(\beta) = c^* = \sum_{ij} N_{ij}c_{ij}/N_{ij} \tag{5.22}$$

여기서, c^*는 OTLD(observed trip length distribution)의 평균 비용(mean cost)이며, N_{ij}는 각 OD쌍에 대하여 관측된 통행 수이다.

[β값 추정절차(Hyman)]

[단계 1] 반복 수 $m = 0$

초기 추정값 설정 $\beta_0 = 1/c^*$

여기서, c^*는 OTLD의 평균 비용

[단계 2]

(2.1) β_0를 가지고 중력모형을 수행하여 평균 통행비용(mean trip cost) c_0 산출

(2.2) β_1값 계산: $\beta_1 = \beta_0 c_0 / c^*$

[단계 3]

(3.1) $m = m + 1$

(3.2) β_{m-1}을 가지고 중력모형을 수행하여 c_{m-1}값 산출

(3.3) 만약 $|c^* - c_{m-1}| < \epsilon$이면, 중지하고 β_{m-1}값 선정

그렇지 않으면 [단계 4]로 진행

[단계 4] β_{m+1}값 계산

$$\beta_{m+1} = \frac{(c^* - c_{m-1})\beta_m - (c^* - c_m)\beta_{m-1}}{c_m - c_{m-1}}$$

[단계 5] 수렴할 때까지 [단계 3]과 [단계 4]를 반복 수행

5.4 수단선택

5.4.1 수단선택의 개요

수단선택(mode choice)은 기점에서 종점으로 통행하는 통행자들이 어떤 교통수단을 선택할 것인지를 결정하는 단계이다. 따라서 통행발생, 통행분포를 거쳐 산출된 통행량을 기종점 간 각 교통수단에 분담하는 과정이 된다. 수단선택모형은 크게 통행단 수단선택(trip-end mode choice)모형과 교차통행 수단선택(trip-interchange mode choice)모형으로 나누어진다.

먼저 통행단 수단선택모형은 <그림 5.3a>와 같이 통행발생단계 후 통행분포 전 단계에 수단선택을 수행하는 방법이다. 이 방법은 통행분포를 추정하기 전에 수단선택을 적용하므로 목적지에 대한 정보가 없어 기종점 간 통행비용이나 통행시간 등 수단선택에 영향을 미치는 통행수단들의 속성을 고려하지 못하는 한계가 있다. 따라서 통행단 수단선택모형에서는 수단선택 추정 시 통행발생단계에서 사용된 토지이용, 통행자의 사회경제지표, 교통시스템에 대한 접근성 등이 수단선택에 영향을 미친다고 가정한다. 그러나 통행단 모형은 통행분포 단계 전에 통행수요를 수단별로 분류하기 때문에 대중교통 통행수요를 통행분포 전단계에서 제외시켜 도로통행자만 남아 이후 분석이 용이해진다는 장점이 있다. 이에 반해, 교차통행 수단선택모형은 전통적인 4단계 교통수요예측과정을 거치는 방법으로 <그림 5.3b>와 같이 통행발생, 통행분포, 그리고 수단선택, 통행배정단계를 거치게 된다. 따라서 교차통행 수단선택모형에서는 각 교통수단별 속성들을 고려할 수 있다는 장점이 있다.

교통수단별 통행비용을 산정하기 위하여 다양한 모형들이 제시되고 있다. 초기 수단선택모형은 주로 전환곡선(diversion curve)에 의해 수행되었으나, 이후 회귀분석(regression model), 개별행태모형(individual behavior model) 등이 개발되었으며, 통행단 수단선택모형은 주로 전환곡선이나 회귀분석에 의해 수행되었다.

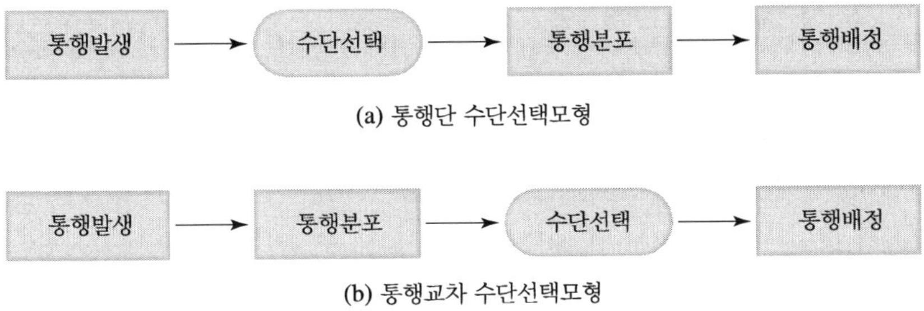

〈그림 5.3〉 수단선택모형의 구분

5.4.2 전환곡선(diversion curve)

(1) 통행단 모형으로서의 전환곡선

통행단 수단선택모형은 통행분포단계 이전에 적용되기 때문에 통행자의 목적지가 어디인지 알지 못하는 상태에서 수단선택이 이루어진다. 이런 이유로 목적지까지의 통행시간이나 통행비용 등과 같은 교통수단의 특징들을 고려하지 못한다. 따라서 통행발생단계에서 영향을 미치는 토지이용이나 통행자의 사회경제지표(소득, 자동차 보유대수, 인구밀도 등), 교통시스템에 대한 접근성 등을 이용하여 수단분담률을 산정한다. <그림 5.4>는 인구밀도와 승용차 보유대수를 이용하여 대중교통 수단분담률을 추정하는 전환곡선이다. 이런 전환곡선식은 분석 대상 지역에 대한 현장조사를 통하여 작성된다.

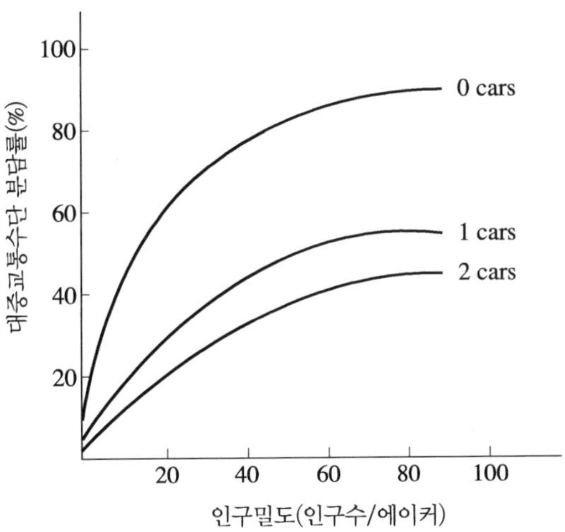

〈그림 5.4〉 인구밀도와 승용차 보유대수로 추정된 대중교통 수단분담률

(2) 통행교차 모형으로서의 전환곡선

통행교차 통행수단선택모형은 통행분포 이후에 적용되기 때문에 목적지까지의 통행

시간이나 통행비용 등 교통수단의 특성을 고려할 수 있어 통행단 모형보다는 좀 더 현실적이다. 이 모형 역시 분석 대상 지역에 대한 조사를 통하여 전환곡선을 작성하며 이를 이용하여 대중교통과 승용차 간의 수단분담률을 산정한다. 전환곡선에 주로 사용되는 변수로는 통행시간이나 통행비용으로 <그림 5.5>는 미국의 워싱턴과 필라델피아, 그리고 캐나다의 토론토에 대한 대중교통 분담률을 TTR이라는 지표를 이용하여 추정한 전환곡선이다. 여기서 TTR은 다음과 같이 대중교통의 총 통행시간과 승용차의 총 통행시간의 비율이다.

$$TTR = \frac{a+b+c+d+e}{f+g+h} \tag{5.23}$$

여기서, a: 대중교통 차내통행시간

b: 대중교통 환승시간

c: 대중교통 대기시간

d: 대중교통을 타기 위해 걷는 시간

e: 대중교통에서 하차하여 목적지까지 걷는 시간

f: 승용차 운전시간

g: 목적지에서 주차시간

h: 주차장에서 목적지까지 걷는 시간

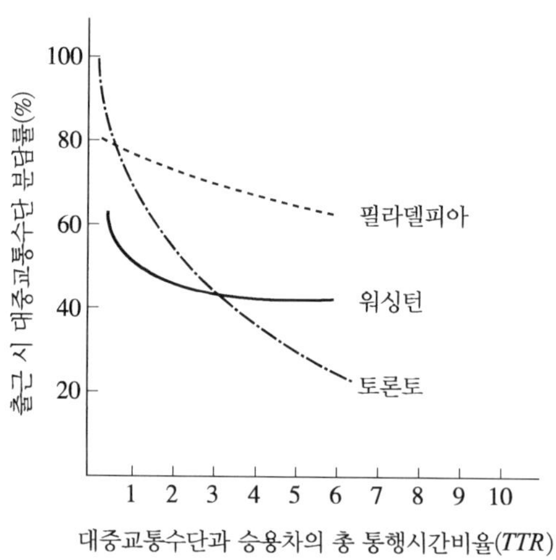

〈그림 5.5〉 TTR을 이용한 전환곡선

5.4.3 로짓모형(logit model)

(1) 모형의 기본식

로짓 수단선택모형은 확률효용이론(random utility theory)에 기초한 대표적인 개별행태모형(individual behavior model)으로서 여러 선택 대안 중에서 통행자의 효용을 극대화시키는 대안을 선택하는 모형이다. 각 대안의 총 효용은 관측 가능한 결정적 효용(deterministic utility)과 관측할 수 없는 확률적 효용(random utility)으로 구성된다.

$$U_i = V_i + \epsilon_i \tag{5.24}$$

여기서, U_i는 대안 i의 총 효용이며, V_i는 결정적 효용, 그리고 ϵ_i는 확률적 효용이다.

확률선택모형에서 통행자는 효용이 높은 대안을 선택한다는 사실에 기초를 두기 때문에 대안 i를 선택할 확률은 다음과 같이 표현된다.

$$\begin{aligned} P_i &= \text{Prob}(U_i \geq U_j,\ \forall j \in M) \\ &= \text{Prob}(V_i + \epsilon_i \ \geq \ V_j + \epsilon_j,\ \forall j \in M) \\ &= \text{Prob}(V_i - V_j \geq \epsilon_j - \epsilon_i,\ \ \forall j \in M) \end{aligned} \tag{5.25}$$

여기서, P_i는 대안 i를 선택할 확률이며, M은 대안집합(choice set)을 나타낸다. 이 확률이 어떤 형태를 가질 것인지는 확률적 효용이 어떤 분포를 따르느냐에 따라 달라지는데, 정규분포(normal distribution)를 따른다고 가정하면 프로빗모형(probit model)이 되며, 검벨분포(Gumbel distribution)를 따른다고 가정하면 로짓모형(logit model)이 된다. 이론상 프로빗모형이 좀 더 현실적이지만 계산상의 어려움으로 주로 로짓모형을 사용하며 로짓모형의 형태는 다음과 같다.

$$P_i = \frac{\exp(V_i)}{\sum_{m=1} \exp(V_m)} \tag{5.26}$$

여기서, 선택대안이 2개인 경우를 이항로짓(binary logit)이라고 하며 3개 이상인 경우를 다항로짓(multinomial logit)이라고 한다.

문제 5-12 **다항로짓모형**

어느 도시의 로짓모형 효용함수가 다음과 같이 추정되었다. 기종점 간 각 수단별 통행시간과 통행비용이 아래 표와 같다고 할 때 각 수단별 분담률을 계산하시오.

$$V_{auto} = -0.02073time_{auto} - 0.00013cost_{auto}$$

$$V_{bus} = -2.43748 - 0.02073time_{bus} - 0.00013cost_{bus}$$

$$V_{rail} = -1.15996 - 0.02073time_{rail} - 0.00013cost_{rail}$$

통행수단	통행시간(분)	통행비용(원)
승용차(auto)	50	3000
버스(bus)	60	800
철도(rail)	40	1200

풀이 먼저, 각 수단별 효용을 계산하면 다음과 같다.

$$V_{auto} = -0.02073 \times 50 - 0.00013 \times 3000 = -1.4265$$

$$V_{bus} = -2.43748 - 0.02073 \times 60 - 0.00013 \times 800 = -3.7853$$

$$V_{rail} = -1.15996 - 0.02073 \times 40 - 0.00013 \times 1200 = -2.1452$$

따라서 다항로짓모형에 의해 각 수단별 선택확률은 다음과 같이 구해진다.

$$P_{auto} = \frac{\exp(-1.4265)}{\exp(-1.4265) + \exp(-3.7853) + \exp(-2.1452)} = 0.632$$

$$P_{bus} = \frac{\exp(-3.7853)}{\exp(-1.4265) + \exp(-3.7853) + \exp(-2.1452)} = 0.060$$

$$P_{rail} = \frac{\exp(-2.1452)}{\exp(-1.4265) + \exp(-3.7853) + \exp(-2.1452)} = 0.308$$

■

(2) 점진적 로짓모형(incremental logit model)

점진적 로짓모형은 기존 수단분담률을 알고 있을 때 효용의 변화를 이용하여 새로운 수단분담률을 추정하는 방법이다. 이 모형의 장점은 기존 또는 관측된 수단분담률에 기초하여 장래 수단분담률을 예측할 수 있기 때문에 현실적이며 다른 지역에 전이(transferability)가 가능하다는 점이다. 그러나 이 방법은 기존 수단분담률이 존재하지 않는 경우, 즉 수단 i의 기존 분담률이 0인 경우 새로운 수단분담률도 0이 되는 문제가 발생한다. 점진적 로짓모형은 다음과 같다.

$$P_i = \frac{P_i^o \exp(\Delta V_i)}{\sum_{m=1} P_m^o \exp(\Delta V_m)} \tag{5.27}$$

여기서, P_i^o: 통행수단 i의 기존 수단분담률

P_i: 통행수단 i의 새로운 수단분담률

$\Delta V_i (= V_i - V_i^o)$: 통행수단 i의 효용의 변화

문제 5-13 **점진적 로짓모형**

어느 도시의 승용차(auto)와 대중교통(transit)의 수단분담률과 로짓모형의 효용함수가 다음과 같이 추정되었다. 여기서, $time$은 통행시간(분)이며, $cost$는 통행요금(원)이다.

$$\begin{aligned} P^o_{auto} &= 0.6 \\ P^o_{transit} &= 0.4 \\ V_{auto} &= -0.02\ time_{auto} - 0.005\ cost_{auto} \\ V_{transit} &= -1.52 - 0.02\ time_{transit} - 0.005\ cost_{auto} \end{aligned}$$

교통혼잡을 완화시키고 대중교통으로의 통행전환을 유도하기 위하여 대중교통의 통행요금을 기존 1,000원에서 900원으로 인하했을 때 새로운 수단분담률을 추정하시오.

풀이 먼저, 각 수단별 효용값의 변화를 계산하면 다음과 같다.

$$\begin{aligned} \Delta V_{auto} &= V_{auto} - V^o_{auto} = 0 \\ \Delta V_{transit} &= V_{transit} - V^o_{transit} = -0.005(900 - 1000) = 0.5 \end{aligned}$$

위의 효용변화를 이용하여 점진적 로짓모형을 적용한 새로운 수단분담률은 다음과 같이 계산된다.

$$P_{auto} = \frac{0.6 \times \exp(0)}{0.6 \times \exp(0) + 0.4 \times \exp(0.5)} = 0.476$$

$$P_{transit} = \frac{0.4 \times \exp(0.5)}{0.6 \times \exp(0) + 0.4 \times \exp(0.5)} = 0.524$$

따라서 대중교통의 통행요금이 100원 인하됨에 따라 대중교통 수단분담률이 기존 40%에서 52.4%로 증가함을 알 수 있다. ■

문제 5-14 **3개 수단에 대한 점진적 로짓모형**

A지점에서 B지점까지 통행하는 데 이용되는 교통수단의 효용함수와 각 수단별 통행시간 및 통행비용이 다음 표와 같다.

통행수단	효용함수 파라미터			AB 간 통행시간(분)	AB 간 통행비용(원)
	time	cost	상수		
승용차(auto)	-0.035	-0.0002	-	40	2,000
버스(bus)			-1.2	50	1,000
지하철(metro)			-1.5	45	1,200

① 각 수단별 통행분담률을 계산하시오.

② 버스와 지하철의 이용을 촉진시키기 위하여, 버스의 통행요금을 500원으로 인하하고 지하철의 통행시간을 40분으로 감축시킨 경우, 새로운 통행분담률을 계산하시오.

풀이 ① 수단별 통행분담률 계산

먼저, 각 수단별 효용을 계산하면 다음과 같다.

$$V_{auto} = -0.035 \times 40 - 0.0002 \times 2,000 = -1.8$$

$$V_{bus} = -1.2 - 0.035 \times 50 - 0.0002 \times 1,000 = -3.15$$

$$V_{metro} = -1.5 - 0.035 \times 45 - 0.0002 \times 1,200 = -3.32$$

따라서 다항로짓모형에 의해 각 수단별 선택확률은 다음과 같이 구해진다.

$$P_{auto} = \frac{\exp(-1.8)}{\exp(-1.8) + \exp(-3.15) + \exp(-3.32)} = 0.677$$

$$P_{bus} = \frac{\exp(-3.15)}{\exp(-1.8) + \exp(-3.15) + \exp(-3.32)} = 0.175$$

$$P_{metro} = \frac{\exp(-3.32)}{\exp(-1.8) + \exp(-3.15) + \exp(-3.32)} = 0.148$$

② 새로운 수단분담률의 계산

버스의 통행비용 인하: 1,000원 → 500원

지하철의 통행시간 감축: 45분 → 40분

먼저, 각 수단별 효용값의 변화를 계산하면 다음과 같다.

$$\Delta V_{auto} = V_{auto} - V^o_{auto} = 0$$

$$\Delta V_{bus} = V_{bus} - V^o_{bus} = -0.0002(500 - 1,000) = 0.1$$

$$\Delta V_{metro} = V_{metro} - V^o_{metro} = -0.035(40 - 45) = 0.175$$

위의 효용변화를 이용하여 점진적 로짓모형을 적용한 새로운 수단분담률은 다음과 같다.

$$P_{auto} = \frac{0.677 \times \exp(0)}{0.677 \times \exp(0) + 0.175 \times \exp(0.1) + 0.148 \times \exp(0.175)} = 0.647$$

$$P_{bus} = \frac{0.175 \times \exp(0.1)}{0.677 \times \exp(0) + 0.175 \times \exp(0.1) + 0.148 \times \exp(0.175)} = 0.185$$

$$P_{metro} = \frac{0.148 \times \exp(0.175)}{0.677 \times \exp(0) + 0.175 \times \exp(0.1) + 0.148 \times \exp(0.175)} = 0.170$$

따라서 대중교통 위주의 교통정책에 의해 버스와 지하철의 수단분담률이 조금 증가하였음을 알 수 있다. ■

(3) 이항로짓모형의 파라미터 추정

선택대안이 승용차(auto)와 대중교통(transit)으로 이루어진 이항로짓모형을 살펴보자. 이때 비효용함수는 다음과 같이 설정한다.

승용차 $V_a = -\beta_1 c_a$

대중교통 $V_t = -\beta_0 - \beta_1 c_t$

여기서, β_0는 대안 특유의 상수(선호도)이며, c_a, c_t는 승용차와 대중교통의 통행비용을 나타낸다. 이항로짓모형으로부터 각 수단별 선택확률은 다음과 같이 표현된다.

$$P_a = \frac{\exp(V_a)}{\exp(V_a) + \exp(V_t)}$$

$$P_t = 1 - P_a = \frac{\exp(V_t)}{\exp(V_a) + \exp(V_t)}$$

여기서, P_a를 P_t로 나누면 다음과 같다.

$$\frac{P_a}{1 - P_a} = \exp(V_a - V_t) = \exp(-\beta_a c_a + \beta_0 + \beta_1 c_t) = \exp[\beta_0 + \beta_1 (c_t - c_a)]$$

양변에 로그를 취하면 다음과 같이 정리된다.

$$\log\left(\frac{P_a}{1 - P_a}\right) = \beta_0 + \beta_1 (c_t - c_a) \tag{5.28}$$

따라서 위 식은 선형 회귀모형식이므로 최소자승법(least square method)으로 β_0, β_1 값을 구할 수 있다.

문제 5-15 이항로짓모형의 추정

5개의 존쌍 간 승용차(auto)와 대중교통(transit)의 수단분담률 및 통행비용이 다음과 같을 때 이항로짓모형의 파라미터를 추정하시오.

zone pair	P_a (%)	P_t (%)	c_a	c_t
1	51	49	21	18
2	57	43	15.8	13.1
3	80	20	15.9	14.7
4	71	29	18.2	16.4
5	63	37	11	8.5

풀이 선형 회귀모형식으로 파라미터를 추정하기 위하여 계산과정을 표로 정리하면 다음과 같다.

zone pair	P_a (%)	P_t (%)	c_a	c_t	$\log\left(\frac{P_a}{1-P_a}\right)$	$c_t - c_a$
1	51	49	21	18	0.040	−3
2	57	43	15.8	13.1	0.282	−2.7
3	80	20	15.9	14.7	1.386	−1.2
4	71	29	18.2	16.4	0.895	−1.8
5	63	37	11	8.5	0.532	−2.5

따라서 다음과 같이 최소제곱법을 이용하여 파라미터를 추정할 수 있다.

zone pair	$c_t - c_a$	$(c_t - c_a)^2$	$[\sum(c_t - c_a)]^2$	$\log\left(\frac{P_a}{1-P_a}\right)$	$(c_t - c_a)\log\left(\frac{P_a}{1-P_a}\right)$
1	−3	9	125.44	0.0400053	−0.12002
2	−2.7	7.29		0.2818512	−0.761
3	−1.2	1.44		1.3862944	−1.66355
4	−1.8	3.24		0.895384	−1.61169
5	−2.5	6.25		0.5322168	−1.33054
합	−11.2	27.22	125.44	3.1357517	−5.4868

n: 자료 수(존의 수)

$$\beta_1 = \frac{n\sum(c_t - c_a)\log\left(\frac{P_a}{1-P_a}\right) - \sum(c_t - c_a)\sum\log\left(\frac{P_a}{1-P_a}\right)}{n\sum(c_t - c_a)^2 - \left(\sum(c_t - c_a)\right)^2}$$

$$= \frac{5\times(-5.4868) - (-11.2)\times 3.1357}{5\times 27.22 - 125.44} = 0.7210$$

$$\beta_0 = \frac{\sum \log\left(\frac{P_a}{1-P_a}\right)}{n} - \beta_1 \frac{\sum(c_t - c_a)}{n} = \frac{3.1357}{5} - (0.7210)\frac{(-11.2)}{5}$$

$$= 2.2422$$

최종적으로 추정된 파라미터값과 각 수단별 비효용함수는 다음과 같다.

$$\beta_0 = 2.2423$$

$$\beta_1 = 0.7211$$

$$V_a = -0.7211 c_a$$
$$V_t = -2.2423 - 0.7211 c_t$$

■

(4) 로짓모형의 속성

1) 로짓모형의 비관련 대안의 독립성 문제(IIA)

로짓모형이 갖고 있는 속성 중 하나로 비관련대안으로부터의 독립성(IIA, Independence of Irrelevant Alternatives)이 있다. 이 문제는 어떤 하나의 대안이 다른 대안에 대한 상대적인 선택확률은 선택 가능한 또 다른 대안의 존재 여부와 관계없이 결정된다는 것이다. 이런 IIA문제는 다항로짓모형으로부터 다음과 같이 설명된다.

$$\frac{P_j}{P_i} = \frac{\dfrac{\exp(V_j)}{\sum_m \exp(V_m)}}{\dfrac{\exp(V_i)}{\sum_m \exp(V_m)}} = \exp(V_j - V_i) = constant$$

즉, 2개의 대안 i, j가 존재하는 경우 i대안에 대한 j대안의 선택확률비율은 또 다른 대안이 존재하든 존재하지 않든 간에 일정한 값(constant)을 갖는다는 의미이다. 이런 속성은 로짓모형이 갖는 특징으로서 새로운 대안의 속성만 알게 되면 선택확률을 쉽게 구할 수 있다는 장점이 있는 반면, 대안 간에 상관관계가 있는 경우 현실을 제대로 표현하지 못한다는 문제가 있다. 대표적인 예가 빨간버스-파란버스 문제(red bus-blue bus problem)이다. 어떤 도시에 동일한 효용을 갖는 승용차(auto)와 버스(bus)가 존재한다고 가정하자. 이 경우 $V_{auto} = V_{bus}$이기 때문에 수단선택비율이 각기 50%가 된다.

$$P_{auto} = \frac{\exp(V_{auto})}{\exp(V_{auto}) + \exp(V_{bus})} = \frac{1}{2}$$

$$P_{bus} = \frac{\exp(V_{bus})}{\exp(V_{auto}) + \exp(V_{bus})} = \frac{1}{2}$$

이며, $\frac{P_{auto}}{P_{bus}} = 1.0$이다.

그런데 동일한 버스를 색상만 빨간색(red-bus)과 파란색(blue-bus)으로 반씩 바꾸었다고 하면, 이들 3가지 대안에 대한 선택확률은 효용이 모두 동일($V_{auto} = V_{red-bus} = V_{blue-bus}$)하기 때문에 로짓모형에 의해 다음과 같이 계산된다.

$$P_{auto} = \frac{1}{3} \qquad P_{red-bus} = \frac{1}{3} \qquad P_{blue-bus} = \frac{1}{3}$$

이는 로짓모형의 IIA 성질에 의해, $\frac{P_{auto}}{P_{red-bus}} = 1.0$, $\frac{P_{auto}}{P_{blue-bus}} = 1.0$을 만족하기 때문이다. 그런데 이런 결과는 우리들이 갖고 있는 직관과 일치하지 않는데, 통행자들은 빨간버스와 파란버스를 동일한 대안으로 간주하고 다음과 같이 선택할 것으로 예상되기 때문이다.

$$P_{auto} = \frac{1}{2} \qquad P_{red-bus} = \frac{1}{4} \qquad P_{blue-bus} = \frac{1}{4}$$

이 경우, $\frac{P_{auto}}{P_{red-bus}} = \frac{1/2}{1/4} = 2.0$이 되어 IIA문제가 발생하지 않게 된다.

이런 IIA문제는 로짓모형에서 과대추정이라는 문제를 야기할 수 있다. 따라서 이런 문제를 해결하기 위하여, 상관성이 높은 대안 간의 효용함수를 아주 구체적으로 설정하거나, 시장분할(market segmentation)을 통하여 소집단별로 로짓모형을 추정하는 방법이 있다. 또한 계층적으로 로짓모형을 적용하는 네스티드 로짓(nested logit)모형을 적용하는 방법도 IIA문제를 해소할 수 있다(윤대식, 2001).

2) 로짓모형의 탄력성(elasticity)

탄력성(elasticity)이란 설명변수의 변화율에 대한 종속변수의 변화율로 정의된다. 로짓모형의 탄력성을 추정하기 위하여 다음과 같은 다항로짓모형(multinomial logit formulation)을 살펴보자.

$$P_n(i) = \frac{e^{V_{in}}}{\sum_u e^{V_{un}}} \tag{5.29}$$

여기서, $P_n(i)$는 개인 n이 대안 i를 선택할 확률이며, 효용함수는 다음과 같다.

$$V_{in} = \beta_1 x_{in1} + \beta_2 x_{in2} + \cdots + \beta_k x_{ink}$$

여기서, k는 통행수단의 속성(attributes)으로 통행시간, 통행비용, 요금 등이며, x_{ink}는 개인 n의 대안 i에 대한 k번째(k^{th}) 속성변수(attribute variable)이다.

① 직접탄력성(direct elasticity)의 추정

로짓모형에서 직접탄력성은 개인 n이 대안 i의 속성변수(x_{ink}) 변화에 대한 대안 i를 선택할 확률의 변화로 정의되므로 다음과 같이 표현된다.

$$E_{x_{ink}}^{P_n(i)} = \frac{\partial P_n(i)/P_n(i)}{\partial x_{ink}/x_{ink}} = \frac{x_{ink}}{P_n(i)} \frac{\partial P_n(i)}{\partial x_{ink}}$$

여기서,

$$\frac{\partial P_n(i)}{\partial x_{ink}} = \frac{\beta_k e^{V_{in}} (\sum_u e^{V_{un}}) - e^{V_{in}} \beta_k e^{V_{in}}}{\left(\sum_u e^{V_{un}}\right)^2} = \beta_k P_n(i) - \beta_k (P_n(i))^2$$

$$= \beta_k P_n(i)(1 - P_n(i))$$

따라서 직접탄력성은 다음과 같이 정리된다.

$$E_{x_{ink}}^{P_n(i)} = \frac{x_{ink}}{P_n(i)} \beta_k P_n(i)(1 - P_n(i)) = \beta_k x_{ink}(1 - P_n(i)) \qquad (5.30)$$

② 교차탄력성(cross elasticity)의 추정

동일한 방법으로 교차탄력성은 대안 j의 속성변수(x_{jnk}) 변화에 대한 대안 i를 선택할 확률의 변화로 정의되므로 다음과 같이 표현된다.

$$E_{x_{jnk}}^{P_n(i)} = \frac{\partial P_n(i)/P_n(i)}{\partial x_{jnk}/x_{jnk}} = \frac{x_{jnk}}{P_n(i)} \frac{\partial P_n(i)}{\partial x_{jnk}}$$

여기서,

$$\frac{\partial P_n(i)}{\partial x_{jnk}} = \frac{0 - e^{V_{in}} \beta_k e^{V_{jn}}}{\left(\sum_u e^{V_{un}}\right)^2} = -\beta_k P_n(i) P_n(j)$$

따라서 교차탄력성은 다음과 같다.

$$E_{x_{jnk}}^{P_n(i)} = \frac{x_{jnk}}{P_n(i)} (-\beta_k) P_n(i) P_n(j) = -\beta_k x_{jnk} P_n(j), \quad i \neq j \qquad (5.31)$$

여기서, 유의해야 할 점은 수식에서 보듯이 대안 j의 속성변수 변화에 대한 교차탄력성은 오직 대안 j와 관련된 값으로만 구성되어 있다는 것이다. 이는 균일한 교차탄력성(uniform cross elasticities)을 갖는다는 것으로 로짓모형의 또 다른 속성이다. 즉, 대안 j에 영향을 미치는 속성변수의 변화에 대하여 다른 모든 대안들은 동일한 교차탄력성을 갖게 된다. 이런 속성은 다항로짓모형의 또 다른 IIA문제로 볼 수 있다.

문제 5-16 탄력성

어느 도시의 3가지 교통수단(승용차, 버스, 철도)에 대한 수단분담률과 로짓모형의 효용함수가 다음과 같이 추정되었다(여기서, 첨자 n은 삭제). 여기서, $time$은 통행시간(분)이며, $cost$는 통행비용(원)이다.

$$
\begin{aligned}
P_{auto} &= 0.632 \\
P_{bus} &= 0.060 \\
P_{rail} &= 0.308 \\
V_{auto} &= -0.02073\ time_{auto} - 0.00013\ cost_{auto} \\
V_{bus} &= -2.43748 - 0.02073\ time_{bus} - 0.00013\ cost_{bus} \\
V_{rail} &= -1.15996 - 0.02073\ time_{rail} - 0.00013\ cost_{rail}
\end{aligned}
$$

이때 버스 통행시간($time_{bus}$)에 대한 직접탄력성과 교차탄력성을 구하시오.(단, 버스의 통행시간은 60분이다.)

풀이 버스 통행시간에 대한 직접탄력성($E^{P_{bus}}_{x_{bus,\,time}}$)

$$
\begin{aligned}
E^{P_{bus}}_{x_{bus,\,time}} &= \beta_{time}\, x_{bus,\,time}\left(1 - P_{bus}\right) = -0.02073 \times 60 \times (1 - 0.06) \\
&= -1.1692
\end{aligned}
$$

버스 통행시간에 대한 승용차 선택확률의 교차탄력성($E^{P_{auto}}_{x_{bus,time}}$)

$$E^{P_{auto}}_{x_{bus,time}} = -\beta_{time}\, x_{bus,time}\, P_{bus} = -(-0.02073) \times 60 \times 0.06 = 0.0746$$

버스 통행시간에 대한 철도 선택확률의 교차탄력성($E^{P_{rail}}_{x_{bus,time}}$)

$$E^{P_{rail}}_{x_{bus,time}} = -\beta_{time}\, x_{bus,time}\, P_{bus} = -(-0.02073) \times 60 \times 0.06 = 0.0746$$

계산 결과에서 보듯이 버스의 통행시간이 증가하면 버스의 선택확률은 감소하는 반면, 승용차와 철도의 선택확률은 증가하는데 동일한 교차탄력성값을 갖는다. ■

문제 5-17 탄력성 및 수단분담률 변화

문제 5-16에서,

① 승용차의 통행비용($cost_{auto}$)에 대한 직접탄력성과 교차탄력성을 구하시오(단, 이때 승용차의 통행비용은 3,000원이다).

② 또한, 승용차의 통행비용이 10% 증가 시 각 수단별 통행분담률의 변화를 구하시오.

풀이 ① 직접 및 교차탄력성 계산

승용차 통행비용에 대한 직접탄력성($E^{P_{auto}}_{x_{auto,\,cost}}$)

$$E^{P_{auto}}_{x_{auto,\,cost}} = \beta_{cost}\, x_{auto,\,cost}(1-P_{auto}) = -0.00013\times 3000\times(1-0.632)$$
$$= -0.1435$$

승용차 통행비용에 대한 버스 선택확률의 교차탄력성($E^{P_{bus}}_{x_{auto,\,cost}}$)

$$E^{P_{bus}}_{x_{auto,\,cost}} = -\beta_{cost}\, x_{auto,\cos t}\, P_{auto} = -(-0.00013)\times 3000\times 0.632$$
$$= 0.2465$$

승용차 통행비용에 대한 철도 선택확률의 교차탄력성($E^{P_{rail}}_{x_{auto,\,cost}}$)

$$E^{P_{rail}}_{x_{auto,\,cost}} = -\beta_{cost}\, x_{auto,\,cost}\, P_{auto} = -(-0.00013)\times 3000\times 0.632$$
$$= 0.2465$$

계산 결과에서 보듯이 승용차의 통행비용이 증가하면 승용차의 선택확률은 감소하는 반면, 버스와 철도의 선택확률은 증가하는데 동일한 교차탄력성을 갖는다.

② 각 수단별 통행분담률 변화 계산

승용차의 통행비용이 10% 증가하는 경우, 수단별 분담률 변화는 앞에서 구한 탄력성을 이용하여 계산할 수 있다. 탄력성의 정의로부터,

$$\text{승용차 수단분담률의 변화} = \text{직접탄력성}\times\text{승용차 통행비용의 변화}$$
$$= -0.1435\times 0.1 = -0.01435$$

$$\text{버스의 수단분담률의 변화} = \text{교차탄력성}\times\text{승용차 통행비용의 변화}$$
$$= 0.2465\times 0.1 = 0.02465$$

$$\text{철도의 수단분담률의 변화} = \text{교차탄력성}\times\text{승용차 통행비용의 변화}$$
$$= 0.2465\times 0.1 = 0.02465$$

따라서 승용차의 통행비용이 10% 증가하면, 승용차의 수단분담률은 약 1.4% 감소하고, 버스와 철도의 수단분담률은 대략 2.5% 정도 증가한다. ■

3) 통행시간가치(VOT, Value Of Time)

통행시간가치(VOT)란 교통서비스를 이용하는 사람이 통행시간을 단축하기 위하여 지불하는 금전적 가치(willingness to pay)를 의미하며 단위통행시간을 화폐단위로 환산한 것으로 해석할 수 있다. 이런 통행시간가치는 교통투자사업의 경제적 타당성 평가 시 큰 영향을 미치며, 로짓모형의 효용함수에 대한 한계대체율(MRS, Marginal Rate of Substitution)을 통하여 계량화할 수 있다. 통행수단 i의 효용함수가 다음과 같이 추정되었다고 하자.

$$V_i = \alpha\ time_i + \beta\ cost_i$$

여기서, V_i는 통행수단 i의 효용이며, $time_i$, $cost_i$는 통행수단 i의 통행시간과 통행비용을 나타낸다. 또한 α, β는 파라미터이다. 이 모형에서 통행수단 i의 시간가치는 다음과 같이 구해진다.

$$\frac{\partial V_i}{\partial\ time_i} = \alpha, \quad \frac{\partial V_i}{\partial\ cost_i} = \beta$$

따라서 통행시간 i의 통행시간가치(VOT_i)는 다음과 같이 구할 수 있다.

$$VOT_i = \frac{\dfrac{\partial V_i}{\partial\ time_i}}{\dfrac{\partial V_i}{\partial\ cost_i}} = \frac{\partial\ cost_i}{\partial\ time_i} = \frac{\alpha}{\beta} \tag{5.32}$$

문제 5-18 통행시간가치

로짓모형의 지역 간 교통수단별 효용함수가 다음과 같이 추정되었다고 하자. 각 수단별 시간가치를 계산하시오.

교통수단	time(분)	cost(원)	dummy	상수항
승용차(auto)	−0.00254	−0.0000243	−0.864	−
버스(bus)	−0.00254	−0.0000733	−	−1.326
철도(rail)	−0.00254	−0.0001150	−	−1.797

풀이 승용차의 통행시간가치(VOT_{auto})

$$VOT_{auto} = \frac{-0.00254}{-0.0000243} = 104.5(\text{원/분}) \rightarrow 6,272(\text{원/시})$$

버스의 통행시간가치(VOT_{bus})

$$VOT_{bus} = \frac{-0.00254}{-0.0000733} = 34.6(\text{원}/\text{분}) \rightarrow 2{,}079(\text{원}/\text{시})$$

철도의 통행시간가치(VOT_{rail})

$$VOT_{rail} = \frac{-0.00254}{-0.000115} = 22.1(\text{원}/\text{분}) \rightarrow 1{,}325(\text{원}/\text{시})$$

따라서 승용차의 통행시간가치가 가장 높고 다음으로 버스, 철도 순임을 알 수 있다. ■

문제 5-19 **통행시간가치**

로짓모형을 이용하여 다음과 같이 승용차(auto)의 효용함수가 추정되었다. 추정된 효용함수를 이용하여 승용차의 차내통행시간($IVTT$)과 차외통행시간($OVTT$)의 시간가치를 계산하시오.

$$V_{auto} = -0.02073 IVTT_{auto} - 0.03512 OVTT_{auto} - 0.00013 COST_{auto}$$

여기서, V_{auto}: 승용차의 결정적 효용
$COST_{auto}$: 승용차의 통행비용(단위: 원)
$IVTT_{auto}$: 승용차의 차내통행시간(단위: 분)
$OVTT_{auto}$: 승용차의 차외통행시간(단위: 분)

풀이 승용차의 차내 통행시간가치(VOT_{IVTT})

$$VOT_{IVTT} = \frac{-0.02073}{-0.00013} = 159.5(\text{원}/\text{분}) \rightarrow 9{,}568(\text{원}/\text{시})$$

승용차의 차외 통행시간가치(VOT_{OVTT})

$$VOT_{OVTT} = \frac{-0.03512}{-0.00013} = 270(\text{원}/\text{분}) \rightarrow 16{,}209(\text{원}/\text{시})$$

따라서 차외 통행시간의 가치가 차내 통행시간가치보다 더 큼을 알 수 있다. ■

5.5 통행배정(Trip assignment)

5.5.1 통행배정의 개요

통행배정은 앞 단계에서 구해진 기종점 간 통행수요와 교통망(도로망 또는 대중교통망)을 가지고 일정한 원리에 의해 통행수요를 교통망에 배정하는 단계이다. 따라서 통행배정단계를 거치게 되면, 도로 또는 대중교통 구간의 통행량과 통행시간 등을 결과로 산출하게 된다. 통행배정모형은 최소 통행시간경로를 찾는 부분과 통행수요를 교통망에 부하(loading)하는 부분으로 구성된다. 최소 통행시간 탐색법은 주로 Bellman의 최적원리(Bellman's optimality principle, 1957)에 의하여 최소비용 경로를 찾게 되며(이에 대해서는 이 장의 부록 참고), 통행량을 부하(loading)하는 방법은 용량과 확률요소를 고려하느냐의 여부에 따라 다양한 모형들이 개발되었다. 통행배정모형은 크게 결정적 모형(deterministic model)과 확률적 모형(stochastic model)으로 나눌 수 있다. 결정적 모형은 통행자가 자신이 사용하는 교통망에 대한 교통상황을 완벽하게 알고 있으며 인지오류가 존재하지 않는다는 가정하에 노선을 결정하는 모형인 데 반해, 확률적 모형은 통행자의 교통망에 대한 인지오차(perceived error)를 모형 내에 고려하는 모형이다.

또 다른 측면으로 링크의 용량을 고려하느냐 그렇지 않느냐에 따라 통행배정모형을 구분할 수 있다. 용량을 제약하지 않는 경우의 대표적 예가 전량배정기법(all-or-nothing assignment)이다. 전량배정기법은 각 기종점쌍 간의 최단경로(shortest path)를 탐색한 뒤, 이 최단경로에 기종점 간의 전체 통행수요를 모두 배정하는 방법이다. 이 기법은 현실적인 통행패턴을 묘사하는 데는 무리가 있지만 다른 통행배정모형의 하부 프로그램으로 주로 활용된다. 이에 비해 용량제약 통행배정기법은 실제 교통망의 용량을 고려하므로 좀 더 실제에 가까운 통행패턴을 얻을 수 있다. 이때 통행배정에 사용되는 교통망의 링크들은 각각의 비용함수를 가지고 있으며, 비용함수에서는 용량과 교통량의 비율에 따라 링크의 통행비용을 결정하게 된다. 용량제약 통행배정모형의 대표적인 예는 사용자 균형(user equilibrium) 통행배정모형으로 Wardrop(1952)이 제시한 균형원리에 기초한다. 즉, 각 기종점쌍을 잇는 경로들 중 사용된 경로의 통행비용은 모두 동일하며 그 크기는 기종점 간의 최소 통행비용과 같고, 사용되지 않은 경로의 통행비용보다 크지 않다는 원리로 이를 수리적으로 구현하는 다양한 모형들이 개발되고 있다. <표 5.4>

〈표 5.4〉 통행배정모형의 분류

<table>
<tr><td colspan="2" rowspan="2"></td><td colspan="2">확률효과(stochastic effects) 고려 여부</td></tr>
<tr><td>미고려</td><td>고려</td></tr>
<tr><td rowspan="2">용량제약
(capacity restraint)
여부</td><td>미제약</td><td>전량 배정
(all-or-nothing)</td><td>순수확률배정
(pure stochastic)
Dial, Burrell 등</td></tr>
<tr><td>제약</td><td>사용자 균형 통행배정
(user equilibrium)</td><td>확률적 사용자 균형 통행배정
(stochastic user equilibrium)</td></tr>
</table>

는 지금까지 설명한 통행배정모형들에 대하여 용량제약과 확률효과를 기준으로 정리한 표이다.

5.5.2 교통망의 표현

통행배정모형을 이해하기 위해서는 먼저 교통망에 대한 설명이 필요하다. 교통망(transportation network)이란 도로나 대중교통노선의 연결상태를 의미하는 것으로 도로의 경우, 교차로는 노드(node)로 표현되고 노드와 노드를 연결시키는 구간은 링크(link)로 나타낸다. 대중교통의 경우 정류장이나 역이 노드가 되며 이들을 연결하는 구간이 링크이다. 또한 기종점 간 통행수요가 교통망으로 유출 또는 유입되기 위해서는 통행수요가 발생하는 존의 중심점(zone centroid)과 실제 교통망을 연결시키는 링크가 필요한데, 이를 연결로(centroid connector)라 한다. <그림 5.6>은 이들 간의 관계를 보여주고 있다.

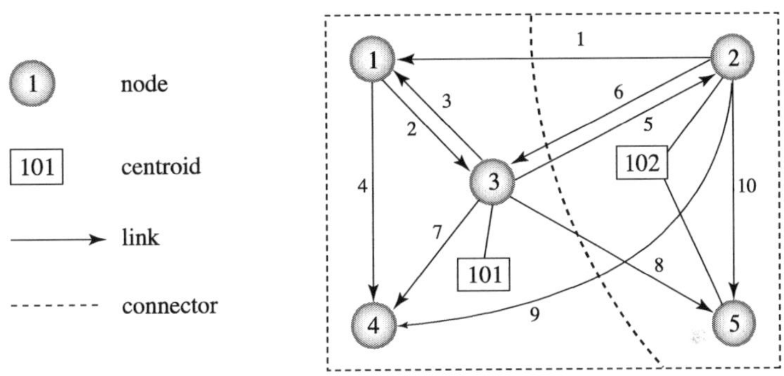

〈그림 5.6〉 링크와 노드로 표현한 교통망

<그림 5.7>은 기점이 노드1이고 종점이 노드6인 단순한 교통망에 대한 경로집합(path set)을 보여주고 있다. 경로는 기점과 종점을 연결하는 링크들의 집합으로 그림에서는 3개의 경로가 존재한다. 이들 경로 중 거리, 시간, 또는 비용이 최소가 되는 경로를 최단경로(shortest path, minimum path)라고 한다. 그런데 최단경로는 고정되어 있지 않은데, 이는 통행시간이나 비용이 시간이 흐름에 따라 변하기 때문이다. 즉, 경로를 이루고 있는 링크의 통행시간 또는 비용이 변하기 때문에 경로의 시간이나 비용도 변하게 된다. 일반적으로 링크의 통행시간은 통행량(flow)의 함수로 표현되며, <그림 5.8>과 같이 단조증가(monotone non-decreasing)하는 형태를 갖는다고 가정한다. 이런 함수를 링크 통행비용(시간)함수(link travel cost function)라고 한다.

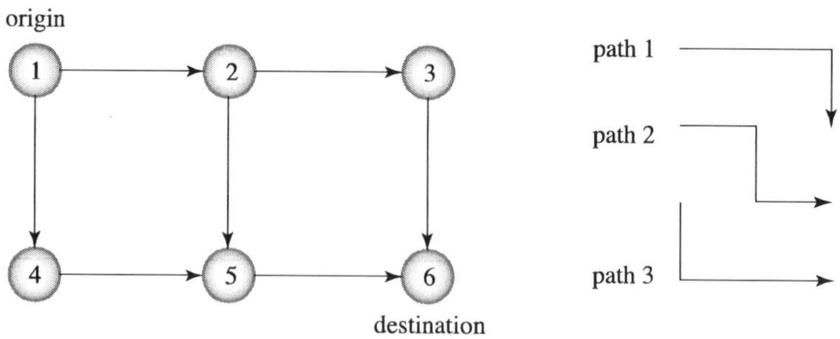

〈그림 5.7〉 단순 교통망의 경로집합

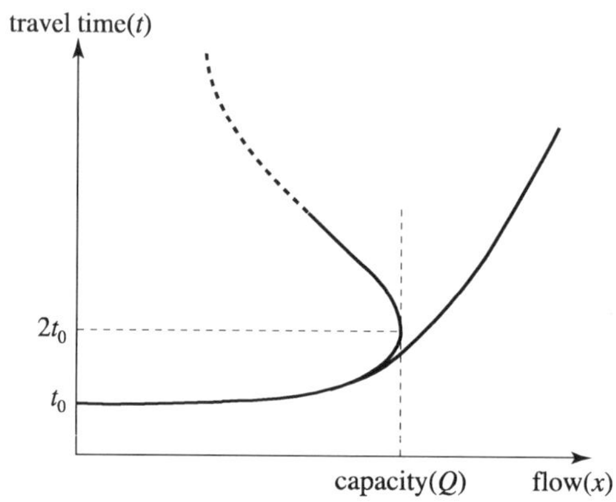

〈그림 5.8〉 링크 통행비용함수

5.5.3 점진적 통행배정법(incremental assignment)

점진적 배정법은 휴리스틱 기법(Heuristic method)의 하나로 매 반복 시마다 O/D 통행수요의 일부분을 교통망에 배정하는 방법이다. 배정된 통행량에 따라 통행시간이 갱신되면 이에 따라 추가적으로 일부 통행수요를 교통망에 부하(loading)하기 때문에 점진적 배정법이라 한다. 점진적 통행배정법의 배정원리는 다음과 같다.

[단계 0] 초기화

O/D 통행수요를 N으로 구분 : $q_{rs}^{n} = \dfrac{q_{rs}}{N}$

반복 수 $n=1,\ x_a^0 = 0$

여기서, q_{rs}는 기종점 rs 간 통행수요이며, x_a^n은 반복 수 n에서 링크 a의 통행량이다.

[단계 1] 갱신(update)

$c_a^n = c_a(x_a^{n-1}), \forall a$

여기서, c_a^n은 반복 수 n에서 링크 a의 통행비용이다.

[단계 2] 점진적 부하(incremental loading)

통행시간 $\{c_a^n\}$에 기초하여 q_{rs}^n을 전량배정법으로 배정, 링크교통량 $\{w_a^n\}$ 도출

[단계 3] 교통량 합

$x_a^n = x_a^{n-1} + w_a^n, \forall a$

[단계 4] 정지규칙(stopping rule)

$n = N$이면 정지, 그렇지 않으면 $n = n+1$ 후 [단계 1]로 진행.

점진적 배정법은 대체로 사용자 균형조건과 부합하지 않는 교통량 집합을 도출한다. 그러나 일반적으로 반복 수가 커지면 점진적 배정 알고리즘은 사용자 균형에 가까운 교통량 패턴을 도출할 가능성이 있으나 이 경우에도 균형해 수렴은 불확실하다.

문제 5-20 점진적 통행배정

다음과 같이 3개의 링크로 이루어진 교통망에 대하여 기종점 통행량 8 trip을 점진적 배정법으로 통행배정하시오.

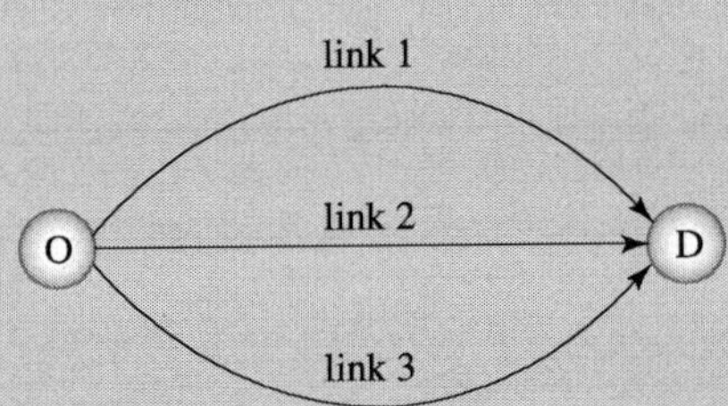

$c_1 = 5 + 2x_1$

$c_2 = 8 + x_2$

$c_3 = 11 + x_3$

풀이 반복횟수 $N = 4$인 경우의 통행배정결과는 다음과 같다.

[단계 0] 초기화

$$q_{rs}^n = \frac{q_{rs}}{N} = \frac{8}{4} = 2 \text{ trip}$$

반복 수 $n = 1$

[단계 1] 갱신

자유 교통류 상태$(x_1^0, x_2^0, x_3^0 = 0)$에서 $c_1^1 = 5$, $c_2^1 = 8$, $c_2^1 = 11$이다.

[단계 2] 점진적 부하

링크 1의 통행비용이 가장 작기 때문에 링크1에 2 trip 배정 $w_1^1 = 2$

[단계 3] 교통량 합

$x_a^n = x_a^{n-1} + w_a^n, \forall a$

$x_1^1 = 0 + 2 = 2,\ x_2^1 = 0 + 0 = 0,\ x_3^1 = 0 + 0 = 0$

[단계 4] 정지규칙

$n = 4$이면 정지, 그렇지 않기 때문에 $n = n + 1$ 후 [단계 1]로 진행.

이런 과정을 4회 반복한 결과가 아래 표에 있으며, 표에서 보듯이 점진적 통행배정결과는 각 링크의 통행비용에 차이를 보이고 있어 균형상태에 도달하지 못함을 알 수 있다. 그러나 통행수요를 좀 더 세분하여 반복횟수를 증가시키면 점진적 통행배정법은 사용자 균형에 가까운 교통량 패턴을 도출할 수 있다.

iteration number (increment)	algorithmic step	link		
		1	2	3
1	update	$c_1^1 = 5$	$c_2^1 = 8$	$c_3^1 = 11$
	incremental loading	$w_1^1 = 2$	$w_2^1 = 0$	$w_3^1 = 0$
	summation	$x_1^1 = 2$	$x_2^1 = 0$	$x_3^1 = 0$
2	update	$c_1^2 = 9$	$c_2^2 = 8$	$c_3^2 = 11$
	incremental loading	$w_1^2 = 0$	$w_2^2 = 2$	$w_3^2 = 0$
	summation	$x_1^2 = 2$	$x_2^2 = 2$	$x_3^2 = 0$
3	update	$c_1^3 = 9$	$c_2^3 = 10$	$c_3^3 = 11$
	incremental loading	$w_1^3 = 2$	$w_2^3 = 0$	$w_3^3 = 0$
	summation	$x_1^3 = 4$	$x_2^3 = 2$	$x_3^3 = 0$
4	update	$c_1^4 = 13$	$c_2^4 = 10$	$c_3^4 = 11$
	incremental loading	$w_1^4 = 0$	$w_2^4 = 2$	$w_3^4 = 0$
	summation	$x_1^4 = 4$	$x_2^4 = 4$	$x_3^4 = 0$
수렴 시 통행시간		$c_1^* = 13$	$c_2^* = 12$	$c_3^* = 11$

■

5.5.4 사용자 균형 통행배정모형(user equilibrium trip assignment model)

(1) 통행자의 경로선택원리

Wardrop(1952)은 다음과 같이 사용자 균형(user equilibrium)과 체계최적(system optimality)이라는 2가지의 균형통행배정 원리를 발표하였다. 이들 원리는 운전자의 통행행태, 즉 경로 선택행위에 대한 원리로 이후 현재까지 균형 통행배정모형의 근간을 이루며 발전되어 오고 있다.

[사용자 균형원리(user equilibrium principle)]

사용자가 실제로 선택한 모든 경로의 통행시간은 동일하며, 아직 사용되지 않은 어떤 경로의 통행시간보다 크지 않다.

[체계최적원리(system optimality principle)]

선택된 경로의 총 통행비용의 합은 최소이다.

즉, 첫 번째 원리는 기종점 간 실제 사용된 경로들의 통행시간이 모두 같으며 사용되지 않은 경로의 통행시간보다는 작다는 것으로, 이런 사용자 균형원리를 만족시키는 모형을 사용자 균형 통행배정모형이라고 한다. 또한 두 번째 원리인 체계최적상태로 배정된 통행량은 자신의 통행시간뿐만 아니라 자신으로 인해 발생되는 타인의 추가 통행시간을 포함하여 배정되기 때문에 사회적 균형상태(social equilibrium)를 나타내게 된다. 따라서 사용자 균형이 통행자의 평균비용(average cost) 개념을 갖는 데 비해, 체계최적은 한계비용(marginal cost)의 개념을 갖게 된다.

위 Wardrop의 사용자 균형원리는 다음과 같이 수학적인 형태로 간단히 표현될 수 있다.

$$
\begin{aligned}
c_k^{rs}(f_k^{rs}) &= c^{rs}\text{이면 } f_k^{rs} > 0, \quad \forall\, r, s, k \\
c_k^{rs}(f_k^{rs}) &\geq c^{rs}\text{이면 } f_k^{rs} = 0, \quad \forall\, r, s, k
\end{aligned}
\tag{5.33}
$$

여기서, $c_k^{rs}(f_k^{rs})$는 기종점 r, s 간의 k 경로를 이용하는 경우의 통행비용을 나타내며, f_k^{rs}는 기종점 r, s 간 k 경로의 통행량, 그리고 c^{rs}는 기종점 r, s 간의 최소경로 통행비용(minimum path cost)을 나타낸다. 즉, 사용된 경로의 통행비용 $c_k^{rs}(f_k^{rs})$가 최소경로 통행비용 c^{rs}와 같으면, 그 경로에 통행 f_k^{rs}가 발생하고 그렇지 않으면 통행이 발생하지 않는다.

또한 사용자 균형원리는 다음과 같이 비선형 상보문제(nonlinear complementary problem)와 동일하다.

$$f_k^{rs}(c_k^{rs}(f_k^{rs}) - c^{rs}) = 0$$
$$c_k^{rs}(f_k^{rs}) - c^{rs} \geqq 0 \tag{5.34}$$
$$f_k^{rs} \geqq 0$$

(2) 동등 최소화 문제(equivalency minimization problem)

Wardrop의 사용자 균형을 만족하는 해를 도출하는 수학적인 모형식들이 여러 학자들에 의해 제시된 바 있으나, 기본이 되는 모형은 Beckmann et al. (1956)의 동등 최소화 모형이다. Beckmann et al.은 타 링크의 통행량에 영향을 받지 않으며, 통행량에 대해 비감소(non-decreasing), 연속(continuous)인 링크 통행비용함수의 경우, 다음과 같은 최소화 문제의 해가 사용자 균형해임을 증명하였다.

$$\min z(x) = \sum_a \int_0^{x_a} c_a(w)dw \tag{5.35}$$

subject to $\sum_k f_k^{rs} = q_{rs} \qquad \forall r,s$

$$f_k^{rs} \geqq 0 \qquad \forall k,r,s$$

$$x_a = \sum_r \sum_s \sum_k f_k^{rs} \delta_{a,k}^{rs} \qquad \forall a$$

여기서, x_a는 링크 a의 통행량을, f_k^{rs}는 기종점 r, s 간의 k 경로 통행량을 나타내며, $c_a(w)$는 링크 a의 통행비용을 나타낸다. 또, $\delta_{a,k}^{rs}$는 경로 k가 기종점 r, s에 속하면 1, 그렇지 않으면 0인 가변수(dummy variable)를 나타낸다. 위 동등 최소화 문제를 수치적으로 풀기 위하여 다음과 같은 Frank-Wolfe 알고리즘(1959)이 제시되었다.

[Frank-Wolfe 알고리즘]

[단계 1] 초기화(initialization)

반복 수 n=1

자유교통류상태에서 초기 링크비용과 링크 통행량 계산: $c_a^0(0), x_a^1$

[단계 2] 링크 통행비용 갱신(link cost updating)

$$c_a^n = c_a(x_a^n)$$

[단계 3] 방향 탐색(direction finding)

all-or-nothing 배정법으로 $\{y_a^n\}$ 계산

[단계 4] 이동크기결정(α_n): 목적함수 $z(\alpha)$를 최소화시키는 α_n 결정

$$\min_{0 \leq \alpha \leq 1} z(\alpha) = \sum_a \int_0^{x_a^n + \alpha_n (y_a^n - x_a^n)} c_a(w)dw$$

[단계 5] 링크 통행량 갱신(flow updating)

$$x_a^{n+1} = x_a^n + \alpha_n (y_a^n - x_a^n)$$

[단계 6] 수렴성 검토

만약 $x_a^{n+1} \approx x_a^n$이면 정지, 아니면 $n = n+1$ 후 [단계 2]로 진행

문제 5-21 사용자 균형 통행배정

다음과 같은 단순 교통망의 각 링크별 통행량을 Wardrop의 사용자 균형원리와 Beckmann의 동등 최소화 문제로 구하시오. 또한, Frank-Wolfe 알고리즘을 이용하여 푸시오.

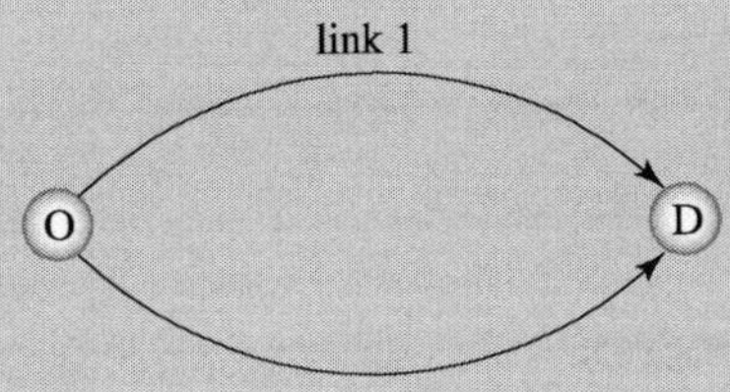

$$c_1 = 2 + x_1$$
$$c_2 = 1 + 2x_2$$
$$\text{and } x_1 + x_2 = 5$$

풀이 1 Wardrop의 균형조건에 의한 해석

먼저, 경로 1(링크 1)로 모든 통행이 이루어지는 경우를 살펴보자.

이 경우 $c_1 = 7 > c_2 = 1$이므로 Wardrop의 균형조건을 만족시키지 못한다.

또한, 모든 통행이 경로 2(링크 2)를 이용하는 경우도 역시 사용자 균형조건을 만족시키지 못한다. 그러므로 $c_1 = c_2$ 조건으로부터 문제를 풀면 다음과 같다.

$$2 + x_1 = 1 + 2(5 - x_1)$$

따라서, $x_1^* = 3$, $x_2^* = 2$이고, 통행시간은 $c_1 = c_2 = 5$이다.

이때 총 통행시간은 25(=3×5+2×5)이다.

풀이2 동등 최소화 문제를 이용한 해석

위 문제를 최소화 프로그램으로 수식화하면 다음과 같다.

$$\min Z(x) = \int_0^{x_1}(2+w)dw + \int_0^{x_2}(1+2w)dw$$

subject to. $x_1 + x_2 = 5$

$x_1,\ x_2 \geqq 0$

여기서, $x_2 = 5 - x_1$이므로 다음과 같이 변경된다.

$$\min Z(x_1) = \int_0^{x_1}(2+w)dw + \int_0^{5-x_1}(1+2w)dw$$

subject to. $x_1 \geqq 0$ and $5 - x_1 \geqq 0$

따라서,

$$z(x_1) = 1.5x_1^2 - 9x_1 + 30$$

$z(x_1)$을 x_1으로 미분하면,

$$\frac{dz(x_1)}{dx_1} = 3x_1 - 9 = 0$$

그러므로 $x_1^* = 3,\ x_2^* = 2$이고 $c_1 = c_2 = 5$이다. 따라서 동등 최소화 문제로 푼 해가 균형해와 동일함을 알 수 있다.

풀이3 Frank-Wolfe 알고리즘을 이용한 해석

반복 수 (n)	알고리즘 단계	링크 1	링크 2	목적함수값	이동 크기
0	초기화	$c_1^0 = 2$ $x_1^1 = 0$	$c_2^0 = 1$ $x_2^1 = 5$		
1	통행비용 갱신 방향탐색 통행량 갱신	$c_1^1 = 2$ $y_1^1 = 5$ $x_1^2 = 3$	$c_2^1 = 11$ $y_2^1 = 0$ $x_2^2 = 2$	$z(x) = 16.5$	$\alpha = 0.6$
2	통행비용 갱신	$c_1^2 = 5$	$c_2^2 = 5$		

[단계 0] 초기화

반복 수 $n = 1$

자유교통류상태에서($x_1^0,\ x_2^0 = 0$) 초기 링크비용과 링크통행량 계산

$c_1^0 = 2,\ c_2^0 = 1$

따라서, 링크 2에 통행량 전량배정: $x_1^1 = 0,\ x_2^1 = 5$

[단계 1] 링크통행비용 갱신

$c_1^1 = 2 + 0 = 2$
$c_2^1 = 1 + 2 \times 5 = 11$

[단계 2] 방향탐색: 전량배정법으로 $\{y_a^n\}$ 계산

$y_1^1 = 5,\ y_2^1 = 0$

[단계 3] 이동크기 결정(α_n)

$$Min\, z(\alpha) = \sum_a \int_0^{x_a^n + \alpha_n (y_a^n - x_a^n)} c_a(w) dw$$

$$= \int_0^{0 + \alpha(5-0)} (2 + w) dw + \int_0^{5 + \alpha(0-5)} (1 + 2w) dw$$

$$= \left[2w + \frac{w^2}{2} \right]^{5\alpha} + \left[w + w^2 \right]^{-5\alpha + 5}$$

$$= \left[2(5\alpha) + \frac{(5\alpha)^2}{2} \right] + \left[-5\alpha + 5 + (-5\alpha + 5)^2 \right]$$

$$= 10\alpha + 12.5\alpha^2 - 5\alpha + 5 + 25\alpha^2 - 50\alpha + 25$$

$$z(x) = 37.5\alpha^2 - 45\alpha + 30$$

$$\frac{d_z}{d_x} = 75\alpha - 45 = 0 \quad \therefore \alpha = 0.6$$

[단계 4] 링크 통행량 갱신

$x_1^2 = 0 + 0.6(5 - 0) = 3$
$x_2^2 = 5 + 0.6(0 - 5) = 2$

[단계 5] 수렴성 검토

$c_1^2 = 2 + x_1^2 = 2 + 3 = 5$

$c_2^2 = 1 + 2x_1^2 = 1 + 2 \times 2 = 5$

$c_1^2 = c_2^2$ 로 수렴하였으므로 중지 ■

(3) 체계최적(system optimum) 통행배정

1) 체계최적모형

네트워크 전체의 통행비용을 최소화하려는 Wardrop의 제2원리는 다음과 같이 수학적인 최소화 문제로 구성된다.

$$\min \tilde{Z} = \sum_a x_a c_a(x_a) \tag{5.36}$$

$$s.t$$

$$\sum_k f_k^{rs} = q_{rs} \qquad \forall r, s$$

$$f_k^{rs} \geqq 0 \qquad \forall k, r, s$$

여기서, 사용자 균형문제와 같이 목적함수는 링크교통량(link flow)으로, 제약조건은 경로교통량(path flow)으로 수식화되어 있다. 이 프로그램을 최소화하는 통행패턴은 일반적으로 사용자 균형상태를 나타내지는 않는다. 따라서 체계최적 통행배정모형은 실제 통행자의 행태를 표현하지는 못하지만, 네트워크 전체의 통행시간을 최소화시키는 규범적(normative)인 통행패턴을 보여준다. 체계최적모형의 목적함수는 다음과 같이 변형할 수 있다. 이 모형은 사용자 균형모형식과 유사한데, 차이점은 비용함수가 한계비용(marginal cost)으로 대체된 형태라는 것이다.

$$\min \tilde{Z} = \sum_a \int_0^{x_a} \left[c_a(w) + w \frac{\partial c_a}{\partial w} \right] dw \tag{5.37}$$

이런 체계최적상태는 다음과 같은 조건으로 표현할 수 있다.

$$c_1(x_1) + x_1 \frac{dc_1(x_1)}{dx_1} = c_2(x_2) + x_2 \frac{dc_2(x_2)}{dx_2} \tag{5.38}$$

즉, 한계 통행시간이 서로 동일한 경우에만 체계최적상태가 된다.

문제 5-22 체계최적 통행배정

문제 5-21을 시스템최적으로 푸시오.

풀이 체계최적 통행배정으로 문제를 풀기 위하여 최적상태인 다음 조건을 이용하자.

$$c_1(x_1) + x_1 \frac{dc_1(x_1)}{dx_1} = c_2(x_2) + x_2 \frac{dc_2(x_2)}{dx_2}$$

즉, $(2 + x_1) + x_1(1) = 1 + 2x_2 + x_2(2)$

여기서, $x_2 = 5 - x_1$이므로 이를 대입하여 시스템최적 링크 통행량과 통행시간을 구하면 다음과 같다.

$$x_1^* = 3.167,\ x_2^* = 1.833$$
$$c_1 = 5.167,\ c_2 = 4.666$$

또한, 한계비용(marginal cost, mc)은 다음과 같다.

$$mc = c_1 + x_1 \frac{dc_1}{dx_1} = c_2 + x_2 \frac{dc_2}{dx_2} = 8.332$$

이때, 총 통행시간(TC, Total Cost)은 24.915로 문제 5-21의 사용자 균형으로 푼 총 통행시간 25보다 작음을 알 수 있다. 그런데 이런 체계최적상태는 교통시스템 측면에서는 최적이지만 통행자 측면에서는 불안정(unstable)하다. 왜냐하면 링크 1의 통행비용이 링크 2보다 크기 때문에 링크 1을 이용하는 통행자들이 통행비용을 줄이기 위하여 링크 2로 이동하기 때문이다. 따라서 체계최적상태를 유지시키려는 어떤 조치들이 없으면 다시 사용자 균형(UE)상태로 회귀하게 된다. ■

2) Braess의 역설

사용자 균형 통행패턴과 체계최적 통행패턴 간에는 일반적으로 차이가 발생하며, 이런 차이를 현실화하는 데 실패한 예가 Braess 역설(Braess' Paradox)이다. Braess의 역설에 대하여 예를 들어 설명해 보자. <그림 5.9a>는 2개의 경로와 4개의 링크를 갖고 하나의 O-D쌍을 갖는 네트워크를 나타내고 있다. 총 O-D 통행량은 6단위이며 각 링크의 통행함수는 다음과 같다.

$$c_1(x_1) = 50 + x_1$$
$$c_2(x_2) = 50 + x_2$$
$$c_3(x_3) = 10x_3$$
$$c_4(x_4) = 10x_4$$

경로 간 통행시간 균형개념을 이용하여 네트워크의 사용자 균형 통행패턴을 구하면 다음과 같다.

경로통행량은 $f_1 = 3$, $f_2 = 3$ 통행이 되며, 따라서 각 링크통행량은 $x_1 = 3$, $x_2 = 3$, $x_3 = 3$, $x_4 = 3$ 통행단위가 된다. 또한, 관련된 링크통행시간은 $c_1 = 53$, $c_2 = 53$, $c_3 = 30$, $c_4 = 30$이다.

따라서 경로시간은 $C_1^{OD} = 83$, $C_2^{OD} = 83$시간단위로서 사용자 균형 기준을 만족하며, 총 통행시간은 498(=경로 1 + 경로 2의 총 통행시간 = 83×3 + 83×3)(통행 · 시간)단위이다.

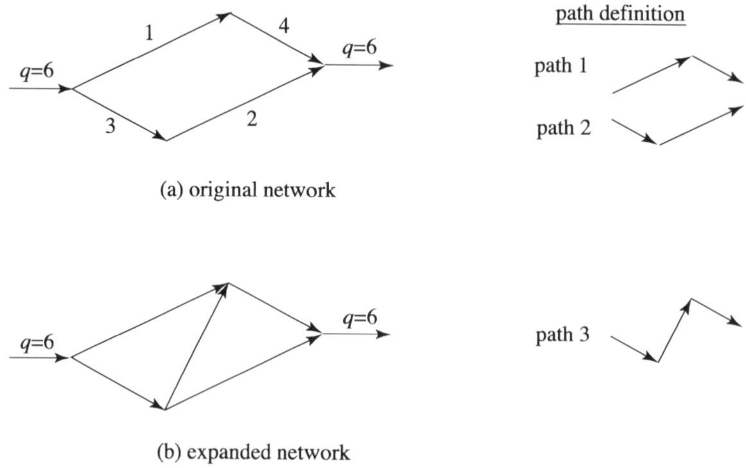

〈그림 5.9〉 Braess의 역설(Sheffi, 1985)

만약 교통관리자가 통행시간을 개선시키고 지체를 줄이기 위해 교통망을 확장한다고 가정하자. 이것은 두 개의 중간노드를 연결하는 새로운 도로를 건설함으로써 가능하다(<그림 5.9b> 참조). 그림은 추가된 링크(5번째)와 링크 추가로 생긴 새로운 경로를 보여주고 있다. 새로 추가된 링크의 통행비용함수는 다음과 같다.

$$c_5(x_5) = 10 + x_5$$

새로운 네트워크에 대한 사용자 균형 상태는 다음과 같이 계산된다. 즉, 균형교통량은 $x_1 = 2$, $x_2 = 2$, $x_3 = 4$, $x_4 = 4$, $x_5 = 2$이며, 경로교통량은 $f_1 = f_2 = f_3 = 2$이다. 따라서 경로통행시간은 $C_1^{OD} = C_2^{OD} = C_3^{OD} = 92$시간단위이며, 총 통행시간은 552(=경로 1 + 경로 2 + 경로 3의 총 통행시간 = 92×2 + 92×2 + 92×2) (통행 · 시간)단위이다.

여기에서 주목해야 할 점은 네트워크의 총 통행시간이 링크 추가 전의 498시간과 비교해 현재는 552시간이라는 것이다. 총 통행시간이 증가했을 뿐 아니라 네트워크의 통행자가 경험한 통행시간도 83시간단위에서 92시간단위로 증가한 것이다. 즉, 교통혼잡을 완화시키고자 신설된 도로가 교통상황을 더 악화시키고 있다. 이런 모순을 Braess 역설(Breass' Paradox)이라고 한다. 이 모순은 물론 쉽게 설명할 수 있다. 통행시간의 증가는 각각의 운전자가 그 자신의 통행시간을 최소화한다는 사용자 균형(UE)에 근거한다. 경로에 대한 이런 개인적인 선택행위는 다른 네트워크 이용자에게 미치는 영향을 고려하지 않고 자기 이익만을 위주로 행해진다. 그러므로 총 통행시간이 감소하는 것을 기대할 수 없게 된다.

보다 일반적인 관점에서 Braess의 모순은 도시네트워크에 대한 신중하고 체계적인 투자분석의 중요성을 강조한다. 용량의 추가가 항상 예상된 이익을 가져다주지 않고 몇몇 경우에는 상황을 악화시킬 수도 있다. 사실 교통공학자들은 오랫동안 통행선택의 제한과 용량의 감소는 전반적인 통행패턴에 유리하게 작용할 것이라고 알고 있었다. 예를 들면 고속도로 진입 시 램프미터링(ramp metering)은 그런 예의 하나다.

5.5.5 확률적 사용자 균형모형

(1) 확률적 사용자 균형(SUE, Stochastic User Equilibrium)

확률적 사용자 균형상태는 통행자가 경로정보를 완벽하게 인지하지 못하기 때문에 이런 인지오차(perceived error)를 모형에 포함시켜 좀 더 현실적으로 모형을 구축한 것으로 Wardrop의 사용자 균형원리를 확장하여 다음과 같이 정의한다(Sheffi, 1985).

> **stochastic user equilibrium(SUE)** | 어떠한 통행자도 일방적으로 경로를 변경하여 그의 인지 통행비용(perceived travel cost)을 감소시킬 수 없는 상태를 의미한다. 이때, 특정 경로의 선택확률은 주어진 기종점 간에 고려 대상이 되는 경로들 중 해당 경로의 인지 통행비용이 가장 작을 확률과 동일하다.

위의 정의에서 볼 수 있듯이 확률적 사용자 균형상태에서는 모든 사용된 경로의 통행시간이 같지 않다. 대신, 위의 정의를 통해 경로선택 확률과 경로교통량 사이의 관계를 아래와 같이 정리할 수 있다. 즉, 다음 식이 확률적 사용자 균형조건이다.

$$f_k^{rs} = q_{rs} P_k^{rs} \, \forall k, r, s$$

여기서 P_k^{rs}는 기점 r과 종점 s 사이의 노선 k가 선택되는 확률이다. <표 5.5>는 확정적 사용자 균형과 확률적 사용자 균형을 비교한 표이다.

만약 경로선택확률이 로짓모형(logit route choice model)으로 결정된다면, 확률적 사용자 균형조건은 다음과 같다(임용택, 2003). 먼저, 경로 p를 선택하는 로짓(logit) 경로선택모형은 다음과 같이 표현된다.

$$P_p^{rs} = \frac{\exp(-\theta c_p^{rs})}{\sum_{w \in W} \exp(-\theta c_w^{rs})}$$

따라서 경로 p의 통행량은 다음과 같다.

$$f_p^{rs} = q_{rs} \frac{\exp(-\theta c_p^{rs})}{\sum_{w \in W} \exp(-\theta c_w^{rs})}$$

〈표 5.5〉 확정적 사용자 균형(DUE)과 확률적 사용자 균형(SUE)의 비교

	확정적 사용자 균형(DUE) 통행배정	확률적 사용자 균형(SUE) 통행배정
Wardrop 사용자 균형조건	사용자가 실제로 선택한 경로의 통행시간은 모두 동일하며, 아직 사용되지 않은 어떤 경로의 통행시간보다 크지 않은 상태. 즉, 어떤 사용자도 임의로 자신의 경로를 변경해 자신의 통행비용을 감소시키지 못하는 상태	사용자가 실제로 선택한 경로의 인지통행시간(perceived travel time)은 모두 동일하며, 아직 사용되지 않은 어떤 경로의 인지통행시간보다 크지 않은 상태. 즉 어떤 사용자도 임의로 자신의 경로를 변경해 자신의 인지통행비용을 감소시키지 못하는 상태
수학적 표현	$f_k^{rs}(c_k^{rs}(f_k^{rs}) - c^{rs}) = 0$ $c_k^{rs}(f_k^{rs}) - c^{rs} \geq 0$ $f_k^{rs} \geq 0$	$f_k^{rs} = q_{rs} P_k^{rs}$
통행배정 모형	• 동등 수리최소화문제 (equivalent minimization program) • 변동부등식(variational Inequality) • 비선형상보문제 (nonlinear complementarity model) • 고정점문제(fixed point problem)	• 동등 수리최소화문제(equivalent minimization program, Sheffi, 1985) • 고정점문제(fixed point problem) • Bell(1997), Maher(1997, 1998)

동일하게 경로 q의 통행량은 다음과 같이 구할 수 있다.

$$f_q^{rs} = q_{rs} \frac{\exp(-\theta c_q^{rs})}{\sum_{w \in W} \exp(-\theta c_w^{rs})}$$

f_p^{rs}를 f_q^{rs}로 나누어 정리하면,

$$\frac{f_p^{rs}}{f_q^{rs}} = \frac{\exp(-\theta c_p^{rs})}{\exp(-\theta c_q^{rs})}$$

양변에 로그(logarithm)를 취하여 정리하면 다음과 같다.

$$c_p^{rs} + \frac{1}{\theta}\ln(f_p^{rs}) = c_q^{rs} + \frac{1}{\theta}\ln(f_q^{rs}) \equiv C^{rs} \text{ [동등 경로통행비용]}$$

이 식이 로짓모형을 적용한 경우의 확률적 사용자 균형상태(SUE)를 나타낸다. 이 경우, 사용된 모든 경로의 동등 경로통행비용(C^{rs})값이 동일해짐을 알 수 있다. 즉, 각 경로별 인지통행비용이 같아지는 상태이며, 확정적 사용자 균형상태에 확률적 비용함수

가 추가되어 있음을 알 수 있다.

만약, $\theta \rightarrow \infty$이면 $c_p^{rs} = c_q^{rs}$가 되어 확정적 균형상태(DUE)가 된다. 이는 알려진 바와 같이 확률적 통행배정의 경우, 사용자의 인지비용이 커지면 확정적 통행배정과 동일하게 됨을 의미한다.

(2) 확률적 사용자 균형모형

확률적 사용자 균형해를 구하기 위하여 다양한 모형들이 제시되고 있는데, 대표적으로 Fisk(1980), Sheffi(1985), Maher et al.(1997), Maher(1998) 등의 연구가 있다. 그러나 이들 연구들을 여기서 구체적으로 다루기에는 이 책의 내용적 범위를 벗어나므로 생략하고 이 책에서는 확률적 사용자 균형해를 간단히 구할 수 있는 고정점이론(fixed point theorem)에 기반한 모형만 설명한다.

이 방법은 경로기반 직접 로짓배정법(direct logit loading method, 임용택, 2003)이라고 부르며, 확률적 사용자 균형상태를 나타내는 로짓모형식으로부터 균형상태 경로 교통량(f_k^{rs})을 직접 구하는 방법이다. 즉, 로짓모형식을 통행배정에 직접 적용하는 것이다. 만약 로짓모형식에서 각 대안경로들의 경로통행비용(c_k^{rs})을 정확히 알 수 있다면, 균형상태 경로교통량(f_k^{rs})은 한번에 직접 구할 수 있다. 그러나 각 경로들의 통행비용은 각 경로의 통행량이 변함에 따라 변하기 때문에 정확한 경로통행비용을 알 수가 없어 경로비용(c_k^{rs})과 경로통행량(f_k^{rs}) 간에 반복적인 순환과정이 필요하다. 이는 고정점이론에 따라 유일한 균형해가 존재하게 되며, 따라서 일반적으로 다음과 같은 알고리즘을 구성할 수 있다.

$$f^{n+1} = c(f^n), \text{ 반복 수 } n = 0, 1, \cdots$$

직접 로짓배정법의 풀이과정은 다음과 같으며, 모든 경로의 동등 경로통행비용이 같아질 때까지 반복된다.

[단계 0] 초기화

대안경로 설정: all path enumeration

초깃값 설정: 초기 경로통행비용$\{c_k^{rs,0}(0)\}$, 통행수요 q_{rs}, 분산 파라미터 θ

반복 수 $n = 1$

[단계 1] $\{c_k^{rs,n}\}$을 기초로 경로통행량($f_k^{rs,n}$) 계산

$$f_k^{rs,n} = q_{rs} \frac{\exp(-\theta c_k^{rs,n})}{\sum_w \exp(-\theta c_w^{rs,n})}$$

[단계 2] 경로통행비용 갱신

(2.1) $\{f_k^{rs,n}\}$을 기초로 경로통행비용($c_k^{rs,n}$) 계산

(2.2) 동등 경로통행비용 계산:

$$C_k^{rs,n} = c_k^{rs,n} + \frac{1}{\theta}\ln(f_k^{rs})$$

[단계 3] 수렴성 검토

$$\text{만약}\quad \frac{\max\,|\,C_k^{rs,n} - C_p^{rs,n}\,|}{\max_{w\in W}\{C_w^{rs,n}\}} < \epsilon,$$

$\forall k \neq p \in W(\text{path set})$이면, 정지

그렇지 않으면, $n = n+1$ 후 [단계 1]로 진행

문제 5-23 **확률적 사용자 균형모형**

기종점 rs 간 2개의 경로로 구성된 교통망의 통행비용이 다음과 같으며 기종점 간 통행수요가 5라고 할 때, 로짓 기반 확률적 사용자 균형상태로 통행배정하시오. (단, $\theta = 0.1$)

$$c_1 = 2 + f_1$$
$$c_2 = 1 + 2f_2$$

$$\text{and } q_{rs} = 5$$

풀이 먼저, 초깃값 $f_1 = 0$, $f_2 = 0$으로 설정한 후, 계산한 과정이 아래 표와 같다. 표에서 보듯이 최종적으로 산출된 확률적 사용자 균형해는 $f_1 = 2.636$, $f_2 = 2.364$이다.

n	f_1	f_2	c_1	c_2	P_1	P_2	C_1^{rs}	C_2^{rs}
0	0	0	2.000	1.000	0.475	0.525	–	–
1	2.375	2.625	4.375	6.250	0.547	0.453	13.026	15.900
2	2.734	2.266	4.734	5.533	0.520	0.480	14.790	13.714
3	2.600	2.400	4.600	5.800	0.530	0.470	14.154	14.556
4	2.650	2.350	4.650	5.700	0.526	0.474	14.395	14.245
5	2.631	2.369	4.631	5.738	0.528	0.472	14.305	14.362
6	2.638	2.362	4.638	5.724	0.527	0.473	14.339	14.318
7	2.636	2.364	4.636	5.729	0.527	0.473	14.326	14.334
8	2.637	2.363	4.637	5.727	0.527	0.473	14.331	14.328
9	2.636	2.364	4.636	5.728	0.527	0.473	14.329	14.331
10	2.636	2.364	4.636	5.727	0.527	0.473	14.330	14.330
11	2.636	2.364	4.636	5.727	0.527	0.473	14.330	14.330
12	2.636	2.364	4.636	5.727	0.527	0.473	14.330	14.330

여기서 유의해야 할 점은 각 경로의 통행비용이 같지 않다는 점인데, 이는 인지오차로 인해 확률적 통행배정에서는 당연한 결과이다. 그러나 각 경로의 동등 통행비용은 모두 같아 확률적 사용자 균형에 수렴했음을 알 수 있다.

[단계 0] 초기화

초깃값 $f_1 = 0$, $f_2 = 0$ 이므로 $c_1 = 2$, $c_2 = 1$

[단계 1] $\{c_k^{rs,n}\}$을 기초로 경로통행량($f_k^{rs,n}$) 계산

$$f_1 = q_{rs}\frac{\exp(-\theta c_k^{rs,n})}{\sum_w \exp(-\theta c_w^{rs,n})} = 5 \times \frac{e^{-0.1\times 2}}{\exp^{-0.1\times 2} + \exp^{-0.1\times 1}} = 2.375$$

$$f_2 = q_{rs}\frac{\exp(-\theta c_k^{rs,n})}{\sum_w \exp(-\theta c_w^{rs,n})} = 5 \times \frac{e^{-0.1\times 1}}{\exp^{-0.1\times 2} + \exp^{-0.1\times 1}} = 2.625$$

[단계 2] 경로통행비용 갱신

(2.1) $\{f_k^{rs,n}\}$을 기초로 경로통행비용($c_k^{rs,n}$) 계산

$$c_1 = 2 + 2.375 = 4.375$$
$$c_2 = 1 + 2 \times 2.625 = 6.25$$

(2.2) 동등 경로통행비용 계산: $C_k^{rs,n} = c_k^{rs,n} + \frac{1}{\theta}\ln(f_k^{rs})$

$$C_1 = 4.375 + \frac{1}{0.1} \times \ln(2.375) = 13.026$$
$$C_2 = 6.25 + \frac{1}{0.1} \times \ln(2.625) = 15.9$$

[단계 3] 수렴성 검토

만약 $\frac{\max \mid C_k^{rs,n} - C_p^{rs,n} \mid}{\max_{w \in W}\{C_w^{rs,n}\}} < \epsilon$, $\forall k \neq p \in W(path\ set)$이면, 정지

그렇지 않으면, $n = n + 1$ 후 [단계 1]로 진행

$C_1 = 13.026$ 이고 $C_2 = 15.9$ 이므로 수렴하지 않음. 다시 [단계 1]로 진행

■

| 부록 | 최단경로 탐색알고리즘

1. Bellman의 최적조건(optimal condition)

[Theorem] 양의 값인 링크비용 $c(i, j)$를 갖는 교통망 [N, A]의 기점 h에서 노드 j까지의 최단경로 통행비용 $c^*(j)$는 다음 함수방정식의 유일해이다.

$$c(h) = 0$$
$$c^*(j) = \min_{j \neq h} [c^*(i) + c(i,j)]$$

위 Theorem의 증명은 Potts and Oliver(1972)의 Appendix A를 참고하기 바란다.
위 식을 다시 표현하면 다음과 같다.

$$c^*(j) \leqq c^*(i) + c(i,j) \qquad \text{for } all \ (i,j) \in A$$

2. 수형망(Tree-based) 알고리즘

노드 기반 최단경로 알고리즘의 일반적인 탐색절차를 살펴보면 다음과 같다. 교통망이 노드 $i, j, k, \cdots$과 링크 $(i,j), \cdots$ 그리고 링크 (i,j)의 비용 $c(i,j)$로 구성되어 있다고 가정하자. 그리고 기점 노드를 h, 기점에서 노드 j까지의 최단경로비용을 $c^*(j)$라 하고, 표지된(탐색된) 노드집합(Labelled node set)을 R, 표지되지 않은 노드집합(Unlabelled node set)을 $\overline{R}$라고 하면, 최단경로 알고리즘은 다음과 같다.

[단계 1] 초기화

$(P_j, c(h)) = (0,0)$

여기서 P_j는 노드 j의 전 노드(Predecessor node)

$c(j) = \infty$, (단 $j \neq h$),

$R = \{h\}$

[단계 2] 최단경로 탐색

$$c^*(j) = \min_{x \in R} [c^*(x) + \min_{y \in \overline{R}} (c(x,y)] = c^*(i) + c(i,j)$$

여기서, $i \in R$, $j \in \overline{R}$

$P_j = i$

[단계 3] 노드 j를 $(P_j, c^*(j))$로 표지한 후, R에 노드 j를 추가하고 $\overline{R}$에서는 삭제

[단계 4] 만약 $\overline{R} = \Phi$이면 중지, 그렇지 않으면 [단계 2]로 진행

위 절차를 통하여 목적지까지 도달하게 되면, 전 노드 P_j를 따라 기점까지 추적하여 최단경로와 최단경로비용을 구하게 된다.

3. 최단경로 탐색 예제(Moore algorithm)

노드1부터 다른 모든 노드까지의 최단경로 탐색

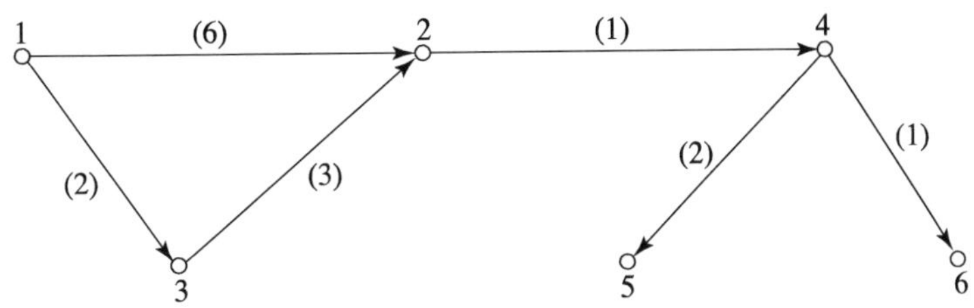

〈예제 교통망(Thomas, 1991)〉

(solution)

<Loose-ends Table, L>

〈표 5.6〉

Next node	Loose-ends, L
Initial entry, h	1
1	2
	3
2	4
3	2
4	5
	6
2	4
5	-
6	-
4	5
	6
5	-
6	-

〈표 5.7〉 Tree-table, R(Moore algorithm)

Node #, k	Predecessor node P_j	Cost$c(j)$
1	0	99 0
2	0 1 3	99 6 5
3	0 1	99 2
4	0 2 2	99 7 6
5	0 4 4	99 9 8
6	0 4 4	99 8 7

〈표 5.8〉 Minimum paths from Node 1

Cost	Destination node	Predecessor nodes
5	2	3 1
2	3	1
6	4	2 3 1
8	5	4 2 3 1
7	6	4 2 3 1

:: 참고문헌

노정현, 교통계획, 나남출판, 2002.

윤대식, 교통수요분석, 박영사, 2001.

임용택, "확률적 로짓 통행배정모형의 해석 알고리듬", 대한교통학회지, 제21권 제2호, pp. 95~105, 2003. 4.

임강원, 임용택, 교통망분석론(개정판), 서울대학교출판부, 2008.

Federal Highway Administration, Guidebook on Statewide Travel Forecasting, 1999.

Federal Highway Administration, Model Validation and Reasonableness Checking Manual, 1997.

Fisk, C. Some development in equilibrium traffic assignment, Transportation Research 14B, pp. 243~255, 1980.

Maher, M. J, P. C. Hughes, A probit-based stochastic user equilibrium assignment model, Transportation Research 31B, pp. 341~355, 1997.

Maher, M. J., Algorithms for logit-based stochastic user equilibrium assignment, Transportation Research 32B, pp. 539~549, 1998.

Martin, W. A., N. A. McGuckin, Travel estimation techniques for urban planning, Transportation Research Board, 1998.

McNally, M. G., The Four Step Model, University of California, Irvine, 2007.

Ortuzar, J, L. G. Willumsen, Modelling Transport, Wiley, 1994.

Potts, R. B, R. M. Oliver, Flows in Transportation Networks, Academic Press, 1972.

Sheffi, Y., Urban Transportation Networks, Prentice-Hall: Englewood Cliffs, NJ., 1985.

Thomas, R., Traffic Assignment Techniques, Avebury Technical, 1991.

U. S. DoT, Towards Consistent Travel Demand Estimation in Transportation Planning: A Guide to the Theory and Practice of Equilibrium Travel Demand Modeling, 2001.

Wilson, A. G., Entropy in Urban and Regional Modelling, London, Pion Ltd., 1970.

06

활동기반 교통수요모형

6.1 활동기반모형의 출연배경

6.1.1 활동기반모형의 출연배경

교통수요 추정모형은 교통시설물의 효율적인 공급을 위해 교통체계 내 교통지표의 변화 및 이용자들의 속성변화 등을 예측함으로써 정책 결정자로 하여금 교통시설 투자에 있어 객관적인 판단을 할 수 있도록 자료제공을 위해 이용되어 왔다. 교통체계 내에서의 교통지표들은 상당히 넓은 관점에서 분석되고 평가되어 왔으며 이러한 관점을 통해 앞 장에서 설명된 4단계 교통수요 추정모형은 거시적(macro)인 분석방법으로 언급되기도 한다.

교통수요 추정모형은 초기 이론적 토대가 마련된 1950년대 이후 상당히 오랜 시간 동안 발전되어 오면서 교통시설투자에 대한 수요분석에 활용되어 왔으며 당분간 이러한 분석에 계속 사용될 것이다. 그러나 4단계 교통수요 추정모형은 1980년대 후반에 이르러 위기를 맞게 된다. 도시의 발달과 더불어 시민들의 교통계획 및 건설에 관한 의사결정에 참여하는 기회가 확대되면서 보다 정확하고 다양한 분석을 요구하게 된 것이다.

교통수요모형에 있어 기존 방법론에서 활동기반 접근법으로의 패러다임 전환은 1990년에 이르러 상당히 주목받기 시작하였는데 그 이유로 국제 원유가의 급등 및 대기오염이 심각해지자 교통수요를 관리하기 위한 다양한 정책대안이 제시되고 분석하기 위한 방법론으로 대두된 것이다.

활동기반모형은 전통적인 4단계 모형에서 분석이 어렵거나 분석의 목적이 교통수요관리(TDM, travel demand management)정책 분석에 있을 경우 미시적인 분석이 가능하도록 구성되어 있다. TDM 정책의 예로서 차량수요를 감소시키기 위해 특정 구간에 혼잡통행료를 받을 경우 운전자 개개인이 통행료 징수에 따른 통행행태 변화를 분석하게 된다. 차량이용자는 통행료에 따라 승용차통행을 포기하고 대중교통을 이용할 것인지, 아니면 다른 대안노선을 선택할 것인지에 대한 통행행태에 변화를 보이게 되는 것이다. 이러한 개인단위 통행행태의 반영을 가능하게 하는 것이 활동기반 교통수요모형의 역할로 볼 수 있다.

<표 6.1>은 교통수요모형에 대한 과거와 현재의 요구사항을 정리한 것으로 현재에는 보다 많은 기능을 요구하는 것을 알 수 있다. 과거 전통적인 분석내용은 의사결정이 거시적(macroscopic) 관점에서 결정되었던 것에 비해 현재 및 앞으로 분석되어야 할 내용들은 미시적(microscopic) 관점에서 높은 수준의 정확성을 요구하고 있다. 이러한 시대적 요구사항에 부응하기 위해 인간의 활동을 통행발생의 근본이유로 보는 활동기반모형(activity-based travel demand model)이 나타나게 되었다.

〈표 6.1〉 교통수요모형의 활용내용 비교(과거 및 현재)

최근 분석 대상	전통적인 분석 대상
• 토지이용 개발정책 (smart growth, new urbanism) • 혼잡통행료(congestion pricing) • HOV(High Occupancy Vehicle) lanes • HOT(High Occupancy Toll) lanes • 자율업무시간제도 • 주차정책(시간대별 요금차등제) • 대중교통 및 도보 개선 효과 • 승용차 함께 타기(carpool, car-sharing) • 텔레커뮤팅 및 관련 정책 • 교통정책에 따른 CO_2 배출 분석	• 신규 교통시설에 따른 효과분석 • 가로망(corridor) 개선효과 • 인구변화에 따른 수요변화 (가구의 크기, 고용수준) • 배출가스(emission)에 관한 자료 구축

전통적인 4단계 교통수요모형의 단점은 다음과 같다.

- 통행 자체를 목적으로 정의하여 분석단위를 통행(trip)으로 함
- 통행의 유발원인인 인간의 통행행태 분석에 한계가 있음
- 교통존(TAZ)의 분석영역은 상당히 집합화되어 교통정책의 분석에 있어 한계가 있음

- 순차적인 접근방법으로는 단계별로 독립적으로 분석하며 데이터 간의 연관성이 없음
- 통행을 독립적으로 처리하므로 통행 간의 공간적, 시간적, 사회적 연관성을 고려하지 못함
- 가정기반통행(Home-based trips) 및 출근통행에 상당한 비중을 두고 있음
- 환경 및 통행특성을 모형에 접목하는 데 한계가 있음
- 교통정책의 변화에 따른 통행패턴 변화 및 대응(response)에 대한 분석이 어려움

이러한 단점을 보완하기 위해 활동기반모형의 접근방법은 가장 먼저 인간활동에 대한 문제를 생각하며 하루 중 이들 활동을 모형화하는 데 있다. 둘째로 활동들 간의 상관관계와 활동의 주체인 인간(agents)들 간의 상호연관성을 고려한다. 다음으로 개별 인간들의 활동참여(activity participation)에 따라 유발되는 통행량을 도출하여 최종적으로 통행량과 활동들 간의 연결고리를 찾는 것이라 할 수 있다.

본 장에서는 활동기반모형에 대한 전반적인 개념의 이해를 돕기 위함이 목적이며 기존의 전통적인 4단계 모형과 비교를 통해서 활동기반모형의 활용성과 이에 따른 향후 교통수요모형의 발전방향을 이해하는 데 초점을 맞추어 설명하도록 한다.

문제 6-1 활동기반(activity-based) 접근법이 새롭게 대두되고 있는 이유를 설명하시오.

풀이 활동기반모형은 전통적인 4단계 모형의 단점을 보완하고, 개인단위 통행행태를 반영함으로써 교통수요관리(TDM) 정책분석에서 미시적인 분석이 가능하기 때문이다. ■

6.2 활동기반모형의 개념

6.2.1 개요

활동기반모형은 인간의 생활자체를 있는 그대로 반영하여 통행량을 추정하는 데 그 의의를 둔다. 생활 자체를 기반으로 하기 때문에 여러 가지 교통정책이나 기타 외부 환경변화에 따라 반응하는 인간의 활동과 이에 따른 통행행태의 변화를 반영하기가 용이하다.

활동기반모형의 기본 개념은 통행에 대한 정의를 인간의 활동(activity)에 의해 파생되는 것이라고 정의한다. 전통적인 교통수요 추정모형에서는 통행 자체를 목적으로 하고

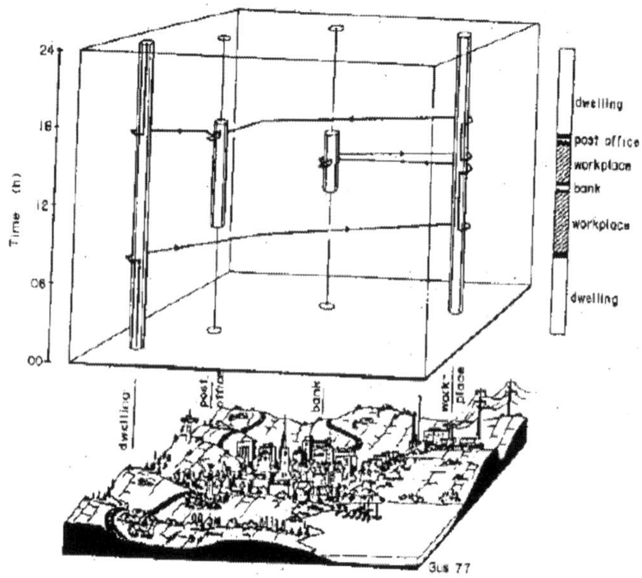

〈그림 6.1〉 시공간에서의 일일활동 패턴(자료: Papageorgiou, 1991)

통행을 출발지와 목적지로 구분하여 모형을 구성한 것에 반해, 활동기반모형은 인간의 활동과 활동에 의해 파생된 통행을 주어진 시간, 교통수단, 교통망 및 기타 제약조건에 따라 개인 또는 가구단위의 특성을 분석하는 것이다. 이러한 혁신적인 개념은 Hägerstrand(1970)의 시-공간 프리즘(time-space prism)에서부터 출발하였으며 Chapin (1974)은 통행에 대하여 인간 활동의 참여에 대한 결과로서 나타나는 것이라 정의하였다. <그림 6.1>은 Hägerstrand가 제시한 인간활동에 대한 시-공간 프리즘 개념에 대한 예로서 한 개인의 일일활동에 대한 시-공간 개념도이다. 3-D 세로축(z)은 시간(t)의 진행을 의미하고 평면(x, y)은 공간을 의미한다.

<그림 6.1>에서 보면 한 개인이 아침 8시에 집에서 직장으로 출근하고, 낮 12시에 은행에 들렀다가 다시 직장으로 돌아와 오후 6시까지 일하였으며, 퇴근하면서 우체국에 들른 후 집에 도착하였다. 그림에서 보이는 세로막대는 특정 지점에서 활동을 지속하고 있는 시간을 의미하며, 크게 네 개의 막대가 존재하는 것은 네 개의 지점(집, 직장, 은행, 우체국)에서 활동을 했음을 의미한다. 4개의 막대를 연결하는 실선은 활동지점으로의 이동을 의미하며, 그림의 가운데 두 개의 막대는 실제 활동을 지속한 시간보다 크게 표시되었는데 이는 활동이 수행된 지점인 은행과 우체국의 영업시간을 의미한다. 영업시간 내에서만 활동이 물리적으로 가능하기 때문이다. 이와 같이 활동이 영업시간이라는 요인에 따라 제약을 받게 되므로 영업시간을 활동제약(activity constraint)이라 정의한다. 이에 대해서는 다시 설명하도록 한다.

6.2.2 활동(activity)과 통행(trip)

활동은 인간의 생활 속에서 발현되는 기본적인 욕구이며 개인단위로 사전에 시간 스케줄을 고려하여 미리 확정하게 된다. 예정되었던 스케줄에 따라 통행을 발생시키게 되고 발생된 통행은 도로의 교통량이나 대중교통의 통행량으로 나타나게 된다. <그림 6.2>는 통행과 활동에 대해 차이점을 정의하고 있다. 통행의 개념에서는 (a)의 가정기반출근통행(home-based work trip)에서와 같이 출근을 하기 위해 발생되는 통행 자체를 의미하며 선(line)적인 의미를 가진다. 여기에는 통행 자체를 목적으로 이해하는 개념이 포함되어 있으며 개인이 출근해서 어떤 활동을 할지는 관심 대상이 아니다. 반면 활동은 점(point)나 면(area)의 개념으로 실제 활동이 이루어지는 장소(place)와 활동의 종류에 관심을 가지며 나아가 이러한 활동의 연관관계를 고려한다. 그림에서 (b)는 가정/집(home)에서 발생되는 여러 가지 활동을 예로 보여주고 있다.

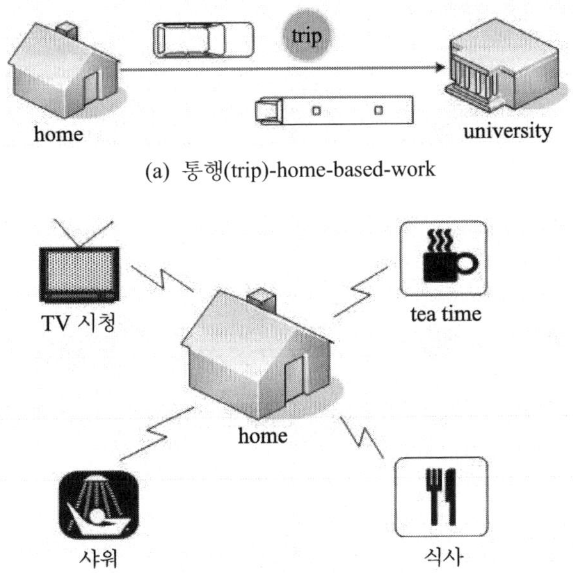

(a) 통행(trip)-home-based-work

(b) home activity 종류

〈그림 6.2〉 통행(trip)과 활동(activity)의 개념도(1)

가정에서 통상적으로 이루어지는 활동에는 식사, 산책, 운동, TV 시청, 취침 등 다양한 활동이 있으며 이러한 활동은 개인이 위치하고 있는 장소에 따라 달라진다. 직장에서 발생되는 활동에는 순수업무, 회의, 출장, 기타 단체활동 등이 있다. 가정과 직장 등 특정 지역 내에서 이루어지는 활동들은 통행의 개념(교통존의 영역)에서 보면 통행을 발생시키는 것과 시키지 않는 활동으로 구분된다. 통행과 무관한 활동은 의미가 없을 것으로 생각되나 이러한 활동은 다른 활동에 대해 시간과 장소에 영향을 주어 전체적으로 개인의 활동스케줄에 영향을 미친다.

통행기반모형에서는 하루(day)를 기준으로 분석할 경우가 대부분이었기에 이러한 미시적인 시간개념을 정확하게 고려하기에 한계가 있다. <그림 6.3b>와 같이 실제적으로 한 개인이 출근하기 위해 승용차로 전철역까지 이동하여 차량을 주차하고 전철역사에 있는 커피숍에 들러 커피를 테이크아웃한 후 전철을 타고 직장으로 이동할 경우, 전철역사 내에서의 커피를 사기 위한 쇼핑활동(shopping activity)으로 인해 집을 나서는 시간이 앞당겨져 출근시간이 다소 변경된다. 따라서 전철역까지 차량으로 이동하는 경우 분 단위 또는 시간단위 도로교통량에 영향을 주게 되며 전철역에서 커피를 사는 시간에 의해 전철의 탑승시간이 늦춰져 전철의 운송실적에 영향을 주게 된다. 반면 통행기반모형에서 일반적으로 사용하고 있는 가구통행실태 조사에는 이러한 미시적인 내용을 조사하기보다는 출근목적을 위한 통행시간과 수단에 대한 조사로 커피를 사기 위한 지체시간 등이 고려되기 어렵다.

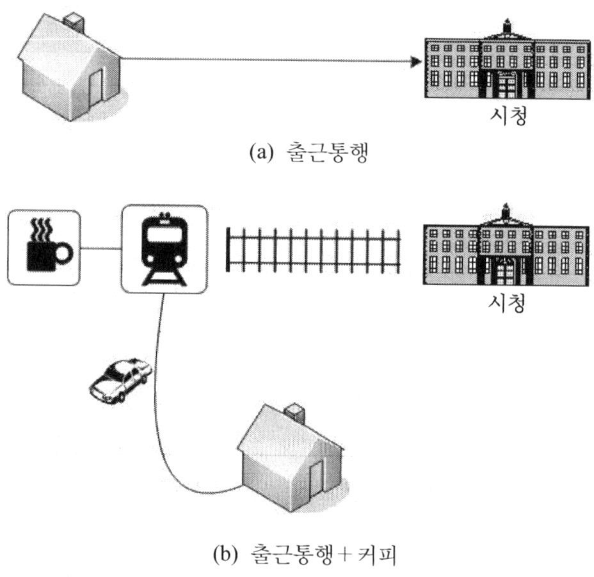

〈그림 6.3〉 통행(trip)과 활동(activity)의 개념도(2)

문제 6-2 〈그림 6.1〉을 통행과 활동으로 구분하여 설명하시오.

풀이 <그림 6.1>을 통행(trip)과 활동(activity)으로 구분하여 설명하면 한 개인이 업무활동을 위해 집에서 ① 출근통행(home-based work trip)을 했으며 직장에서 출발하여

② 은행으로(non-home-based other trip), 은행에서 다시 ③ 직장으로 되돌아오는 통행, 퇴근 시 ④ 우체국에 들러 일을 본 후 최종적으로 ⑤ 집으로 향하는 통행(home-based other trip)을 수행하였다고 정의한다. 따라서 총 5개 통행을 수행하였으며 이때 통행의 원인이 된 활동은 업무활동(work), 기타 활동(은행), 기타 활동(우체국), 가정활동(home) 등 네 번의 활동으로 인해 통행이 파생되었다. ■

6.2.3 활동(activity)과 여정(tour or trip chains)

활동기반개념의 교통수요모형에 대한 필요성은 그동안 많은 문헌에서 제시되어 왔으나 현실적으로 이러한 새로운 접근방법은 실용적으로 개발될 때까지 연구에만 한정되어 왔다. 따라서 활동기반접근방법의 실제 적용을 위한 첫 걸음은 여정기반모형(tour-based model)의 적용으로서 이것은 전통적인 4단계 통행기반모형에서 통행배정을 제외한 통행발생, 분포, 수단선택은 실제로 통행자가 서로 같은 활동을 위해 파생되는 통행들을 조합한 여정(tour) 내에서 수행되는 행위로 정의한다. 즉, 활동을 목적으로 이루어진 연속적인 통행(trip chain)을 분석의 대상으로 하고 있다. <그림 6.4>는 여정의 개념을 설명하는 것으로 한 개인이 가정에서 사무실로 출근한 후 공장으로 출장을 갔다 사무실로 복귀하였으며, 퇴근 후 축구경기를 관람하고 집으로 돌아온 일정을 예로 보이고 있다. 여기에서 크게 두 개의 여정으로 정의할 수 있으며, 첫 번째 여정은 가정-사무실-축구장-가정에 이르는 것이고, 두 번째 여정은 사무실-공장-사무실로 순차적으로 이동한 것을 의미한다. 여정의 특징은 그림과 같이 통행의 시작(start)과 끝(end)이 하나로 연결되는 순차적인 통행과정을 의미하며 여정을 구성하기 위해 머무는 장소(stop)

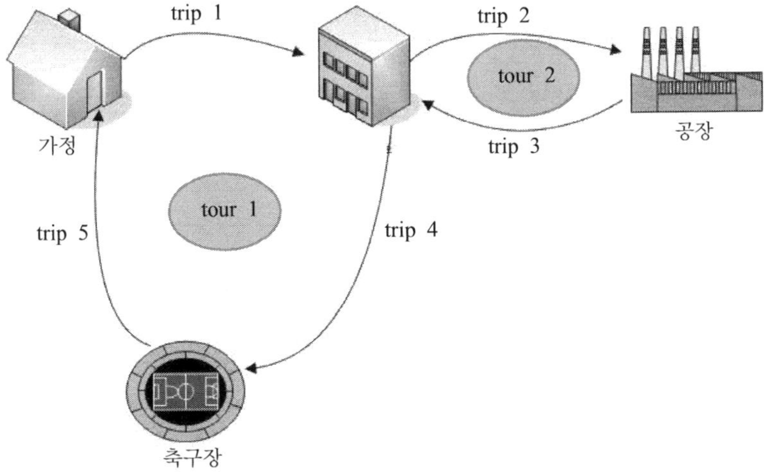

〈그림 6.4〉 여정(tour)의 개념도

가 하나 이상 존재하게 된다. 여정에는 여정의 수, 목적지(destination)의 수, 목적지의 공간적 분포, 통행수단(mode), 통행시간대(time of day)와 같은 특성이 서로 연관되어 있는 복합적인 개념으로 볼 수 있다. 보다 엄밀하게 구분하여 가정에서 출근하여 귀가하는 첫 번째 여정은 주요 여정(primary tour)으로 정의하며, 직장에서 공장으로 출장갔다가 돌아오는 두 번째 여정은 부수 여정(secondary/sub tour)으로 정의한다.

문제 6-3 〈그림 6.4〉를 여정(tour), 통행(trip), 정지(stop)의 개념으로 구분하시오.

풀이

총 여정(tour) 수	2 tours(①: 가정-사무실-축구장-가정; home-based, ②: 사무실-공장-사무실; work-based)
총 통행(trip) 수	5 trips(<그림 6.4> 참조)
총 정지(stop) 수	3 stops(①: 2 stops(사무실, 축구장), ②: 1 stop(공장))

■

6.2.4 활동스케줄(activity schedule)

활동스케줄은 활동의 연속적인 진행을 의미하는데, 각 개인의 활동스케줄은 이러한 개별 활동들을 시간과 공간을 고려하여 사전에 계획될 수 있으며, 때론 계획하지 못한 활동이 발생되기도 한다. 활동스케줄의 분석단위는 일반적으로 일(day) 단위를 기준으로 하며 활동스케줄은 활동기반 교통수요모형의 가장 핵심을 이루는 부분이라 할 수 있다.

활동스케줄을 구축하기 위해서는 개인 일련의 활동에 대한 조사와 분석작업이 필요하며 이러한 내용에는 다음과 같은 항목이 있다.

- 활동의 정의
- 외부(가정 내 제외)에서 사용가능한 총 시간
- 총 통행 수 및 통행목적
- 개별통행(trip)의 여정(tour)단위 배분
- 여정의 가구원단위 배분
- 가정에서 출발시각
- 가정으로 도착시각
- 활동 지속시간
- 활동을 수행 위치정보
- 이용 교통수단

〈표 6.2〉 활동(activity) 종류 및 구분

활동의 분류	세부 활동(activities)
가정활동(home)	청소/수리 및 관리 식사 샤워/드레스
업무활동(work)	업무 학교활동(학생) 자원봉사업무
쇼핑활동(shopping)	백화점 식품점/약국 잡화점 비디오대여 기타 서비스
여가활동(recreation)	체력단련 영화감상 체육활동 비디오감상 산책 외식 휴식 조깅/자전거타기 등
기타 활동(other)	병원 학생수송 은행업무 심부름/배달 방문 종교행사

<표 6.2>는 개인의 활동에 대한 일반적이 구분을 나타낸다. 가정활동은 집안에서 일어날 수 있는 여러 가지 활동을 포함하는데, 식사, 청소, TV 시청 등이 해당되며, 업무 및 학교활동은 업무 및 업무 관련 회의활동을 포함한다. 쇼핑은 물건을 구매하는 모든 활동을 의미하며, 여가활동은 운동, 영화관람, 취미생활 등으로 정의한다. 이런 범주에 포함되지 않은 다른 활동들은 기타 활동에 포함된다. 정의되지 않은 다양한 활동들의 구분은 분석가에 따라 다소간 차이가 있을 수 있다.

<그림 6.5>는 조사된 활동내용을 공간적 및 시간적 관점에서 도식적으로 설명한 것이다. 공간적 표현에서는 활동의 종류별로 활동이 이루어진 위치를 x, y로 설정하여 순서적으로 표현하고 있다. 시간적 표현에서는 시간의 변화에 따라 활동의 순서별로 활동의 지속시간(activity duration), 활동을 위한 통행시간(travel time)을 표현하고 있다. 이때 활동스케줄을 구성하는 개별 활동은 하나의 에피소드(episode)라고 명명하며 통행(trip) 자체도 하나의 에피소드로 정의한다.

<그림 6.5>의 활동스케줄의 시공간적 표현을 결합하여 나타내면 <그림 6.6>과 같이 나타낼 수 있으며 그림에서 보는 바와 같이 x, y축은 활동이 이루어진 위치를 공간적

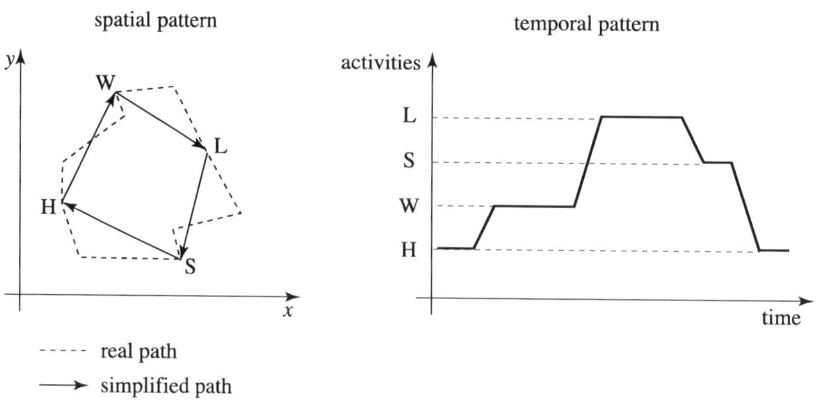

〈그림 6.5〉 활동에 따른 공간 및 시간적 표현

으로 나타내며, z축은 시간(time)을 의미하는 것으로 활동의 시간적 진행사항을 나타낸다. 이는 개인의 활동스케줄을 단순화하여 3차원 그림으로 표현한 것으로 <그림 6.1>의 예에서처럼 다양한 인간활동을 3차원으로 표현하기 위해 효과적이다.

<그림 6.6>과 같이 표현하기 위해서는 활동의 종류(type)를 단순화하는 것이 필요한데 일반적으로 다양한 활동의 내용을 가정활동(home), 업무활동(work), 여가활동(leisure), 쇼핑활동(shopping)과 기타 활동(other) 등 5가지 정도로 집합화(aggregation)하고 있다.

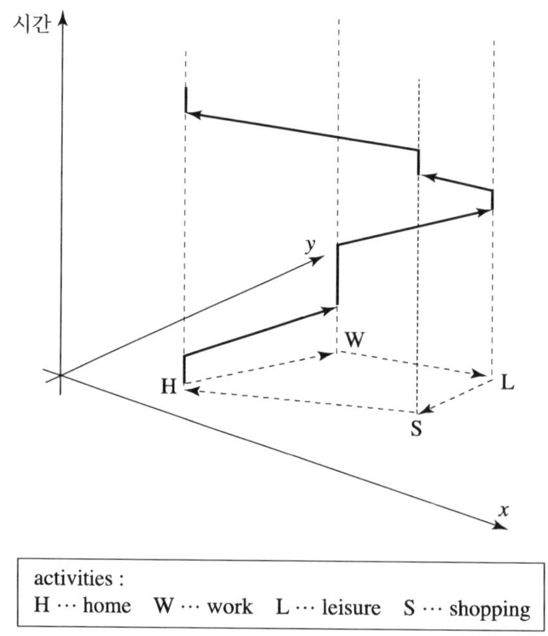

〈그림 6.6〉 시공간 활동의 개념도

활동의 그룹화는 분석의 목적에 따라 다양하게 정의될 수 있으며 활동은 종류가 상당히 다양하므로 특성에 따라 그룹화하는 것이 필요하다. 이러한 구분은 분석의 목적이나 활용방안에 따라 다양하게 나누어질 수 있으며 특히 통행행태와 관련된 연구에서는 보다 다양한 구분이 가능하다.

활동 사이를 연결하는 실선은 현재의 활동에서 다음 활동을 수행하기 위해 움직이는 공간적 이동을 나타낸다. 이때 기울기는 이동속도(speed)를 의미한다.

$$속도(v) = 거리(d) \,/\, 시간(t)$$

이때, $d = \sqrt{(x_j - x_{j+1})^2 + (y_j - j_{j+1})^2}$ 또는 실제 이용수단(*m*) 이동거리: (*dm*)

현재의 활동을 위해 도착한 시점(t)부터 활동을 수행하는 동안에는 공간적인 이동이 일어나지 않으므로 그림에서 실선은 평행한 형태를 보이며 다음 활동을 위해 이동을 시작하는 시점($t+1$)까지의 시간을 활동지속시간(activity duration)으로 정의한다. 활동의 지속시간은 하루 중 활동의 수와 이동시간에 따라 영향을 받게 된다.

문제 6-4 〈그림 6.5〉의 총 에피소드(episode) 수를 구하시오.

풀이 전체 활동 수(4개)+통행 수(4) = 8(episodes) ■

활동스케줄을 모형화(modeling)하기 위해서는 다음과 같은 요소들이 기본적으로 필요하다.

- 활동빈도 분석(activity frequency analysis)
- 활동 지속시간 및 시간 배분(activity duration and time allocation)
- 출발시간 선택(departure time decision)
- 통행사슬 및 정지 패턴 구축(trip chaining and stop pattern formation)

활동빈도 분석은 일일활동의 횟수에 관한 내용으로 활동의 주체(agent)별로 다양한 활동별 빈도를 분석하게 된다. 예를 들어 서로 다른 활동의 주체인 학생과 직장인이 있다고 가정하면 이들의 일일활동의 횟수에는 차이가 발생할 것이고 결국 유사한 활동집단으로 묶이게 되는 것이다.

활동 지속시간 및 시간배분은 활동에 따른 지속시간이 어느 정도를 차지하고 있는지를 분석하며 하루 중 어떤 시각에 특정 활동을 하는지에 대한 분석이 수행된다. 여기에서도 학생과 직장인 간의 업무활동(work)에 대한 정의가 다르다. 즉 학생은 학교수업시간이 대표적인 업무활동에 속하게 될 것이며 이에 따른 지속시간이 직장인이 정의하고 있는 업무활동에 대한 지속시간과는 차이를 보이게 될 것이다.

출발시간 선택은 활동을 수행하기 위해 활동이 일어나게 될 지점으로 이동을 하기 위한 출발시간을 선택하는 것을 의미하며 활동의 주체별로 출발하기 위한 시간이 다른 것을 분석하기 위함이다. 대부분의 직장인은 오전 9시에 업무를 시작하므로 7시나 8시 이전에 출발할 것이고 학생의 경우 수업시간에 맞춰 수행하던 활동을 멈추고 출발시간을 결정하여 다음 활동을 이어가게 된다.

다음으로 통행사슬 및 정지패턴에 대한 구축은 일상적으로 개개인의 활동들 간에는 특별한 연결고리가 있을 수 있다. 예를 들어 직장인의 경우 업무활동을 마치고 학원에서 공부를 하거나 헬스클럽에서 운동을 규칙적으로 할 경우 이러한 활동을 연결하는 통행사슬과 정지(stop)위치가 일정한 형태를 보이게 된다.

이상과 같이 4개 항목에 대한 모형을 구축하여 결합하면 통합스케줄(synthetic schedule)로 명명되는 완성된 활동스케줄이 모습을 갖추게 된다. <그림 6.7>은 남녀 성별로 구분된 개인들에 대한 일일활동스케줄을 5개의 활동단위로 구분하여 제시한 그림이다. 그림을 통하여 시간대별(x축)로 각 활동들의 비중(y축)이 어느 정도 차지하는지를 알 수 있다.

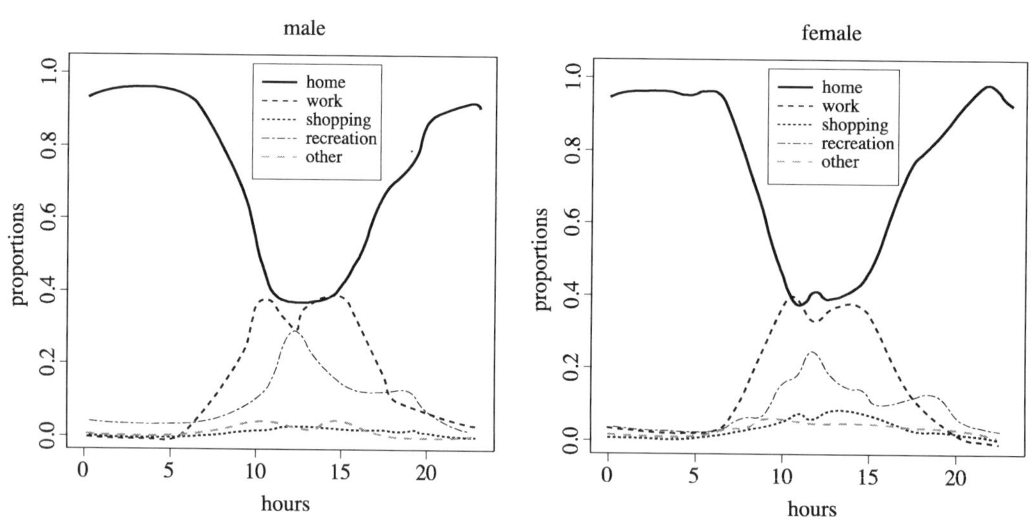

〈그림 6.7〉 일일활동 프로파일 예(Eom, 2009)

6.2.5 활동(activity)의 제약(constraint)

활동기반모형은 모든 활동들이 하나의 스케줄에 항상 존재할 수는 없기 때문에 한편으로 제약기반(constraints-based)모형으로 언급할 수 있다. 개인의 활동은 여러 가지 이유로 인해 자유의지에 따라 수행되지 못하며 이렇게 다양하게 활동에 영향을 미치는 요소들을 활동 제약(activity constraint)이라고 정의한다. 예를 들어 특정 지역에 있는 백화점에서 쇼핑을 하려고 할 때 쇼핑활동에 미치는 제약들은 이동 교통수단, 통행시간, 혼자 또는 동행하는 사람과의 약속시간, 백화점의 영업시간 등 다양하다. 이와 같이 인간의 활동은 특정한 제약(constraints)에 의해 시간과 공간적으로 영향을 받게 되는데, Hägerstrand(1970)는 3가지 활동 제약에 대하여 다음과 같이 정의하였다.

- 결합제약(coupling constraints)
- 성능제약(capability constraints)
- 권한제약(authority constraints)

(1) 결합제약

결합제약(coupling constraints)은 같은 시간과 장소에 존재하는 사람들 간에 활동에 대한 제약을 의미하는 것으로 업무 관련 회의(meeting) 활동이 이에 해당된다. 이는 회의에 참석한 사람들이 같은 시간과 공간에 존재하며 다른 활동을 할 수 없는 제약을 가지는 것을 의미한다. <그림 6.8>은 한 가정의 구성원인 부부와 아이 2명이 존재할 경우 이들 간의 상호작용(interaction)으로 인해 결합제약이 존재하는 것을 보여준다. 그림에 제시된 스케줄을 표현하는 데 이용된 활동은 다음과 같이 총 9개로 구성되어 있다.

- 이동(Moving)
- 업무(W)
- 업무관련(WRB)
- 교육(Educ)
- 쇼핑(S)
- 개인(P)
- 에스코트(E)
- 여가(L)
- 가정(H)

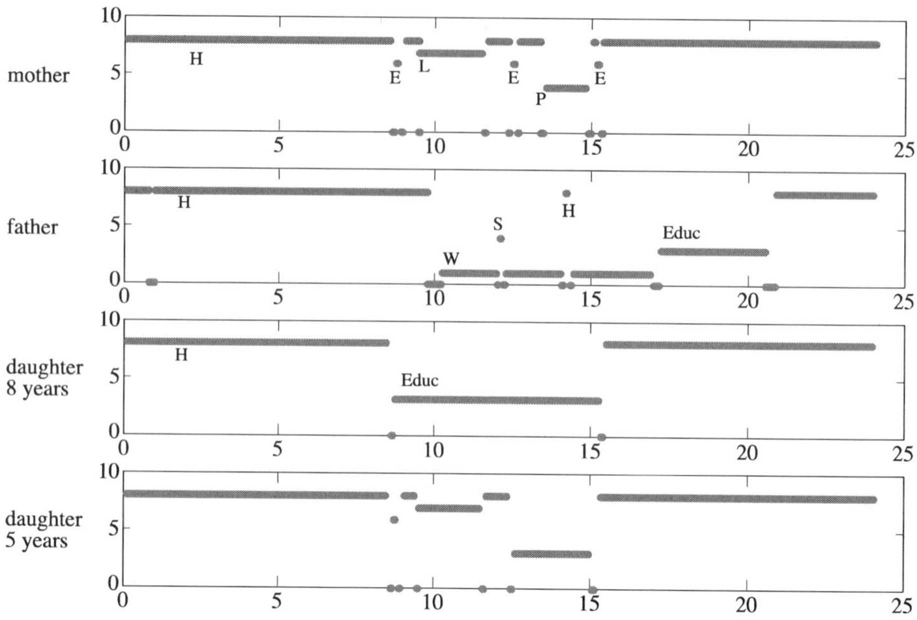

〈그림 6.8〉 가구 구성원 간의 스케줄 및 결합제약(coupling constraint) 개념도(Ondrej, 2004)

그림에서 세로축은 개별 에피소드에 대한 일련번호를 제시하고 있으며 가로축은 시간의 진행을 의미한다. 그림에서 보는 바와 같이 가구 구성원들 중에서 mother의 활동스케줄은 가장 변화가 많으며 두 명의 자녀의 활동에 영향을 받고 있는 것을 알 수 있다. 즉 초등학생 딸과 유치원생인 딸의 학교 및 유치원에 배웅 및 마중을 위한 에스코트(E) 활동이 mother의 가정(H)활동과 개인(P)활동에 영향을 주고 있음을 알 수 있다. 이렇게 개인의 활동이 타인의 활동과 상호 밀접한 연관성이 존재하고 공통된 활동을 수행해야 할 경우 활동의 결합제약(coupling constraint)을 가진다고 설명할 수 있다.

<그림 6.9>는 가구 구성원들에 대한 활동조사 자료로서 누구와 같이 활동했는가에 대한 'with whom'에 대한 내용과 누구를 위한 활동인가에 대한 'for whom'에 대한 내용이 포함되어 있다. 즉, 2인 가구를 구성하고 있는 아내와 남편에 대한 결합제약 내용을 보여준다. 활동의 주체가 된 아내는 11 : 10부터 11 : 20까지 은행에서 볼일(banking)을 동행한 남편 및 은행원(bank employee)과 같이 수행하였으며 은행 일을 본 것은 가족을 위한 것으로 답변하였다. 이와 같이 누구와 함께 공통적인 활동을 할 경우 활동에 직접적으로 연관된 개인들은 공통적인 활동에 의해 개인적인 활동 및 행동에 제약을 받게 됨을 알 수 있다.

특정한 활동에 대해 여러 명이 서로 관련되어 있는 경우는 개인 단위 활동스케줄에 상당한 영향을 미치기 때문에 이를 고려한 스케줄 모형이 구축되어야 한다.

person	date	begin time	end time	activity	with whom	for whom
wife	january 30	11:00	11:10	walked to bank	husband	self
		11:10	11:20	banking	husband and bank employee	family
		11:20	11:25	returned to work	husband	self
		11:25	11:55	went for walk	husband	self
husband		11:00	11:10	walke with wife to credit union	wife	both of us
		11:10	11:20	credit union transaction	wife	both of us
		11:20	11:55	finished walk with wife	wife	both of us

〈그림 6.9〉 가구 구성원 간의 결합스케줄 사례

(2) 성능제약

성능제약(capability constraints)은 잠자기(sleeping), 식사(eating)와 같은 인간의 생물학적 제약을 의미함과 동시에 이동을 위한 차량의 속도 등 기본적인 성능과 연관된 제약을 의미한다. 즉, 인간의 일일활동 중에 이러한 제약이 있으며 제약을 극복하기 위한 시간은 반드시 필요하기 때문이다. 예를 들어 KTX 개통 이전 서울-부산 간 새마을호 통행시간은 약 5시간이며 이는 현재 KTX를 이용하여 이동하는 시간에 비해 1시간 30분 가량 더 소요된 것이다. 왕복으로 계산하면 약 3시간이 이동에 소요되는 시간이었으나 이제는 고속철도의 개통으로 3시간에 해당되는 추가적인 활동시간을 갖게 되는 것이다.

<그림 6.10>은 고속철도 개통에 따른 성능제약의 개선사항을 개념적으로 보여주고

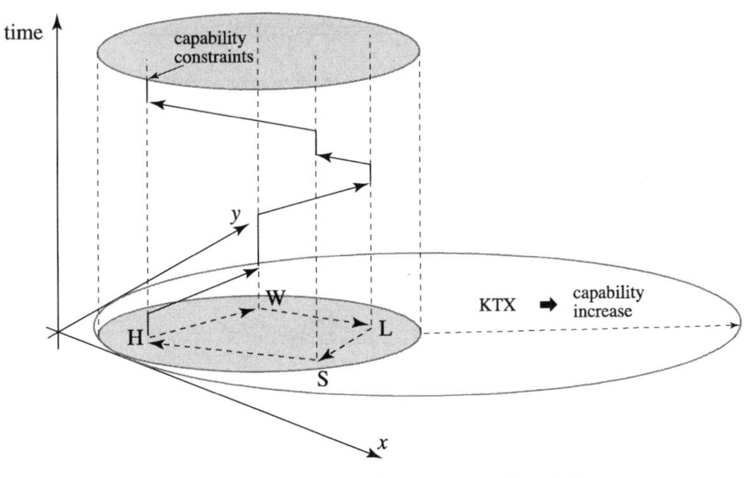

〈그림 6.10〉 고속철도 개통에 따른 성능제약 개선 개념도

있다. 고속의 교통수단에 의해 사람들이 활동할 수 있는 지역이 공간적으로 확대된 개념으로 기존에 통행시간으로 소비된 시간을 단축하게 됨에 따라 시간적, 공간적으로 보다 많은 활동이 가능한 것을 알 수 있다.

(3) 권한제약

권한제약(authority constraints)은 활동을 수행하는 데 있어 다양한 종류의 물리적·법적 규제를 의미하는데 대표적인 것으로 도로의 속도제한을 들 수 있다. 차량의 성능은 시속 100 km/h 이상으로 달릴 수 있으나 속도규제로 인해 80 km/h로 달리게 됨으로써 통행시간이 증가되어 다음으로 진행되는 활동에 영향을 미치게 되는 경우를 들 수 있다. 또한 가게의 영업시간, 병원의 진료시간 등이 이에 해당되는데 영업시간 내에서만 이러한 시설과 관련된 활동들이 이루어질 수 있기 때문이다. 제시된 3가지 활동 제약들을 종합적으로 검토해야만 활동스케줄을 정확히 추정하는 것이 가능하다.

<그림 6.11>은 이러한 시공간 활동 개념에 성능제약과 권한제약의 내용을 개념적으로 추가한 것이다. 그림에서 보는 바와 같이 원통모양은 성능제약을 의미하는 것으로 시공간적으로 활동가능한 영역을 상징적으로 나타낸다. 즉, 이동수단의 성능에 따른 통행시간에 따라 활동이 가능한 영역이 결정된다.

권한제약은 활동지속시간을 결정하는 데 고려되는 제약조건이므로 활동지속시간은 이러한 권한제약이 허용하는 시간 내에 존재함을 의미한다. 특정 활동이 권한제약에 따라 스케줄에 영향을 줄 경우 권한제약이 허용하고 있는 최대 허용활동지속시간(t_{max}) 내에서 활동지속시간이 결정된다. <그림 6.11>에서는 최대 허용활동지속시간이 활동

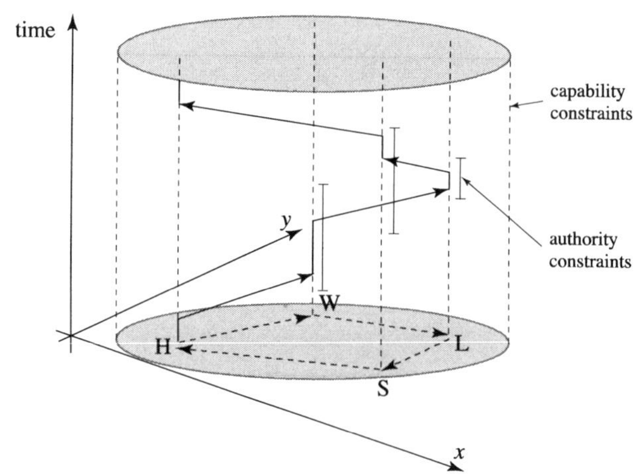

〈그림 6.11〉 활동과 권한 제약의 관계 개념도

지속시간의 상단부에 실선으로 표현되어 있다. 이와 같이 활동은 여러 가지 제약조건에 의해 제한을 받으므로 이러한 제약을 모형에서 반영하는 것이 중요하다.

$$d_t^j \leq d_{t_{\max}}^j$$

여기서, d_t^j : activity(j)의 활동지속시간 t

$d_{t_{\max}}^j$: activity(j)를 위한 최대 허용권한제약시간($t_{\max}$)

<그림 6.12>는 제약을 고려한 활동기반모형의 구축 개념도로서 활동스케줄 구축에 필요한 주요 구성요소인 활동 및 활동 지속시간, 통행시간 등이 입력된 다음 여러 가지 제약조건을 고려하는 결합알고리즘에 의해 가능한 활동스케줄을 제시하고 이에 따라 파생되는 통행량을 추정하는 과정이다. 활동스케줄 구성요소와 제약조건을 고려하는 결합알고리즘은 분석목적에 따라 다양하게 구축될 수 있으며 주로 활동주체에 대한 여러 가지 제약조건 시나리오에 따른 스케줄 조정 및 선택에 대한 조사결과를 기반으로 한 컴퓨터 시뮬레이션(simulation)기법이 이용된다.

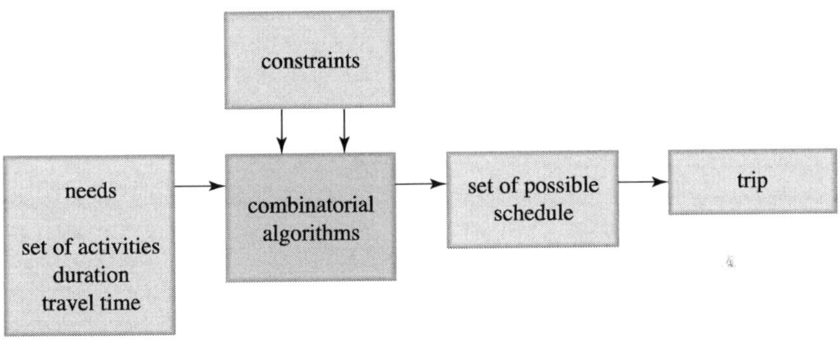

〈그림 6.12〉 활동제약을 고려한 활동스케줄 구축 개념도

6.2.6 통행기반모형과 활동기반모형의 개념비교

앞에서 언급한 바와 같이 활동기반(activity-based)모형은 분석단위에서 여정수준(tour level)과 통행수준(trip level)으로 구분할 수 있으며 본 절에서 기존 통행기반(trip-based)모형인 4단계 모형과 비교하여 설명하도록 한다. <표 6.3>은 두 모형을 비교하여 제시하고 있다.

통행기반모형의 통행발생은 주어진 교통분석존(TAZ) 및 통행목적별로 단지 발생량을 제시하는 것에 비해 활동기반모형은 통행을 발생시키는 활동들을 연결함으로써 발생된 여정(활동)과 통행 간의 상호연관성의 고려가 가능하다. 통행도착의 경우 통행기반

〈표 6.3〉 통행기반모형과 활동기반모형의 비교

통행기반모형	활동기반모형		활동기반모형의 장점
	여정단계 (tour level)	통행단계 (trip level)	
통행발생	여정(tour)으로 표현되는 일일활동 및 통행패턴	활동종류별 정지(stop) 빈도	발생된 여정과 통행 간의 상호연관성 고려 가능
통행도착	주요 목적지 존에 대한 선택에 영향을 주는 크기 변수	정지위치에 대한 존별 크기 변수	주요 활동과 부수적 활동 간의 구분 가능
통행분포	주요 목적지 선택 (primary destination choice)	정지위치 선택 (stop location)	비가정 기반 출발지와 가정 기반 도착지 간 연결 가능
수단선택	전체 여정에 이용된 수단에 대한 조합	통행에 관련된 수단선택	여정 내 모든 통행에 대한 수단선택의 일관성을 유지함
시간대별 OD	여정 스케줄링	도착/출발시간 선택	시간대별 OD 변화 추정이 가능함
통행배정	개인통행패턴에 대한 동적미시 분석(dynamic micro-simulation)	통행배정	네트워크 상황에 입각한 활동패턴을 반영할 수 있음

모형이 도착지 교통존의 사회경제지표를 통해 도착량을 설정하고 있는 반면, 활동기반모형은 특정 활동에 대한 목적지 선택에 영향을 주는 변수 등을 고려함으로써 주요 활동과 부수적 활동 간의 구분이 가능한 장점이 있다. 통행분포의 경우 발생량과 도착량의 크기로 결정되는 중력모형을 적용하는 4단계 모형과 달리 활동 및 여정에 관계되는 세부적인 목적지 선택에 대한 문제로 보기 때문에 가정기반과 비가정기반의 도착지를 연결할 수 있는 장점이 있다. 수단선택 또한 전체 OD가 구축된 다음에 수행되는 4단계 모형과 달리 전체 여정에 이용된 수단의 조합을 분석함으로써 수단선택의 일관성이 유지되는 장점이 있다. 활동기반모형에서 고려하는 활동스케줄 및 출발/도착시간 선택 등은 시간대별 OD패턴을 현실과 유사하게 추정할 수 있도록 하며 특히 OD의 시간대별 방향성을 잘 반영할 수 있는 장점이 있다. 4단계 모형에서 통행배정은 네트워크의 속성들을 반영한 결과로서 통행비용과 시간을 한 시점에 대하여 고려하여 결과를 보여주는 반면 활동기반모형은 네트워크의 상황에 따른 개인통행에 대한 미시적 분석을 수행함으로써 단기적인 활동패턴을 반영할 수 있는 장점이 있다.

6.3 활동기반모형의 적용

6.3.1 자료 조사

활동기반모형은 앞 절에서 언급한 바와 같이 크게 활동스케줄과 활동제약이 고려되어야 함에 따라 모형을 구축하기 위해서는 이와 같은 자료에 대한 조사가 필수적이다. 활동스케줄은 개인단위 활동에 대한 요구(demand for service)사항이므로 이를 조사하여 분석을 위해 일반적으로 개인단위의 가정 내(at-home) 및 가정 외(out-of-home) 활동들에 대한 시간활용배분(time use allocation)에 대한 조사를 수행해야 하며 하나의 활동장소에서 또 다른 활동장소를 연결하는 통행에 대한 정보가 필요하다. 개인단위 활동에 대한 조사부문에는 다음과 같은 것이 있다.

- 시간활용 및 배분에 대한 장기적인(longitudinal) 자료 및 지리정보(geographic information) 자료: 활동, 통행, 장소, 활동지속시간, 공간정보
- 사회 · 인구자료(sociodemograhpics): 연령, 성별, 고용형태, 직업, 종교
- 정보기술 관련 자료(information techonologies): 컴퓨터, 인터넷, 스마트폰, 넷북
- 가정의 가용자원 관련 자료(household resource availability): 자동차 보유대수, 원거리 통신기기 보유대수 등
- 활동기회 인지관련 자료: 활동에 따른 이동(transportation)특성에 관한 자료로서 원거리통신수단(telecommunication) 이용에 따른 이동특성 등을 파악하기 위한 자료

활동스케줄과 함께 공간적인 정보도 중요한데 실제로 활동이 일어난 장소와 활동의 참여를 위해 고려되었던 비용, 접근성, 가능한 교통수단 등 다양한 지표들이 이에 포함되며 활동에 대한 서비스 공급(supply of service)의 관점에서 분석하기 위함이다. 활동의 공급측면에서 조사되어야 할 사항은 아래와 같다.

- 활동기회에 대한 공간 및 비공간자료: 직접 및 간접적인 쇼핑가능시간 등
- 활동허용기간에 대한 자료: 일일, 일주일, 계절 등 활동이 가능한 시간단위
- 활동네트워크 자료: 물리적인 공간 및 비공간에 대한 네트워크 자료(transportation and telecommunications networks)

6.3.2 분석모형의 구성

활동기반모형의 획기적인 장점은 현재부터 장래의 특정 시점까지 스냅샷(snapshot)과 같이 사회경제지표, 인구, 교통시설 변화에 따라 교통수요를 분석할 수 있는 마이크로 시뮬레이션(microsimulation)이 가능하다는 것이다. 교통시설공급 및 운영 등 교통계획에서 제시되는 지표뿐만 아니라 사회경제지표와 연계된 인구변화 등을 특정 시점에 대하여 종합적으로 도출이 가능함에 따라 교통시설투자 의사결정에 상당한 도움이 될 수 있다.

활동기반모형의 또 다른 기능으로서 주목해야 할 것은 장래 예측에 대한 대상이 단순히 교통에만 국한되어 있지는 않은 점이다. 경제변화, 주택, 상수도 및 하수처리시설, 위락시설 등과 인터페이스가 가능하므로 다양한 장래 예측방법론과 결합하여 신뢰성 있는 결과를 제시할 수 있다.

이상과 같은 분석을 위해 활동기반모형을 구성하는 요소에는 다음과 같은 것들이 있다.

(1) 인구정보 및 시간활용 프로파일(socio-demographics and time use profiles)

활동기반 교통수요모형의 구축을 위해서는 분석 대상 지역의 인구정보와 사람들의 시간이용 패턴에 대한 자료를 기반으로 모형을 구축하여야 하며 활동인구 분류 또는 구분에 따라 시간활용에 있어서 어떻게 차이가 나는지를 분석할 수 있어야 한다. 활동인구의 정의는 분석 대상 지역 내에 거주하는 활동인구와 외부 존에서 유입되어 분석 대상 지역 내에서 활동하는 인구로 크게 구분할 수 있으며, 이들의 활동인구 분류는 활동의 연쇄(activity chain) 형태와 시간이용패턴에 따라 정의한다.

(2) 가구원들의 활동배분(activity allocators)

가구 내의 구성원들에 대한 일상 활동의 배분은 하루 중 활동패턴에 중요한 결정요인 중의 하나인데 이러한 가구원의 활동패턴은 가구 구성원 중 누구와 어떤 활동에 있어 서로 관계를 갖고 있는지를 보여주는 기능을 수행한다. 활동배분은 가구를 구성하고 있는 구성원 간의 활동뿐만 아니라 기타 사회적 및 업무적으로 함께 묶인 그룹 내 구성원들과의 활동 간에 영향을 분석한다. 이러한 구성의 예로서 회사의 종업원, 이웃, 학교 동아리 등 구성원들 간의 상호 개인 활동에 영향을 주는 그룹을 들 수 있다.

(3) 활동과 통행의 연계(activity & travel equations)

통행은 활동의 추구에 의해 파생되는 수요이므로 활동패턴이 통행행태로 어떻게 표출되는지를 분석할 수 있는 기능을 수행한다. 특정 활동마다 통행을 유발하고 지속하는 행태에 있어 다양성을 보이므로 이러한 활동과 통행의 연관관계를 분석하는 기능이 필요하다.

(4) 시공간 모형(spatio-temporal models)

활동인구의 시간에 따른 활동영역을 추정하기 위한 기능으로서 활동인구의 특정시간 및 활동공간에 대한 수요를 분석하여 활동기회 및 활동장소에 대한 수요를 추정하여 활동공간 및 교통시설의 공급의 차원에서 분석을 위한 기능이다.

(5) 기타 구성내용

앞에서 열거한 구성요소들은 활동기반모형의 구축을 위해 가장 기본이 되는 사항이며 다양한 활동의 영향 및 교통수요 변화를 추정하기 위해서는 다음과 같은 추가적인 분석기능을 할 수 있도록 모형이 구성될 필요가 있다.

- **주거지와 업무지역의 변화와 시간사용**: 활동의 주체인 개인들은 직장을 옮기거나 주거지역을 옮기는 사례가 발생하므로 새로운 환경에 적응하여 정착할 때까지 어떻게 활동하고 통행하는지에 대한 분석이 필요하며, 활동기반모형에서 이러한 현상을 반영할 수 있어야 한다.
- **IT기술과 시간사용**: 현대 및 미래사회는 IT기술의 발달로 인해 화상으로 업무와 출장을 대신할 가능성이 높아졌으며, 이에 따라 개인의 시간활용이 다양해지고 교통체증이 감소되는 효과를 기대할 수 있다. 재택근무 및 화상업무 등 통행을 유발하지 않는 활동과 통행 그리고 시간활용에 대한 효과를 반영할 수 있는 기능이 구성될 필요가 있다.
- **생활양식의 변화와 시간 사용**: 생활양식(life cycle)의 변화는 개인의 시간활용과 배분에 있어 중요한 결정사항이며 통행수요에 영향을 미치므로 이를 반영할 수 있는 구성이 필요하다.
- **계절 및 주중 시간 사용 프로파일**: 생활양식의 변화와 더불어 개인의 활동은 계절에 따라 주중과 주말에 따라 서로 다른 양상을 보이므로 이를 반영할 수 있는 기능이 필요하다. 예를 들어 특정 공휴일에 집중되는 쇼핑활동 및 명절 인구이동 등에 따른 통행량 변화 등에 대한 분석이 요구되므로 이를 반영할 수 있어야 한다.
- **장기적인 시간 사용**: 특정한 교통정책이나 사회정책 등은 단기적인 분석뿐만 아니라 장기적인 활동 및 통행패턴에 영향을 미치므로 장기적인 변화 추이를 예측할 수 있는 기능이 필요하다.

6.3.3 활동기반모형 사례

활동기반 접근방법의 교통수요모형의 적용사례는 과거 Chapin(1971)과 Hägerstrand (1970), Cullen & Godson(1975)의 활동기반모형의 형태를 제시한 이후에 크게 발전하게 되었다. Chapin은 사회현상적 제약과 개인의 지속적인 활동의 추구 간의 상호작용이 활동패턴에 반영되는 모형을 제시한 것과 달리, Hägerstrand는 공간적인 활동 참여 기회의 제약과 시간의 고려가 인간활동 참여를 결정하는 것에 초점을 맞춘 시공간 프리즘(space-time prism)을 제시하였다.

Gullen과 Godson은 Hägerstrand(1970)의 이론적 배경에 의문을 가지고 상당한 기간 경험적 연구를 수행하여 시간제약이 공간제약보다 유연성이 낮음에 따라 시간제약이 활동참여 및 활동의 종류에 상당한 영향을 준다는 결과를 제시하였다.

활동기반모형은 앞의 연구결과에 힘입어 크게 두 가지 영역으로 구분되어 발전하게 되는데, 단일 활동에 대한 모형과 여러 활동의 순차적 패턴에 대한 모형을 들 수 있다.

(1) 단일 활동에 대한 모형(single activity episode participation)

단일 활동에 대한 모형은 개인이 하나의 활동을 수행하는 데 있어 활동의 지속시간, 위치, 활동참여의 시간패턴(time window)에 대한 내용으로 구성된다. 개별 활동의 선택에 있어 가구구성원 간의 상관관계를 표현하기 위해 성인가구원 숫자, 가구구성 형태, 직장맘의 유무 등 단순한 조사로 모형을 구축하게 된다.

Damm(1980)은 업무 스케줄을 고려하여 하루를 5개 구간으로 구분하여 활동참여와 지속시간상의 상호연관성을 시간대별 변수를 활용하여 적용하였으며, 시간제약은 업무 지속시간, 업무시간의 유연성, 타 시간대에서의 소요시간 등을 고려하였다. 업무지역에 대한 공간적 정착도, 접근성, 주거기간, 운전면허 소유 여부 변수를 활용하여 공간적 제약을 정의하였다.

Van Der Hoorn(1983)은 활동을 위한 활동종류의 선택과 활동위치 선정을 위해 단일 활동모형을 구축하였다. 활동의 세 가지 공간적인 위치설정을 집, 도시, 도시 외로 정의하여 분리된 로짓모형을 개별적으로 이전 활동이 발생한 위치에 적용하였다. 단일 활동의 선택은 앞선 활동의 위치에 영향을 받는 것으로 정의하였으며, 앞선 활동의 종류에 영향을 받지 않는 것으로 하였다. 활동의 위치 선택은 앞선 위치와 다음 활동에 영향을 받는 것으로 정의하였으며 외부 제약요소에 의한 활동의 제약은 활동 가능한 종류 및 위치 선택 집합을 정의할 때 고려하였다.

Bhat(1996)과 Neimeier & Morita(1996)는 가정 외(out-of-home) 활동의 지속시간에 대

한 모형을 구축하였으며 구축 결과 개별 가구의 사회인구지표 및 개인단위지표(가구크기, 소득, 연령, 성별 등), 개인단위 업무스케줄 특성이 가정 내 및 가정 외의 활동지속시간에 큰 영향을 주는 것을 분석하였다.

(2) 활동의 순차패턴 모형(activity episode pattern analysis)

하나 이상의 활동에 대한 순차적인 패턴의 모형으로서 여기에는 활동스케줄링 및 활동발생에 영향을 미치는 외부 요소에 대한 연구들이 수행되었다. 기타 연구들로서는 활동발생과 스케줄링을 분석한 것을 들 수 있다.

1) 포틀랜드 모형

Bowman and Ben-Akiva(2000)는 일단위 개인활동 스케줄 모형을 개발하여 미국 오레곤주 포틀랜드에 적용하였는데, 전통적인 교통수요 모형과 비슷하나 통행(trip) 기반이 아닌 여행(tour: 출발점과 도착지점을 하나의 여행으로 정의)을 기반으로 한 모형이다. 여행에 속한 각 활동들은 시공간적으로 서로 연결되어 있으며 여행은 다시 주요 여행(primary tours), 부수적 여행(secondary tours) 등으로 구분하여 각 여행별 목적지, 교통수단, 시간선택 등이 네스티드 로짓모형(nested logit model)으로 구축되었다.

<그림 6.13>은 Bowman의 순차적인 일일활동에 대한 내용을 보여주고 있다. 하루 중 주요 활동(primary activity)에 대한 선택을 수행하고, 다음으로 활동을 수행하기 위한 여정을 계획하여 출발시간(departure time)을 선택하게 된다. 시간이 결정되면 다음으로 활동을 수행할 목적지(destination)와 통행수단(mode)에 대한 선택을 한다. 주요 활동에

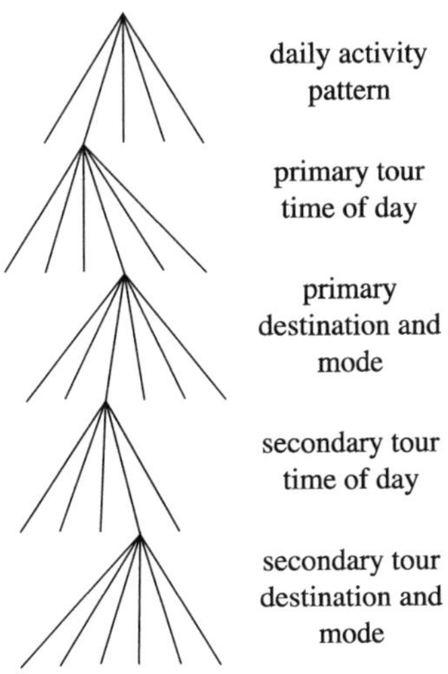

〈그림 6.13〉 활동스케줄의 구성(Bowman, 2000)

대한 내용들이 결정되면 부수적인 활동(secondary activity)을 위한 여정(tour)과 시간, 목적지, 수단 등 일련의 과정들이 수행되는 구조를 가지게 된다.

인간이 수행하는 각 활동들과 여기에서 수반되는 여행과의 연결 메커니즘을 잘 설명하고 있지만 여행과 관련된 모든 선택(114개)을 로짓모형으로 구현함으로써 실용적으로 사용하기 위해서 방대한 자료의 확보가 요구되며 모형의 정산 및 검증에 상당한 시간이 소요되는 단점을 가지고 있다.

2) 활동제약 모형(activity constrained approach)

Kitamura and Fujii(1998)는 Hägerstrand(1970)의 시공간 프리즘(time-space prism) 개념을 구현한 시스템(PCATS, Prism-Constrained Activity-Travel Simulator)을 개발하였다. 이 모형에서는 활동을 사전에 정해진 장소에서 일어나는 고정(fixed)된 활동과 고정된 활동들 사이에 일어나는 유동적(flexible) 활동으로 구분한다. 즉, 하루의 시간을 활동으로 고정된 기간(blocked periods)과 활동이 없는 유동적 기간(open periods)으로 구분한다. 예를 들어, 하루 중 특정인이 업무(work)활동을 오전 9시에서 12시까지 수행하고 다시 오후 1시에 업무활동을 재개할 경우, 오후 12시와 1시 사이에 고정된 활동이 존재하지 않으므로 이 시간 동안은 다양한 활동을 할 수 있는 유동적 기간으로 정의하며 다음 고정된 활동이 시작될 때까지 지속성을 가지게 된다. 시공간 프리즘은 통행속도, 장소, 고정활동의 시간에 의하여 구축하고 유동적 활동은 고정활동 내에서 제약하고 있다.

<그림 6.14>는 PCATS 시뮬레이션 수행과정을 보여주고 있다. 먼저 4가지 선택 가능한 활동을 선택하게 되는데 첫 번째 활동은 가정 내 활동(at-home activity)으로 집안 내에서 일정 시간을 보낸 다음 가정 외 활동(out-of home activity)을 하는 경우로 집안 내 활동지속시간을 결정한 뒤 다음 활동을 선택하게 된다. 두 번째 활동은 다음 고정활동을 위해 출발할 때까지 가정 내 활동(at-home activity)으로, 이 경우 활동지속시간은 다음 고정활동의 시작시간에서 목적지까지 도착하는 데 걸린 시간을 제외한 시간으로 결정되며 고정활동을 위해 이동수단이 선택된다. 이러한 일련의 과정은 유동적 활동까지로 제한된다. 세 번째 활동은 특정 활동을 수행하고 있거나 다음 고정활동을 위해 근처에 위치한 경우로 정의하고 있다. 이러한 경우 목적지와 활동지속시간이 결정되므로 수단선택에 대해서만 시뮬레이션을 하도록 되어 있다. 끝으로 네 번째 활동으로는 일반적인 장소에서 발생하는 가정 외 활동(out-of home activity)으로 이 경우 위락, 운동, 식사, 쇼핑, 친교 등 부수적 활동(sub-type activity)에 대해 시뮬레이션을 수행하게 되며 여기에는 장소와 수단선택에 대한 내용이 포함되어 있다. 이러한 일련의 프로세스는

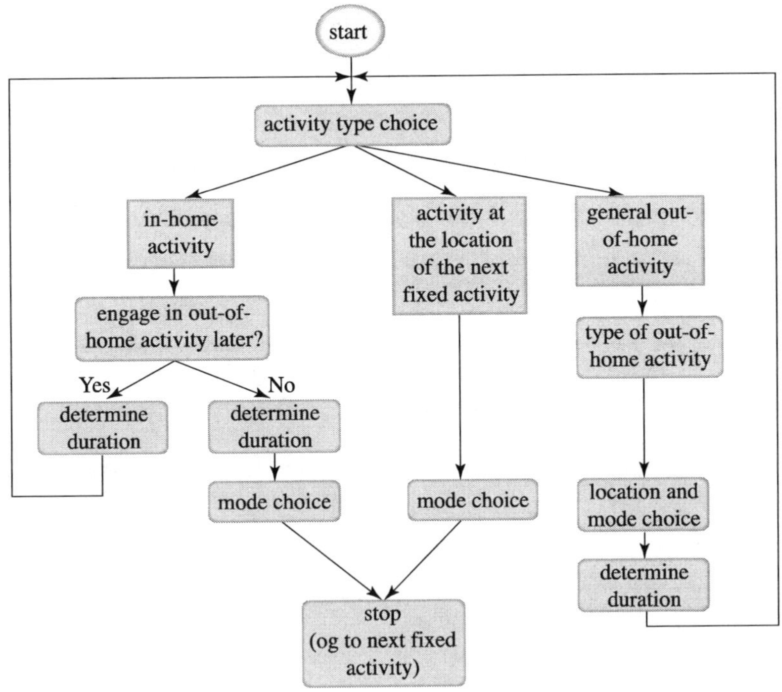

〈그림 6.14〉 PCATS 모형

반복적으로 수행되게 되며 주어진 허용시간 내에서 활동의 가능 여부를 시공간 프리즘으로 제한하여 가능하지 않은 활동, 수단, 목적지 등은 선택의 옵션에서 제외시키게 된다.

3) 규정기반(rule-based approach) 모형

Arentze and Timmermans(2000)는 ALBATROSS(A Learning Based Transportation Oriented Simulation System)를 개발하였는데 개인의 효용극대화 이론을 기반으로 하는 모형과 달리 순차적인 활동이 아닌 개인의 활동의 중요도를 기반으로 한 모형이다. 출근시차제, 쇼핑몰의 영업시간 연장 등의 외부환경 변화에 개인의 활동의 변화가 어떻게 이루어지는지에 대해 행태분석에 목적을 두었다.

ALBATROSS에서 구현하고자 하는 활동의 패턴은 개인단위 혹은 가구단위별 다양한 제약조건들의 복잡한 상호작용의 결과로 얻어지는 것을 인식하는 데 있다. 활동의 주체인 개인은 완벽하지 못한 제한된 정보를 가지고 있기 때문에 활동의 장소를 선택할 때에 개인이 인식하고 있는 범위 내에서 대부분 결정하게 된다. 따라서 활동은 사람들에 의해 많이 인식되어 일반적이며 제도화된 맥락에서 제한받고 있다고 정의하고 있다. 예를 들어 업무시간은 대부분 일일 8시간으로 정해져 있고 백화점 등 상가의 운영시간도

제도화된 룰에 의해 정해져 운영되고 있으며, 자동차 운전 또한 나이 제한에 따라, 면허증 소지 여부에 따라 결정되어 있다. 이러한 제약조건들은 일련의 법칙 또는 요구사항으로 정의되어 모형 내에서 활동의 선택, 장소 및 수단선택 등에 영향을 주는 요소로 구분되어 수행되고 있다. 활동에 있어 다양한 규정을 시스템에 내재하고 있음에 따라 ALBATROSS는 규정기반 활동접근(rule-based activity approach)방법으로 분류되고 있다. 여기에서 규정은 ALBATROSS 모형의 핵심이 되는 사항으로 개인의 활동에 대한 다년간에 걸친 방대한 자료를 수집하여 현실적인 규정을 제약조건으로 활용하고 있다.

<그림 6.15>는 ALBATROSS의 구조에 대해 개략적으로 보여주고 있다. 활동은 가구단위 구성원을 기준으로 하여 조합하여 고정된 활동(fixed activity)과 유동적 활동(flexible activity)으로 구분하여 활동스케줄을 구성하게 된다. 가구단위 활동인구의 구성과 고정된 활동에 대한 다양한 시나리오 작성이 가능하며 이러한 시나리오에 따라 다양한 교통정책에 어떻게 개인들이 반응하는지에 대해 분석이 가능한 구조로 되어 있다. 다양한 교통정책의 변화에 대한 개인들의 활동 변화를 반영하기 위해서 자료수집에 상당한 시간과 비용이 필요하며 타 지역에서 활용하기 위해서는 같은 수준의 자료가 구축되어야 한다.

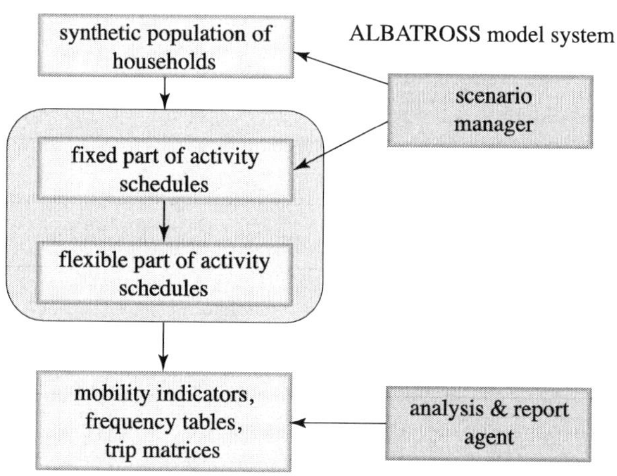

〈그림 6.15〉 ALBATROSS 모형

4) 시공간 활동인구(spatial-temporal activity-population approach) 모형

CentreSim(2001)은 시공간 활동기반모형으로서 처음으로 기존 4단계 교통수요분석기법 내에서 적용 가능하도록 개발되었고 개별 건물이나 교통존(TAZ) 단위로 시공간 활동인구 추정을 기반으로 한 활동인구기반(activity population-based approach) 접근법이다. 지리정보를 기반으로 하여 시각적으로 이해가 편하고 기존의 가구통행자료를 활용

할 수 있는 장점이 있으며 기존 4단계 수요모형의 단점을 보완하여 통행량 추정의 정확성을 개선하는 데 목적이 있다. 타 활동기반모형과 달리 먼저 활동인구를 공간적으로 배치하고 동시에 일련의 활동들을 배정하는 특징이 있으며 시간대별 공간활동인구의 차이가 통행수요로 정의되었다.

<그림 6.16>은 시공간 활동기반모형의 추정과정을 보여주고 있다. 대상 지역에 대한 활동공간을 사전에 정의하고 개인별 일일활동패턴 조사결과를 기반으로 유사한 활동인구 그룹으로 구분하게 된다. 활동의 선택, 활동 지속시간, 활동의 연결성(activity chain)을 고려하여 24시간 활동 프로파일(activity profile)로 구성한 다음, 활동별 목적지에 대한 선택을 수행하게 된다. 활동 목적지 선택을 위해서는 토지이용 또는 시설물별 GIS 속성자료를 기반으로 모형을 구축하게 되어 있다. 따라서 특정 시간에 특정 활동을 하는 활동인구와 활동지역에 대한 선택 등이 모두 확률적으로 추정되며, 추정된 결과를 바탕으로 전체 인구를 적용함으로써 시공간 활동인구가 최종적으로 산정된다. 통행량 추정은 현재 시간(t)을 기준으로 이전 시간($t-1$) 및 이후 시간($t+1$)의 활동지역별(또는 건물단위)로 활동인구의 차이를 통해서 추정하거나 주어진 시간, 활동, 장소로부터 파생되는 통행량을 기반으로 한 조건부 통행확률(conditional probability)로 추정 가능하다.

<그림 6.17>은 특정 시간대의 공간적으로 분포되어 있는 활동인구를 GIS Map상에 표현한 것이다. 개별 건물단위로 특정시간에 존재하고 있는 활동인구를 막대그래프로 표출하고 있으며 막대그래프의 색깔은 다양한 활동을 의미하며 토지이용이나 건물단위로 다양한 활동이 이루어지고 있음을 시각적으로 보여주고 있다.

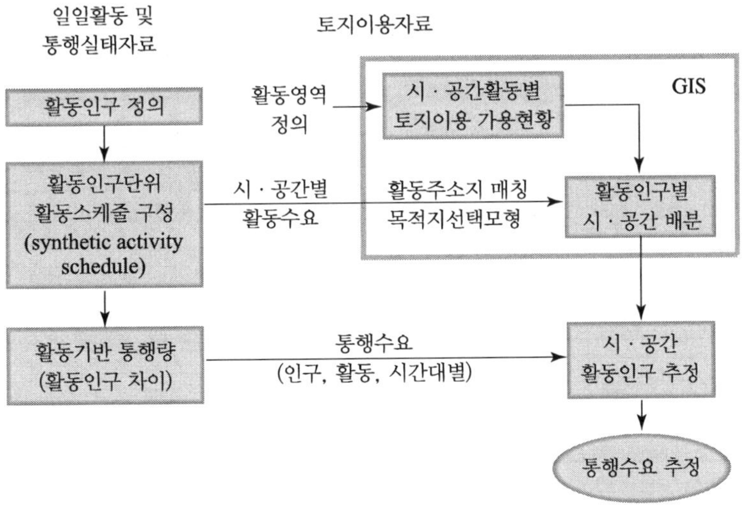

〈그림 6.16〉 시공간 활동기반모형 과정도(Eom, 2009)

〈그림 6.17〉 건물단위 시공간 활동인구(Eom, 2009)

〈표 6.4〉 주요 활동기반모형의 비교[1]

모형	모형 특징[1]	모형의 복잡성[2]	자료요구 정도[3]	연산 시간[4]	적용사례
ALBATROSS	규정기반 (rule-based)	높음	높음	높음	Rotterdam (네덜란드)
AMOS	스케줄 보정 (activity-response)	높음	높음	높음	Washington, D.C. (미국)
PCATS	총 효용극대화 이론 (utility-maximization)	높음	보통	높음	Osaka & Kyoto (일본)
Portland Model	네스티트 로짓 (nested-logit)	높음	보통	높음	Portland (미국)
CentreSIM	활동인구기반 (activity-population)	보통	보통	보통	Pennsylvania (미국)

주) 1: 모형을 대변하는 특징적인 사항 및 활용성
2: 활동선택, 활동스케줄, 수단 및 목적지 선택 등 일련 과정의 disaggregate 정도
3: 모형구축을 위해 소요되는 자료의 조사 대상, 분량, DB 구축 등
4: 모형을 실행하여 소요되는 연산시간(computing time)

1) 다양한 활동기반모형들 중 모형의 특성이 서로 다른 모형들을 선별하여 정성적으로 비교 설명하였다.

<표 6.4>는 활동기반모형 간 특징을 개략적으로 비교한 것이다. 표에서 보는 바와 같이 대부분의 활동기반모형은 개인단위 활동 및 부수적으로 파생되는 통행에 관한 문제를 다루고 있기 때문에 전통적인 수요분석모형과 비교하여 매우 복잡하고 분석에 활용되는 자료의 양이 방대한 것이 특징이다. 개별 모형별로 개인이 선택할 활동에 대해 사전에 정의하는 것에 따라 모형의 구조가 다르며, 활동에 포함된 구성요소인 활동시간, 장소, 수단 등을 개인단위의 효용을 극대화시키는 측면에서 결정하는 것으로 볼 것인지 아니면 수많은 경험자료에 의해 특정 조건 내에서 활동이 이루어지는 것으로 볼 것인지에 따라서 모형의 복잡성, 요구되는 자료의 수준, 범위, 크기, 연산속도 등에 차이를 보이고 있다. 소개된 개별모형은 이러한 차이를 가지는 것들을 기준으로 제시하였으며 현재에도 다양한 목적을 가진 모형들이 개발되고 현실에 적용되고 있다. 향후 사례연구들을 통해 활동기반모형의 적용성에 대해 지속적으로 관심을 기울일 필요가 있다.

6.3.4 활동기반모형의 발전방향

활동기반모형의 도입 필요성에 대해서는 누구나 동의하고 있으나 여전히 가구원이나 개인의 선택이 어떻게 활동과 통행패턴으로 설명될 수 있는지에 대한 이해와 모형개발이 어려운 것이 현실이다. 이러한 문제점을 해소하기 위한 향후 연구분야에 대해 다음과 같이 소개하도록 한다.

(1) 개인들 간 활동패턴의 상호작용(inter-individual interactions)

가구 구성원의 개인별 활동선택의 상호작용에 대한 연구분야로서 개인 간 상호작용은 쇼핑, 여가 등 특정 활동을 함께 하는 형태를 분석하기 위함이다. 예로서 가구 구성원 중 엄마와 자녀의 경우 상호작용을 보이는 경우가 많은데, 학원 및 기타 장소에서 같은 활동으로 함께 존재할 경우를 들 수 있다. 미국의 사커맘(soccer mom)과 같은 경우를 대표적인 예로 볼 수 있다. 개인 간 활동의 상호작용에 대한 연구는 과거에 많이 수행되지 못했으므로 시간흐름과 연동된 개인 간 상호작용에 대한 연구가 필요하다.

(2) 가정 내 및 가정 외 간 상호활동 대체(in-home & out-of-home activity substitution)

가정 내와 가정 외 활동들은 통행의 관점에서 서로 다르게 취급해야 한다. 가정 내 활동은 대부분 통행을 유발하지 않는 반면 가정 외 활동은 통행을 유발하기 때문이다. 최근 다수의 가정 외 활동들이 가정 내 활동으로 대체되는 모습을 보임에 따라 통행에 미치는 영향을 정확히 분석하기 위해서는 어떤 가정 외 활동들이 가정 내 활동으로 대체되는지에 대한 연구가 필요하다. 예를 들어 최근 컴퓨터, 개인 휴대폰 등의 발달로 재택근무, 영화관람, 쇼핑 등의 활동들이 가정 내에서 이루어지는 경우가 발생하고 있다. 이러한 연구분야는 과거에는 고려되지 않은 부분으로서 향후 보다 구체적인 분석이 요구된다. 특히 가정 내 활동에서는 여러 가지 활동들이 동시에 이루어짐으로써 이를 분석하기 위한 자료조사 및 분석의 방법론이 필요한 실정이다.

(3) 분석대상(단위)

기존의 활동기반모형은 분석단위를 평일로 규정하여 분석해 왔다. 이러한 분석은 개인의 활동 및 통행패턴에 있어 주중에는 차이가 거의 없다는 전제하에 분석하고 있기 때문이다. 그러나 주중 통행빈도, 출퇴근시간 동안 이루어지는 활동정지 및 정지횟수에는 차이가 분명이 존재하므로 이를 고려할 수 있는 방법론이 필요하다. 이러한 분석을 위해서는 주중 및 주말에 대한 일주일 조사자료가 필요하나 조사비용 등에 대한 제약이 있을 수 있으므로 조사비용을 최소화할 수 있는 조사방법론에 대한 연구도 필요하다.

(4) 활동결정 메커니즘

개별 활동을 발생시키는 모형에 대한 연구가 수행되었지만 여전히 개인단위 활동발생 메커니즘에 대한 연구가 필요하다. 가구 구성원인 개인이 활동 및 통행을 결정할 때 어떠한 정보와 조건하에서 결정하게 되는지, 이러한 결정이 사전에 미리 계획되어 있는 것인지, 아니면 실시간적으로 결정되는 것인지에 대한 분석이 필요하다. 개인이 스케줄을 결정하는 데 있어서 어떠한 목적의식을 가지고 결정하는지와 스케줄을 구성하는 개별 활동이 동시에 또는 순차적으로 발생하는지에 대한 연계분석이 필요하다. 현재에는 이러한 분석을 수행하기 위해서는 외부로 표출되는 활동과 연계되는 내부 의사결정과정이 담긴 분석자료가 필요하다.

이상과 같이 활동기반모형의 구축을 위해 수행되어야 할 연구분야는 많으며 실제 현장에서 교통계획을 수립하기 위한 분석방법으로 활동기반모형의 도입을 위해 많은 노력을 기울이고 있다. 머지않은 장래에 기존 방법론인 4단계 교통수요모형을 대체할 수 있을 것으로 기대되며 현재 이러한 현장에서의 노력은 천천히 단계적으로 이루어지고 있다.

:: 참고문헌

Pendyala R. and Bhat, C. R., Validation and Assessment of Activity-based Travel Demand Modeling System, Presented at Innovations in Travel Demand Modeling Conference, Transportation Research Board, Austin, TX. 2006.

Algers, S., Eliasson, J. and Mattsson, L. Activity-based Model Development to Support Transport Planning in the Stockholm Region, Presented at the 5th Workshop of the TLE Network, Nynashamn, September 28～30, 2001.

Rossi, T., TMIP Activity and Tour-based Model Seminar, January 9. 2005, Accessed Nov. 1, 2006.

Eom, J., Empirical Spatial-Temporal Activity-based Data Analysis, VDM Verlag, 2009. 10.

Hägerstrand, T., What about People in Regional Science? Regiona Science Association, Vol. 24, pp. 7～21, 1970.

Chapin, F. S., HumanActivityPatternsintheCity, Wiley, NewYork, 1974, Kitamura, R., Fujii, S. Yamamoto, T. and Kikuchi, A., Application of PCATS/DEBNets to Regional Planning and Policy Analysis: Micro Simulation Studies for the Cities of Osaka and Kyoto, Japan, Presented at the Transportation Research Board, 2001.

Arentze, T. and Timmermans, H., ALBATROSS: A Learning Based Transportation Oriented Simulation System. European Institute of Retailing and Service Studies, 2000.

A System of Activity-based Models for Portland, Oregon, Travel Model Improvement., Program, U.S. Department of Transportation, 1998.

Beckx, C. B., Panis L. I., Arentze, T., Janssens, D., Torfs, R., Broekx, S., and Wets, G., A dynamic activity-based population modeling approach to evaluate exposure to air pollution: methods and application to A Dutch Urban area. Journal of Environmental Impact Assessment Review, Vol. 29, pp. 179～185, 2009.

Kwan, M., Interactive Geovisulization of Activity-travel Patterns Using 3-D Geographical Information Systems: A Methodological Exploration with A Large Data Set. Transport Research Part C, Vol. 8, pp. 185～203, 2000.

Buliung, R. N. and Kanroglou, P. S., A GIS toolkit for exploring geographics of household activity/travel behavior. Journal of Transport Geography, Vol. 14, pp. 35～51, 2006.

Goulias, K. G., Transportation Planning and Modeling, A chapter in Transportation Engineering Handbook, McGrawHill, New York, 2003.

07

대중교통수요 분석

7.1 대중교통수요 분석의 개요

대중교통계획을 위해서는 정책결정을 하기 위해 다양한 분석을 필요로 하며 분석을 위해 어떠한 방법과 절차가 필요한지 숙지할 필요가 있다. 우리가 통상적으로 언급하는 대중교통의 범주에는 버스, 지하철/전철, 지역 간 철도, 택시 등 다양한 수단이 포함되며 각 수단별 요금, 운행시격, 환승조건, 노선, 통행시간 등 다수의 요소들이 통행수요에 직간접적으로 영향을 미친다.

일반적으로 철도의 경우 시설계획에서 완공 및 운영기간까지의 기간이 보통 20년에서 30년인 장기적인 사업이므로 집계(aggregate)된 거시적 자료를 사용하게 되며 수요추정을 위해 전통적인 4단계 모형이 이용된다. 반면, 대중교통 요금제의 변화, 배차간격 조정, 운행속도, 노선조정 등 서비스와 관련된 정책들은 단기적으로 효과를 분석해야 하기에 교통수단선택 모형구축을 통한 수요탄력성 분석, 대중교통 통행배정모형을 통한 분석이 필요하다. 이와 같이 대중교통수요 분석은 분석 대상에 따라 이에 적합한 분석자료의 조사와 분석모형 등이 적용되어야 한다. <표 7.1>은 대중교통수요 분석에 있어 다양한 항목과 분석기간 및 자료의 형태에 대하여 요약 정리한 내용이다.

이 장에서는 대중교통수요 분석에 필요한 자료의 형태 및 수집, 대중교통시설 및 서비스에 따른 장 · 단기 수요 분석내용에 대해 살펴보도록 한다.

7.2 대중교통수요 분석자료

7.2.1 승차권 판매실적 자료

대중교통수요 분석에 있어 단기적으로 요금정책 변화 및 서비스 변화에 따라 수요가 어떻게 변할 것인가에 대한 분석자료로 많이 이용되는 자료는 승차권 판매실적 자료를 들 수 있다. 승차권 판매실적은 동일한 시점에 대해 대중교통 이용에 영향을 미치는 다양한 사회경제지표 및 개인특성 자료를 기반으로 수요 분석을 하는 횡단면분석(cross-sectional analysis) 및 이용실적에 대한 시간적 변화 등을 고려하는 종단면분석(time series analysis)에 활용된다. 그러나 승차권 판매실적 자료는 다음과 같이 몇 가지 한계를 가지고 있다.

- 전체 여행(journey)에 대한 부분적인 정보를 제공
- 주중할인권, 여행객할인권, 노약자할인권 등 정기권의 이용자에 대한 실제 통행실태(요일, 시간, 횟수) 등을 알 수 없음
- 수단 간 승차권 발매시스템 차이로 인해 통행량 자료의 연계성이 없음
- 승차권 발권 후 실제 통행자의 탑승 여부가 기록되지 않음

〈표 7.1〉 대중교통 분석항목

분석대상항목		분석기간		자료형태	
		단기	장기	비집계	집계
대중교통 요금	▪ 출퇴근 정기권 도입	○		●	
	▪ 통행거리기반 요금제 도입	○		●	
	▪ 환승할인 요금제 도입	○		●	
	▪ 관광객 요일권 도입	○		●	
운영/서비스	▪ 급행/완행 서비스 도입	○		●	
	▪ 버스중앙차로제(BRT)	○		●	
	▪ 열차 스케줄링	○		●	
	▪ 배차간격 조정	○		●	
	▪ 대중교통용량 개선(시설개량)		○		●
대중교통망	▪ 장래 노선계획에 따른 타당성 분석		○		●
	▪ 신규 노선개통에 따른 수요 분석	○		●	●
	▪ 기존 노선조정(route reshuffling)	○		●	
	▪ 신교통수단 도입(PRT, Tram, GTX 등)		○		●

7.2.2 교통카드자료

승차권 판매실적 자료의 문제점을 보완해주는 대중교통카드자료는 국내에서 2004년부터 도입되어 현재 수도권 대중교통 이용자의 90% 이상이 교통카드를 사용하고 있어 향후 이를 이용한 대중교통수요 분석이 활성화될 예정이므로 대중교통카드의 속성에 대해 학습할 필요가 있다. 대중교통카드로부터 획득되는 자료는 30개 이상의 속성을 포함하고 있으나 교통부문에서 사용되는 속성자료는 <표 7.2>에서 보는 바와 같이 17개 항목이 주로 이용된다.

〈표 7.2〉 카드데이터 자료 내용

속 성	설 명
PCARD_NUM	카드번호
RUN_DEPART_DTIME	운행출발시간
TRANS_ID	트랜잭션 아이디
TRANSP_METHOD_CD	교통수단코드
TRAF_FREQ	환승횟수
BUS_ROUTE_ID	노선 아이디
TRANSP_BIZR_ID	회사 아이디
VEHC_ID	차량 아이디
PCARD_USER_CLASS_CD	사용자구분
RIDE_DTIME	승차일시
RIDE_STA_ID	승차정류소
ALIGHT_DTIME	하차일시
ALIGHT_STA_ID	하차정류소
PASGR_NUM	승객 수
RIDE_AMT	승차금액
ALIGHT_AMT	하차금액
USE_DIST	이용거리
STAND_DT	사용일자

기본적으로 대중교통 이용실적은 교통카드를 통해 매일 얻어지는데 여기에는 대중교통 이용수단, 환승횟수, 이용자 구분, 노선 및 차량 정보, 승하차 시간 및 위치, 요금, 통행거리 정보가 포함되어 있다. 카드사용자 구분은 일반, 초등학생, 중고생, 청소년, 대학생, 경로, 장애인, 국가유공자, 생활보호자, 복지카드, 직원, 상근 및 기타로 자세히 구분되어 있으며 교통수단에는 지하철/전철/광역, 일반, 마을버스 등 다양하게 구분되어

요금 및 지역에 따라 코드로 정의되어 있다.

교통카드자료의 가장 큰 장점은 교통수단 간 환승에 대한 자료를 얻을 수 있는 점이다. 교통카드자료의 '트랜잭션 아이디(transaction ID)'는 대중교통수단 간 환승을 1일 최대 4번에 대해서 허용함에 따라 환승수단, 환승위치, 시간, 이용객에 대한 특성을 알 수 있다. 그러나 현재까지 지하철/도시철도 수단 내의 환승에 대한 정보는 획득되지 않고 있는데 이는 환승을 확인할 수 있는 단말기가 설치되어 있지 않기 때문이다.

<그림 7.1>은 교통카드를 이용하여 도시철도를 이용할 경우 관련된 속성자료의 획득 과정을 보여준다. 통행자는 A지점에서 카드리더기에 태그를 한 후 하차지점 E에서 다시 태그를 함으로써 교통수단 이용내역이 저장된다. A지점에서 태그는 이전 대중교통수단 이용 여부에 따라 환승과 비환승으로 구분되어 최종적으로 요금정산에 필요한 정보로 이용된다.

그림과 같이 교통수요에 영향을 주는 주요한 속성으로 통행시간을 들 수 있는데 통행시간은 차내시간(invehicle time)과 차외시간(out-of-vehicle time)으로 구분되며, 차외시간은 접근시간(access time)과 대기시간(waiting time)으로 구분된다. 현재 카드이용정보에 의하면 도시철도의 통행시간은 출발지점 태그와 도착지점 태그에 의한 시간으로 계산되므로 열차스케줄을 고려한 차내시간과 차외시간으로 구분이 필요하다.

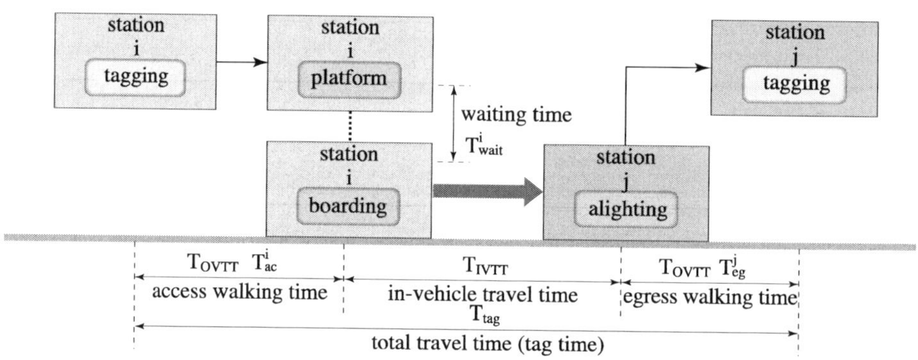

〈그림 7.1〉 교통카드 데이터 발생과정(도시철도)

<그림 7.2>는 교통카드를 이용하여 버스의 실적자료를 획득하는 과정을 보여준다. 도시철도와 다르게 버스의 통행자료 획득과정은 보다 복잡하다. 도시철도는 입출입 게이트에서 카드를 태그하는 반면 버스 이용자는 탑승과 하차 시에 카드를 태그하는 시점에서 이용자 간의 차이를 보인다. 탑승 시와 하차 시에 버스차량이 정차한 상태에서 카드를 태그하는 것이 일반적이나 적지 않은 이용자에서 버스가 출발한 후에 승차 태그를 하거나 버스가 정차하기 전에 하차 태그를 하는 경우가 발생한다.

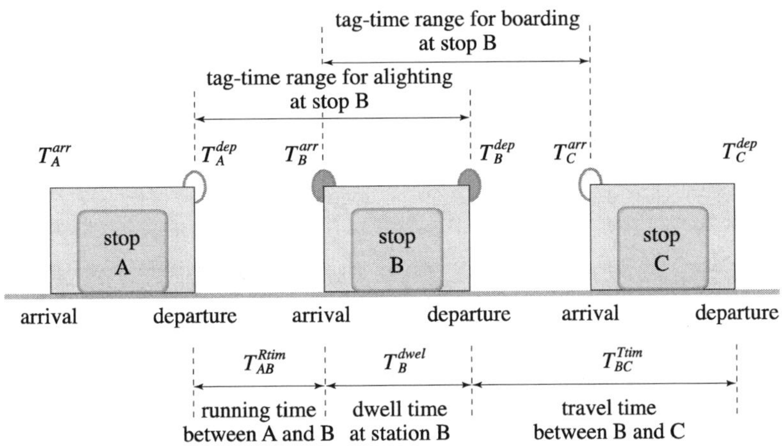

T_i^{arr} : arrival time at station i

T_i^{dep} : departure time at station i

T_{ij}^{Rtime}: running time between station i and j

T_i^{dwell}: dwelling time at station i

T_{ij}^{Ttime}: travel time between station i and j($T_{ij}^{Rtime} + T_j^{dwell}$)

〈그림 7.2〉 교통카드 데이터 발생과정(버스)

대중교통카드는 대중교통 각 수단별로 미시적인 운영서비스에 따른 수요 분석에 필요한 고급정보를 제공할 수 있는 새로운 형태의 자료로 볼 수 있다. 향후 대중교통카드의 이용이 전국적으로 확대되고 통합적인 운영시스템에 의한 표준화된 자료가 제공될 경우 지역 간 철도 및 버스 등 전국적인 대중교통수요의 분석이 보다 용이해지고 카드자료에 대한 의존도가 높아질 것으로 예상된다.

7.2.3 통행실태(travel pattern) 조사자료

통행실태 조사자료는 다양한 대중교통서비스 정책에 따라 대중교통 이용자들이 어떻게 반응할 것인지를 예측하고 이에 따른 수요변화를 추정하기 위한 필수자료이다. 예를 들어 신규 대중교통노선이 개통될 예정이고 통행시간, 요금이 어느 정도 수준일 경우에 통행자들이 어떻게 이용할 것인가에 대한 조사가 될 수 있다. 이러한 조사는 대부분 설문지 및 인터뷰에 의한 조사가 이루어지며 대중교통 개통 이후에 수요를 파악하는 데 중요한 자료가 된다.

<그림 7.3>은 고속철도 개통 이전 고속철도 이용자들의 통행실태 및 선호도 분석을 위해서 수행한 설문조사의 예를 보여준다. 조사표 왼편에는 통행자의 소득, 성별, 직업, 자동차보유대수와 같은 사회경제지표에 대한 조사와 현재 통행실태에 대한 내용을 포함하고 있다. 통행실태에는 통행목적, 출발도착시간, 출발도착주소, 접근교통수단, 통행

시간, 통행비용 등이 포함되어 있다. 오른편에는 다양한 대중교통요금 및 통행시간 비용 대안에 따라 개인선호도 조사내용이 제시되어 있다. 일반적으로 통행실태 조사는 단기적(short-term)이고 미시적(microscopic) 대중교통정책에 대한 수요변화 분석을 위해 반드시 필요하며 조사결과의 신뢰성을 가질 수 있다.

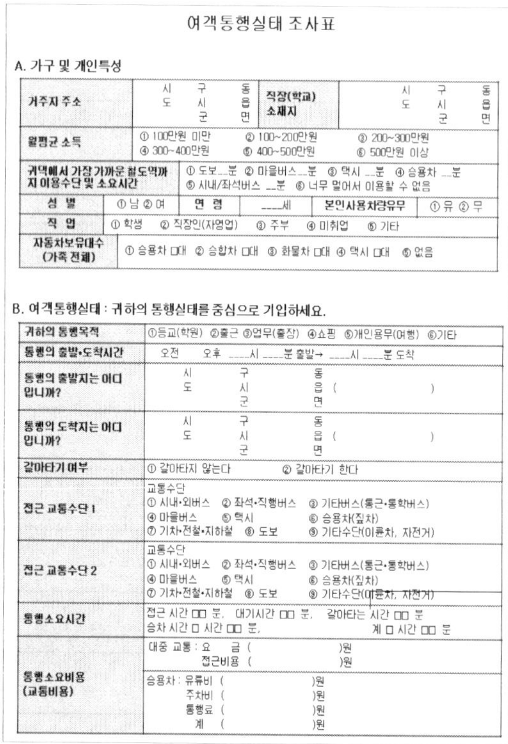

여객통행실태 조사표

A. 가구 및 개인특성

거주지 주소	시 도 / 구 시 군 / 동 읍 면	직장(학교) 소재지	시 도 / 구 시 군 / 동 읍 면
월평균 소득	① 100만원 미만 ② 100~200만원 ③ 200~300만원 ④ 300~400만원 ⑤ 400~500만원 ⑥ 500만원 이상		
귀댁에서 가장 가까운 철도역까지 이용수단 및 소요시간	① 도보__분 ② 마을버스__분 ③ 택시 __분 ④ 승용차 __분 ⑤ 시내/좌석버스 __분 ⑥ 너무 멀어서 이용할 수 없음		
성 별	① 남 ② 여	연 령	____세
본인사용차량유무	① 유 ② 무		
직 업	① 학생 ② 직장인(자영업) ③ 주부 ④ 미취업 ⑤ 기타		
자동차보유대수 (가족 전체)	① 승용차 □대 ② 승합차 □대 ③ 화물차 □대 ④ 택시 □대 ⑤ 없음		

B. 여객통행실태 : 귀하의 통행실태를 중심으로 기입하세요.

귀하의 통행목적	①등교(학원) ②출근 ③업무(출장) ④쇼핑 ⑤개인용무(여행) ⑥기타
통행의 출발•도착시간	오전 오후 ____시 ____분 출발→ ____시 ____분 도착
통행의 출발지는 어디입니까?	시 도 / 구 시 군 / 동 읍 면 ( )
통행의 도착지는 어디입니까?	시 도 / 구 시 군 / 동 읍 면 ( )
갈아타기 여부	① 갈아타지 않는다 ② 갈아타기 한다
접근 교통수단 1	교통수단 ① 시내•외버스 ② 좌석•직행버스 ③ 기타버스(통근•통학버스) ④ 마을버스 ⑤ 택시 ⑥ 승용차(짚차) ⑦ 기차•전철•지하철 ⑧ 도보 ⑨ 기타수단(이륜차, 자전거)
접근 교통수단 2	교통수단 ① 시내•외버스 ② 좌석•직행버스 ③ 기타버스(통근•통학버스) ④ 마을버스 ⑤ 택시 ⑥ 승용차(짚차) ⑦ 기차•전철•지하철 ⑧ 도보 ⑨ 기타수단(이륜차, 자전거)
통행소요시간	접근 시간 □□ 분, 대기시간 □□ 분, 갈아타는 시간 □□ 분 승차 시간 □ 시간 □□ 분, 계 □ 시간 □□ 분
통행소요비용 (교통비용)	대중 교통 : 요 금 ( )원 접근비용 ( )원 승용차 : 유류비 ( )원 주차비 ( )원 통행료 ( )원 계 ( )원

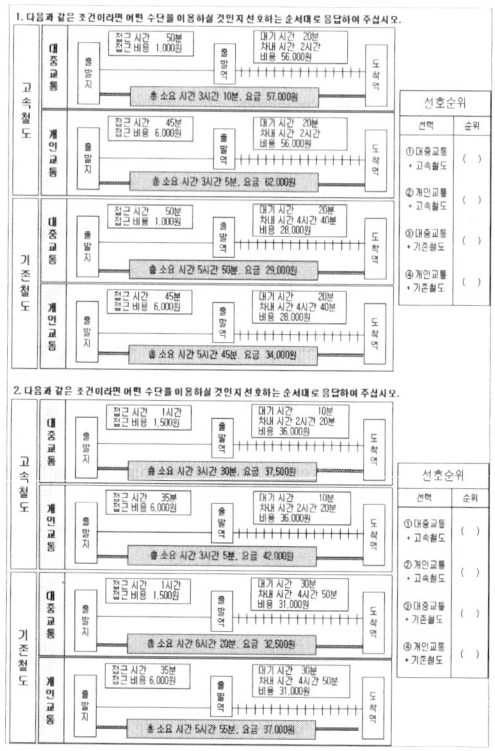

출처: 한국철도기술연구원, 2001

〈그림 7.3〉 통행실태 설문조사 샘플

통행패턴 조사의 다양한 형태와 분석사항에 대해서는 다음 절의 비집계(disaggregate) 자료분석법에서 보다 자세하게 설명하도록 한다.

7.2.4 분석네트워크 자료

대중교통 네트워크는 크게 물리적인 네트워크(physical network)와 운영네트워크(operational network)로 구분이 가능한데 물리적인 네트워크는 버스정류장 및 철도역이 물리적으로 존재하는 지점을 연결한 네트워크를 의미하며, 운영네트워크는 버스 및 철도의 운영되는 노선에 따라 실제 이용되는 정류장 및 역으로 구성된 네트워크를 의미한다. 운영네트워크의 구성에는 수단, 노선명, 운영횟수, 최대 승객용량(1편성 차량 수),

배차간격, 영업속도, 통행지체함수(TTF), 정차시간(dwelling time), 요금 등 다양한 속성(attribute)값들이 포함된다.

대중교통 분석네트워크는 대중교통수요가 추정된 이후에 네트워크에 수요를 배정(assignment)함으로써 실제로 대중교통수단(버스, 철도 등)별로 수요(예: 승, 하차인원)가 얼마나 될 것인가를 분석하기 위한 자료이다. 분석네트워크 자료는 노선별 승하차 인원뿐만 아니라 통행시간, 운행속도, 비용 등 대중교통 분석을 위한 다양한 결과값을 제시하게 된다. 네트워크자료는 7.5절에서 보다 구체적으로 설명하도록 한다.

7.3 분석수준별 대중교통수요 분석

7.3.1 집계(aggregate)자료 분석법

(1) 개요

대중교통수요는 분석에 이용될 자료의 형태에 따라 집계(aggregate)자료와 비집계(disaggregate)자료로 구분할 수 있다. 일반적으로 집계자료의 분석은 대중교통수요에 대한 장기적이고 거시적인 분석에 많이 활용되는 반면, 비집계자료의 분석은 미시적이고 단기적인 수요 분석을 위해 사용된다. 집계자료의 대표적인 방법론은 5장의 4단계 수요 추정방법론을 들 수가 있으며 자료획득의 문제점으로 인해 개략적인 수요를 추정하기 위해서는 과거 통행실적을 기반으로 하여 회귀분석모형이나 직접적으로 과거 수요량의 추세를 반영하는 시계열분석[2] 방법으로 추정하는 것이 일반적이다. 이 절에서는 집계 및 비집계자료를 이용한 대중교통수요 추정방법론에 대한 개념을 설명하도록 한다.

(2) 집계모형의 형태

집계자료에 의한 대중교통수요 분석은 일반적으로 간단한 함수의 형태로 보면 이해하기가 쉽다. 대중교통수단(버스, 철도 등)의 수송실적자료가 종속변수(dependent variable: trip)로 적용되며 수요에 영향을 미치는 요소들이 독립변수(independent variable: x)로 이용된다.

$$y = f(\beta X_i) + \varepsilon \tag{7.1}$$

여기서, y: 통행량(trip)

---

2) 장래시점($t+1$)의 통행수요를 종속변수로 하여 과거의 일정한 시간간격(month/week/day)에 따른 통행량을 독립변수로 정의하여 시간의 흐름에 따른 통행량의 변이(Δtrips)를 고려하여 추정하는 방법임.

X: 통행수요 설명변수(인구, 자동차보유대수, 소득 등)
β: 설명변수의 파라미터값
ϵ: 설명변수로 설명되지 않은 요소

대중교통에서 독립변수로 이용되는 항목은 크게 3가지 속성으로 구분된다. 첫째, 요금(fare)에 대한 항목으로서 대중교통수단별 수요에 영향을 미치는 요소로 볼 수 있다. 둘째, 대중교통서비스(LOS, Level of Service)와 연관된 요소로 볼 수 있다. 여기에는 차내 통행시간(in-vehicle time), 접근시간(access/egress time), 정시성(punctuality) 등 다양한 요소들이 포함될 수 있다. 수요에 영향을 미치는 요소들 중 대중교통 차량과 관련해서는 안락성, 승차감, 쾌적성, 인터넷 이동통신 사용가능 여부 등이 있을 수 있으며, 정류장이나 철도역과 관련해서는 대기장소의 편의성, 티켓구매의 편리성 등 요소들이 있다. 그러나 이러한 속성들은 대부분 정성적(qualitative)이므로 정량적인(quantitative) 모형에서 적용하기 힘든 문제가 있다. 셋째, 교통수단이나 시설과 연관되지 않은 속성으로는 사회경제지표가 대표적인 속성이다. 개인단위의 사회경제지표로는 연령, 성별, 소득, 직업, 가구원 크기, 차량 보유 여부 등이 이에 해당되며 지역단위의 사회경제지표로는 인구, 지역총생산(GDP), 고용지표 등이 있다.

분석에 사용되는 자료들이 시간적으로 동일한 시점이 아닐 경우에는 시계열분석(time series analysis)을 통해 수요를 추정할 수 있으며 다음의 일반화된 수식으로 표현할 수 있다.

$$y_t = \alpha + \beta X_t + \varepsilon_t \tag{7.2}$$

이러한 모형의 형태는 일반적으로 선형회귀분석(linear regression)으로 분석하며 설명변수로 포함된 값들의 속성은 종속변수에 선형이라는 가정을 기반으로 하고 있다. 모형의 적합도는 일반적으로 R^2으로 또는 수정된(adjusted) $\overline{R^2}$[3])로 나타낸다.

(3) 집계모형의 연구사례

집계모형의 연구에는 다양한 주제로 많은 분석이 수행되었으며 장기적 및 단기적인 관점에서 대중교통 신규노선 개통 및 서비스(시설) 개선에 따른 수요를 추정한 사례들이 있다.

- 지역 간 철도 전철화 사업에 따른 수요변화 추정사례
- 지역 간 통행에서의 철도와 항공의 수요 분석
- 철도노선에 따른 수도권과 주요도시의 통행분포 변화 분석

3) 독립변수가 추가될수록 모형의 정합성이 높아지는 단점을 수정한 값

<표 7.3>은 집계자료를 이용하여 지역 간 철도노선의 개통에 따른 수요변화를 사회경제지표와 철도 속성자료를 독립변수로 적용하여 독립변수가 수요에 어떻게 영향을 미치는지를 개별 변수별로 탄력성(elasticity) 결과를 제시하고 있다.

지역 간 철도에 영향을 미치는 인자로서 인구, 철도의 속도, 가구구성비 등 변수들이 영향을 미치는 것을 알 수 있다. 탄력성 결과로서 요금변수의 경우 음(−)의 결과를 보이는 것은 요금이 한 단위 증가할 경우 통행수요가 −1.19% 감소하는 것을 의미한다. 반면에 철도의 평균속도가 한 단위 증가할 경우 통행시간이 단축됨에 따라 철도수요가 1.4% 증가(여기에서는 100 km/h 기준)하는 결과를 보이고 있다. 도로의 평균속도 변수는 통계적으로 유의하지 않은 결과[4]를 보이고 있는 것에 반해 탄력성 변수가 음(−)의 부호를 보임에 따라 의미 있는 결과로 볼 수 있다. 이는 도로의 속도가 증가할 경우 경쟁수단인 철도의 수요가 승용차 수요로 전환되어 감소하는 것으로 해석될 수 있다.

〈표 7.3〉 지역 간 철도노선의 개통에 따른 수요변화 분석

변수(variable)	탄력성(elasticities)	t-statistics
인구	0.77	10.19
요금(편도)	−1.19	9.85
평균속도(철도)*	140.6	5.30
평균속도(도로)	−0.84	1.89
가구구성비(무자녀)	1.62	3.93
가구구성비(퇴직자)	−1.18	3.68
$R^2 = 0.91$		

자료: Tyler & Hassard(1973)

<표 7.4>는 고속철도서비스 개선에 따라 교통량의 변화를 연간 단위로 자료를 구성하여 시간적 추세와 기타 변수들을 고려한 회귀분석 결과를 보여준다. 세 가지 타입의 설명변수가 추세변화를 설명하기 위해 적용된 결과로 먼저 철도요금변수의 탄력성이 음(−)의 값으로 요금증가가 통행수요에 부정적으로 작용하고 있는 것을 알 수 있다. 다음으로 경제지표를 나타내는 외생변수(exogenous variable)로 소득, 고용자 수(employment), 자동차보유대수를 적용하고 있는데 모두 통계적으로 유의하게 나타났으며 소득과 고용자 수가 증가할수록 철도통행량이 증가하는 결과를 보이는 반면 자동차보유대수가 증가할 경우 철도통행량이 감소하는 것으로 분석결과를 보여주고 있다. 마지막으로 철도서비스를 의미하는 변수인 고속철도 시설 개선으로 운행속도가 200 km/h

4) 95% 통계적 유의수준의 t 값은 1.97 이상이어야 함.

인 전기차량을 도입했을 경우 초기연도에 11%의 철도승객의 증가를 보이며 2차 연도에 4% 정도 증가하는 결과를 보여준다.

〈표 7.4〉 지역 간 철도노선 개통에 따른 수요변화 분석

변수(variable)	탄력성(elasticities)	t-statistics
요금(fare)	−0.86	14.94
소득(income)	1.65	5.89
고용자 수(employment)	2.15	5.47
자동차보유대수(car ownership)	−1.30	4.22
고속철도개통(1년)	11%	4.04
고속철도개통(2년)	4%	2.37
추세변화(time trend)	2% p.a.	1.37
$R^2=0.82$		

자료: Fowkes, Nash & Whiteing(1985)

7.3.2 비집계(disaggregate)자료 분석법

(1) 개요

대중교통수요 분석에 있어 비집계자료 분석법은 분석자료의 특성에 따라 크게 현시선호(revealed preference), 잠재선호(stated preference), 전환가격(transfer price) 분석법으로 구분할 수 있다.

(2) 현시선호(revealed preference) 분석법

현시선호법은 실제 현장에서 획득한 자료를 통해 사람들의 수단 선호도에 대해 현실적인 정보를 얻을 수 있고 어떠한 요소들이 선호도에 영향을 주고 있는지 분석이 가능하다는 것이다. 그러나 조사된 자료의 신뢰성에 문제가 흔히 발생하고 따라서 실제 행태에 영향을 주는 인자분석에 있어 문제점을 가진다.

현시선호법은 관측된 개인별 통행특성자료를 사용하게 되는데 이러한 자료는 개인별 특성과 통행행태자료가 해당된다. 개인별 특성자료는 연령, 성별, 소득수준, 직업 등이 해당되며 통행행태자료는 통행목적, 통행시간, 교통수단, 요금 등이 해당된다. 이러한 통행행태자료는 개인이 통행을 함에 있어 어떠한 요소들을 고려하여 교통수단을 선택하는지에 대한 비집계자료로서 일반적으로 통행비용과 통행시간의 변수를 고려하여 모형을 구축하게 된다. 일반적으로 현시자료는 개인별로 하나의 관측값밖에 없으므로 보다 많은 통행자를 대상으로 비슷한 조건에서의 개별 선택에 대한 인터뷰를 관측하여

자료를 구축하여야 한다. 또한 조사된 샘플자료에는 개인별 수단선택에 있어서 '경계값(boundary values)'에 대한 의미 있는 정보를 포함하고 있어야 한다.

예를 들어 특정 지역에서 이용 가능한 교통수단이 버스와 전철 두 가지이고 통행시간과 비용변수가 수단선택에 영향을 미친다고 가정할 경우, 실제 통행에 있어 개인들마다 통행시간과 비용이 다양하므로 개인별 선택은 선택에 영향을 미치는 경계시간가치(BVOT, Boundary Value of Time)를 함축하고 있다.

$$BVOT = (C_r - C_b)/(T_b - T_r) \tag{7.3}$$

이러한 개념은 수단을 선택함에 있어 개인이 갖고 있는 BVOT보다 특정 수단이 빠를 경우 그 수단을 선택한다는 의미를 가지고 있다.

문제 7-1 특정 지역을 운행하는 철도, 버스 두 가지의 수단이 있고 각 수단별 통행비용과 통행시간이 다음과 같을 경우 BVOT를 계산하시오.

- 철도시간: 50분, 비용: 1,000원
- 버스시간: 60분, 비용: 800원

풀이 식 (7.3)에 의하여 $BVOT = (1{,}000 - 800)/(60 - 50) = 20$원/분

따라서 개인의 시간가치(VOT)가 분당 20원 이상일 경우 철도를 선택한다는 의미이다. ■

개인별 취향은 다양하기 때문에 항상 위의 예와 같이 철도가 빠르다고 해서 항상 철도를 선택하는 것은 아니다. 버스의 경우 정류장이 많기 때문에 목적지까지 쉽게 접근할 수 있는 장점이 있으므로 버스를 더 선호하는 이용자가 있을 수 있다. 만약 버스의 통행시간이 철도에 비해 10분 덜 걸린다고 하면 위의 예제에서 BVOT는 −20원/분이 될 것이다. 음의 값인 BVOT가 의미하는 것은 버스가 철도에 비해 절대적인 경쟁력을 가진다는 의미로 해석한다. 그러나 이러한 값은 비현실적이므로 실제 현상을 정확히 반영하지 못하는 단점이 있다.

현시선호법의 가장 큰 단점은 시장에 존재하지 않은 상태에 대해 선호도를 추정하기 어렵다는 것이다. 예를 들어 미래에 새로운 교통수단이 도입될 경우 통행자들의 수단선호도가 어떻게 될 것인가에 대한 추정이 어렵다. 또한 상당히 큰 조사자료에도 불구하고 측정오차(measurement error)가 발생하여 충분히 신뢰할 만한 모형추정과 예측이 어렵다. 이러한 관측오차의 발생은 개별 통행자에 대한 수단선호도 조사에 있어 통행자의 의사결정에 영향을 주는 요소들인 통행시간, 비용, 편리성, 안락성 등 다양한 인자들에

대한 값이 단지 개별 통행자의 인지된 값(perceived value)에 영향을 받기 때문이다.

(3) 잠재선호(stated preference) 분석법

잠재선호법(SP)은 교통분야에 널리 활용되고 있는 방법론으로 여러 가지 교통이용에 대한 가상의 시나리오를 설정하여 통행자들에게 개별적으로 선택하게 함으로써 변동성이 많은 수단 선호도를 측정하여 분석하는 포괄적인 개념의 방법론이다. 선호도를 측정하는 방법에는 일반적으로 선택(choice), 순위(ranking), 등급(rating)이 있다.

1) 선택조사 분석방법

<표 7.5>는 새로운 수단(철도) 서비스에 대해 기존 수단인 버스와 비교하여 향후 어떤 교통수단을 선택할 것인가에 대한 일반적인 잠재선호도 조사 설문내용을 보여주고 있다. 대중교통수단 선택대안별로 수단에 대한 속성인 교통요금, 차내 및 접근시간 등을 제시하여 설문자로 하여금 어떠한 수단을 선택할 것인지를 결정하게 한다. 통상적으로 설문지에 제시되는 대중교통수단에 대한 속성은 5개 이내가 되며 선택을 위한 설문항목은 16개 이내로 설정한다. 대중교통 속성에 대한 정보가 자세하면 할수록 설문응답자는 설문에 대해 거부감과 피로함을 느낄 수 있으므로 설문 응답률이 저조하고 자료의 신뢰성에 부정적인 영향을 주게 되므로 적절한 설문의 형태가 필요하다.

개별선택 형태의 설문조사자료의 분석은 통계학적으로 이론적 토대를 갖춘 비집계 임의효용모형(random utility models)의 구축을 통해 가능하며 일반적으로 로짓 모형을 많이 적용한다.

〈표 7.5〉 이용수단 선택(choice)에 대한 설문(예)

수단	요금	차내시간	접근시간	선택
버스	900원	50분	15분	
철도	1,100원	45분	10분	√

2) 순위조사 분석방법

순위(ranking)조사는 여러 가지 대안에 대하여 우선순위를 선정하는 조사방법으로 일반적으로 8개에서 12개 정도의 대안에 대하여 조사를 실시할 수 있으며, 다중의 순위분석에 있어서는 4~5개의 대안으로도 가능하다. 그러나 순위조사를 위한 대안이 늘어날수록 조사자료에 대한 신뢰성이 낮아지는 문제점이 있다. 각각의 대안은 대중교통 이용에 대한 모든 정보를 대상으로 설문조사가 가능하다. <표 7.6>은 순위 분석을 위한 여러

〈표 7.6〉 순위에 대한 설문(예)

수단	요금	통행시간	접근시간	순위
버스	33,000원	300분	45분	
철도	44,000원	120분	40분	1
항공	100,000원	45분	60분	3
승용차	75,000원	250분	–	2

가지 대중교통 수단의 이용대안에 대한 설문형태를 보여주고 있다.

순위 선호 자료의 분석은 순서형 로짓(ordered logit) 모형을 일반적으로 사용하게 된다. 순서형 로짓은 먼저 전체 n개의 대안 중 최우선순위 대안의 선호도 확률을 나머지 $n-1$개 대안에 대하여 구하고, 연속적으로 차순위 대안에 대해 분석하게 되어 전체 대안에 대한 순위가 없어질 때까지 반복적으로 분석한다.

3) 등급조사 분석방법

대중교통수단에 대한 선호도 조사방법 중 등급(rating)에 관한 조사방법은 주어진 대중교통 노선대안에 대해 순서에 상관없이 비교에 의해 선호도를 조사하고 분석한다. <표 7.7>은 등급에 따른 잠재선호도 조사내용의 예를 보여준다. 표에 제시된 바와 같이 두 가지 수단 대안에 대해 여러 가지 대중교통지표(요금, 차내 통행시간, 접근시간, 배차간격) 등에 대하여 시나리오를 제시하여 선호도를 비교하게 한다. 통상적으로 비교

〈표 7.7〉 등급에 대한 설문(예)

	대안 A	대안 B
요금	편도: 1,000원 왕복: 2,000원	편도: 900원 왕복: 1,800원
차내통행시간	1시간	1시간 20분
접근시간	30분	20분
배차간격	20분	10분
선호도 조사	1. A가 B보다 아주 좋다 [ ] 2. A가 B보다 좋다 [√] 3. A는 B와 동일하게 좋다 [ ] 4. B가 A보다 좋다 [ ] 5. B가 A보다 아주 좋다 [ ]	

대안의 수가 많을수록 자료의 신뢰성이 낮아지므로 조사설문지의 설계에 유의해야 하며 대안 비교의 등급도 5개 정도가 많이 활용되고 있다.

등급조사에 의한 분석은 일반적으로 등급 선호도에 대해 의미(semantic)적 언어로 표현된 설문지의 응답결과를 수치적으로 분석하기 위해 등급 간의 차이를 <표 7.7>과 같이 5개 등급에 대하여 특정 확률값을 배정하게 되는데, 등급 1에서부터 5까지의 값을 0.9, 0.7, 0.5, 0.3, 0.1로 설정하는 방식이다. 이러한 값들은 상대적인 가중치(중요도)를 나타내는 역할을 한다. 로짓함수에 의해 위의 등급 간 차이의 가중치는 2.2, 0.85, 0, −0.85, −2.2 등 상대적인 값으로 나타나며 음(−)의 부호는 대안 (A)에 비해 대안 (B)가 좋은 것을 의미한다. 이러한 상대적 값들은 대안 시나리오에 대해 민감한 결과를 보이지 않지만 대안 시나리오를 어떻게 설정하는가에 큰 영향을 받는 문제점이 있다.

4) 잠재선호법과 현시선호법 비교

잠재선호법(SP)은 현시선호법(RP)의 가장 큰 단점인 현실에서 존재하지 않는 새로운 선택대안이 추가되었을 경우 분석이 용이하다. 잠재선호법은 변수들 간의 상관성(correlation) 및 변동성(variation)을 통제할 수 있어 신뢰성 있는 모형추정이 가능하며 조사된 자료를 현재 및 과거자료와 비교하여 비현실적인 자료들을 제거함으로써 측정오차를 최소화할 수 있다. 통상적으로 현시선호법의 조사자료는 개인별로 통행에 대한 자료가 하나(single)인 것과 달리 잠재선호법은 여러 가지 교통시나리오에 대해 개인이 여러 번 참여가 가능한 특징을 가지고 있어서 개인단위 조사자료가 충분할 경우 개인단위 모형구축과 정산(calibration)이 가능하다.

잠재선호법의 단점으로는 실제 개인이 응답한 조사결과와 같이 실제 행동하지 않는 경우가 발생하는 문제점이 있다. 예를 들어 장래에 경전철이 새롭게 들어설 경우의 대중교통수요 변화를 분석하기 위해 통행자들에 대한 잠재선호도를 조사한 결과 경전철의 요금과 통행시간이 얼마일 경우 경전철을 이용한다고 조사에 응했으나 실제 경전철이 도입되었을 경우 조사에 응했던 요금과 통행시간에도 불구하고 이용하지 않는 경우를 들 수 있다. 또한 조사내용에 대해 응답자가 충분히 이해하지 못하거나 선호도를 결정하기 위한 판단기준이 모호한 경우, 조사에 불성실하게 응하는 경우 등 자료의 문제로 인해 선호도 모형의 추정과 추정된 모형에 따른 예측 등에 문제가 있을 수 있다. 일반적으로 선택대안이나 속성에 대한 조사내용이 증가할수록 오차 발생이 많고 실제 통행자의 경험과 동떨어져 있는 대안에 대한 선호도 조사일수록 오차 발생 확률이 커진다.

(4) 전환가격 분석법

전환가격(transfer price)법은 최초로 Lee and Dalvi(1969)에 의해 통행시간가치(value of time)를 추정하기 위해 적용되었던 방법으로서 "만약 현재 이용하고 있는 교통수단의 요금이 어느 정도 올라가면 다른 교통수단으로 전환할 것인가?"라는 질문에 대해 응답한 자료를 이용하여 선택된 수단에 대한 화폐단위의 효용(utility)과 선택되지 않은 수단의 효용의 차이를 비교함으로써 분석하게 된다.

통행비용과 시간만이 철도(r)와 버스(b)의 수단선택에 영향을 주는 요소라고 가정하고, 현재 철도를 버스보다 선호한다고 가정하면 전환가격(TP)이 두 수단의 선택에 있어 관여하게 되며 화폐로 전환된 철도의 총비용과 전환가격의 합이 버스의 총비용과 같게 됨을 의미한다.

$$C_r + (VOT \times T_r) + TP = C_b + (VOT \times T_b) \tag{7.4}$$

위 식에 의하여 시간가치(VOT)에 대한 값을 산출할 수 있으며 개별 통행자의 수단선호도에 대한 보다 현실적인 정보를 제시할 수 있는 장점이 있다. 수단선호도에 영향을 미치는 요소가 통행시간 및 비용 이외의 요소를 고려해야 한다면 이들 추가적인 요소에 대한 회귀분석(regression analysis)법을 이용하여 전환가격을 추정할 수 있다. 예를 들어 운행빈도(F)가 수단선호도에 영향을 미칠 경우 다음 식과 같이 표현할 수 있으며 기타 차내시간(in-vehicle time), 차외시간(out-of-vehicle time), 대기시간(waiting time) 등 다양한 요소들을 전환가격함수에 포함할 수 있다.

$$TP = \beta_0 + \beta_1(C_b - C_r) + \beta_2(T_b - T_r) + \beta_3(F_b - F_r) \tag{7.5}$$

전환가격법은 통행행태의 변화가 발생되는 지점을 제시함에 따라 통행자들의 요금의 변화(타 속성은 변화가 없음을 가정)에 따라 얼마만큼 수단선택을 전환할 것인가에 대한 탄력성을 제시할 수 있다.

전환가격법은 기본적으로 상당히 많은 선호도 응답자료를 기반으로 분석해야 하기 때문에 대중교통수단에 대한 요금 및 기타 변수에 대한 개별선택수요함수(discrete choice demand function)를 구성할 수 있다. 그러나 전환가격법도 앞에서 살펴본 선호현시법(RP), 잠재현시법(SP)과 관련된 문제점을 그대로 가지고 있다. 즉, 선호현시법이 갖고 있는 설명변수에 대한 측정오차와 장래 수단에 대한 선택대안의 부재라는 문제점을 가지고 있으며 잠재현시법에서 갖고 있는 문제점인 개인별 선호도 조사결과와 일치하지 않는 실제 선호도 결과로 나타나는 문제점을 그대로 갖고 있다.

문제 7-2 그림과 같이 출발지와 도착지를 통행하기 위해서 승용차와 철도를 이용하던 통행자들이 철도서비스의 개선으로 통행시간이 50분에서 40분으로 10분 단축될 경우 철도 통행자가 얼마나 증가할 것인가를 계산하시오(로짓 모형을 이용하여 계산).

- 총 통행량: 2,000통행
- 도로용량: 600대/시간
- 평균 재차인원: 1.2명
- 승용차의 통행비용은 BPR함수식을 이용: $T_{auto} = T_0 \times [1 + 0.15(V/C)^4]$
- 승용차 통행시간(비혼잡): $T_0 = 20$분
- 로짓 모형의 파라미터: $\alpha = 0.01$

〈그림 7.4〉 철도 및 승용차 노선

풀이 (1) 철도 통행시간 개선 전($T_{rail} = 50$) 수요변화 추정단계

① 초기 승용차 비효용 계산($V = 0$)

$$T_{auto} = 20 \times \left[1 + 0.15\left(\frac{0/1.2}{600}\right)^4\right] = 20$$

$$\left(\text{여기서, 통행량을 차량대수로 환산: } V = \frac{\text{통행량}}{\text{평균 재차인원}}\right)$$

② 초기 승용차와 철도의 이용확률 계산(로짓 모형 이용)

- 승용차 이용확률(P_a)

$$P_a = \frac{\exp^{(-\alpha \cdot T_{auto})}}{\exp^{(-\alpha \cdot T_{autp})} + \exp^{(-\alpha \cdot T_{rail})}} = \frac{\exp^{(-0.01 \cdot 20)}}{\exp^{(-0.01 \cdot 20)} + \exp^{(-0.01 \cdot 50)}}$$

$$= 0.57$$

- 철도 이용확률(P_r)

$$P_r = \frac{\exp^{(-\alpha \cdot T_{rail})}}{\exp^{(-\alpha \cdot T_{autp})} + \exp^{(-\alpha \cdot T_{rail})}} = \frac{\exp^{(-0.01 \cdot 50)}}{\exp^{(-0.01 \cdot 20)} + \exp^{(-0.01 \cdot 50)}}$$

$$= 0.43$$

③ 초기 승용차와 철도의 통행 수 계산

$$\begin{aligned} D_{auto} &= P_{auto} \times \text{총 통행량} \\ &= 0.57 \times 2{,}000 = 1140\,\text{통행} \end{aligned}$$

$$\begin{aligned} D_{rail} &= P_{rail} \times \text{총 통행량} \\ &= 0.43 \times 2{,}000 = 860\,\text{통행} \end{aligned}$$

이때 승용차의 비효용은 승용차 교통량에 따라 지속적으로 변하므로 계산을 용이하게 하기 위해서 엑셀 등을 이용하여 계산한다. 아래 표는 엑셀작업의 일부분을 나타낸 값으로 통행량 변화가 없을 때까지 계산을 반복한다.

반복 수	T_{auto}	T_{rail}	P_a	P_r	D_{auto}	D_{rail}
1	20.00	50	0.57	0.43	1148.89	851.11
2	39.45	50	0.53	0.47	1052.71	947.29
⋮	⋮	⋮	⋮	⋮	⋮	⋮
13	34.92	50	0.54	0.46	1075.25	924.75
14	34.92	50	0.54	0.46	1075.25	924.75

(2) 철도 통행시간 개선 후($T_{rail} = 40$) 수요변화 추정단계

① 초기 승용차 비효용 계산($V = 0$)

- 철도통행시간 개선 전의 풀이과정 동일함

② 초기 승용차와 철도의 이용확률 계산(로짓 모형 이용)

- 승용차 이용확률(P_a)

$$\begin{aligned} P_a &= \frac{\exp^{(-\alpha \cdot TT_{auto})}}{\exp^{(-\alpha \cdot T_{autp})} + \exp^{(-\alpha \cdot T_{rail})}} = \frac{\exp^{(-0.01 \cdot 20)}}{\exp^{(-0.01 \cdot 20)} + \exp^{(-0.01 \cdot 40)}} \\ &= 0.55 \end{aligned}$$

- 철도 이용확률(P_r)

$$\begin{aligned} P_r &= \frac{\exp^{(-\alpha \cdot T_{rail})}}{\exp^{(-\alpha \cdot T_{autp})} + \exp^{(-\alpha \cdot T_{rail})}} = \frac{\exp^{(-0.01 \cdot 40)}}{\exp^{(-0.01 \cdot 20)} + \exp^{(-0.01 \cdot 40)}} \\ &= 0.45 \end{aligned}$$

③ 초기 승용차와 철도의 통행 수 계산

$$D_{auto} = P_{auto} \times \text{총 통행량} = 0.55 \times 2{,}000 = 1{,}100\,\text{통행}$$

$$D_{rail} = P_{rail} \times \text{총 통행량} = 0.45 \times 2{,}000 = 900\,\text{통행}$$

아래 표는 개선 전 단계와 마찬가지로 엑셀 작업의 일부분을 나타낸 표로 통행량 변화가 없을 때까지 계산을 반복한다.

반복 수	T_{auto}	T_{rail}	P_a	P_r	D_{auto}	D_{rail}
1	20.00	40	0.55	0.45	1,099.67	900.33
2	36.32	40	0.51	0.49	1,018.38	981.62
⋮	⋮	⋮	⋮	⋮	⋮	⋮
13	32.85	40	0.52	0.48	1,035.75	964.25
14	32.85	40	0.52	0.48	1,035.75	964.25

더 이상 통행량 변화가 없을 경우 최종결과는 <표 7.8>과 같다.

〈표 7.8〉 통행자의 비효용 및 승객수 변화 분석결과

	철도		승용차	
	비효용(T_{rail})	승객수(D_r)	비효용(T_{auto})	승객수(D_a)
서비스 전	50	925	35	1,075
서비스 후	40	964	33	1,036
변화	−10	+39	−2	−39

■

7.4 대중교통 Network 분석

7.4.1 대중교통 네트워크의 구성요소

대중교통 네트워크를 구성하는 가장 기본적인 개념은 어떠한 대중교통수단을 네트워크에 어떻게 표현할 것인가가 중요하다. 여기서 의미하는 대중교통 네트워크는 단순히 지도로 표현하는 것이 아닌 대중교통수요를 분석하기 위한 용도를 의미하므로 현재 다양한 교통수요 분석 패키지에서 통상적으로 의미하는 대중교통 네트워크 구성에 대하여 알아본다. 대중교통 네트워크의 구성은 일반적으로 대중교통수단, 역/정류장(node), 링크, 노선(route), 대중교통 보조링크(auxiliary transit link)를 들 수 있다.

(1) 대중교통수단(mode)

대중교통 네트워크에서 가장 먼저 정의해야 할 것이 대중교통수단에 대한 것이다. 대중교통수단은 나라마다 다양한 수단이 운영되고 있으나 일반적으로 버스, 철도, 보조교

통수단(도보 등)을 의미한다. 버스, 철도 외의 다양한 교통수단을 적용할 경우 수단 특성에 맞는 속성(attribute)자료인 차량용량, 배차간격, 운행속도, 에너지 배출계수 등을 입력하여 차별화될 수 있도록 하며 수단 정의에 따른 노선 이용제한을 하여 특정 수단만 이용할 수 있는 네트워크를 구축해야 한다. 예를 들어 철도 네트워크는 철도 이외의 수단은 이용할 수 없으며 버스의 전용차로 역시 버스 이외의 승용차, 철도차량은 운행할 수 없으므로 이를 고려한 네트워크 구축이 필요하다.

(2) 역/정류장(station/stops)

도로 네트워크에서는 교차로와 같이 링크가 만나는 지점이 노드로 표현되는 것에 비해 버스정류장, 철도역 등이 노드로 표현된다. 버스의 경우 도로를 이용하기에 도로 네트워크상의 버스정류장이 표현 가능하지만 철도의 경우 도로와 물리적으로 서로 다른 네트워크를 구성하기 때문에 철도역을 표현하기 위한 새로운 노드를 설정해야 한다. 역과 정류장을 의미하는 노드는 노선(route)을 구성하기 위한 필수 요소가 된다.

(3) 링크(link)

대중교통에서 링크는 역/정류장을 연결하는 선(line)을 의미하며 실질적으로 대중교통 노선(route)을 구성하는 기본 요소가 된다. 링크의 선형은 버스의 경우 도로의 선형을 따르게 되나 철도의 경우 역과 역을 연결하는 직선 형태의 선으로 표현되며, 도로와 다르게 특별히 링크 속성을 가지지는 않고 노선을 설정하기 위해 물리적인 선으로 표현되는 것이 특징이다.

(4) 노선(route)

대중교통 네트워크에서 노선은 가장 중요한 의미를 가진다. 노선의 구성은 대중교통의 역/정류장을 표현하는 노드와 링크의 순차적인 리스트(list)로 구성된다. 즉, 버스와 철도의 출발지점에서 도착지점까지 순차적으로 이어지는 노드와 링크의 조합으로 볼 수 있다. 하나의 연속적인 노선은 노선에 포함된 모든 링크를 연결하게 되지만 노선의 경우 모든 링크를 포함하지 않을 수 있는 특징이 있다. 이러한 특징은 대중교통의 운영에 있어 급행(skip & stop)으로 운행할 경우 특정 역/정류장 노드를 거치지 않기 때문에 몇 개의 노드와 링크를 하나의 노선에 대한 구간(segment)으로 인식한다.

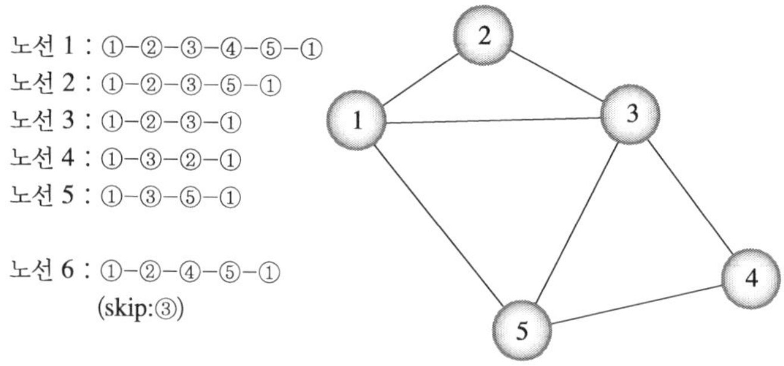

〈그림 7.5〉 대중교통노선(route) 개념도

(5) 대중교통 보조링크(auxiliary transit link)

대중교통 보조링크는 대중교통서비스를 이용하기 위해 역/정류장에 접근을 위한 링크이다. 대중교통 네트워크는 대중교통 통행 O/D를 배정하여 수요 분석을 위해 사용되므로 교통존을 의미하는 센트로이드와 대중교통노선을 연결하는 커넥터(connector)의 역할을 수행한다. 대중교통 보조링크는 대중교통노선에 접근하기 위한 수단인 도보(walk), 자전거(bicycle) 등 녹색교통수단과 PRT(Personal Rapid Transit)와 같은 특정한 스케줄을 가지지 않고 수요대응형으로 운행되는 준대중교통(para-transit)수단이 해당된다.

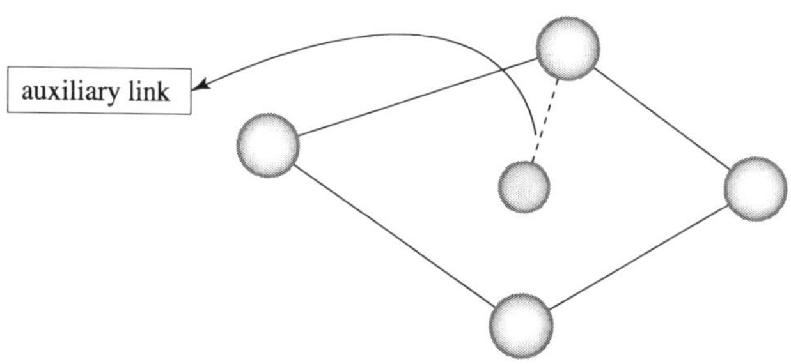

〈그림 7.6〉 보조 대중교통링크(auxiliary link)

일반적으로 보조 대중교통링크는 대중교통노선을 연결하는 링크를 의미하며 대표적인 것이 도보, 자전거, 택시 및 준대중교통수단링크를 들 수 있다. 최적전략에서의 보조 대중교통링크의 특징은 다음과 같다.

- 보조 대중교통링크는 항상 이용 가능하며 무한정의 빈도수를 갖는 것으로 정의한다.
- 보조 대중교통링크는 항상 가장 먼저 이용된다.
- 목적지까지 도달하기 위해 보조링크가 경쟁력이 있을 경우 항상 이용된다.

- 보조 대중교통링크가 통행시간을 줄일 수 있다면 보조 대중교통링크와 연계된 노선대안이 최적대안 분석결과로 나타날 수 있다.
- 보조 대중교통링크의 통행시간은 식 (7.6)과 같이 구할 수 있다.

$$t_{aux} = \frac{60 \times \text{length}}{\text{speed}_m} \tag{7.6}$$

7.4.2 대중교통 노선선택(route choice)전략

(1) 최적전략법(optimal strategy)

최적전략법은 현재 대중교통 통행배정에 널리 활용되고 있는 방법론으로서 Spiess et al.(1989)에 의해 개발되었으며 통행자가 대중교통노선을 선택함에 있어서 예상 총 통행시간(expected total travel time)이 최소화되는 노선을 선택한다는 가정을 기반으로 하고 있다. 노선을 선택함에 있어서 기본적인 가정은 통행자가 출발지 역/정류장에서 목적지를 연결하는 전체 노선의 정보를 알고 있으며 비용이 가장 최소가 되는 노선, 즉 가장 경쟁력 있는 노선의 첫 차량을 탑승한다. 차내 통행시간과 역/정류장에서 대기시간(waiting time)을 최소화하는 노선이 결정되면 통행수요를 해당 노선의 배차간격에 비례하여 배정하는 방법이다.

최적전략

[단계 0] 출발노드(출발역/정류장) 정의

[단계 1] 출발노드에서 경쟁력 있는 노선들 중에서 가장 먼저 도착하는 차량에 탑승 이동

[단계 2] 최적전략에 따라 정해진 중간 노드(역/정류장)에 하차

[단계 3] 목적지에 도착했을 경우 종료. 목적지에 도착하지 않았을 경우 하차노드를 출발노드로 정의하고 [단계 1]부터 반복 수행

<그림 7.7>은 대중교통노선을 네트워크로 표현한 것이며 최적전략의 수행과정은 출발지에서 선호하는(비용이 낮은) 노선의 첫 번째 도착차량(버스, 지하철 등)에 탑승하여 다음 환승지점까지 이동하며 그 다음 환승지점에서 다시 선호하는 노선의 첫 차량을 이용하여 최종 목적지에 도달할 때까지 이러한 과정을 반복하게 된다. 그림에서 보면 출발지에서 노선 (a)나 노선 (b)의 첫차를 선택할 수 있는데 만약 노선 (a)를 탑승할 경우 바로 목적지로 갈 수 있으며, 노선 (b)를 선택했을 경우 환승지점(A)에서 내린 후 노선 (c), (d), (e) 중 가장 선호도가 높은 노선을 이용하여 목적지에 도착하게 된다.

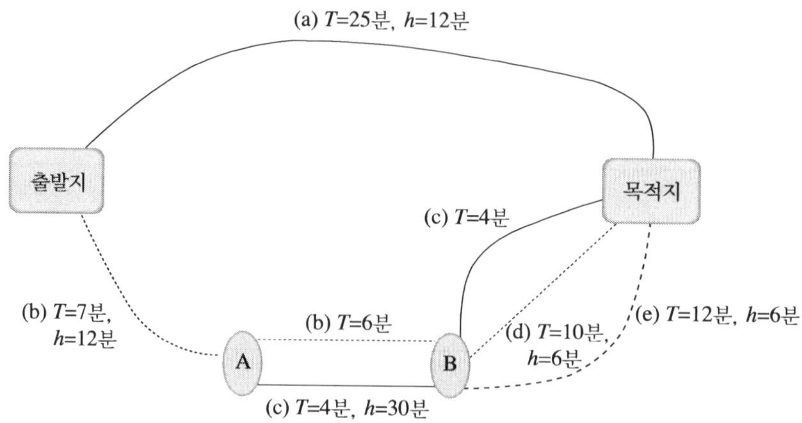

〈그림 7.7〉 출발 도착지 대중교통노선 및 통행시간

최적전략을 수행하기 위해서는 대중교통노선별로 목적지에 도착하기 위한 예상 통행시간을 추정해야 하며 이를 위해서는 역/정류장에서의 대기시간(waiting time), 특정 노선을 선택할 확률(probability) 및 노선의 빈도수(frequency) 등 정보가 이용된다.

대기시간은 통상 다음과 같은 식을 적용해 계산할 수 있다.

$$t_w = \frac{1/2}{\sum_{r \in i} f_r} \tag{7.7}$$

여기서, r: 역/정류장(i)에서 경쟁력 있는 노선

다음으로 특정 노선을 탈 확률은 다음과 같은 판단기준에 따라 결정된다.

$$P(r) = \begin{cases} 0 & \text{if 노선 } r\text{이 경쟁력이 없을 경우} \\ \dfrac{f_r}{\sum_{r \in i} f_r} & \text{if 노선 } r\text{이 경쟁력이 있을 경우} \end{cases} \tag{7.8}$$

다음으로 빈도수(frequency)는 배차간격의 역수로서 다음과 같다.

$$f_r = \frac{1}{h_r} \tag{7.9}$$

여기서, h_r: 노선(r)의 배차간격(분)

따라서 특정 역/정류장(i)에서 노선 r을 이용할 경우 예상 통행시간은 다음과 같이 계산할 수 있다.

$$T_i^r = t_w + \sum_{r \in i} P(r) \times t_r \tag{7.10}$$

여기서, t_r: 노선(r)의 통행시간

<그림 7.7>은 출발지와 목적지를 연결하는 노선이 ① 직결노선(a), ② 환승노선(b, c, d, e) 두 가지 경우가 존재하는 상황을 표현하고 있다. 최적전략을 기반으로 하여 통행자의 예상통행시간과 통행량 배정을 어떻게 하는지 설명하도록 한다.

- 환승역 (B)에서 목적지까지 노선별 통행시간
  - 노선 (c)를 선택할 경우: 예상 통행시간 19분

    : $T_B^c = \dfrac{1/2}{1/30}$(대기시간)+4(차내시간)=19분
  - 노선 (d)가 먼저 도착할 경우 목적지까지 예상 통행시간은 10분보다 길고 19분보다 짧을 것이다. 노선 (c)와 (d)를 종합적으로 고려한 예상 통행시간은 다음과 같다.

    : $T_B = \dfrac{1/2}{1/30+1/6} + \left(\dfrac{1/30}{1/30+1/6}\right) \times 4 + \left(\dfrac{1/6}{1/30+1/6}\right) \times 10 = 11.5$분
  - 만약 노선 (e)가 먼저 도착할 경우 목적지까지 차내 통행시간이 12분이므로 이는 노선 (d)의 11.5분보다 크므로 경쟁력이 없음을 의미한다. 환승역 (A)에서 노선 (c)를 타고 있다면 환승역 (B)에서 목적지까지 통행시간은 4분이며, 환승역 (B)에서 환승을 할 경우 통행시간은 11.5분이므로 환승역 (A)에서 노선 (c)를 타고 있는 경우 환승은 이루지지 않게 된다.
- 환승역 (A)에서 목적지까지 노선별 통행시간
  - 노선 (b)를 선택할 경우: 예상 통행시간 17.5분(6+11.5)
  - 노선 (c)를 선택할 경우: 차내 통행시간 8분
  - 노선 (c)를 선택할 경우 목적지까지 예상 통행시간은 다음과 같다.

    : $T_A^c = \dfrac{1/2}{1/30}$(대기시간)+8(차내시간) = 23분
  - 노선 (b)가 먼저 도착할 경우 목적지까지 통행시간은 17.5분보다 길고 23분보다 짧을 것이며 노선 (b)와 (c)를 고려한 예상 통행시간은 다음과 같다.

    : $T_A = \dfrac{1/2}{1/30+1/12} + \left(\dfrac{1/30}{1/30+1/12}\right) \times 8 + \left(\dfrac{1/12}{1/30+1/12}\right) \times 17.5 = 19.07$분

- 만약 노선 (b)에 타고 있을 경우 목적지까지 통행시간이 17.5분이 되며, 환승역 (A)에서 노선 (c)로 갈아탈 경우 목적지까지 통행시간은 19.07분이 되므로 통행자는 노선 (b)에 탄 후 환승역 (B)에서 내릴 것이다.

- 출발지에서 목적지까지 노선별 통행시간
  - 노선 (a)를 선택할 경우: 차내 통행시간 25분
  - 노선 (b)를 선택할 경우: 통행시간 24.5분(7+6+11.5)
  - 노선 (b)를 선택할 경우 목적지까지 예상 통행시간은 다음과 같다.

  : $T^{b}_{출발지} = \frac{1/2}{1/12}$(대기시간) + 24.5(출발지 → 목적지) = 30.5분

  - 노선 (a)가 먼저 도착할 경우 목적지까지 통행시간은 25분보다 길고 30.5분보다 짧을 것이며 노선 (a)와 (b)를 고려한 예상 통행시간은 다음과 같다.

  : $T_{출발지} = \frac{1/2}{1/12+1/12} + \left(\frac{1/12}{1/12+1/12}\right) \times 24.5 + \left(\frac{1}{2}\right) \times 25 = 27.75$분

이상과 같은 결과를 요약하면 출발지에서 목적지에 도착하기 위한 최적전략은 노선 (a)를 탑승하거나 노선 (b)를 탑승하여 환승지점 (B)에서 하차하여 노선 (c), (d)를 탑승하여 목적지에 도착한다. <표 7.9>는 최적전략 분석결과를 요약한 내용을 보여준다.

〈표 7.9〉 최적전략 결과 요약

탑승지점	최적전략	예상통행시간
출발지	- 노선 (a) 탑승 - 노선 (b) 탑승 후 환승지점 (B) 하차	27.75
환승지(B)	- 노선 (c) 탑승 후 목적지 하차 - 노선 (d) 탑승 후 목적지 하차	11.5

최적전략에 따라 통행량을 각 노선에 배정(assignment)하는 과정은 다음과 같다.

- 출발지에서 목적지까지 통행수요($V_{출발지}$): 100(trips)일 경우
  - $V_a = \frac{1/12}{1/12+1/12} \times 100 = 50$ (목적지 도착)

    $V_b = \frac{1/12}{1/12+1/12} \times 100 = 50$ 환승지점 (B) 하차

- 환승지점 (A)의 통행량은 A에서 목적지까지의 통행수요와 A지점에 도착하는 통행량의 합으로 나타낼 수 있다.
  - VA = 0(A에서 목적지까지의 수요) + 0(A지점에 도착 수요) = 0
  - 최적전략 분석결과 환승지점 (A)의 하차인원은 없음
- 환승지점 (B)의 수요는 B에서 목적지까지 통행수요와 B지점에 도착하는 통행량의 합으로 나타낼 수 있다.
  - VB = 0 + 50
  - 이를 다시 노선별로 배정하면 다음과 같다.
  - $V_c = \dfrac{1/30}{1/30+1/6} \times 50 = 8$(목적지 도착)

    $V_d = \dfrac{1/6}{1/30+1/6} \times 50 = 42$(목적지 도착)

대중교통 통행배정은 이상과 같은 과정을 거쳐 최종적으로 각 노선별로 통행수요가 결정된다. 현재 많이 활용되고 있는 교통계획 소프트웨어[5]는 노선배정을 위해 <그림 7.8>과 같이 예제보다는 자세한 입력자료를 요구한다. 대중교통 통행배정을 위한 입력자료는 1) 네트워크자료, 2) 대중교통수요, 3) 대중교통노선의 속성자료, 4) 대중교통노선의 통행시간함수 등으로 구성된다.

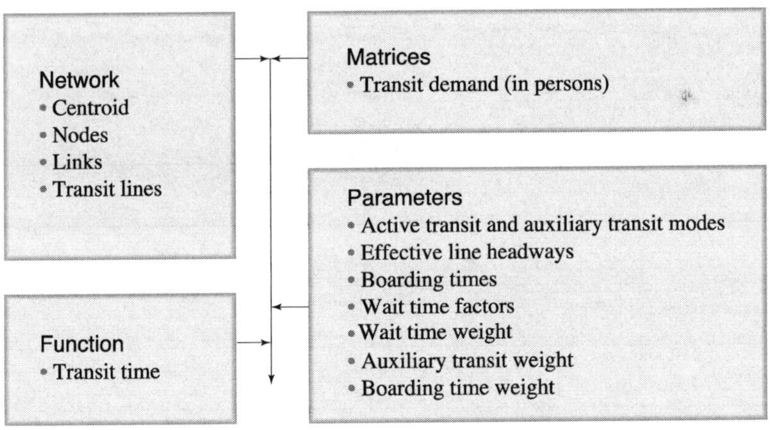

〈그림 7.8〉 대중교통 통행배정 입력자료

5) Emme/3(INRO, Canada), TransCAD(Caliper, USA), Cube(Citilabs, USA)

대중교통 통행배정의 결과는 일반적으로 네트워크상에 표현되는 결과와 매트릭스 형태의 결과로 구분될 수 있으며 매트릭스 형태의 결과물은 대중교통 네트워크를 구성하는 교통존(TAZ)과 관련된 센트로이드(centroid), 노선과 관련된 정류장 및 역(stops/station)에 의해 표현되는 것이 일반적이다. <그림 7.9>는 대중교통 통행배정의 결과물을 나타내고 있다. 대중교통 네트워크에는 통행수요가 배정된 결과로서 대중교통 노선의 단위구간(line segment) 또는 정류장 및 역(stops/station)별 통행수요 및 통행시간, 정류장 및 역에서의 승하차 인원, 보조교통수단 링크의 통행수요 등이 포함된다. 매트릭스 형태의 결과물은 통행수요가 대중교통 네트워크에 배정되면서 발생되는 대중교통 통행시간, 수단별 차내 통행시간, 대중교통수단별 보조수단 통행시간, 총 대기시간, 총 승/하차 통행시간, 수단별 평균 탑승횟수 등과 같은 결과를 도출한다.

매트릭스 형태로 나타나는 결과물은 다양한 대중교통서비스 정책의 분석(대중교통 환승할인, 운행횟수 변화, 환승 및 접근시간 변화 등)에도 유용하게 활용되며 특히 새로운 대중교통수단에 대한 경제적 타당성 분석에 필요한 자료들을 제공하게 된다.

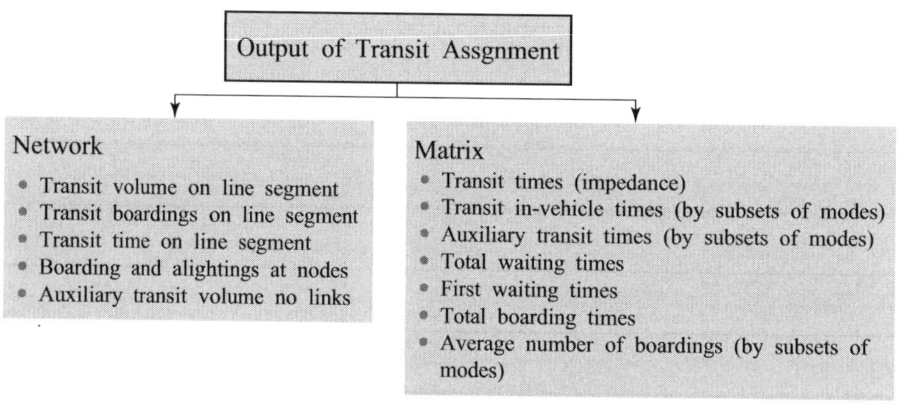

〈그림 7.9〉 대중교통 통행배정 결과

문제 7-3 다음 〈그림 7.10〉과 같이 보조 대중교통링크와 연결된 노선 (f)가 추가될 경우 최적전략에 따른 출발지와 도착지 연결노선을 찾아내고 각 최적노선에 통행량(100 trips)을 배정하시오.

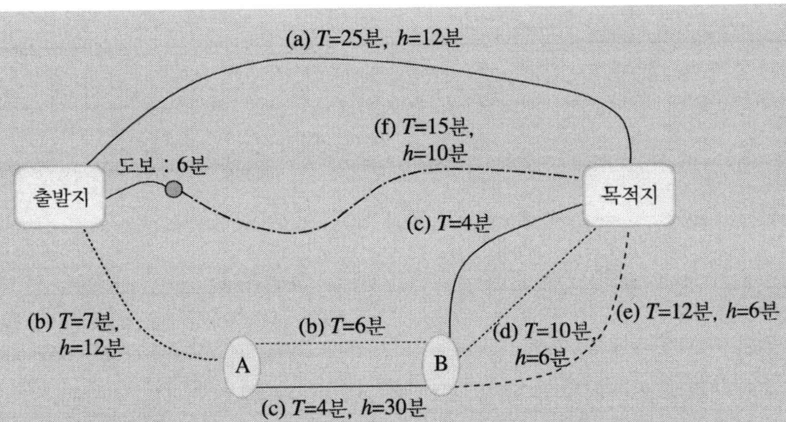

〈그림 7.10〉 보조 대중교통링크가 적용된 대중교통 네트워크

풀이 출발지에서 목적지까지 각 노선을 선택한 예상통행시간은 다음과 같다(앞의 내용 참조).

- 출발지에서 목적지까지 노선별 통행시간
  - 노선 (a)를 선택할 경우: 차내 통행시간 25분
  - 노선 (b)를 선택할 경우: 통행시간 24.5분(7 + 6 + 11.5)
  - 노선 (b)를 선택할 경우 목적지까지 예상통행시간은 다음과 같다.

$$: \ T^b_{출발지} = \frac{1/2}{1/12}(대기시간) + 24.5(출발지 \rightarrow 목적지) = 30.5분$$

  - 노선 (f)를 선택할 경우 목적지까지 예상통행시간은 다음과 같다.

$$: \ T^f_{출발지} = \frac{1/2}{1/10}(대기시간) + 6 + 15(출발지 \rightarrow 목적지) = 26분$$

  - 노선 (a)가 먼저 도착할 경우 목적지까지 통행시간은 25분보다 길고 30.5분보다 짧을 것이며 노선 (a)와 (b), (f)를 고려한 예상통행시간은 다음과 같다.

$$\begin{aligned} : \ T_{출발지} &= \frac{1/2}{1/12 + 1/12 + 1/10} + \left(\frac{1/12}{1/12 + 1/12 + 1/10}\right) \times 24.5 \\ &\quad + \left(\frac{1/12}{1/12 + 1/12 + 1/10}\right) \times 25 + \left(\frac{1/10}{1/12 + 1/12 + 1/10}\right) \times 26 \\ &= 27.09분 \end{aligned}$$

이상과 같은 결과를 요약하면 출발지에서 목적지에 도착하기 위한 최적전략은 노선 (a)를 탑승하거나 노선 (b)를 탑승 후 환승지점 (B)에서 하차하고 노선 (c), (d)를 탑승하여 목적지에 도착한다. 또는 도보 후 경로 (f)를 탑승하여 목적지에 도착한다.

〈표 7.10〉 최적전략 결과 요약

탑승지점	최적전략	예상 통행시간
출발지	· 노선 (a) 탑승 · 노선 (b) 탑승 후 환승지점 (B) 하차 · 도보 후 경로(f) 탑승	27.09
환승지점 (B)	· 노선 (c) 탑승 후 목적지 하차 · 노선 (d) 탑승 후 목적지 하차	11.5

최적전략에 따라 통행량을 각 노선에 배정(assignment)하는 과정은 다음과 같다.

- 출발지에서 목적지까지 통행수요($V_{출발지}$): 100(trips)일 경우
  - $V_a = \dfrac{1/12}{1/12+1/12+1/10} \times 100 = 31.25$ (목적지 도착)
  - $V_b = \dfrac{1/12}{1/12+1/12+1/10} \times 100 = 31.25$ (환승지점 B 하차)
  - $V_f = \dfrac{1/10}{1/12+1/12+1/10} \times 100 = 37.5$ (노선 f 선택)

- 환승지점 (A)의 통행량은 A에서 목적지까지의 통행수요와 A지점에 도착하는 통행량의 합으로 나타낼 수 있다.
  - $V_A = 0$ (A에서 목적지까지의 수요)+0(A지점에 도착 수요)
  - 최적전략 분석결과 환승지점 (A)의 하차인원은 없음

- 환승지점(B)의 수요는 B에서 목적지까지 통행수요와 B지점에 도착하는 통행량의 합으로 나타낼 수 있다.
  - $V_B = 0 + 31.25 = 31.25$
  - 이를 다시 노선별로 배정하면 다음과 같다.
  - $V_c = \dfrac{1/30}{1/30+1/6} \times 31.25 = 5.21$ (목적지 도착)
  - $V_d = \dfrac{1/6}{1/30+1/6} \times 31.25 = 26.04$ (목적지 도착) ■

(2) 최단경로법(shortest path method) 및 경로탐색법(pathfinder method)

최단경로법은 모든 대중교통 승객들이 출발지에서 도착지까지 통행시간이나 요금이 가장 최소가 되는 하나의 노선을 선택한다는 가정을 기반으로 한다. 따라서 통행비용이 같은 대중교통노선 구간이 여러 개인 경우에도 하나의 노선구간을 선택하게 한다. 최단경로법은 출발지와 도착지 간에 다양한 노선이 존재하고 실제 승객들이 이러한 노선에

대하여 다양하게 이용하는 실제 통행패턴을 고려하기에 어려운 단점을 가지고 있다.

경로탐색법은 출발지와 도착지를 연결하는 하나의 OD 통행에 대하여 여러 개의 경로(path)를 탐색하는 방법이다. 최적전략법이 대중교통노선의 링크통행비용과 노드에서의 대기시간만을 고려하는 것에 대한 한계를 극복하기 위해 적용된 방법론으로서 최적노선을 찾기 위해 환승이나 통행요금 등을 고려할 수 있는 장점이 있다. 경로탐색법의 특징은 다음과 같다.

- 대중교통 노선구간(segment)별 통행시간 차이를 고려함
- 다양한 정차패턴 반영
- 다양한 노선형태 반영
- 환승을 고려한 노선선택 반영

경로탐색 알고리즘은 대중교통 네트워크 정보를 이용해 한 개 이상의 노선을 경유하는 모든 링크들을 별도의 가상적인 메인링크(trunk link)로 구축하여 차내 통행시간, 요금 등으로 구성된 일반화된 통행저항값을 링크 속성으로 구축한다. 이때 구축된 통행저항값은 최적경로의 통행저항값에 비해 25% 이상 크지 않은 범위의 사용자 지정값보다 작거나 같아야 한다. 경로탐색 알고리즘은 최종적으로 덩굴망(vine) 형태의 대중교통노선을 구축하게 된다.

이상과 같이 소개된 여러 가지 대중교통노선 선택방법에 의해 다양한 결과를 얻을 수 있다. 현재 상용화된 교통수요 분석 소프트웨어에서 제공하는 분석결과는 다음과 같다.

- 출발지와 도착지 간 총 일반화비용(total generalized cost)
- 통행요금
- 차내 통행시간 및 비용
- 초기 대중교통 대기시간 및 비용
- 환승대기시간 및 비용
- 접근(access/egress)시간 및 비용
- 총 정차시간(dwell time) 및 비용
- 전체 환승횟수
- 환승패널티(transfer penalty)
- 전체 경로에 대한 누적값(skimmed value)
- 대중교통 통행 진행방향(최적전략과 경로탐색법은 다르게 제시될 수 있음)

7.5 대중교통 운행계획

7.5.1 개요

대중교통수요는 대중교통 운행계획을 수립하기 위한 중요한 정보를 제공한다. 운행계획을 수립하기 위해서는 보다 구체적이고 자세한 대중교통 통행수요에 대한 자료가 제시되어야 하며 여기에는 해당 대중교통노선의 구간별 수송수요, 일일 최대 수요발생구간 및 시간대별 수요 등이 포함된다. 이러한 수요적 특성 이외에 운행계획을 수립하기 위해서는 노선의 선형, 정거장(정류장) 배치간격, 신호방식(열차의 경우), 차량의 수송용량 및 운행속도 등 다양한 요소들이 고려되어야 한다. 일반적으로 대중교통 운행계획은 통행수요와 수송수단의 특성을 고려하여 수요에 따라 탄력적으로 대응할 수 있도록 수립하는 것이 가장 효율적이다.

대중교통 운영자 측면에서 운행계획은 수송실적자료를 기반으로 지속적으로 수요특성을 반영한 탄력적 운영에 초점을 맞춘 단기적인 운행계획을 수립하는 반면, 국가적으로 대중교통 신규노선에 대한 운행계획을 수립할 경우 예측된 통행수요를 해당 교통수단의 수송용량으로 처리할 경우 어느 정도의 차량이 필요한지에 대한 판단과 이에 따른 연도별 차량구입계획을 수립하는 등 장기적인 관점에서 수립하게 된다. 수립된 운행계획은 소요 차량 수, 정거장 규모, 차량기지 규모(열차), 유지관리비, 인건비 등을 산출하는 데 직접적인 근거자료가 되며, 대중교통사업의 타당성 분석에 필요한 자료로 활용된다[6].

7.5.2 소요차량 규모(fleet size)

대중교통 운행계획을 수립하기 위해서는 계획노선에 대해 승객수요가 가장 많은 지점이나 구간에 대해 어느 정도의 차량이 필요한지 고려해야 하며 이러한 소요차량을 어떻게 투입하는가가 중요한 관심사항이다. 대중교통에서 소요차량의 의미는 특정 노선에서 정해진 시간 내에 운행할 수 있는 차량의 수를 의미하며 고속철도의 경우처럼 매회에 운행하는 차량의 집합을 하나의 편성이라 정의하고 1편성에 포함된 개별차량의 수가 20인 경우 1편성 20량이라고 명명한다.

열차 또는 버스의 소요차량 수는 다음과 같이 5가지 요소에 의해 종합적으로 고려해야 하며 차량의 특성과 운행환경에 따라 다양하게 결정된다.

6) 도로 및 철도부문사업의 예비타당성 조사 표준지침 수정・보완 연구(제5판)

- 첨두시의 승객 수요
- 열차 및 버스의 크기와 좌석 배치
- 차량당 승객점유 기준(좌석, 입석 가능 면적)
- 편성당 차량 수
- 왕복 통행시간

(1) 배차간격(headway)

열차 및 버스의 크기와 승객의 점유기준이 정해지거나 차량당 최대 탑승인원 등이 결정되면 기본적으로 차량의 승객용량을 알 수 있다. 따라서 소요차량 수를 결정하기 위해서 승객수요가 가장 많이 집중되는 첨두시간의 통행수요를 처리하기 위해 차량당 승객용량으로부터 편성 수와 차량 수를 결정할 수 있다.

첨두시 승객수요와 차량당 승객 처리용량이 주어졌을 경우 식 (7.11)과 같이 배차간격을 계산할 수 있다. 첨두시 최대 승객수요를 처리하기 위해서 요구되는 배차간격이 계산되면 시스템상에 열차의 배차간격을 수용할 수 있는지를 검토할 필요가 있다.

$$h = \frac{60\text{분}}{D/(N \times C)} \tag{7.11}$$

여기서, N: 편성당 차량 수

C: 승객용량(인/차량)

D: 첨두시의 최대 승객수요(인/시간)

h: 배차간격

문제 7-4 신규 철도노선에 대한 첨두시의 운영계획을 수립하려고 한다. 다음과 같은 조건일 경우 차량 배차간격을 계산하시오.
① 첨두시 최대 승객수요: 5,000명/시간
② 편성당 차량 수: 5량/1편성
③ 승객용량(정원): 60명

풀이 배차간격을 정하기 위해서 식 (7.11)에 의해 다음과 같이 계산할 수 있다.
- 차량운행 1회당 수송할 수 있는 승객: 5량×60명=300명/회
- 첨두시 최대 승객 수: 5,000명/시간
- 첨두시간 동안 5,000명을 300명 탑승 가능한 열차로 수송 시 16.6(5,000/300)회 운행 필요
- 따라서 배차간격은 60분/16.6회: 3.6분 ■

(2) 소요차량 수(fleet size)

최대 수송수요를 처리할 수 있는 배차간격이 계산되면 소요편성 수를 결정하는 것은 쉽게 결정된다. 소요편성 수를 결정하기 위한 산술식은 식 (7.12)와 같이 제시되며 편성당 차량 수, 노선의 길이(왕복), 평균 운행속도 및 배차간격 등을 고려하게 된다. 편성당 차량 수가 1인 경우 버스 수단이 해당되며 차량정원 대비 얼마나 탈 것인지를 결정하는 승차율은 실적통계 등을 이용하여 합리적으로 사전에 정의하여 결정될 수 있다.

$$f = \frac{60N(2L)}{V \times h} \tag{7.12}$$

여기서, N: 편성당 차량 수(1:버스)

L: 노선길이(km)

V: 평균운행속도(km/h)

h: 배차간격(분)

f: 소요편성 수

문제 7-5 신규 철도노선에 대한 운영계획을 수립하려고 한다. 다음과 같은 조건일 경우 첨두시 소요차량 수를 계산하시오.

① 노선길이: 10 km

② 평균 운행속도: 30 km/h

③ 배차간격: 3.6분

④ 편성당 차량 수: 5량

풀이 식 (7.12)에 의해 다음과 같이 소요편성 수를 계산할 수 있다.

$$= \frac{60 \times 5 \times (2 \times 10)}{(30 \times 3.6)} = 55\text{량 (즉, 11편성)}$$ ■

일반적으로 소요차량 수가 결정되면 약 10%의 추가적인 차량소요를 계획하게 되는데 이는 비상시 또는 수요에 탄력적으로 운행 가능하도록 여유분을 고려할 수 있다. 한편, 하루 중 운행 가능시간(총 운행시간)을 고려한 구간별 소요편성 및 차량 수를 결정하는 방법은 "도로 및 철도부문사업의 예비타당성조사 표준지침 수정·보완 연구(제5판)"에 정의하고 있다(KDI, 2009). 지침에서 소요차량 수를 산출하는 방법으로 두 가지를 제시하고 있으며 여기에는 운행시간에 의한 방법과 운행거리에 의한 방법으로 구분하고 있다. 운행시간에 의한 방법은 식 (7.13)에서 보는 바와 같으며 전체 운행거리를 운행하는 데 걸리는 시간인 '표정시분'과 시종착역 회차시간을 의미하는 '반복시분'을 고려하게 된다.

1) 운행시간에 의한 방법

$$F = (T+t) \times \frac{2}{h} \tag{7.13}$$

여기서, F: 운영편성 수

T: 표정시분(분)

t: 양단역의 반복시분(분)

h: 최소 운전시격(분)

운영편성 수가 결정되면 식 (7.14)와 같이 총 소요차량 수를 결정할 수 있다.

$$V = F(1+a) \times N \tag{7.14}$$

여기서, V: 총 소요차량 수(량)

F: 소요운용편성 수(편성)

a: 예비율(%)

n: 편성당량 수(량)

문제 7-6 신규 고속철도노선에 대한 운영계획을 수립하려고 한다. 다음과 같은 조건일 경우 일일 소요차량 수를 계산하시오.

① 표정시분: 150분
② 반복시분: 60분
③ 최소 운전시격: 25분
④ 편성당 차량 수: 5량
⑤ 예비율: 10%

풀이 식 (7.13)과 식 (7.14)에 의해 다음과 같이 소요편성 수를 계산할 수 있다.

- 운영편성 수: $\dfrac{(150+60)\times 2}{25} = 17$(편성)
- 소요차량 수: $17 \times 1.1 \times 5 = 93.5 \fallingdotseq 94$량 ■

2) 운행거리에 의한 방법

장거리 운행을 하는 지역 간 철도의 경우 소요차량 결정 시 운행시간보다 운행거리에 의해 영향을 받게 되므로 차량별(동력차, 객차, 화차 등) 차량운용실적, 검수주기에 의한 월간 주행킬로 등을 고려하여 적정한 열차-km를 설정하여 산정한다. 따라서 운행거리에 의한 소요 편성 수는 총 열차운행거리(km/일)를 열차당 운행거리(km/일)로 나누어서 산정하며 소요 차량 수는 앞의 예와 같이 계산한다.

7.5.3 대중교통용량(capacity)

대중교통용량은 철도 또는 버스가 수송할 수 있는 최대 승객수송량으로 정의할 수 있다. 따라서 버스의 경우는 도로의 혼잡 여부에 따라 수송용량이 달라질 수 있는 반면, 철도의 경우 정해진 노선을 운행하기 때문에 선로의 용량에 의해 영향을 받게 된다. 대중교통용량에 영향을 주는 요소를 정의하면 다음과 같다.

- 개별 차량시스템으로 보면 차량형태별로 승객의 수용 정도
- 최소 배차간격 또는 차량 간 공백시간
- 선로 및 역(정류장)의 수

최소 배차간격은 버스시스템의 경우 도로의 신호시스템의 영향을 많이 받게 되며 토지 이용의 영향에 따라 도심혼잡구간에 위치한 정류장, 터미널 지점과 연결되는 도로의 혼잡에 많은 영향을 받게 된다. 노면전차 및 BRT와 같이 일반 차량과 도로를 함께 공유하는 대중교통수단인 경우 도로혼잡도와 신호시스템의 영향을 받게 되므로 대중교통용량 산정에 반드시 고려하여야 한다. 식 (7.15)는 대중교통 승객용량을 결정하는 수식으로 도로의 신호시스템과 도로의 혼잡에 따른 대중교통차량의 지연도착 여부 및 차량 간 공백시간 등을 고려하는 요소를 포함하고 있다.

$$C = \frac{(g/c)(3600)nPR}{(g/c)D + t} \tag{7.15}$$

여기서, C: 승객용량(인・시간/선로)

g/c: 녹색신호시간/신호주기(철도: 1)

n: 차량 수(버스의 경우 정류장 수)

P: 승객 수/차량

R: 도착지연 고려 factor(0.8～0.95)

D: 역(정류장) 정차시간

t: 차량과 차량 간 시간

문제 7-7 다음과 같은 조건일 경우 대중교통 승객의 용량을 계산하시오.

① 신호시스템: 녹색시간 120초, 신호주기: 180초
② 정류장 수: 10개소
③ 승객 수: 30명/차량
④ 도착지연 고려요소: 0.9(버스)
⑤ 정류장 정차시간: 30초
⑥ 차량 간 공백시간: 600초(10분)

풀이 대중교통 수단(버스)의 승객용량은 식 (7.15)에 의해 다음과 같이 계산할 수 있다.

- 신호시간 중 녹색시간 비율(g/c): 120초/180초 = 0.66
- 식 (7.15)에 대입하면 $\dfrac{(0.66 \times 3600 \times 10 \times 30 \times 0.9)}{(0.66 \times 30) + 600} = 1{,}035$ 이므로
- 따라서 대중교통 승객용량: 1,035명/시/차선이다. ■

대중교통용량이 증가하기 위해서는 차량단위별로 최대한 많은 인원을 수용할 수 있어야 하며 정류장에서의 정차시간과 배차간격이 짧을수록 용량이 증가함을 알 수 있다. 본문에서 소개하고 있는 대중교통용량 산정은 개략적인 방법으로서 세부적인 용량산정을 위해서는 보다 많은 요소를 고려할 수 있는 자료 및 방법론이 필요하다. 미국의 경우 대중교통의 용량을 산정하기 위한 별도의 매뉴얼7)을 제시하고 있으며 국내의 경우 이러한 요소를 국내 실정에 맞게 고려하여 산정할 수 있다.

:: 참고문헌

도로 · 철도 부문사업의 예비타당성조사 표준지침 수정 · 보완 연구[제5판], KDI, 2008.

G. Gray & L. Hoel, Public Transportation, Prentice Hall, 1992.

Measurement of Transit Benefits, UMTA, 1993.

Public Transport Modeling, INRO, 2011.

T. Fowkes & C. Nash, Analyzing Demand for Rail Travel, Institute for Transport Studies 4, 1991.

Transit Capacity and Quality of Service Manual, 2nd Edition, TCRP, 2011.

7) Transit Capacity and Quality of Service Manual, 2nd Edition, TCRP, 2011

08 화물교통수요 예측

8.1 화물교통의 특성

화물교통을 정의하기 위해서는 물류로 총칭하는 화물교통수요의 흐름에 대한 이해가 반드시 필요하다. 일반적으로 유형의 물체로 대변되는 재화를 수송하는 체계는 앞서 논의된 사람의 수송체계와는 확연하게 다르다.

이 절에서는 이러한 화물교통체계를 이해하기 위하여 물류에 대한 전반적인 이해를 높이고자 한다.

8.1.1 화물 및 물류의 정의

화물이란 운반할 수 있는 유형(有形)의 재화나 물품을 통틀어 이르는 말이며, 물류란 생산자로부터 소비자에게 이러한 화물을 효과적으로 옮겨주는 기능 또는 활동을 말한다. 즉, 포장·하역·수송·보관과 같은 여러 활동을 총칭하는 의미로 교통에 있어 사람을 실어 나르는 것 이상으로 중요한 측면이 있다.

교통물류는 이와 같이 화물이동의 시·공간 및 물리적 저항요소를 해소하기 위한 계획, 통제, 관리행위를 총칭하는 화물이동활동이며 이를 위해 포장, 상·하역, 창고·보관, 물류정보 등의 통제, 관리를 위한 효율적인 시스템을 갖추도록 요구된다.

구체적인 교통물류의 구성요소는 다음과 같다.

(1) 교통물류 주체

화물이동은 개인과 기업의 요구에 의해 발생되며, 이의 수·배송을 직접 하거나 화물운송사업자에게 위탁하게 된다. 따라서 교통물류시스템 속에서 실제 활동을 갖는 교통물류 주체는 하주(荷主) 또는 화주(貨主)이며, 객체로서 다루어지는 재화가 화물이 된다.

(2) 교통물류 수단

화물자동차, 철도, 항공, 선박 등이 주요 교통물류수단으로 활용된다.

(3) 교통물류시설 및 기기

- 네트워크: 도로, 철로, 운하, 항로
- 기기 및 설비: 포장, 상·하역, 수송, 보관, 창고, 정보시스템
- 중계거점시설: 물류센터, 터미널, 수·배송센터, 공항, 항만

8.1.2 물류의 특성

교통물류의 대상인 화물은 앞에서 설명한 여객과는 확연하게 다른 통행특성을 지니고 있다. 즉, 여객은 연령, 직업, 소득, 성별, 통행목적 등에 따라 통행특성을 달리하지만, 화물은 생애주기(life cycle), 금전적 가치, 화물의 속성, 용도 등에 따라 다른 특성을 보인다.

이를 구체적으로 살펴보면 다음과 같다.

첫째, 물류는 화물의 용도·목적, 생애주기, 금전적 가치, 물리적·화학적 속성에 관한 자체특성, 생산지와 소비지의 위치, 교통수단, 통행경로 및 수·배송 네트워크 등의 물리적 특성뿐만 아니라, 운송수단특성, 출하제품특성, 기업환경특성 등의 출하특성 및 하주인식요소들에 의해서 매우 분화된 특성을 가진다.

둘째, 물류는 그 자체가 목적이 아니고 경영활동을 목적으로 한 수단적 의미를 지닌다. 이런 의미에서 산업활동과 관련된 공간적 이동수요에 의해 나타나는 경제활동이다. 즉, 교통물류는 기업과 개인의 화물수송을 지원하기 위해 발생한다.

셋째, 교통물류는 사회간접자본(SOC)의 시설투자를 요구한다. 교통물류를 통해 인간활동 및 산업활동의 시간적·공간적 저항을 극복하고자 한다. 이는 정부, 기업의 역할분담이 필요하게 되며, 도로, 항만, 항공, 중간거점 등의 건설 SOC 인프라는 막대한 자본이 필요하기 때문에 기업 및 지방정부 차원에서는 한계가 있게 된다. 따라서 교통물류는 주요 물류처리시설과 같은 건설 인프라 형성이 부수적으로 반드시 필요하다.

넷째, 교통물류는 화물품목특성에 따라 계절별, 월별, 일별, 시간대별로 집중되거나 분산되어 나타나는 경향을 보인다. 화물이동은 경영활동과 거래관계에서 발생되며, 수요와 공급 메커니즘 속에서 적기에 수·배송이 이루어질 수 있는 환경이 요구된다. 이

는 수요자에게 적절한 시점에서 서비스를 제공하기 위한 시간과 공간의 활용계획, 관리, 통제시스템을 요구함을 의미하는 것이다.

8.1.3 주요 물류시설의 특성

물류시설의 유형은 크게는 화물터미널, 보관 및 집배송시설, 내륙 컨테이너기지 등으로 분류되며, 철도망이 연계되는 경우를 고려하여 철송취급장 등이 별도로 추가되기도 한다. 그 외에 앞서 제시된 물류시설이 개발될 경우 이를 지원하기 위한 보조시설(관리 및 편의시설), 급유, 오폐수 등을 처리하는 공급 처리시설 등의 기능이 필요하다.

〈표 8.1〉 물류시설의 유형별 시설내용

시설유형		시설내용
화물터미널	화물취급장	사무실, 홈, 집배차 발착장소, 정류장소
	주차장	주・박차시설
보관 및 배송시설		집배송센터, 자가물류센터, 공동물류센터, 창고
철송취급장		철송화물의 환적, 집배송
내륙 컨테이너기지		CY, CFS, 섀시장치장
보조시설		관리동, 편익동, 화물정보센터(정보통신센터)
공급처리시설		오폐수처리장, 급유시설, 세차시설 등

개별 물류시설의 기본기능은 다음과 같다.

(1) 화물터미널

화물터미널에서 수행되는 주 기능은 첫째, 터미널이 위치하고 있는 지역의 화물을 집하하여 목적지별로 분류・이송시켜 방향별로 수송하는 것이고, 둘째는 지방에서 도착하는 화물을 지역 내의 각 목적지별로 분류하여 배송하는 역할을 수행한다. 이를 위해 화물을 직접 처리하는 화물취급장과 화물차량이 대기할 수 있는 주차장 등이 필요하다.

(2) 보관 및 배송시설

보관 및 배송시설은 그 운영형태에 따라 유통업체가 사용하는 집배송센터, 제조업체가 이용하는 자가 및 공동물류센터, 그리고 창고업체의 영업용 창고 등으로 구분한다. 이러한 시설들은 공급자와 수요자의 중간역할을 하며, 주 기능은 화물의 보관, 환적, 분류 및 포장, 업무지원 및 정보처리 등으로 구분한다.

(3) 내륙컨테이너기지(ICD)

ICD를 구성하는 주요시설은 CY(Container Yard), CFS(Container Freight Station), 섀시장치장, CY게이트, 운영건물 등이 있다. ICD는 항만 등에서 처리되어야 할 주요 통관기능을 내륙 물류거점에서 수행하는 기능을 갖고 있다.

(4) 보조시설

화물터미널, 보관 및 배송시설 등을 지원하기 위하여 필요한 인원과 장비를 관리하기 위한 시설이다. 주요 기능으로는 관리 및 일반 사무기능, 공공업무기능, 금융기능, 서비스기능으로 구분한다.

(5) 공급처리시설

개별 물류시설이 원활한 기능을 수행할 수 있도록 기반 인프라를 제공하는 시설로 오폐수처리장, 급유시설, 세차시설, 주차장 등이 있다.

8.1.4 화물의 품목

화물교통에 대한 미시적 분석을 위해서는 분석 대상 품목을 명확하게 정의하는 과정이 반드시 필요하다. 이는 명확한 품목구분이 선행되지 않으면 다음 절에서 소개하고자 하는 화물수요 예측과정의 사회경제변수 및 수단속성변수 등을 활용한 수리적 모형 적용 시 혼란을 초래하여 정확한 화물수요 예측이 어려워지기 때문이다.

품목구분은 그 목적에 따라 세분화하는 것이 바람직하나, 화물품목과 존을 지나치게 세분화할 경우 O/D가 생성되지 않는 존이 많아진다는 문제점이 발생할 수 있다. 일부에서는 품목구분을 농산품, 공산품, 광산품 등 세 가지로 나누는 경우도 있으며, 그 목적에 따라 수백, 수천으로도 나누기도 한다. 물류시설에 대한 수요 분석을 위해서는 최대 두 자릿수 범위에서 분석하는 것이 바람직하다.

화물수요 예측을 위해 한국표준무역분류(SKTC, Standard Korean Trade Classification)를 이용한 품목구분을 활용하기도 하였으나, 이 체계는 수출입화물에 적합한 분류체계로 국내 중심의 지역 간 수요를 분석하는 데 적합하지 않으며, 특히 수출입화물의 특성상 소규모 택배화물 중심의 도시 내 화물수요 분석에는 활용할 수 없다는 단점이 있다.

〈표 8.2〉 화물품목의 구분

코드 번호	품목분류	세 분 류
1	농산물	작물생산물 및 달리 분류되지 않은 기타 작물생산물, 통작업생산물, 채소, 화훼작물 및 종묘생산물, 채소작업생산물, 종묘생산물, 시설작물 생산물
2	임산물	임산물, 벌목 및 관련 서비스물, 영림생산물, 종묘, 육림생산물, 벌목업, 임업 관련 서비스품
3	수산물	일반어업, 원양어업, 근해어업, 연안어업, 양식업, 수생동식물종묘생산업과 관련 생산물, 어업 관련 서비스품
4	축산물	소, 말 및 양사육업, 양잠업, 양돈업, 양봉업, 가금 부화업, 양계업, 육우 사육업, 기타 축산업과 관련 생산물
5	석탄광물	무연탄광물, 무연탄 채굴품, 연탄 및 기타 응집 무연탄 생산물, 갈탄광물, 토탄광물 등의 생산품
6	석회석광물	석고 및 석회석
7	원유 및 천연가스 채취물	원유 및 천연가스 채취물, 원유 및 천연가스 채취 관련 서비스 생산물
8	금속광물	철광
9	비금속광물	비철금속, 텅스텐, 망간, 금, 은, 동, 연, 아연, 몰리브덴, 달리 분류되지 않은 비철금속
10	음식료품	고기, 과실, 채소 및 유지가공업, 육지동물고기 가공 및 저장처리품, 도축, 가금도살, 수생동물 가공 및 저장처리물, 어육 및 유사제품 제조품, 달리 분류되지 않은 수생동물 가공 및 저장처리물, 과실, 채소 가공 및 저장처리품, 동식물성 유지제조품, 낙농품 제조품 당류 제조품, 식료품 임가공물, 달리 분류되지 않은 기타 식료품 제조물, 과실 및 곡물증류수 제조품, 발효주제조물, 탁주 및 약주, 맥아, 음료, 주류
11	담배제품	담배, 담뱃재건조물, 담배제품 제조품
12	섬유제품	방적, 직조 및 섬유가공품, 제사, 방적 및 직조물, 면 및 마방적, 모방적물, 모직물 직조품, 나염 가공물, 직물제품 제조품, 포대, 섬유표백 및 염색 및 가공물, 끈, 로프 및 끈 가공품, 제면, 특수사 및 코드직물
13	의복 및 모피제품	의복, 가죽의복, 장갑, 모피가공 및 모피제품
14	가죽, 가방, 마구류 및 신발제품	가죽, 가방 및 마구류 제조, 가방 제조, 산업용 가죽제품, 달리 분류되지 않은 가방, 핸드백 및 마구류, 신발, 달리 분류되지 않은 신발 제조품
15	목재 및 나무제품 (가구 제외)	제재 및 목재, 일반제재, 가공목재 생산물, 나무, 코르크 및 조물제품, 합판 및 관련 나무판, 건축용 목제품, 기타 건축용 목제품, 셀룰라우드 패널 및 유사패널 제조품
16	펄프, 종이 및 종이제품	펄프, 종이 및 종이제품, 한지, 가공지 제조물, 달리 분류되지 않은 펄프, 종이 및 판지 제도물, 상장용 판지, 골판지 제조물, 위생용 종이용기, 벽지 및 장판지, 펄프 성형제품, 자동기록 기계용 종이제품, 달리 분류되지 않은 기타 종이 및 판지제품

〈표 8.2〉 화물품목의 구분(계속)

코드 번호	품목분류	세 분 류
17	출판, 인쇄 및 기록매체 복제품	출판물, 신문 및 정기간행물 발행, 기록매체 출판, 상업인쇄 및 인쇄 관련 서비스, 달리 분류되지 않은 인쇄 관련 서비스물, 기록매체 복제물, 달리 분류되지 않은 기록매체 복제물
18	코크스, 석유정제품 및 핵연료제품	코크스 및 관련 제품 제조물, 석유정제품, 원유정제처리물, 달리 분류되지 않은 석유정제 분획물 재처리물, 핵연료 가공물
19	화합물 및 화학제품	기초화합물, 산업용 가스 제조품, 염료 및 기타 착색제, 석유화학계, 기타 유기화합물 제조물, 달리 분류되지 않은 기초화합물, 비료 및 질소화합물, 합성고무 제조업, 합성수지 제조물, 농약기제조물, 도료, 인쇄잉크 및 유사제품, 비누, 제정광택제 및 화장품 제조품, 달리 분류되지 않은 화학제품, 방향유 및 관련제품 제조물, 접착제 및 젤라틴 제조물, 화학섬유, 재생섬유
20	고무 및 플라스틱제품	고무제품 제조물, 고무타이어 및 튜브생산품, 기타 고무제품 생산품, 산업용 비경화고무제품, 경화고무 및 그 제품, 플라스틱 합성피혁 제조품, 제1차 플라스틱 가공품, 플라스틱 조립 건구 제조품, 플라스틱 표면 가공품 제조품, 플라스틱 일반 성형제품
21	비금속광물제품	유리 및 유리제품 제조물, 제1차 유리, 초장용 유리 용기 제조품, 달리 분류되지 않은 유리 및 유리제품, 토기 제조품, 내화요업제품, 벽돌 및 유사제품, 타일 및 유사제품 제조물, 벽돌 및 유사제품 제조품, 달리 분류되지 않는 구조용 비내화 요업제품, 시멘트 제조품, 레미콘, 콘크리트 타일, 기와, 벽돌 및 블록 제조품, 석제품, 석면제품, 달리 분류되지 않은 기타 비금속광물제품
22	제1차 금속산업제품	제1차 철강제품, 제철 및 제강제품, 합금철강 제조물, 열간압연 압출 및 인발제품, 주철강관, 강관, 달리 분류되지 않은 철강제품, 제1차 비철금속, 달리 분류되지 않은 비철금속 제1차 제련 및 정련제품, 비철금속 압연 및 압출물, 기타 제1차 비철금속제품, 금속 주조물, 달리 분류되지 않은 비철금속 주조물
23	조립금속제품 (기계, 장비 제외)	구조금속제품, 탱크 및 증기 발생기 제조품, 구조금속제품 제조물, 철문 및 관련 제품, 금속조립구조재, 금속탱크, 저장조 및 유사용기 제조물, 중앙난방 보일러 및 방열기, 핵반응기 및 증기 발생기, 금속처리물 도금품, 철선제품
24	달리 분류되지 않은 기계, 장비	일반 목적용 기계제조품, 엔진 및 터빈 제조품, 내연기관 제조품, 증기 및 가스터빈, 펌프, 압축기, 탭 및 밸브, 베어링, 기어 및 전동요소
25	사무, 계산 및 회계용 기계	사무, 계산 및 회계용 기계 제조품, 컴퓨터 및 그 주변기기, 계산기 및 회계기, 복사기, 달리 분류되지 않은 기타 사무, 계산 및 회계용 기계
26	달리 분류되지 않은 전기기계 및 전기변환장치	전동기, 발전기 및 전기변환장치, 변압기, 전자 변성기, 전기 공급 및 제어장치, 축전지, 조명장치, 달리 분류되지 않은 기타 가정용 기구

〈표 8.2〉 화물품목의 구분(계속)

코드 번호	품목분류	세 분 류
27	영상, 음향 및 통신장비	전자관 및 기타 전자부품 제조물, 다이오드, 트랜지스터 및 유사반도체, 전자 저항기, 통신기기 및 방송장비, 유선통신장치, 무선통신, 방송 및 응용장치, 방송 수신기 및 기타 영상, 음향기기
28	의료, 정밀, 광학기기 및 시계	의료, 측정, 시험 및 기타 정밀기기, 의료용 기기, 방사선 장치 및 전기진단, 요법기기, 치과용 기기, 의료용 가구제품, 도안 및 제도기구 제조품, 전자기 측정, 시험 및 분석기구, 기체 및 액체용 적산계기, 사진 및 광학기기, 광학현미경 및 망원경, 안경, 시계 및 시계부품
29	자동차 및 트레일러	자동차용 엔진 및 자동차, 특장차, 트레일러 및 세미트레일러, 운송용 컨테이너, 자동차부품
30	기타 운송장비	선박, 보트 건조 및 수리, 강선건조 및 수리, 합성수지선 건조 및 수리, 선박 구성 부분품, 선박 해체물, 달리 분류되지 않은 선박건조 및 수리, 철도장비 제조품, 기계식 교통통제기, 항공기 부품 및 보조장치, 이륜자동차, 자전거 및 장애자용 차량, 달리 분류되지 않은 기타 운수장비
31	가구 및 기타	가구, 금속가구, 일반목재 가구, 매트리스 및 내장가구, 플라스틱 가구, 달리 분류되지 않은 가구, 기타, 악기, 달리 분류되지 않은 운동 및 경기용구 제조업, 달리 분류되지 않은 모조장신품, 장식품 및 교시용 모형, 사무 및 회화용품
32	재생재료가공품	금속 재생재료 가공처리물, 비철금속 재생재료 가공처리품, 섬유 및 종이재생재료 가공처리물, 폐플라스틱 및 고무 재생재료 가공처리물, 달리 분류되지 않은 비금속 재생재료
33	기타	달리 분류되지 않은 기타

문제 8-1 물류시설의 유형과 기본 기능에 대하여 설명하시오.

풀이 물류시설의 기본 유형은 화물터미널, 보관 및 배송시설, 철송취급장, 내륙 컨테이너기지, 보조시설, 공급처리시설 등으로 구분된다.

화물터미널: 화물의 집하 및 수배송을 위한 기본적인 물류처리

보관 및 배송시설: 화물의 보관, 환적, 분류 및 포장, 업무지원 및 정보처리

내륙컨테이너기지: 컨테이너의 보관, 수배송 배후기지, 통관기능 수행

보조시설: 일반사무 및 공공업무기능 등 터미널과 수배송시설의 지원

공급처리시설: 개별 물류시설의 원활한 기능수행을 위한 기반인프라 제공 ■

종합해 볼 때 화물수요 예측을 위한 품목구분은 반드시 필요하며, 이를 위해서는 현실적으로 가장 많이 활용되는 품목을 중심으로 한 품목구분이 바람직하다 할 수 있다.

결론적으로 위의 표와 같은 33개 품목구분체계를 이용하는 것이 일반적이며 이러한 품목구분체계는 통계청의 한국표준산업분류의 산업별 업종구분에 근거하여 작성되었으며 각종 물류현황조사나 국가교통DB사업과 같은 통계적 기초자료 구축 시에도 활용되는 의미 있는 자료라고 할 수 있다.

8.2 화물수요 예측

8.2.1 화물수송수요 예측의 개요

화물수송수요 예측은 과거 실적자료에 기반을 둔 다양한 품목의 화물에 대한 기종점별 향후 물동량 흐름을 사회경제지표 등을 변수로 활용한 모형을 통해 규명해내는 과정이라 할 수 있다. 이때 활용되는 수리적 모형은 화물기반모형(commodity based model)과 트럭통행기반모형(truck trip based model)으로 구분할 수 있다.

트럭통행기반모형은 화물자동차 통행을 직접 추정하기 위해 개발되었으며, 화물수송과 관련된 비용과 문제는 도로체계상의 화물자동차 통행행태에서 비롯된다고 보는 관점을 반영한 접근방법이다. 트럭통행기반모형은 화물자동차 통행에 모형의 초점이 맞추

〈표 8.3〉 화물수송수요 예측방법론

구 분	예 측 방 법	내 용
화물기반모형 (commodity based models)	화물발생 ↓ 화물분포 ↓ 수단분담 ↓ 차량적재 ↓ 통행배정 직접추정 수단별 화물 O/D ↓ 차량적재 ↓ 통행배정	• 순차적 모형(화물발생-화물분포-수단 선택-통행배정)에 의한 접근방법임 • 화물시스템은 기본적으로 화물의 이동을 고려, 화물이동이 직접 모형화되어야 한다는 견해에 따른 모형으로 가장 널리 사용됨 • 다른 방법으로는 개별 예측단계를 하나로 결합한 직접추정방법이 있으며, 트럭통행은 화물이동과 차량적재모형을 이용하여 도출되며, 모형결과는 트럭통행의 배정에 사용됨
트럭통행 기반모형 (truck trip based models)	통행발생 ↓ 통행분포 ↓ 통행배정 직접추정 통행 O/D ↓ 통행배정 토지이용별 통행발생	• 트럭통행모형의 유형은 트럭통행 활동을 직접 추정하는 방식을 채택하고 있음 • 주로 3가지 접근방식이 사용되는데, 화물기반모형과 유사한 순차적 모형 접근방법, 직접추정 접근방법, 소지역·지구 등의 범위에 사용되는 간편한 방법이 있음

어져 있기 때문에 화물발생, 화물분포, 통행배정의 3가지 단계의 모형만이 이용되고, 수단선택은 이미 결정되어 있기 때문에 수단선택모형이나 차량적재모형은 필요하지 않게 된다.

화물기반모형은 화물수송의 기본 원단위라 할 수 있는 화물의 생산과 소비과정을 통해 나타나는 다양한 운송수단 및 운송루트를 밝혀내는 과정으로, 여객수요 예측과 마찬가지의 4단계 추정법을 활용하게 되며 가장 일반적으로 활용하고 있는 화물수요 예측모형이기도 하다. 다만 4단계 중 수단선택모형의 활용에 있어 다양한 품목별 가격 및 이동시간에 대한 효용이 다양하기 때문에 적절한 모형활용이 어려운 실정이다.

이 때문에 여객부문과는 달리 화물부문은 권역별로 집단화(aggregate)시킨 물동량을 중심으로 화물수요 예측이 시작되는 것이 일반적이다. 즉, 화물수송수요 예측의 가장 중요한 측면은 통행발생이라 불리는 품목별 통행발생 및 도착량의 추정이 가장 중요하다. 이러한 물동량의 파악을 위해서는 교통존(zone)이라고 불리는 통행의 기본단위에서 나타나는 품목별 화물의 흐름을 파악할 수 있는 몇 가지 수리적 모형이 필요하다.

이에 대해 구체적으로 살펴보면 다음과 같다.

8.2.2 화물발생 및 도착량 예측

여객부문에서 4단계 수요예측모형 중 첫 번째 단계였던 통행발생에 해당하는 부문으로 여객부문보다는 비교적 제약조건이 높다고 할 수 있다. 예를 들어 컨테이너 하역장(CY, Container Yard) 등을 가지고 있지 않은 교통존에서는 컨테이너화물의 도착이 이루어질 수 없다는 점을 들 수 있다.

일반적으로 화물의 발생 및 도착량은 화물의 총량으로 명명되어 교통존 및 품목별로 예측되는데 이때 활용되는 모형이 화물발생모형이라 할 수 있다. 구체적인 화물발생모형을 살펴보면 가장 많이 사용되는 회귀분석법, 교차분류분석법, 투입산출모형, 원단위법, Cobb-Douglas 모형 등이 있다.

(1) 회귀분석법

화물통행에 영향을 미치는 사회경제적 요소들을 독립변수로 활용하여 교통존의 총물동량을 산출하게 되는 방식이다. 이는 앞의 여객수요 예측을 위한 4단계 모형에서 소개된 회귀분석방식과 비교하여 투입되는 독립변수들이 품목별 영향을 고려한 토지이용, 인구, 화물차량등록대수, 지역별 생산액, 산업단지 규모 등 화물의 속성을 반영할 수 있는 요소라는 점이 차별화될 수 있다.

물동량 예측을 위한 회귀모형 역시 선형함수, 로그함수, 지수함수 등 다양하게 제시될 수 있다. 회귀분석법은 기존 모형이 존재할 경우 적용이 용이하다는 장점이 있지만 독립변수에 대한 장래 예측이 선행되어야 하며, 급변하는 물류의 속성을 반영하기에 어려운 단점이 있다.

(2) 교차분류분석법

교차분류분석법의 기본원리는 화물통행과 관련된 사회경제지표별 평균 통행발생 및 도착비율을 활용하여 장래의 화물발생량을 예측하는 것이다. 화물통행발생량과 직접적으로 연관되는 사회경제지표에 의한 비율을 위한 분석단위는 보통 가구단위로 설정된다.

$$O_i = \sum_k N_k R_k \tag{8.1}$$

여기서, O_i: 교통존 i의 통행발생량

N_k: 분류된 사회경제지표 중 k분류에 속하는 가구 수

R_k: k분류의 평균 통행발생률

(3) 투입산출모형

투입산출모형(input-output model)은 연관된 산업들 간의 상호의존성을 모형화한 것으로 산업연관분석이라고 명명하기도 한다. 모형의 기본구조는 생산부문과 소비부문의 재화나 서비스의 흐름을 규명하는 것에서 시작된다.

$$X_i^r = \sum_{s=1}^{M} \sum_{j=1}^{N} X_{ij}^{rs} + D_i^r \tag{8.2}$$

여기서, X_i^r: r지역의 i산업의 총 산출량

X_{ij}^{rs}: r지역 내의 i산업으로부터 s지역 내 j산업으로의 투입량

D_i^r: r지역 내의 i산업의 최종수요량

M: 대상 지역 총수

(4) 원단위법

원단위법은 화물의 통행발생 및 도착량이 토지이용활동(용도별 대지면적, 용도별 연상면적, 용도별 토지이용특성 등)에 의해 결정된다는 기본 가정을 기초로 하여 물동량을 분석하는 방법이다.

기본적인 통행발생원단위는 기존 물동량의 표본조사자료나 전수화 자료 등을 토지이

용특성에 맞게 분석하여 설정한 뒤 특정 토지이용에 따른 물동량 흐름을 파악할 수 있도록 모형화하는 특징이 있다.

$$G_i^k = \frac{T_i^k}{A_i^k} \tag{8.3}$$

여기서, G_i^k: 존 i의 토지이용 k에 대한 면적당 화물통행발생량 및 도착 원단위값

T_i^k: 존 i의 토지이용 k에 발생 또는 도착하는 화물통행량 수

A_i^k: 존 i의 토지이용 k의 면적

(5) Cobb-Douglas 모형

화물의 통행발생량을 예측하기 위하여 활용하는 계량경제모형 중 하나로서 장래 출하액을 예측할 수 있는 원단위 등을 활용하는 특징이 있다. 예를 들어 화물의 총 출하액을 예측하기 위해 총 생산액, 사업체 수 등을 변수로 하는 다음과 같은 모형식을 제시할 수 있다.

$$\begin{aligned} &T_i = a_0 + \alpha D_i + \beta N_i + Y_i - Y_s \\ &\alpha + \beta = 1 \end{aligned} \tag{8.4}$$

우리나라의 경우 국가교통DB센터에서 제시하는 34개 품목기준의 화물물동량, 지역 내 총생산, 가격 및 산업특성, 인접지역의 경제활동과 특화도 등을 고려하여 화물 유출입산정모형을 화물발생단계에서 활용할 수 있다.

8.2.3 화물분포 예측

화물분포 단계는 화물발생단계에서 산정된 화물의 발생 및 도착 물동량을 이용하여 기종점 물동량(물동량 O/D)을 추정하는 과정이다. 화물 발생 및 도착모형으로부터 추정된 화물발생량 및 도착량과 표본조사를 통해 얻어진 표본 물동량 O/D를 이용하여 품목별 화물배분모형을 정립하고, 추정된 화물발생량 및 도착량과 정산된 화물배분모형을 이용하여 최종적으로 전수화된 장래 물동량 O/D를 만들어낸다.

화물분포모형에는 중력모형(gravity model), 성장인자법(growth factor method), 엔트로피 극대화모형(entropy maximization model) 등의 다양한 기법들이 적용되고 있다.

(1) 중력모형(gravity model)

중력모형은 기종점 물동량이 발생 및 도착지역의 경제활동 패턴의 잠재력에 비례하

여 영향을 받으며, 거리에 따른 통행시간 및 통행비용에 반비례한다는 가정을 적용한 경험적 모형이다. 무제약모형과 단일제약모형, 이중제약모형 등으로 구분할 수 있으며, 중력모형의 일반적인 형태는 다음과 같이 나타낼 수 있다.

$$Y_{ijk} = A_{ik} \cdot Y_{ik} \cdot B_{jk} \cdot Y_{jk} \cdot f(c_{ij}^{-1}) \tag{8.5}$$

여기서, Y_{ijk}: i에서 j로 이동한 화물품목 k의 물동량

A_{ik}: 화물품목 k에 대한 기점설명 파라미터

Y_{ik}: i에서 발생한 화물품목 k의 총 물동량

B_{jk}: 화물품목 k에 대한 종점설명 파라미터

Y_{jk}: j로 도착한 화물품목 k의 총 물동량

$f(c_{ij}^{-1})$: i에서 j까지의 저항함수(예를 들면 $\exp(-\beta_k \cdot c_{ij})$), β_k: 저항계수[8)]

c_{ij}: i에서 j까지의 교차통행에 대한 저항요인변수(통행시간, 통행비용 등)

일반화 중력모형(generalized gravity model)을 적용하여 i에서 j로 배분된 장래 물동량은 아래의 식에 의해 표현이 가능하다.

$$Y_{ij} = F_{ij} \cdot A_i \cdot B_j \cdot \overline{Y_{ij}} \tag{8.6}$$
$$F_{ij} = \exp[\sum_k^n C_{ij}^k \cdot \theta_k]$$

여기서, Y_{ij}: i, j존 간 장래 물동량

$\overline{Y_{ij}}$: i, j존 간 기준연도 물동량

A_i: 기점설명 파라미터

B_j: 종점설명 파라미터

F_{ij}: 저항함수

C_{ij}^k: 통행시간, 통행비용 등의 저항요인변수로서 모형에서는 n개까지 사용 가능

C_{ij}^1: 기준연도의 품목별 O/D 물동량, C_{ij}^2: 업종 간 결합력을 고려한 변수

θ_k: 개별 저항요인변수에 대응하는 저항계수

(2) 성장인자법(growth factor method)

기준연도의 존 간 물동량 배분패턴이 장래에도 그대로 일정하게 유지된다는 가정하

8) 저항계수(β_k)는 통행비용에 대한 가중치로서, 저항계수가 클수록 존 간 물동량 배분에서 통행비용에 대한 가중치가 커진다.

에 존 간 장래 물동량을 예측하는 방법이다. 모형에 대한 이해가 용이하고 적용이 편리한 방법이나, 장래 여건의 변화가 큰 지역에는 적용하기 어렵다는 단점을 갖는다.

무제약 성장인자법, 단일제약 성장인자법, 이중제약 성장인자법 등으로 분류되며, 이중 화물 발생량과 도착량을 모두 만족시키는 이중제약 성장인자법은 평균인자법(average factor method)과 평형인자법(balancing factor method)으로 다시 분류된다.

1) 평균인자법

평균인자법은 존별 화물 발생량의 성장인자(E_i)와 존별 화물 도착량의 성장인자(E_j)의 산술평균값을 적용하여 존 간 물동량의 성장인자(E_{ij})를 도출하고, 이를 적용하여 존 간 장래 물동량을 추정하는 방법이다.

$$Y_{ij} = E_{ij} \cdot \overline{Y_{ij}} \tag{8.7}$$

$$E_{ij} = \frac{(E_i + E_j)}{2} \tag{8.8}$$

$$E_i = \frac{Y_i^p}{Y_i^o},\ E_j = \frac{Y_j^p}{Y_j^o} \tag{8.9}$$

여기서, Y_{ij}: i, j존 간 장래 물동량

$\overline{Y_{ij}}$: i, j존 간 기준연도 물동량

E_i: i존 화물 발생량의 성장률

E_j: j존 화물 도착량의 성장률

Y_i^p: i존의 장래 화물 발생량, Y_j^p: j존의 장래 화물 도착량

Y_i^o: i존의 기준연도 화물 발생량, Y_j^o: j존의 기준연도 화물 도착량

2) 평형인자법

평형인자법은 평균인자법의 단점을 해결하기 위해 개발된 기법으로, 프래타법(Fratar method)과 디트로이트법(Detroit method) 등이 있다.

프래타법은 계산과정이 복잡하고 이해가 어려운 반면 정확도는 타 성장인자법에 비해 높은 것으로 평가 받고 있다. 존 간의 통행량은 E_i, E_j에 비례하여 증가한다는 원리를 이용하여 반복과정을 통해 화물발생단계에서 산출된 화물 발생량과 도착량이 일치되도록 조정하는 방법이다.

$$Y_{ij} = \overline{Y_{ij}} \cdot E_i \cdot E_j \cdot \frac{(L_i + L_j)}{2} \tag{8.10}$$

$$L_i = \frac{\sum_{j=1}^{n} \overline{Y_{ij}}}{\sum_{j=1}^{n} \overline{Y_{ij}} \cdot E_j}, \quad L_j = \frac{\sum_{i=1}^{n} \overline{Y_{ij}}}{\sum_{i=1}^{n} \overline{Y_{ij}} \cdot E_i} \tag{8.11}$$

여기서, L_i, L_j: 보정식

디트로이트법은 교통량의 증감에 따라 배분결과가 상이하게 발생하는 단점이 있으나 프래타모형에 비해 간단하여 적용이 용이한 것으로 평가 받고 있다.

$$Y_{ij} = \overline{Y_{ij}} \cdot \frac{(E_i + E_j)}{F} \tag{8.12}$$

여기서, F: 총 발생물동량의 증감률

(3) 엔트로피 극대화 모형(entropy maximization model)

엔트로피 극대화모형은 존 간 물동량의 공간적 분산 정도를 엔트로피(entropy)로 정의하고, 주어진 제약조건을 만족시키며 엔트로피를 극대화하는 화물배분모형이다. 이 모형은 그 해가 음(−)지수함수 형태의 저항함수를 갖는 중력모형의 일반형으로 유도되므로, 중력모형의 일반적인 형태라고 할 수 있다.

모형의 구조는 총 통행비용에 대한 제약조건, 화물발생량 또는 도착량의 제약조건을 갖는 비선형 최적화모형(non-linear optimization model)으로 목적함수의 유형과 제약조건을 어떻게 선정하는가에 따라 다양한 형태의 수요 분석모형을 도출해 낼 수 있는 유연성이 강한 모형이다.

〈표 8.4〉 화물분포모형의 분류별 특성

모 형	모형의 특성
성장인자법 (growth factor model)	• 존 간 통행비용을 고려하지 않음 • 존별 통행발생 및 도착량의 추정 성장률을 적용하는 방법 • Heuristic 기반모형으로 모형구조가 비교적 단순 • 기준연도의 O/D표를 근거로 하여 추정하므로 부정확함
중력모형 (gravity model)	• 물리학의 중력이론을 이론적 근거로 함 • 존별 통행발생 및 도착량을 만족시키며, 통행비용을 최소화하는 통행분포모형 • 통행저항계수에 따라 배분되는 통행량의 분포가 변함
엔트로피 극대화모형 (entropy maximization model)	• 중력모형의 일반형태로 변환된 모형 • 존별 통행발생량 또는 도착량을 만족시키며 엔트로피를 극대화하는 통행분포모형

엔트로피 극대화모형의 일반식은 다음과 같다.

$$T_{ij} = A_i \cdot O_i \cdot B_j \cdot D_j \cdot \exp(-\beta \cdot c_{ij}) \tag{8.13}$$

여기서, $A_i = \dfrac{\exp(-\lambda_i)}{O_i} = [\sum_j^n B_j \cdot D_j \cdot \exp(-\beta \cdot c_{ij})]^{-1}$

$B_j = \dfrac{\exp(-\lambda_j)}{D_j} = [\sum_i^n A_i \cdot O_i \cdot \exp(-\beta \cdot c_{ij})]^{-1}$

품목별 표본 물동량 O/D에 뉴턴-랩슨(Newton-Raphson) 축차과정을 적용하여 파라미터(β)값을 산출하고, 이 값을 해당 품목별로 적용하여 물동량 O/D를 산출하게 된다.

8.2.4 화물수단분담 예측

수단분담단계에서는 표본 물동량 조사자료(화물발착사업소조사 중심)를 전수화한 자료에 바탕을 두고 각 운송수단별 분담률을 예측하는 과정에 해당한다. 통행수요를 이용가능한 수송수단별로 배분하는 단계로 궁극적으로는 수송수단별 분담률을 추정하는 데 그 목적이 있다. 통행교차모형(trip-interchange model), 통행단모형(trip-end model)이 대표적으로 사용되고 있으며, 그 외 통합모형(combined model) 등이 이용되고 있다.

(1) 통행교차모형(trip-interchange model)

조사된 물동량 O/D에 의하여 교통량을 수단과 교통망에 따른 시간, 비용 등을 감안하여 배분하는 모형이다. 추정된 각 존 간 통행량을 수단별 통행량으로 분할하는 가장 일반적인 모형 중 하나로 각 존 간 통행에 대한 수단별 분담률을 추정하여 해당 통행량에 곱함으로써 존 간 수단별 통행량을 추정한다. 로짓모형(logit model), 전환곡선법(diversion curve method), 프로빗모형(probit model) 등의 기법이 있다.

(2) 통행단모형(trip-end model)

통행단모형은 통행교차모형과는 달리 통행분포과정을 수행하기 전에 존별 통행발생 및 도착량을 수단별로 배분하는 모형이다. 존별 통행발생 또는 도착량에 대한 총량적 수단분담률을 추정하고, 이를 적용하여 존별 통행발생 또는 도착량을 수단별로 배분한다.

통행교차모형과는 달리 존 간 교통체계의 공급특성보다는 존별 사회·경제적 특성에 더 큰 비중을 두고 있으며, O/D 간 통행특성이나 교통특성을 알 수 없어 주로 발생존 또는 도착존의 특성을 설명변수로 사용한다. 교통망이나 O/D의 특성을 충분히 고려할 수 없는 단점이 있다.

(3) 화물수단분담모형의 중요 요소

일반적으로 수단분담과정에서는 계산이 용이한 로짓모형을 이용하여 수단분담률을 추정한다. 로짓모형에 의한 수단선택모형 구축과정은 앞의 여객통행 수요예측 과정에서 상세히 다루었으므로 본 절에서는 화물의 수단선택모형에 영향을 미치는 효용에 대해 구체적으로 살펴봄으로써 화물수단분담모형의 적용에 대한 이해를 돕기로 한다.

앞 절에서 살펴본 화물의 특성 중 화물은 기점에서 종점까지 하나의 수단(예: 트럭)으로 일괄 운송되기도 하지만 철도화물과 같이 다양한 루트를 거쳐 운송되기도 한다.

컨테이너를 예를 들어 살펴보기로 하자.

도로로 수송되는 컨테이너 화물은 상하차에 소요되는 시간과 비용을 제외하고는 <그림 8.1>과 같이 트럭에 의한 공로운송만이 이루어진다. 그림에서와 같이 화물운송 수단에 영향을 미치는 요소는 수송시간과 비용 외에도 상하차에 소요되는 시간과 비용이 중요한 위치를 차지하게 된다. 철도의 경우를 살펴보면 수단선택에 영향을 미치는 비용과 시간항목이 더욱 복잡해진다.

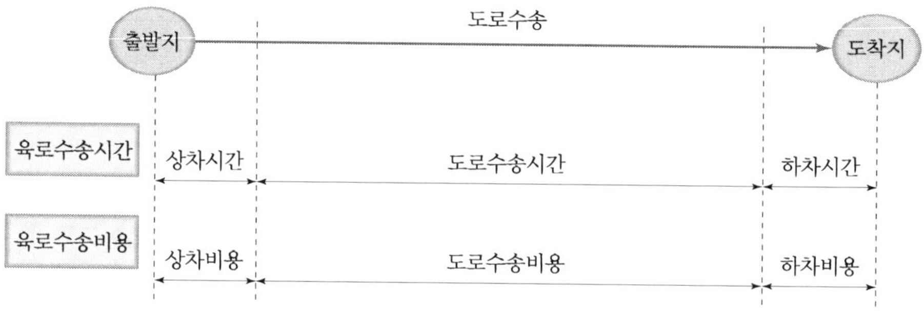

〈그림 8.1〉 컨테이너 도로수송체계

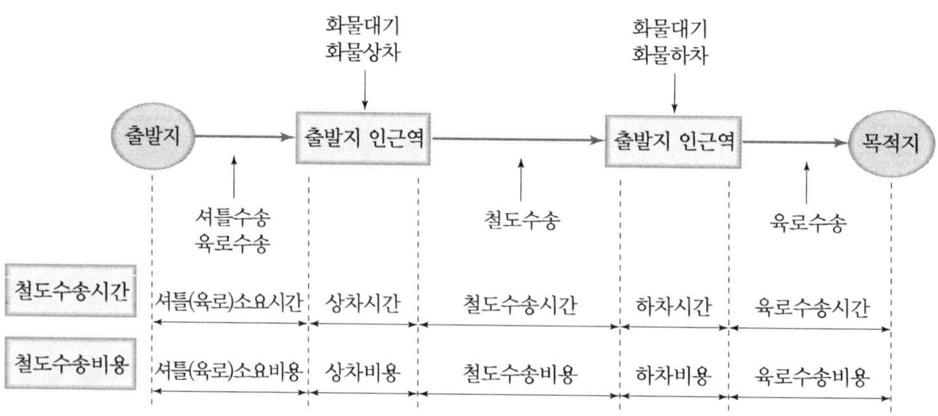

〈그림 8.2〉 컨테이너 철도수송체계

<그림 8.2>를 보면 철도화물운송을 위해서는 화물취급역을 중심으로 한 트럭운송이 반드시 필요하며 철도에 대한 상하역 시간 및 비용도 도로와 마찬가지로 중요한 요소임을 알 수 있다.

〈표 8.5〉 컨테이너의 비용 및 시간 적용 예

구분	수단	적용 원단위	비고
시간	도로	• 상(하)차 소요시간: 120분 • 도로수송시간: 1.22분/km	• 상차시간+(도로수송시간×거리)+하차시간 • 240분+(1.22분/km×거리)
	철도	• 셔틀수송시간: 1.22분/km • 상(하)차 소요시간: 120분 • 철도수송시간: $\frac{\text{운송거리}}{\text{운송속도(60km/h)}}$ • 도로수송시간: 1.22분/km	• 셔틀수송시간+상차시간+철도수송시간+하차시간+상차시간+도로수송시간+하차시간 • 480분+(철도수송시간)분+(1.22분/km×거리)
비용	도로	• 상(하)차 소요비용: 10,500원 • 도로수송비용: 1,572원/km	• 상차비용+(도로수송비용×거리)+하차비용 • 21,000분+(1,572원/km×거리)
	철도	• 셔틀수송비용: 24,000원/km • 상(하)차 소요비용: 10,500분 • 철도수송비용: 674원/km • 40FT 기준 • 도로수송비용: 1,572원/km	• 셔틀수송비용+상차비용+철도수송비용+하차비용+상차비용+도로수송비용+하차비용 • 42,000+(674원/km×거리)+(1,572원/km×거리)+(24,000원/km×거리)

앞에서 언급한 바와 같이 로짓모형을 활용한 철도화물품목별 수단선택모형이 가장 많이 활용되고 있는데 이때 효용함수 추정에 활용되는 독립변수 추정을 위해서는 SP조사를 통해 구축된 자료를 분석하는 과정이 필수적이다.

여객부문에서 언급한 바와 같이 로짓모형은 프로빗모형이 가지는 계산의 어려움이라는 약점을 극복하기 위해 개발되었다. 따라서 본 연구에서의 수단선택모형은 식 (8.14)와 같이 로짓모형(logit model)의 구조를 가진다.

$$P_{ijm} = \frac{\exp(V_{ijm})}{\sum_{m=1} \exp V_{ijm}} \tag{8.14}$$

여기서, P_{ijm}: i존에서 j존으로 화물운송 시 수단 m을 선택할 확률

이때 특정수단의 효용으로 분석되는 V_{ijm}은 다음과 같은 함수형태로 구성되어 있다.

$$V_{ijm} = \alpha(Ttime)_{ijm} + \beta(Tcost)_{ijm} + \gamma(T_{LOS})_{ijm} + (DUM)_m \qquad (8.15)$$

여기서, V_{ijm}: 수단 m의 교통존 i와 j 간의 효용함수

$(Ttime)_{ijm}$: 수단 m의 교통존 i와 j 간의 총 통행시간

$(Tcost)_{ijm}$: 수단 m의 교통존 i와 j 간의 총 통행비용

$(T_{LOS})_{ijm}$: 수단 m의 교통존 i와 j 간의 서비스 수준

DUM_m: 수단 m의 더미

일반적으로 화물의 경우도 여객과 마찬가지로 수단선택에 영향을 미치는 요소를 판단하기 위하여 속성변수를 선정하는 과정이 필요하며 구체적인 속성변수의 예는 다음과 같다.

국가교통DB센터에서는 국가교통DB구축사업의 일환으로 물류현황조사를 실시하고 있는데 이에 따르면 운송수단 선택 시 가장 큰 제약요인은 수송비용과 예산상의 제약, 제품의 특성(크기, 중량 등) 등으로 나타났다. 또한 생산/고객서비스 측면, 수송/배송 측면, 업무관리 측면, 화물특성 측면으로 나누어 고려요소를 조사하였는데, 1~3순위 고려요소를 살펴보면 <표 8.6>과 같다.

〈표 8.6〉 화물수송수단 선택 시 고려사항

구분	고려요소		
	①	②	③
생산/고객서비스 측면	적기 수송	고객서비스 개선	문전운송
수송/배송 측면	정시 도착 보장	수송비용	화물도착 요구지점까지의 운반보장
업무관리 측면	수송업체에 관한 신뢰도	사무업무/서류업무의 간편성	요금협상 여부
화물특성 측면	화물의 가격	화물의 크기 및 중량	화물의 포장형태

〈표 8.7〉 주요 화물품목별 수단선택에 영향을 미치는 속성변수

<table>
<tr><th rowspan="2">품목구분</th><th rowspan="2">포함되어야 하는 속성 변수</th><th rowspan="2">이 유</th><th colspan="2">종합</th></tr>
<tr><th>속성 변수</th><th>이유</th></tr>
<tr><td rowspan="4">컨테이너(4)</td><td>운임, 수송시간, 정시성</td><td>- 대상 품목의 중요 결정요소라 판단됨</td><td rowspan="2">(공통)
운임, 정시성, 수송시간</td><td rowspan="4">- 대상 품목의 중요 결정요소 수송량이 증대하므로 운임 외에 물류인프라시설 확보가 매우 중요
- 시간을 다투는 물량이기 때문</td></tr>
<tr><td>물류 COST, LEAD TIME, CY</td><td>- 수송수단 간 COST 경쟁력 비교 선택, 정시성(선적, DOOR 등), 안정적 서비스로 이용고객 만족, 공장 배후 CY 서비스</td></tr>
<tr><td>운임, 물류기지</td><td>- 수송량이 증대하므로 운임 외에 물류인프라시설 확보가 매우 중요</td><td rowspan="2">물류 COST, 물류기지, 정보제공, CY</td></tr>
<tr><td>정시 도착, 정보 제공</td><td>- 시간을 다투는 물량이기 때문</td></tr>
<tr><td rowspan="4">철강(4)</td><td>운임, 접근성</td><td>-</td><td rowspan="2">(공통) 운임, 물류센터(기지)</td><td rowspan="4">- 연안 해송, 육송 등과 COST 경쟁력 비교 선택, 대량 수송 가능
- 중량화물의 과적운행 제약, 수요지 물류센터 기능 필요
- 화주정책으로 운송수단 루트 다변화 유도, 주요 소비지 인근에 물류창고시설 확보도 주요 고려 대상
- 중량품 수송, 하역부지</td></tr>
<tr><td>물류 COST, 물류센터</td><td>- 연안 해송, 육송 등과 COST 경쟁력 비교 선택, 대량 수송 가능
- 중량화물의 과적운행 제약, 수요지 물류센터 기능 필요</td></tr>
<tr><td>운임, 물류기지, 화주정책</td><td>- 화주정책으로 운송수단 루트 다변화 유도, 주요 소비지 인근에 물류창고시설 확보도 주요 고려 대상</td><td rowspan="2">접근성, 물류 COST, 화주정책, 수송비용, 대량수송</td></tr>
<tr><td>수송비용, 대량 수송</td><td>- 중량품 수송, 하역부지</td></tr>
<tr><td>자동차</td><td>운임, 접근성, 시설보안성</td><td></td><td>운임, 접근성, 시설보안성</td><td></td></tr>
<tr><td rowspan="2">양회(2)</td><td>운임, 지리적 특성, 시설 보유</td><td></td><td>(공통)
시설보유</td><td rowspan="2">- 수송수단 간 COST 경쟁력 비교 선택, 대량 수송 가능(거점 간), SILO시설(철도연변, 연안), 사유화차 등 물류시설 전제</td></tr>
<tr><td>물류 COST, 대량 수송, 시설</td><td>- 수송수단 간 COST 경쟁력 비교 선택, 대량 수송 가능(거점 간), SILO 시설(철도연변, 연안), 사유화차 등 물류시설 전제</td><td>운임, 지리적 특성, 물류 COST, 대량수송</td></tr>
<tr><td>내수가전제품 등</td><td>화주정책, 물류기지</td><td>- 화주정책으로 자체 물류부지 아웃소싱차원 및 수송다변화 차원에서 수송수단 선택에 영향</td><td>화주정책, 물류기지</td><td>- 화주정책으로 자체 물류부지 아웃소싱 차원 및 수송다변화 차원에서 수송수단 선택에 영향</td></tr>
<tr><td>팔레트화물 (수지, 가전, 차 부품)</td><td>물류 COST, L/T, 물류 INFRA</td><td>- 수송수단 간 COST 비교 결정, 고객 L/T 필수적, 물류센터 기능</td><td>물류 COST, L/T, 물류 INFRA</td><td>- 수송수단 간 COST 비교 결정, 고객 L/T 필수적, 물류센터 기능</td></tr>
<tr><td>제지</td><td>수송비용, 정시 도착</td><td>- 파렛트 화물, 안정적 물량 공급</td><td>수송비용, 정시 도착</td><td>- 파렛트 화물, 안정적 물량 공급</td></tr>
<tr><td>유류</td><td>수송비용</td><td></td><td>수송비용</td><td></td></tr>
<tr><td>비료</td><td>수송비용</td><td></td><td>수송비용</td><td></td></tr>
</table>

문제 8-2 다음과 같은 조건하에서 컨테이너 화물에 대한 수단분담률을 산정하시오.
도로: 운송시간(본선 2시간, 환적 1시간), 운송비용(본선 230,000원, 환적 10,000원)
철도: 운송시간(본선 3시간, 환적 1시간, 셔틀 30분), 운송비용(본선 100,000원, 환적 10,000원, 셔틀 30,000원)

구 분			계수(단위: 시, 만 원)
변수	운송시간	본선시간	−0.0759
		환적시간	−0.0187
		셔틀시간	−0.0700
	운송비용	본선비용	−0.0318
		환적비용	−0.0315
		셔틀비용	−0.0724
상수	도로		2.4719
	철도		2.2665

풀이 도로운송의 효용 계산

$$Va = +2.4719 - 0.0759*2 - 0.0187*1 - 0.0318*23 - 0.0315*1 = 1.5385$$

철도운송의 효용 계산

$$Vr = +2.2665 - 0.0759*3 - 0.0187*1 - 0.07*0.5 - 0.0318*10 - 0.0315*1 - 0.0724*3 = 1.4184$$

$$\exp(Va) = 4.657599,\ \exp(Vr) = 4.130506$$

도로의 수송분담률 계산: $\exp(Va)/[\exp(Va)+\exp(Vr)] = 4.657599/8.788105 = 53\%$

철도의 수송분담률 계산: $\exp(Vr)/[\exp(Va)+\exp(Vr)] = 4.130506/8.788105 = 47\%$ ■

한편, 화물의 수단선택에 영향을 주는 요소는 화물의 품목에 의해서도 다양하게 나타날 수 있다. 다음 표는 화물의 품목을 컨테이너, 양회, 철강 등 다양하게 구분하였을 경우 수단선택에 영향을 주는 요소와 그 이유에 대해서 정리하였다.

예를 들어 컨테이너 품목의 경우 다른 품목보다 정시 도착에 대한 화주의 요구가 강하게 나타나므로 정시성이 상대적으로 중요시됨을 알 수 있다.

8.2.5 화물통행배정

화물통행배정과정은 예측된 화물교통량을 여객교통량과 함께 구축되어 있는 교통망에 배정하여 각 통행망의 교통량을 추정하는 과정이다. 화물기반모형을 이용하여 수요분석을 실시할 경우 물동량자료를 통행자료로 전환시켜야만 향후 교통네트워크를 이용하여 통행량을 예측할 수 있으며, 이 단계에서 차량적재모형(vehicle loading model)이 이용된다. 차량적재모형(vehicle loading model)은 화물차량 전환계수(γ_{ijr})(즉, 화물차량 톤급별 적재톤수)를 적용하여 물동량자료를 화물자동차 통행량자료로 전환한다. 화물차량 전환계수 이용과정은 다음과 같다.

$$\overline{T_{ijr}} = \frac{T_{ijr}}{\gamma_{ijr}} \tag{8.16}$$

여기서, $\overline{T_{ijr}}$: 화물차량 통행 O/D

T_{ijr}: 차종별 화물물동량 O/D

γ_{ijr}: 화물차량 톤급별 적재톤수

통행배정모형은 크게 교통시설의 용량에 대한 제약유무에 따라 용량비제약모형과 용량제약모형으로 구분되며, 경로선택과정에서 통행의 가치기준 차이와 운전자가 갖고 있는 정보의 불확실성 등 경로선택의 확률적 요소 유무에 따라 확률적 모형(stochastic model)과 결정적 모형(deterministic model)으로 구분된다.

이러한 구분은 앞서 논의된 여객부문의 통행배정모형과 비교하여 큰 차이는 없음을 알 수 있다. 이는 화물차량과 승용차, 버스가 공로를 동시에 이용하므로 별도의 통행배정이 수행되는 것이 아니기 때문이다. 다만 화물차량의 특수성(위험물 취급 여부, 차량 높이, 안전성 등)에 의해 이동이 제한되는 경로가 존재할 수 있으므로 통행배정단계에서 이를 고려할 필요가 있다.

〈표 8.8〉 화물 통행배정모형의 분류

구 분	경험적 모형	수학적 모형
용량비제약모형	• 전량배정법	• Dial모형
용량제약모형	• 반복배정법 • 분할배정법 • 수형망 단위분할배정법	• 교통망 평형배정모형

(1) 용량비제약모형

용량비제약모형은 교통시설의 용량을 고려하지 않고, 각 존 간 최단경로에 통행량을 배정하는 방법으로 전량배정법(all-or-nothing assignment) 등이 있다. 단순하고 이해는 용이한 반면 비현실적이라는 단점이 있다. 전체 통행량 배정에 따른 희망경로와 이에 따른 구간별 통행수요를 파악하는 데 유용하다.

(2) 용량제약모형(capacity restraint assignment)

전량배정법이 운송경로를 구성하는 구간(link)의 통행용량 제약으로 인해 통행비용의 상승을 고려하지 못하는 단점을 보완하기 위하여 제시된 방법으로, 반복배정법(iteration assignment method), 분할배정법(incremental assignment method), 수형망 단위분할배정법(tree-by-tree assignment method), 교통망 평행배정법(network equilibrium assignment model) 등이 있다.

1) 반복배정법(iteration assignment method)

전량배정법을 여러 번 반복하는 방법으로 전 반복과정에서 배정된 구간교통량을 근거로 통행비용을 산출하고, 이를 기초로 다시 통행량을 배정하는 과정을 계속하여 안정된 값이 도출될 때까지 반복하는 방법이다.

2) 분할배정법(incremental assignment method)

반복배정법과 동일하게 전량 배정과 구간 통행비용의 반복적인 수정으로 구간통행량을 계산하지만, 통행량을 배정함에 있어 일정 비율로 분할하여 순차적으로 배정하고 각 반복과정에서 배정된 구간교통량을 합산하여 총 통행량을 산출하는 방법이다.

통행량을 나누어 여러 차례에 걸쳐 배분할수록 현실에 가까운 결과를 얻을 수 있으나, 일단 배정된 통행량은 다른 경로로 전환할 수 없으며 통행량 배분비율을 적게 할수록 통행배정에 대한 계산시간이 많이 소요되는 단점을 갖는다.

3) 수형망 단위분할 배정법(tree-by-tree assignment method)

출발존으로부터 최단경로 수형망을 찾아 이에 해당하는 통행량을 배정하고, 배정된 구간교통량에 따른 통행비용 산출과정을 주기적으로 반복하여 최종통행량을 계산하는 방법이다. 분할배정법과는 달리 반복과정에서 해당 존에 대한 최단경로 수형망을 찾기 때문에 계산시간이 적게 소요된다는 장점이 있다. 출발존의 순서에 따라 다른 배정결과를 초래할 수 있다는 문제점을 갖는다.

4) 교통망 평행배정법(network equilibrium assignment model)

주어진 교통망을 이용하는 모든 이용자가 자신의 통행비용을 최소화하려고 새로운 최소비용 경로를 찾아 이동한다는 가정에 바탕을 두고 있다. 더 이상 빠른 경로가 존재하지 않는 상태, 즉 평형상태(equilibrium)에 도달하게 되는 상태를 수학적 모형으로 도출하는 방법이다. Wordrop이 처음으로 제시하였으며 Beckmann에 의하여 수식화되었고, 이후 Frank-Wolfe 알고리즘을 이용한 해법이 개발되었다.

:: 참고문헌

고속철도개통시너지 효과 극대화를 위한 철도시설 개량방안 연구, 한국철도시설공단, 2008.

국가주요교통통계, 국가교통DB센터, 2011.

국토해양통계연보, 국토해양부, 2011.

이강대, 교통물류계획, 도서출판 두남, 2005.

이충배, 김종칠, 김성원, 국제물류론, 박영사, 2009.

Douglas M. Lambert, James R. Stock, Fundamentals of Logistics Management, 한올출판사, 2008.

09 타당성 평가

9.1 타당성 평가의 기초

9.1.1 타당성 평가의 개념과 절차

도로, 철도, 항만 등의 교통투자사업은 일반적으로 대규모 개발사업일 뿐만 아니라 사업의 효과가 장기적이고 폭넓게 나타난다. 더욱이 정부의 예산은 한정되어 있어 대규모 교통사업을 무한정 추진할 수 없기 때문에 예상되는 여러 대안들(alternatives)의 비용과 편익, 투자 우선순위 등을 사전에 비교·평가하여 최적의 대안을 도출해야 하는 선택의 문제에 항상 직면하게 된다.

교통투자사업의 타당성 평가란 선정된 사업을 대상으로 사업을 시행하기 이전에 어떠한 대안을 어떠한 순서로 현명하게 추진해야 하는지를 종합적이고 전문적으로 상세 분석하는 것을 말한다. 타당성 평가결과는 정책결정자에게 교통투자사업의 효과를 체계적으로 제공해주기 때문에 정책을 수립하는 데 있어 합리성을 높일 수 있도록 해주고, 사업의 시행 여부를 결정할 수 있도록 해준다.

타당성 평가는 일반적으로 대상 사업의 선정(identification), 사업의 타당성 분석(appraisal), 사업의 집행(implementation), 그리고 사후평가(post-evaluation)과정의 순환적인 과정을 거치게 된다.

첫 번째 단계에서는 엄격한 심사과정과 관련 기관 간 협의를 거쳐 사업의 목적, 규모, 범위, 재원조달 여부 등을 파악한 다음 대상 사업을 선정한다. 대상 사업이 선정되고 나면 두 번째 단계로 사업의 타당성 분석을 수행한다. 사업의 타당성(feasibility) 분석은 크게 경제적 타당성 분석(economic feasibility analysis), 재무적 타당성 분석(financial

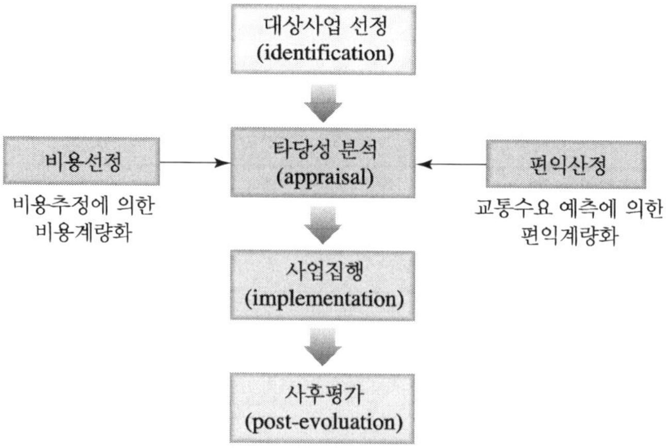

〈그림 9.1〉 일반적인 타당성 평가절차

feasibility analysis) 및 정책적 타당성 분석으로 구분할 수 있으나 일반적으로 교통투자사업의 타당성 분석은 경제적 타당성 분석을 의미하는 경우가 많다. 경제적 타당성 분석은 주로 비용편익분석을 이용하여 수행되는데, 사회적 관점에서 교통시설을 건설하는 데 소요되는 비용 추정을 통해 비용을 계량화하고, 교통수요 예측을 통해 발생하는 편익을 계량화하여 추정한 다음 이를 비교함으로써 최적안을 선정한다. 세 번째 단계로 사업의 타당성이 인정된 사업을 건설하고, 운영 및 관리하는 집행단계를 거쳐 마지막으로 실제로 사업을 운영하는 과정에서 사업성과를 사후적으로 평가하는 단계를 거친다.

우리나라에서는 효율적인 예산 수립을 위하여 교통투자사업의 타당성 평가를 계획타당성 평가, 예비타당성 평가, 본 타당성 평가, 타당성 재검증, 그리고 사후평가에 이르기까지 여러 절차를 거쳐 분석하고 있다. 예비타당성 평가와 본 타당성 평가가 반드시 전후 절차관계가 있는 것은 아니고, 다양한 평가절차가 발생할 수 있다. 이는 기본적으로 시간이 갈수록 국가예산의 낭비를 막고, 보다 효율적인 교통체계를 공급하기 위한 절차가 예타-중타-후타로 보다 강화되어 가고 있음을 의미한다.

참고로 우리나라의 타당성 평가체계를 소개하면, 예비타당성 평가는 국가재정법에 따라서 한국개발연구원(KDI)의 예비타당성 조사지침에 의거하여 수행되고, 본 타당성 평가, 즉 교통시설투자평가는 국가통합교통체계효율화법에 따라서 교통시설투자 평가지침에 의거하여 수행된다. 또한 실시설계나 공사 시행 시 총 사업비가 기본설계와 비교하여 일정 수준 이상 증가하게 되면 총 사업비 관리지침에 의거하여 타당성 재검증을 받아야 하며, 마지막으로 준공 이후 5년 이내에 건설기술관리법에 의거하여 사업 시행의 효율성을 분석하는 사후평가를 받아야 한다. 각 평가단계별 지침은 부정기적으로 갱신되고 있다.

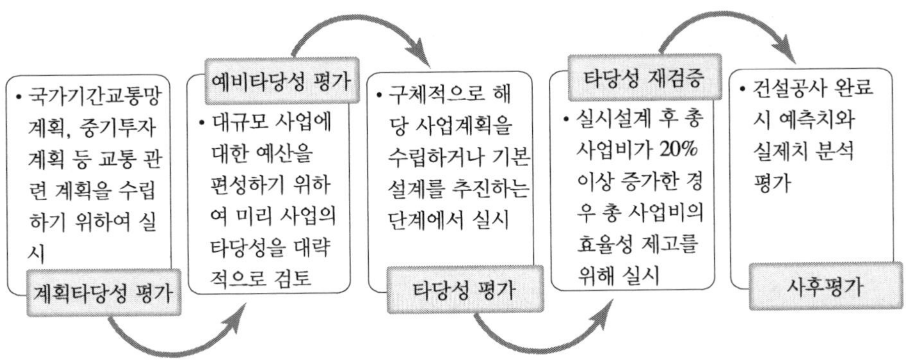

〈그림 9.2〉 우리나라의 타당성 평가절차

<그림 9.2>의 첫 번째 단계인 계획 타당성 평가는 중장기 국가교통계획을 수립하는 절차이기 때문에 여타 타당성 평가와 비교해 볼 때, 사업추진의 우선순위에 대한 종합적 평가와 통합 네트워크 차원에서의 효과 분석을 보다 중시한다는 차이가 있다.

〈표 9.1〉 우리나라의 타당성 분석체계

구 분	예비타당성 평가	교통시설투자평가	타당성 재검증	사후평가제도
주무부처	기획재정부	국토해양부	기획재정부	국토해양부
근거법	국가재정법	국가통합교통체계효율화법	총 사업비 관리지침	건설기술관리법
목적	효율적인 예산 편성 등 재정 운영 도모	국가교통체계의 효율적 구축 등 국가교통정책 달성 도모, 투자 우선순위 조정 등 교통시설투자 효율화	총 사업비의 효율성 제고	공사비, 공사기간, 수요, 효과 등에 대한 예측치와 실제치를 종합적으로 분석·평가하여 건설공사 시행의 효율성 도모
적용시기	건설공사에 대한 기본구상 다음 단계	- 예타 미시행 시: 건설공사에 대한 기본구상 다음 단계 - 예타 시행 시: 예타 다음 단계	기본설계, 실시설계, 공사시행의 각 단계에서 시행	전체 준공 이후 3~5년 이내
평가대상	500억 원 이상 투자사업	300억 원 이상 교통시설 투자사업	실시설계 총 사업비가 기본설계 총 사업비 대비 20% 이상 증가한 사업	발주청이 발주하는 총 공사비가 500억 원 이상인 건설공사
지침	예비타당성 조사 표준지침 (제5판, 2008. 12.)	교통시설투자평가지침 (제3차 개정, 2009. 12.)	타당성 재검증 표준지침 (KDI, 2004. 10.)	건설공사 사후평가지침 (국토해양부, 2010. 1.)
평가기관	한국개발연구원	시설별 주무부서	한국개발연구원	시설별 주무부서

9.1.2 경제적 타당성 분석과 재무적 타당성 분석

(1) 개념

앞서 설명한 바와 같이 사업의 타당성 분석은 경제적 타당성 분석, 재무적 타당성 분석, 정책적 타당성 분석으로 구분할 수 있으나, 정책적 타당성 분석은 10장에서 자세히 살펴보기로 하고, 이 절에서는 경제적 타당성 분석(이하 경제성 분석)과 재무적 타당성 분석(이하 재무성 분석)에 대해서 보다 자세히 살펴보기로 하자.

먼저 경제성 분석(economic analysis)은 공공투자사업의 비용과 편익을 국가 전체 관점에서 측정하여 이에 따라 경제적 수익률(economic rate of return)을 계산함으로써 그 타당성 여부를 결정하는 방법인 반면 재무성 분석(financial analysis)은 사회 전체의 입장이 아닌 개별 사업주체의 입장에서 실제의 금전적 비용과 수입을 추정하고 이에 따른 재무적 수익성을 계산하여 그 사업의 타당성을 검토하는 방법이다(KDI, 2008). 다시 말해 경제성 분석은 사회적 관점에서 비용과 편익을 측정하여 사회적 편익을 평가하는 반면, 재무성 분석은 기업의 관점에서 비용과 편익을 측정하여 개별 기업의 금전적 이윤을 평가하는 방법인 것이다. 공공투자사업에 있어 타당성 분석이란 주로 경제성 분석을 의미하는데, 먼저 경제성 분석을 수행한 후 경제적 타당성이 있고 사업성이 높아 민간이 추진하는 것이 바람직하다고 판단이 되면 추가적으로 재무성 평가를 실시하는 것이 보통이다.

경제성 분석과 재무성 분석의 개념정의에서도 알 수 있듯이 이들 분석은 모두 투자의 수익성을 평가하는 과정으로 접근방법이나 절차는 비슷하다고 할 수 있지만 분석하는 목표가 다르고, 비용과 편익의 성격과 내용도 상이하다.

먼저 경제성 분석은 국가 전체 입장에서 경제적 후생(economic welfare)을 추구하기 때문에 경제성 분석에서의 편익은 전체 국민에 대한 실질적 편익(real benefit)을 뜻하고, 비용은 자원의 기회비용(opportunity cost) 관점에서 산정한 경제적 비용(economic cost)을 뜻한다. 따라서 실질적 편익은 사회후생 증가를 통한 국민들의 혜택을 의미하며, 경제적 비용은 단순히 사업을 추진하는 데 드는 금전적 비용(pecuniary cost)이 아니라 왜곡된 시장가격을 올바르게 만든 가격, 즉 잠재가격(shadow price)을 이용하여 계산된 비용이다. 통상적으로 잠재가격은 시장가격보다 낮게 책정되어 있는 경우가 대부분이다.

기회비용이란 어떤 것을 선택함으로써 말미암아 포기할 수밖에 없는 많은 선택가능성 중에서 가장 가치 있는 것이 보유하고 있는 가치(이준구, 2008)를 의미하므로 인건비, 동력비 등 누가 보아도 비용임이 명백한 비용(explicit cost)뿐만 아니라 표면적으로 드러나지는 않지만 암묵적으로 포함되어 있는 암묵적인 비용(implicit cost)까지도 포함되는 것이다.

반면 재무성 분석은 기업의 입장에서 이윤(profitability)을 추구하기 때문에 편익은 수입(revenue)을 뜻하며, 비용은 금전적 비용인 회계비용(accounting cost)을 의미한다. 회계비용은 실제로 지출한 금액이기 때문에 기회비용과는 상당한 괴리가 발생하며, 시장가격(market price)에 따라 계산된다.

〈표 9.2〉 경제성 분석과 재무성 분석의 주요 차이

구분	경제성 분석(economic analysis)	재무성 분석(financial analysis)
목표	경제적 후생 극대화	이윤 극대화
편익	실질적 편익	수입
비용	경제적 비용(기회비용)	회계적 비용(금전적 비용)
가격	잠재가격	시장가격

예를 들어 어느 지역에 새로운 도로가 개통되어 주변 상권에 활기를 띠고 있다고 가정해보자. 이때 도로 개통으로 인한 상권의 소득증대효과는 실질적 편익(real benefit)이라고 할 수 없다. 왜냐하면 다른 지역의 사람들이 옮겨와서 해당 지역의 수입은 증대되었으나 다른 지역에서는 수입이 감소하여 사회 전체로 보았을 경우에는 이득을 보지 못했기 때문이다.

마찬가지로 도로사업을 추진하는 과정에서 노동자들을 대량으로 고용하게 되어 노동자들의 소득이 상당부분 상승하였다고 가정하자. 이 경우에도 노동자들의 소득증가분은 도로사업의 경제성 분석에서 편익항목으로 계상할 수 없다. 해당 도로를 건설 중인 노동자들의 소득은 증가하였으나 증가된 임금을 지급하기 위하여 정부는 추가적인 재원을 확보해야 한다. 따라서 타 산업부문에 더 많은 세금을 부과해야 하므로 타 산업부문에서는 생산이 위축되어 노동수요가 감소하고, 타 산업부문의 노동자 임금은 하락하기 때문이다. 즉 해당 도로건설로 인한 노동자들의 소득증가분은 사회 전체로 보았을 경우 단순히 이전된 소득이어서 어디까지나 금전적 편익에 불과하다. 금전적 편익을 경제성 분석에 포함시키면 이중계산으로 편익을 과대추정하는 실수를 범하게 된다.

반면 해당 도로건설로 인해 노동자들의 생산성이 향상하였거나 주변 토지가 개발되어 토지의 생산성이 전반적으로 증가하였다면 이것은 실질적 편익에 해당한다. 이처럼 경제성 분석은 단순히 증가한 금전적 수입증가분을 따지는 것이 아니라 국가 전체의 입장에서 잠재가격으로 계산된 실질적인 편익과 비용을 계산해야 한다.

또한 경제성 분석은 공공투자사업에서 추진하고 운영하는 과정에서 발생될 것으로 기대되는 모든 비용과 편익을 단기적 시각이 아니라 장기적 시각에서 종합적으로 평가한다(이동건, 2008). 공공투자사업에서 시간변수는 사회적 관점에서 고려되기 때문에 기간이 길고, 할인율의 선택과 리스크에 대한 대응도 장기적으로 고려하게 된다.

(2) 분석항목

경제성 분석과 재무성 분석은 그 목적이 다르기 때문에 고려하는 분석항목 역시 상이하다. 첫째, 공공투자사업의 경제성 분석에서 토지를 비롯한 교량, 터널, 노반, 궤도, 정거장, 차량기지, 전력, 통신, 신호시스템 등 고정자산에 대한 자본비용은 재무성 분석과 달리 자본의 기회비용(opportunity cost)으로 산정하여야 한다. 이때 타당성 평가를 시행하기 이전에 이미 건설되어 있는 시설이나 자산을 활용하는 경우, 즉 사업평가 이전에 이미 발생된 비용은 매몰비용(sunk cost)으로 간주하여 고려하지 않는다. 매몰비용이란 명백하게 지출된 비용이라고 하더라도 일단 지출된 다음에는 다시 회수할 수 없는 비용을 말한다. 기존의 시설은 타 용도로 이전할 수 없기 때문에 이미 매몰되어 있어 아무런 기회비용을 발생시키지 않는다고 보고 제외하는 것이다. 반면 재무성 분석에서 토지구입비는 실제 토지를 구입한 가격을, 시설 및 장비비의 경우에는 시장이자율에 따른 자본비용을 사용한다는 큰 차이가 있다.

그렇다면 도로나 철도사업에 대한 경제적 타당성을 분석할 때 자본의 어느 항목까지를 매몰비용으로 보아야 할까? 통상 교통에서 자본은 이동가능 자본(mobile capital)과 이동불가능(immobile capital) 자본으로 나눌 수 있는데, 지하철이나 철도사업의 경우 일반적으로 차량을 제외한 노반, 궤도, 교량, 터널, 정거장, 전력 및 통신 시스템 등과 관련된 자본은 이동불가능 자본으로 구분된다. 이동불가능 자본의 경우 지하철이나 철도가 운행되지 않는다면 타 용도로 이전할 수 없기 때문에 이미 매몰되어 있으므로 아무런 기회비용을 발생시키지 않는다고 간주한다(Boyer, 1998).

둘째, 경제성 분석은 재무성 분석이 아니기 때문에 세금(tax)이나 보조금(subsidy), 지급이자(interest payment)와 같은 이전지출(transfer payment)에 불과한 비용은 국가 전체의 입장에서 실질적 편익이나 사회적 비용으로 간주하지 않는다. 반면 재무성 분석에서는 세금과 지급이자는 개별 기업의 입장에서 명백히 비용(explicit cost)으로 구분되고, 보조금은 수입으로 계산된다.

국가 전체의 입장에서 세금은 사회에 다시 환원되기 때문에 정부와 민간의 이전비용에 불과하고, 사회적 입장에서 진정한 비용이 발생했다고 볼 수 없다. 반대로 정부나 지방자치단체의 보조금은 개별 기업의 입장에서는 명백히 수입(explicit revenue)이지만 사회 전체로 보았을 경우에는 사회적 비용에 해당한다. 이와 같이 정부보조금은 자원배분의 왜곡을 초래해 사회적 비용을 증대시키기도 한다.

셋째, 감가상각(depreciation)도 경제성 분석의 고려대상에서는 제외된다. 감가상각비(depreciation cost)는 회계처리상 매우 중요한 비용항목으로서, 고정자산의 취득비용을 내용연수기간에 걸쳐 배분하여 비용으로 상각시켜 나가는 비용을 의미한다. 매년 고정자산을 감가상각하여 감가상각비를 계상함으로써 장래 고정자산 획득에 필요한 자금을 미리 확보하기 위하여 처리해 두는 것이다.

공공투자사업을 추진할 때 고정자산 취득비용, 즉 자본비용은 일시에 처리하기 때문에 매년 내용연수기간에 걸쳐 배분하는 감가상각비는 고려대상에서 제외하는 것이다. 사업비 항목으로 고정자산 구입비가 계상이 되는데도 불구하고 감가상각비를 추가로 고려하면 이중계산이 되어 버린다. 한편 도로나 철도사업과 달리 한번 개발하여 사용하고 나면 재충당하기 어려운 광산이나 유전 등에 대한 감모상각(depletion)은 비용으로 처리하는 것이 보통이다.

넷째, 교통투자사업을 진행하는 과정에서 예기치 못한 일들이 발생되기 때문에 또 하나의 비용항목으로 반영하여야 하는 항목은 예비비(contingencies)이다. 예비비는 물량계획이 변경되는 경우를 감안하여 마련하는 물량적 예비비(physical contingencies)와 인플레이션이 발생하는 경우를 감안하여 마련하는 물가 예비비(price contingencies)로 나눌 수 있다(이동건, 2008). 이 중에서 경제성 분석은 기본적으로 장래에 발생하는 비용과 편익을 기준연도의 불변가격으로 측정하기 때문에 물가 예비비는 반영하지 않는다. 반면 재무성 분석에는 물량적 예비비와 물가 예비비를 모두 중요한 항목으로 반영하고 있다.

〈표 9.3〉 경제성 분석과 재무성 분석의 고려항목

구분	경제성 분석(economic analysis)	재무성 분석(financial analysis)
토지구입비	토지의 기회비용	실제지대(실제 구입가격)
자본비용	자본의 기회비용(매몰비용 제외)	자본비용(시장이자율)
세금 · 보조금 · 지급이자	제외	포함
감가상각비	제외	제외
예비비	물량적 예비비만 포함	물량적 · 물가 예비비 모두 포함

9.2 편익과 비용산정

9.2.1 기본 고려사항

경제성 분석에 포함되는 편익과 비용항목을 산정하는 방법을 논하기 이전에 기본적으로 고려해야 하는 사항이 있다. 첫째, 경제성 분석의 편익과 비용은 사업 시행 시와 미시행 시를 비교(do 대 do nothing)하여 측정하는 것이지 사업 시행의 이전과 이후를 비교(before 대 after)하여 측정하지 않는다.

둘째, 장래에 발생하는 비용과 편익은 기준연도의 불변가격(constant price)으로 측정함으로써 인플레이션 효과는 고려하지 않는다. 이는 장래의 인플레이션을 정확히 예측하는 것이 힘들 뿐만 아니라 설사 발생한다고 하더라도 인플레이션의 영향은 비용과 편익 양쪽에 똑같이 미치게 될 것이기 때문이다.

문제 9-1 도로사업의 편익

1번 국도의 H–H′ 구간에 계속해서 통행량이 증가하여 상당한 교통혼잡이 발생하고 있으며, 통행량은 다음의 그림과 같이 시간이 증가할수록 계속 증가한다고 가정하자.

차로 수를 증대하지 않는 경우 1번 국도의 H–H′ 구간은 현재(2010년) 평균 20분이 소요되지만 2011년에는 평균 30분, 그리고 2013년에는 평균 50분으로 증가할 것으로 예상된다. 그러나 1번 국도의 H–H′ 구간의 차로 수를 왕복 4차로에서 왕복 6차로로 2010년부터 건설하기 시작하여 2011년에 완공하는 경우, 1번국도의 통행시간은 2013년에 평균 40분으로 감소할 것으로 예상되고 있다. 이 경우 2013년의 도로사업에서 예상되는 편익을 계측할 때 사용되는 통행시간 감소분을 계산하시오.

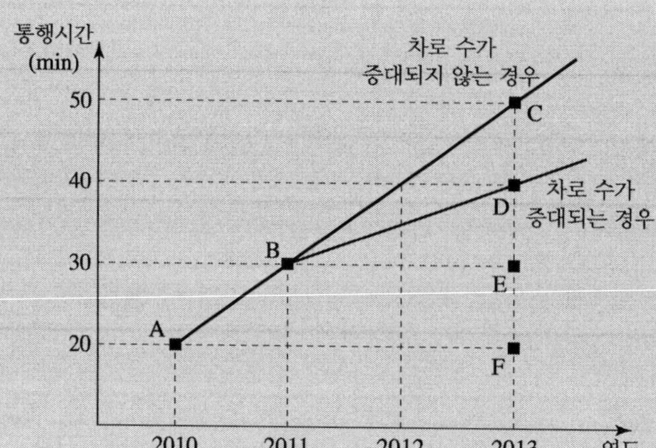

풀이 경제성 분석에서 편익은 사업 시행 이전과 이후를 비교하여 측정하지 않기 때문에 2010년 현재 평균 통행시간이 20분에서 2013년에 50분으로 증가하였다고 하더라도 편익측정 시 사용되는 통행시간 감소분이 $\overline{CF} = 50 - 20 = 30$분이 되는 것은 아니다. 차로 수를 추가적으로 확보함으로써 생기는 1번 국도의 총 편익은 도로사업이 완공되는 시점인 2011년부터 발생하기 때문이다.

또한 경제적 편익은 사업을 추진하는 경우와 사업을 추진하지 않는 경우를 비교하여 측정해야 하므로 2013년의 평균 통행시간 감소분은 $\overline{CE} - \overline{DE} = \overline{CD} = 10$분이 된다.

따라서 1번 국도의 차로 수를 추가로 확보하는 사업의 총 편익은 $\triangle BCE$가 아니라 $\triangle BCD$에 해당한다. ■

9.2.2 비용산정

(1) 개요

앞에서 설명한 바와 같이 경제성 분석은 사회적 비용과 사회적 편익을 측정하여 비교한 다음 최적안을 도출하는 과정이다. 이 중에서 교통투자사업의 사회적 비용은 무엇이며, 어떻게 측정해야 할까? 먼저 도로사업과 철도사업의 비용항목을 생각해보자. 교통투자사업에서 비용은 크게 사업비와 운영비로 구분할 수 있으며, 사업비 중에서 가장 많은 부분을 차지하는 공사비의 경우 주로 구체적인 공사물량과 평균 공사비를 고려하여 산출한다.

비용은 기본적으로 잠재가격에 의한 경제적 비용을 산출하되, 감가상각비와 세금, 보조금 및 지급이자는 제외하는 반면 예비비는 포함해야 한다. 비용은 주요 구조물의 형식이나 수량과 관련된 의사결정에 따라서 사업규모가 달라지기 때문에 사업의 성격이나 내용에 따라서 또는 자연지형과 사회적 여건에 따라서 상당한 편차를 보일 수 있다.

교통투자사업에 대한 비용, 특히 공사비는 현재 발생되고 있는 비용이 아니라 장래 도로나 철도가 추가되었을 경우를 미리 예측하여 경제성 분석을 수행하는 것이 대부분이기 때문에 비용을 추정해야 하는 문제가 발생한다. 공사비를 추정하는 방법은 크게 개략적 기준에 의한 방법과 세부적 기준에 의한 방법으로 구분할 수 있다(KDI, 2008).

개략적 기준에 의한 방법은 km당 도로나 철도의 건설 평균단가를 이용하여 산정하는 방법이다. 주로 사업의 연장이 너무 길어서 세부적인 물량 산출이 어려운 경우 적용되나, 지역적인 세부 특성이 반영되지 않는다는 단점이 있다. 반면 세부적 기준에 의한 방법은 세부 공종에 대한 수량에 세부 공종에 대한 단가를 곱하여 공사비를 산정하는 방법으로 구조물 형식의 기술적 검토가 필수적이다.

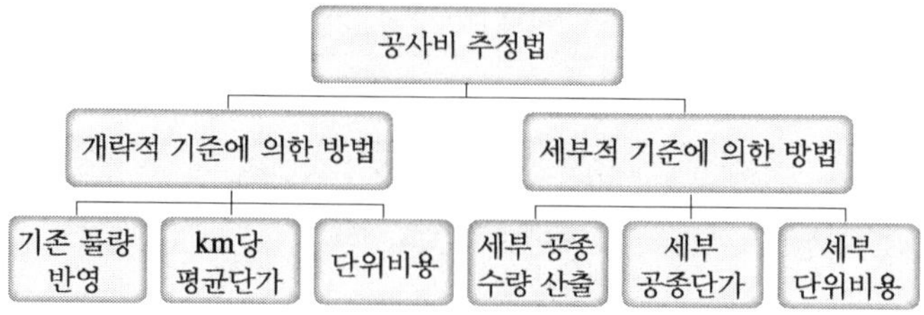

〈그림 9.3〉 교통투자사업의 공사비 추정법

(2) 주요 비용항목

교통투자사업의 비용을 사업비와 운영비로 구분할 때, 도로사업의 경우 사업비는 토공, 교량, 터널, 출입시설 등을 포함하는 토목구조물과 휴게소, 영업소 등의 부대시설을 공사하는 데 드는 공사비와 설계비, 감리비, 조사비, 측량비 등의 부대비, 그리고 용지구입비와 지장물보상비와 같은 용지보상비로 구분할 수 있다. 철도사업의 경우에는 노반, 궤도, 정거장과 차량기지, 전력, 통신, 신호등 시스템 등을 포함하는 공사비가 포함될 것이며, 도로사업에 더해 기관차, 객차, 화차, 전동차 등을 구입하는 데 소요되는 차량구입비가 추가될 것이다.

이러한 사업비를 개략적으로 추정하였다면 실제 비용과 차액이 발생할 것이므로 예비비도 감안해야 한다. 즉 지역적인 특성을 반영하지 않고 km당 평균 건설단가를 이용하여 개략적으로 추정하느냐, 세부 공종별로 세부적으로 구분하여 표준공사비를 산정하느냐에 따라 비용이 상이해지기 때문에 이에 대비해 물량적 예비비를 마련해 두는 것이다.

우리나라의 경우 예비타당성 평가에서는 공사비 부대비 및 용지보상비 합계의 10%를 예비비로 산정하고 있는 반면, 본 타당성 평가에서는 예비비를 산정하지 않고 있다.

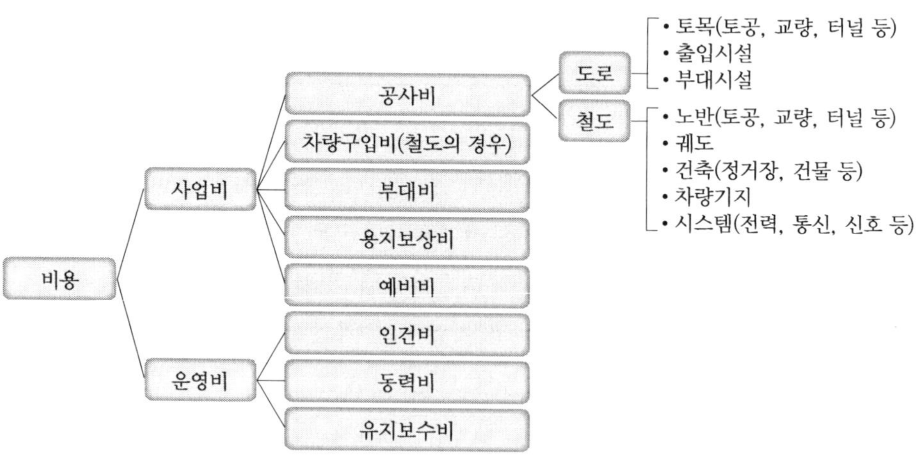

〈그림 9.4〉 교통투자사업의 경제성 분석 시 고려되는 주요 비용항목

그러나 구체적인 설계에 의한 투입수량과 단가를 활용하지 않고 개략적 기준에 의해 비용을 추정하는 경우 본 타당성 평가에서도 5%의 예비비를 고려하고 있다.

또한 운영비는 크게 인건비와 동력비, 그리고 시설, 장비 및 시스템을 운영하는 데 드는 유지보수비로 구분할 수 있으며, 특히 철도사업의 경우 초기 투자비용뿐만 아니라 생애주기비용(LCC, Life Cycle Cost)도 함께 고려된다.

(3) 잔존가치

비용편익분석으로 경제성 분석을 수행할 때 분석기간은 일반적으로 설계 및 시공기간 등 사업계획 기간과 개통 후 30년 기간을 포함하는 기간을 설정한다.

이때 토지의 내구연수는 무한대이고, 건물과 노반은 60년, 궤도와 차량의 경우에는 25년, 그리고 통신, 전력, 신호, 전차선 등은 20년이기 때문에 토지나 건물 및 노반을 제외한 궤도, 차량, 통신, 전력, 신호 등은 경제성 분석기간 중에 내구연수(service life)가 경과하게 된다. 이럴 경우 시설별로 구분하여 궤도나 차량은 25년이 지난 시점에, 그리고 통신, 전력, 신호, 전차선 등은 20년이 지난 시점에 재구입하게 되므로 대체 투자비를 계상해주어야 한다.

또한 내구연수가 경과한 차량이나 시설은 잔존가치를 반영하고, 나머지 가치는 분석기간의 내용연수 동안 정액법에 의하여 잔존가치를 비용에서 차감해주어야 한다. 예를 들어 KDI(2006)의 경우, 도시철도차량의 내구연수가 경과되는 시점에 차량의 대체 투자비를 투입하고, 내구연수가 경과한 차량의 경우 잔존가치로 10%를 반영한 다음 나머지 90%의 가치는 비용에서 차감한다.

반면 토지의 경우에는 내구연수가 무한대이기 때문에 토지의 잔존가치는 경제성 분석의 분석기간 마지막 연도에 반영해주는 것이 일반적이다.

9.2.3 편익산정

(1) 개요

재무성 분석에서 편익은 실제 수입으로 간단하게 계산할 수 있지만 경제성 분석에서 경제적 편익은 후생경제학적 관점에서 최종 산출물(output)에 대한 이용자의 지불할 의사가 있는 금액(WTP, Willingness To Pay)을 측정하여야 한다. 예컨대 공업단지 조성사업의 경우 최종산출물, 즉 경제적 편익은 분양가치가 될 것이고, 농업이나 제조업 관련 사업의 경우에는 수확량이나 최종 생산물을 편익으로 볼 수 있다.

그러나 도로나 철도건설사업과 같은 SOC(Social Overhead Capital) 투자사업의 경우에는 신설된 도로나 선로가 그 자체로 편익이 될 수 없기 때문에 사회후생을 증대시킬 수 있는 요소를 계측해야만 사업의 편익을 계상할 수 있다. 교통사업은 산출물이 최종 소비재의 성격보다는 중간재의 성격을 갖기 때문에 이 산출물에 의해 발생하는 비용절감효과, 즉 통행시간 절감, 통행비용 절감, 교통사고 절감, 환경비용 절감 등과 같은 비용절감효과(cost saving effects)를 사업의 편익으로 간주한다.

또한 경제적 편익은 실질적 편익을 모두 포함해야 하기 때문에 해당 교통시설을 이용하는 사람들에게 발생하는 직접편익과 해당 교통시설의 이용과 상관없이 모든 사람들에게 발생하는 간접편익을 모두 반영해야 한다.

도로사업이나 철도사업의 신설 및 개선사업을 시행하는 경우 발생하는 직접편익은 차량운행비용 절감편익, 통행시간 절감편익, 교통사고비용 절감편익, 쾌적성, 정시성, 안전성 증가편익 등을 들 수 있다. 한편 간접편익은 대기오염 절감편익과 소음 절감편익, 지역개발효과, 시장권의 확대, 지역 산업구조 개편, 주차수요 감소로 인한 주차공간 기회비용 절감편익, 고속도로 유지관리비 절감편익 등을 들 수 있다. 이 중에서 지역개발효과와 시장권의 확대, 지역 산업구조의 개편 등은 계량화에 어려움이 있어 현재는 반영하지 않고 있으며, 일반적으로 널리 계상되고 있는 편익은 차량운행비용 절감편익과 통행시간 절감편익, 교통사고 절감편익 및 환경비용 절감편익이라 할 수 있다.

정시성과 신뢰성은 그 개념이 혼재되어 있기는 하나, 영국의 철도투자평가편람(Strategic Rail Authority)에 따르면 정시성(punctuality)은 편성시간표 대비 지연된 정도를,

〈표 9.4〉 편익항목

구분	세부항목
직접편익	• 차량운행비용 절감편익 • 통행시간 절감편익 • 교통사고비용 절감편익 • 쾌적성 증가 편익 • 정시성 향상 편익 • 안전성 향상 편익 • 건널목 개선에 다른 사고/지체 감소 편익
간접편익	• 환경비용(대기오염 및 소음) 절감편익 • 지역개발효과 • 시장권의 확대 • 지역 산업구조 개편 • 주차수요 감소로 인한 주차공간 기회비용 절감 • 공사 중 교통혼잡으로 인한 (−) 편익 • 철도부문사업으로 인한 도로공간 축소에 따른 (−) 편익

신뢰성(reliability)은 운행이 취소된 횟수를 의미하는 것으로 지체(delay)와 개선되는 편익은 정시성 향상 편익이라 할 수 있다. 정시성과 신뢰성 향상 편익의 경우 이를 계량화하려는 시도가 활발하게 진행되고 있어 교통시설 투자평가지침에서는 이들 편익을 철도사업의 편익항목으로 반영하도록 규정하고 있다.

그러나 쾌적성 향상 편익의 경우 혼잡에 의한 불쾌감 감소, 환승에 의한 불편익 향상, 서비스 증대 등 여러 항목을 고려해 볼 수는 있으나, 아직까지는 국·내외 연구가 많이 진행되고 있지 못하다.

〈표 9.5〉 철도사업의 편익항목

구분		세부항목	교통시설 투자평가지침	예비타당성 조사 지침
직접 편익	철도 이용자 편익	철도(기존 및 신규 철도) 사용자 통행시간 절감	◆	◆
		화물의 통행시간 절감	◆	-
		통행시간 신뢰성(정시성과 신뢰성) 향상	◆	-
		교통 쾌적성 향상	◆	-
		안전성 향상	-	-
	타 수단 이용자 편익	차량운행비용 절감	◆	◆
		도로·철도 간 전환수요에 의한 통행시간 절감	◆	◆
		항공·해운의 전환수요에 의한 편익	-	-
		교통사고 감소	◆	◆
		건널목 개선에 따른 사고/지체 감소	-	◆
간접 편익		환경비용 절감(대기오염, 소음절감)	◆	◆
		지역개발 효과, 시장권의 확대, 지역 산업구조 개편	-	-
		고속도로 유지관리비 절감	-	-
		주차수요 감소로 인한 주차공간 기회비용 절감	◆	◆
		공사 중 교통혼잡 및 도로공간 축소로 인한 부(−)의 편익	-	◆
		운영효과(여객/화물 수입 증가)	-	-

(2) 주요 편익항목

1) 차량운행비용 절감편익

차량운행비용(vehicle operating cost)은 보통 고정비와 변동비로 구분된다. 고정비는 차량의 감가상각비, 보험료 및 제세공과금 등으로 구성되며, 변동비는 유류비, 엔진오일비, 타이어 마모비, 차량 유지관리비 등으로 구성된다.

경제성 분석 시 보험료와 제세공과금은 제외해야 하는데, 보험료의 경우 교통사고비용 절감편익을 별도로 계상하게 되므로 제외하고, 제세공과금의 경우 이전지출에 해당

하므로 경제적 비용에 포함되지 않아 제외하는 것이 일반적이다.

차량운행비용은 통행배정작업의 결과로 산출되는 링크의 주행속도와 교통량을 이용하여 주행속도에 따른 차량운행비 원단위를 적용하여 산출한다. 즉 분석 도로망에 부하된 각 링크의 차종별 교통량과 길이를 곱한 결과를 링크 평균속도에 기초한 차종별 차량운행비용 원단위와 곱하여 개별 링크의 차량운행비용을 산출한다. 이때 차종은 승용차, 소형 버스, 대형 버스, 소형 화물차량, 중형 화물차량, 대형 화물차량 등으로 구분할 수 있다.

산출된 개별 링크의 차량운행비용을 네트워크의 모든 링크를 대상으로 합한 뒤 사업 미시행 시(do nothing)와 시행 시(do)의 차액을 차량운행비용의 절감편익으로 산출한다. 차량운행비용 절감편익(VOCS, the Valuation of vehicle Operationg Costs Savings)은 다음과 같은 식으로 나타낼 수 있다.

$$VOCS = VOC_{\text{사업 미시행}} - VOC_{\text{사업 시행}} \tag{9.1}$$

여기서, $VOC = \sum_{l} \sum_{k=1}^{n} (D_{kl} \times VT_k \times 365)$

D_{kl}: 링크별(l), 차종별(k) 대・km

VT_k: 차종별(k) 링크 주행속도의 km당 차량운행비용

k: 차종별(k) 링크 주행속도의 km당 차량운행비용

문제 9-2 차량운행비용 절감편익

1번 존에서 2번 존까지 이용자가 선택할 수 있는 링크가 2개 있다고 가정하자. 이때 링크 1은 승용차와 버스를 함께 이용할 수 있으며, 링크 2는 버스는 운행되지 않는다(버스 노선 부재). 만약 버스는 운행되지 않고, 승용차가 운행될 수 있는 새로운 도로가 개설되었다고 한다면, 차종별・속도별 차량운행비용 원단위를 이용하여 도로개설 시 발생하는 차량운행비용 절감편익을 계산하시오.

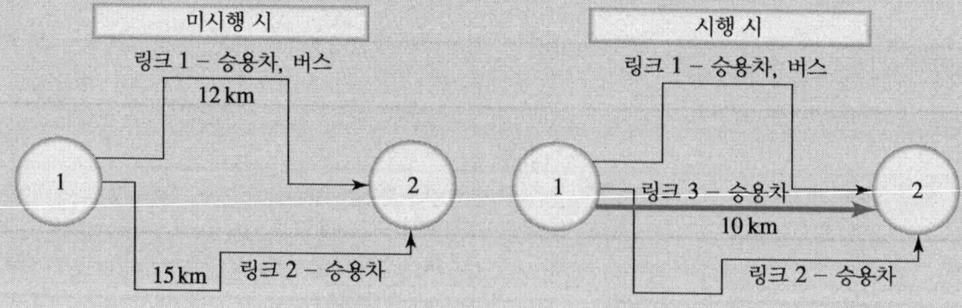

링크	교통수단	미시행 시		시행 시	
		교통량	링크속도	교통량	링크속도
링크 1	승용차	8대	40 km/h	7대	50 km/h
	버스	3대	20 km/h	3대	30 km/h
링크 2	승용차	7대	30 km/h	3대	40 km/h
링크 3	승용차	–	–	5대	60 km/h

차종별 · 속도별 차량운행비용 원단위(원/km)

속도	승용차	버스	트럭
10	256.12	487.26	441.83
20	208.08	404.72	371.51
30	181.16	320.01	328.77
40	157.37	261.49	289.26
50	142.61	233.24	270.18
60	135.23	218.74	258.12
70	130.54	213.84	255.98
80	124.46	211.09	264.47
90	122.59	209.18	263.28
100	122.92	213.81	273.67

풀이 차량운행비용 절감편익을 구하기 위해서는 사업 미시행 시와 시행 시의 차량운행비용을 구하여 그 차액을 구하면 된다. 이때 차량운행비용은 링크별 차종별 대-km에 차량운행비용 원단위를 곱하여 산출한다. 즉,

① 미시행 시

예를 들어 링크 1을 이용하는 승용차의 경우

· 대-km = 8대×12 km = 96대-km

· 주행속도(40 km/h)에 따른 차량운행비용 = 157.37원/km이므로

· 링크 1을 이용하는 승용차의 차량운행비용 = 69대-km×157.37원/km

= 15,108원 · 대

구분	거리(km)	교통수단	교통량(대)	속도(km/h)	차량운행비용(원/km)	대-km	원 · 대
링크 1	12	승용차	8	40	157.37	96	15,108
	12	버스	3	20	404.72	36	14,570
링크 2	15	승용차	7	30	181.16	105	19,022
링크 3	10	승용차	–	–	–	–	–

② 시행 시

시행 시의 경우 링크 1을 이용하는 승용차의 경우

- 대-km = 7대×12 km = 84대-km
- 주행속도(50 km/h)가 개선됨에 따른 차량운행비용 = 142.61원/km이므로
- 링크 1을 이용하는 승용차의 차량운행비용 = 84대-km×142.61원/km

= 11,979원 · 대

구분	거리 (km)	교통수단	교통량 (대)	속도 (km/h)	차량운행비용 (원/km)	대-km	원 · 대
링크 1	12	승용차	7	50	142.61	84	11,979
	12	버스	3	30	320.01	36	11,520
링크 2	15	승용차	3	40	157.37	45	7,082
링크 3	10	승용차	5	60	135.23	50	6,762

③ 차량운행비용 절감편익 산정

사업 미시행 시 차량운행비용의 합계=15,108+14,570+19,022=48,700원 · 대

사업 시행 시 차량운행비용의 합계=11,979+11,520+7,082+6,762=37,343원 · 대

따라서 차량운행비용 절감편익=48,699−37,343=11,357원 · 대이다. ■

2) 통행시간비용 절감편익

통행자의 통행시간 절감에 따른 편익은 통행배정작업의 결과로 산출된 링크의 통행시간과 차종별 교통량의 곱을 이용하여 산정한다. 다시 말해서 링크별, 차종별 인 · 시에 각 수단별 통행시간가치를 곱하여 산출한다.

지하철이나 철도의 경우에는 환승시간을 고려하여 통행시간 절감편익을 산출하여야 하므로 영향권 내의 존 간 통행시간과 존 간 통행량의 곱으로 인 · 시를 산출한 후, 사업 미시행 시와 시행 시의 차이를 편익으로 산정한다.

각 분석연도의 통행시간비용 절감편익(VOTS, the Valuation Of Travel time Savings)은 다음과 같은 계산식에 의해 산정된다.

$$VOTS = VOT_{\text{사업 미시행}} - VOT_{\text{사업 시행}} \tag{9.2}$$

여기서, $VOT = \left\{ \sum_{l} \sum_{k=1}^{n} (T_{kl} \times P_k \times Q_{kl}) \times 365 \right.$

T_{kl}: 링크 l의 차종별, 인별 통행시간

P_k: 차종별, 인별 시간가치

Q_{kl}: 링크 l의 차종별, 인별 통행량

k: 차종(승용차, 버스, 화물차 등), 인(지하철, 지역 간 철도 등)

문제 9-3 통행시간비용 절감편익

A지역과 B지역 사이에 버스전용차로가 건설되어 일반도로의 차로 수가 1차로 감소하였다고 해보자. 버스전용차로가 건설되기 이전에는 A지역과 B지역 사이의 승용차 통행량은 10대였으나 버스전용차로가 건설되어 승용차 통행량은 5대로 감소하였다. 이때 승용차의 통행시간비용 절감편익을 구하시오.

단, 승용차의 평균 재차인원은 2인/대이고, 업무목적과 비업무목적 통행의 비율은 각각 20%와 80%이며, 통행시간가치는 업무목적의 경우 15,000원, 비업무목적의 경우 5,000원이다.

풀이 먼저 승용차의 업무/비업무목적통행의 재차인원(인)부터 구하면 다음과 같다.

- 업무목적 통행의 재차인원 $= 2 \times 0.2 = 0.4$인
- 비업무목적 통행의 재차인원 $= 2 \times 0.8 = 1.6$인

다음으로 승용차 차량당 평균 시간가치를 구하면,

- 승용차의 차량당 평균 시간가치 $= 15{,}000 \times 0.4 + 5{,}000 \times 1.6$

$$= 6{,}000 + 8{,}000 = 14{,}000(\text{원/대})$$

따라서 이 경우 통행시간비용 절감편익은 다음과 같이 계산된다.

통행시간비용 절감편익 $= (10 \times 14{,}000) - (5 \times 14{,}000) = 70{,}000$(원/대) ■

3) 교통사고비용 절감편익

교통사고비용은 교통사고로 발생된 모든 경제적 손실을 화폐가치로 환산한 것이며 이 경우 경제적 손실은 개인에게 발생하는 손실 이외에 사회 전체에서 발생하는 손실까지 포함된 개념이다. 따라서 직접적인 손실비용, 교통사고 처리비용, 정신적 피해(PGS, Pain, Grief and Suffering) 비용이 교통사고비용이라고 말할 수 있다. 그 외에도 도로상에서 지체가 발생함으로써 도로 이용자에게도 시간 및 경제적 비용이 발생하지만, 이는 일반적으로 제외된다.

공로상의 교통사고 감소에 따른 편익을 추정하기 위해서는 무엇보다도 도로 유형별로 교통사고 발생 현황이 다르기 때문에 교통사고 유형별로 가치를 산정한다. 교통사고 감소편익이라 함은 교통 관련 사업의 시행이 교통사고에 미치는 영향을 예측하여 교통사고비용의 감소분을 편익으로 산정하는 과정이다. 교통사고비용 절감편익(VACS, the Valuation of Accident Costs Savings)을 산출하는 식은 다음과 같다.

$$VACS = VAC_{사업\ 미시행} - VAC_{사업\ 시행} \tag{9.3}$$

여기서, $VAC = \sum_{t=1}^{n} \sum_{s=1}^{m} (A_{ts} \times P_s \times VL_t)$

A_{ts}: 도로유형별, 사고유형별 대-km당 교통사고 사상자 수

P_s: 사고유형별 사고비용

VL_t: 연간 도로유형별 운행거리(대-km)

t: 도로유형(고속도로, 일반국도, 지방도 등)

s: 사고유형(사망, 중상, 경상, 대물피해 등)

4) 환경비용 절감편익

교통시설사업의 시행에 따른 대기오염비용을 추정하기 위해 먼저 자동차 주행으로 인해 발생하는 오염물질별 배출계수를 산정하고, 오염물질 단위당 환경피해비용을 산출한다. 그리고 사업 시행으로 인한 오염원별, 오염물질 배출량의 변화를 산정하고, 이를 오염물질별 환경피해비용 원단위를 곱하여 화폐가치화한다.

대기오염비용은 통행배정의 결과로 산출된 교통량과 주행속도를 이용하여 주행속도별 대기오염비용 원단위를 곱하여 산출한다. 그리고 모든 링크에 대한 대기오염비용을 합하여 사업 시행 시와 미시행 시의 차액을 계산하면 대기오염물질 절감편익을 구할 수 있다. 대기오염비용 절감편익(VOPCS, the Valuation Of Pollution Costs Savings)은 다음과 같이 구할 수 있다.

$$VOPCS = VOPC_{사업\ 미시행} - VOPC_{사업\ 시행} \tag{9.4}$$

여기서, $VOPC = \sum_{l} \sum_{k=1}^{n} (D_{lk} \times VT_k \times 365)$

D_{lk}: 링크별(l), 차종별(k) 대-km

VT_k: 차종별(k) 해당 링크 주행속도의 km당 대기오염비용

k: 차종(승용차, 버스, 화물차 등)

(3) 시간가치

통행시간가치(VOT, Value Of Time)는 통행자가 한 단위의 통행시간을 단축시키기 위하여 지불할 용의가 있는 금전적 가치로서 통행시간의 기회비용적 가치(opportunity cost value of time)를 말한다. 통행시간가치는 교통수요와 통행자의 행태를 예측하는

기본적인 파라미터이면서 시간변수가 일반화 비용의 중요 요소로 간주되기 때문에 교통부문의 투자사업 또는 정책대안의 경제적 타당성을 분석·평가하는 데 중요한 변수가 된다(임강원, 1997). 그러나 시간은 시장가격이 없고, 각 개인마다 다른 가치를 지니며, 통행의 목적이 되는 사회경제활동의 가치에 따라 다르기 때문에 측정의 어려움이 있다는 단점을 지닌다.

통행시간가치는 통행목적이 업무인지 비업무인지에 따라 크게 달라지는데, 업무통행에 대한 시간가치는 통상 한계임금률법(marginal wage rate method)을 적용하여 추정된다. 업무통행의 경우에는 통행시간이 절감된 만큼 생산활동이 증가될 수 있으므로 한계임금률법에서 업무목적의 통행시간가치는 단위업무시간당 한계임금으로 구한다. 통행자의 인건비는 최소한의 생산활동가치를 나타낸다고 할 수 있으므로 업무통행의 시간가치는 인건비라고 볼 수 있기 때문이다. 한계임금률법에서 비업무목적의 통행시간가치는 업무시간당 임금에 적절한 비율을 곱하여 산정하는 것이 일반적이다.

$$VOT_B = \frac{W}{T} \tag{9.5}$$
$$VOT_{NB} = \frac{W}{T} \times \alpha = VOT_B \times \alpha$$

여기서, VOT_B: 업무목적의 통행시간가치

VOT_{NB}: 비업무목적의 통행시간가치

W: 월평균 한계임금

T: 월평균 근로시간

α: 비업무목적 통행의 업무목적 통행에 대한 시간가치비율

비업무통행의 통행시간가치는 일반적으로 한계대체율법(marginal rate of substitution method)으로 구한다. 한계대체율법은 로짓모형, 프로빗모형 등 수단선택모형이나 경로선택모형과 같은 통행자 행태모형에서 통행시간과 통행비용에 대한 모수(parameter)를 추정한 다음 이들 간 한계대체율(MRS, Marginal Rate of Substitution)을 구하여 통행시간가치를 추정하는 방법이다. 여기서 한계대체율이란 통행시간을 한 단위 감소시키고자 할 때, 이전과 같은 효용수준을 유지하기 위해서 더 지불해야 할 통행비용의 크기를 의미한다. 통행의 효용함수가 다음의 식과 같다고 할 때,

$$U = V + \epsilon = (\alpha_0 + \alpha_1 t + \alpha_2 c) + \epsilon \tag{9.6}$$

여기서, $UV\epsilon$: 각각 총 효용, 결정적 효용, 확률적 효용

t와 c: 통행시간과 통행비용

α_0, α_1, α_2: 추정하여야 할 모수

한계대체율(MRS)은 효용함수의 기울기이므로 결국 다음의 식과 같이 통행시간과 통행비용에 대한 한계효용비가 된다.

$$MRS = -\frac{dc}{dt} = \frac{\partial V/\partial t}{\partial V/\partial c} \tag{9.7}$$

여기서, $\partial V/\partial t$: 통행시간에 대한 한계효용

$\partial V/\partial c$: 통행비용에 대한 한계효용

이때 통행시간가치(VOT)는 각 변수에 대한 한계효용비이므로 α_1/α_2(원/시간)이 된다.

$$VOT = \frac{\alpha_1}{\alpha_2} \tag{9.8}$$

문제 9-4 **통행시간가치(VOT, Value Of Time)**

수원시의 일인당 월평균 근로시간은 160시간이며, 비업무통행의 시간가치가 임금률의 30%에 이른다고 가정하자. 이때 교통수단별 통행자의 월평균소득이 다음과 같다고 할 때, 한계임금률법에 의해서 승용차의 차량당 시간가치를 구하라. (단, 승용차 이용 통행 중 업무통행비율은 20%이고, 승용차 평균 탑승인원은 1.2명이다.)

수단	월평균소득(만 원)
승용차	300
택시	270
버스	230
전철	250

풀이 승용차 통행자의 1인당 시간당 평균소득 = 300(만 원)/160(시간) = 18,750(원/시간)이므로

- 승용차 통행자의 업무통행 시간가치 = 18,750(원/시간)
- 승용차 통행자의 비업무통행 시간가치 = 18,750×0.3 = 5,625(원/시간)

따라서

- 승용차 차량당 시간가치 = (18,750×0.2+5,625×0.8)×1.2 = 9,900(원/시간)

이다. ■

9.3 경제성 분석

9.3.1 경제성 분석의 평가기준

교통계획 대안을 평가하는 방법은 크게 경제성 분석법과 다원기준 평가법으로 나눌 수 있으며, 경제성 분석은 주로 비용편익분석(benefit-cost analysis)을 이용하여 수행된다. 비용편익분석은 각 대안에 대한 비용과 편익을 화폐가치로 환산하여 적은 비용으로 많은 편익을 얻는 대안을 최적안으로 선정하는 방법을 말한다. 즉 원칙적으로 순편익(NB, Net Benefit)을 극대화시키는 대안을 선택한다는 의미이다.

이는 분석과정에서 평가자의 주관이 개입될 여지가 적고 균일한 척도로 비교가 가능하며, 평가지표로는 편익/비용비(B/C Ratio), 순현재가치(NPV, Net Present Value), 내부수익률(IRR, Internal Rate of Return) 등이 보편적으로 이용되고 있다.

비용편익분석 외에도 과거 사회주의 국가의 공공사업에서 많이 이용된 평가기준인 비용변제기간(pay-back period)을 들 수 있다. 비용변제기간은 사업의 총비용을 가장 짧은 기간에 변제할 수 있는 사업이 가장 우선적으로 선정된다. 때문에 할인율을 사용하지 않아도 되는 경우에 주로 사용되며, 민간기업에서 단기사업에 적용되는 기준이다.

편익/비용비(B/C Ratio)

- 총 편익과 총비용의 할인된 금액의 비율, 즉 장래의 발생될 비용과 편익을 현재가치로 환산하여 편익의 현재가치를 비용의 현재가치로 나눈 것
- 편익/비용비율이 1이면 경제성이 있다고 판단

순 현재가치(NPV)

- 수반된 모든 비용과 편익을 기준연도의 현재가치로 할인하여 총 편익에서 총비용을 제한 값
- 순현재가치가 0이면 경제성이 있다고 판단

내부수익률(IRR)

- 편익과 비용의 현재가치로 환산된 값이 같아지는 할인율 R을 구하는 방법으로, 사업의 시행으로 인한 순현재가치를 0으로 만드는 할인율
- 내부수익률이 사회적 할인율보다 크면 경제성이 있다고 판단

〈그림 9.5〉 경제성 분석의 평가기준

(1) 편익/비용비(B/C Ratio)

먼저 편익/비용비(B/C Ratio)는 총 편익과 총비용의 할인된 금액의 비율, 즉 단위비용당 편익을 의미하며, 장래에 발생될 비용과 편익을 현재가치로 환산하여 편익의 현재가

치를 비용의 현재가치로 나눈 비율이다. 일반적으로 편익/비용비 ≥ 1이면 경제성이 있다고 판단한다.

$$\text{편익/비용비(B/C비)} = \sum_{t=0}^{n} \frac{B_t}{(1+r)^t} \Big/ \sum_{t=0}^{n} \frac{C_t}{(1+r)^t} \tag{9.9}$$

여기서, B_t: 매년도 편익

C_t: 매년도 비용

r: 사회적 할인율

n: 분석기간

문제 9-5 편익/비용비

도로사업 시행으로 초기연도(2011년)에만 사업비가 10억 원이 투입되었다고 가정하자. 이때 2012년에는 7억 원, 2013년에는 5억 원, 2014년에는 3억 원의 통행시간비용 절감편익이 발생하였다고 했을 때, 2012년부터 2014년까지 3년간 발생되는 편익/비용비를 구하고 경제적 타당성 여부를 판단하시오. (단, 할인율은 4.5%이다.)

풀이 비용(C)=10(억 원)이고,

$$\begin{aligned}\text{편익}(B) &= \frac{7}{(1+0.045)} + \frac{5}{(1+0.045)^2} + \frac{3}{(1+0.045)^3} \\ &= 6.7 + 4.6 + 2.6 = 13.9(\text{억 원})\end{aligned}$$

이므로 B/C ratio는 다음과 같이 계산된다.

$$\text{편익비용비(B/C)} = \sum_{t=0}^{n} \frac{B_t}{(1+r)^t} \Big/ \sum_{t=0}^{n} \frac{C_t}{(1+r)^t} = 13.9/10 = 1.39$$

따라서 B/C ratio가 1보다 상당히 큰 1.39이므로 이 도로사업은 경제적 타당성이 존재한다. ■

(2) 순현재가치(NPV)

공공투자사업으로 인한 편익과 비용은 장기간에 걸쳐 발생하며, 일반적으로 투자기간 중에는 주로 비용만 발생하고 비용의 규모는 점차 감소하는 대신 편익은 증가한다. 따라서 시간별로 다르게 발생하는 편익과 비용을 합리적으로 비교·평가하기 위해서는 기회비용을 반영하여 모든 편익과 비용을 어느 한 시점의 가치로 환산해야 한다.

기준 시점은 현재의 한 시점과 장래의 한 시점으로 할 수 있으나, 장래는 사업효과의 마지막 시점이 모호하므로 공공투자사업에서는 전자를 취하며, 이를 순현재가치(NPV, Net Present Value)라고 한다. 즉, 순현재가치는 사업에 수반된 모든 비용과 편익을 기준연도의 현재가치로 할인하여 총 편익에서 총비용을 뺀 값을 의미한다. 일반적으로 순현재가치≥0이면 경제성이 있다고 판단한다.

$$\text{순현재가치(NPV)} = \sum_{t=0}^{n} \frac{B_t}{(1+r)^t} - \sum_{t=0}^{n} \frac{C_t}{(1+r)^t} \tag{9.10}$$

문제 9-6 순현재가치

문제 9-5에서 이 도로사업의 순현재가치를 구하시오.

풀이 순현재가치(NPV)$= \sum_{t=0}^{n} \frac{B_t}{(1+r)^t} - \sum_{t=0}^{n} \frac{C_t}{(1+r)^t} = 13.9 - 10 = 3.9$(억 원) ■

(3) 내부수익률(IRR)

내부수익률(IRR, Internal Rate of Return)은 편익과 비용의 현재가치로 환산된 값이 같아지는 할인율 R을 구하는 방법이다. 즉, 편익과 비용의 현재가치를 동일하게 만드는 할인율을 내부수익률이라고 하며, 내부수익률이 사회적 할인율보다 크면 경제성이 있다고 판단한다.

$$\text{내부수익률(IRR)} = \sum_{t=0}^{n} \frac{B_t}{(1+r)^t} = \sum_{t=0}^{n} \frac{C_t}{(1+r)^t} \text{의 조건을 만족하는 } i \tag{9.11}$$

내부수익률은 비용을 장차 발생되는 편익과 동일하게 만드는 일종의 할인율이므로 이는 곧 비용(투자비)의 연평균 수익률로 해석할 수 있다. 내부수익률이 높을수록 투입하는 비용의 연평균 수익률이 높다고 할 수 있으며, 내부수익률이 사회적 할인율보다 높으면 그 대안은 편익을 증가시키는 것으로 볼 수 있다.

문제 9-7 내부수익률

문제 9-5에서 이 도로사업의 내부수익률을 구하시오.

풀이 내부수익률은 $\sum_{t=0}^{n} \frac{B_t}{(1+r)^t} = \sum_{t=0}^{n} \frac{C_t}{(1+r)^t}$의 조건을 만족하는 i를 구해야 하므로,

$\frac{7}{(1+r)} + \frac{5}{(1+r)^2} + \frac{3}{(1+r)^3} = 10$을 만족하는 r을 구해야 한다.

$$7(1+r)^2+5(1+r)+3=10(1+r)^3 \text{이므로}, \ r \fallingdotseq 0.276 \fallingdotseq 27.6\%$$

따라서 내부수익률은 27.6%이므로 사회적 할인율 4.5%보다 월등히 높기 때문에 경제적 타당성이 존재하며, 도로사업의 연평균 수익률은 상당히 높은 편이다.

〈표 9.6〉 경제성 분석기법의 비교

분석기법	장점	단점
편익/비용비 (B/C Ratio)	• 이해 용이 • 사업규모 고려 가능 • 비용편익 발생기간의 고려	• 사업의 절대적 규모를 고려할 수 없음 • 상호배타적 대안선택의 오류발생 가능 • 할인율에 따라 상이한 결과 도출
순현재가치 (NPV)	• 대안 선택 시 명확한 기준 제시 • 장래 발생편익의 현재가치 제시 • 한계 순현재가치 고려 • 타 분석에 이용 가능	• 이해의 어려움 • 절대적 기준이므로 우선순위 선정이 애매함 • 할인율에 따라 상이한 결과 도출
내부수익률 (IRR)	• 사업의 수익성 측정 가능 • 타 대안과 비교 용이 • 평가과정과 결과 이해가 용이	• 사업의 절대적 규모 고려할 수 없음 • 몇 개의 내부수익률이 동시에 도출될 가능성 내재

■

9.3.2 할인율

앞에서 살펴본 바와 같이 편익/비용비, 순현재가치, 내부수익률과 같은 경제성 분석의 평가기준들은 장래 건설되는 교통투자사업의 모든 편익과 비용을 구하여 이를 현재가치로 환산한 다음 적용한다. 이렇게 장래 편익과 비용을 현재가치로 할인할 때 적용되는 이자율을 할인율(discount rate)이라고 한다. 할인율은 장래의 비용과 편익을 현재가치화하기 위하여 화폐가 갖는 시간적 가치, 즉 화폐의 기회비용을 의미한다.

할인율은 이자율(interest rate)의 일종이지만 이자율과 정반대의 의미를 지닌다. 즉 할인율은 미래의 가치를 현재의 가치로 환산하는 데 사용되지만 이자율은 현재의 가치를 미래의 가치로 환산하는 데 사용된다. 할인율이라는 용어는 미래의 가치를 현재의 가치로 전환하기 위해서 그 기간 동안의 가치를 할인해야 하기 때문에 붙여진 이름이다.

일반적으로 교통투자사업과 같이 공공시설을 투자할 때에는 사회적 할인율(social discount rate)을 적용하는데, 사회적 할인율은 통상적으로 민간자본시장에서 형성된 시장이자율(market rate of interest)보다 낮게 결정된다.

문제 9-8 **할인율**

도로사업을 건설하기 위해서 초기연도(2011년)에만 사업비가 10억 원이 투입된다고 가정하자. 이때 2012년에는 6억 원, 2013년에는 3.1억 원, 2014년에는 1.5억 원의 통행시간비용 절감편익이 발생하였다.

할인율을 2%, 4%, 6%로 각각 적용하는 경우에 대해서 총 편익(B)과 순편익(B−C) 및 편익/비용비(B/C ratio)를 구하시오.

풀이 1. 할인율이 2%인 경우

- 편익(B) $= \dfrac{6}{(1+0.02)} + \dfrac{3.1}{(1+0.02)^2} + \dfrac{1.5}{(1+0.02)^3}$

$= 5.9 + 3.0 + 1.4 = 10.3$(억 원)

이므로

- 순편익(B−C)=10.3−10=0.3(억 원)
- 편익/비용비(B/C ratio)=10.3/10=1.03

2. 할인율이 4%인 경우

- 편익(B) $= \dfrac{6}{(1+0.04)} + \dfrac{3.1}{(1+0.04)^2} + \dfrac{1.5}{(1+0.04)^3}$

$= 5.8 + 2.9 + 1.3 = 10.0$(억 원)이므로

- 순편익(B−C)= 10 − 10 = 0
- 편익/비용비(B/C ratio)= 10/10 = 1

3. 할인율이 6%인 경우

- 편익(B)$= \dfrac{6}{(1+0.06)} + \dfrac{3.1}{(1+0.06)^2} + \dfrac{1.5}{(1+0.06)^3}$

$= 5.7 + 2.8 + 1.3 = 9.7$(억 원)

이므로

- 순편익(B−C)=9.7−10=−0.3(억 원)
- 편익/비용비(B/C ratio)=9.7/10=0.97

할인율	총 편익(B)	순편익(B − C)	편익/비용비(B/C ratio)
2%	10.3	0.3	1.03
4%	10.0	0	1.00
6%	9.7	-0.3	0.97

■

예제에서 보는 바와 같이 사회적 할인율을 얼마로 적용하여 경제성 분석을 수행하느냐는 큰 차이가 발생하게 된다. 현재와 같이 할인율 4%를 적용했을 경우에는 편익/비용비가 1.00으로 계산되지만 할인율을 6%로 인상하는 경우 편익/비용비가 0.97로 계산되어, 만약 정책결정자가 편익/비용비 기준을 1.00 이하로 설정을 해버린다면 해당 도로는 건설되지 못하는 위기에 처하게 된다.

더욱이 여러 사업을 비교하여 대안을 선정해야 하는 경우 할인율을 얼마로 책정하느냐에 따라 대안선정 여부 자체가 바뀔 수 있다. 할인율이 높으면 편익이 단기간에 집약적으로 발생하는 단기투자에 유리한 반면 할인율이 낮으면 편익이 장기간에 걸쳐 발생하는 장기투자에 유리해지기 때문이다.

:: 참고문헌

국토해양부, 건설사업 사후평가 수행 매뉴얼, 2009.

국토해양부, 제3차 교통시설 투자평가지침, 2009.

김동건, 비용편익분석, 박영사, 2008.

김태윤, 비용편익분석의 이론과 실제(공공사업평가와 규제영향분석), 박영사, 2004.

노정현, 교통계획(이론과 모형), 나남출판사, 1999.

원제무, 도시교통론, 박영사, 2009.

원제무, 알기쉬운 도시교통, 박영사, 2000.

이준구, 미시경제학, 법문사, 2008.

임강원, 도시교통계획, 서울대학교출판부, 1997.

한국개발연구원, 도로·철도 부문 사업의 예비타당성 조사 표준지침 수정·보완 연구(제5판), 2008.

한국개발연구원, 예비타당성조사 수행을 위한 일반지침 수정·보완연구(제4판), 2004.

한국개발연구원, 인천 도시철도 2호선 건설사업 예비타당성조사 보고서, 2006.

Boyer, K. D., "Principles of Transportation Economics", Addison Wesley Longman, 1998.

10

정책적 평가

10.1 정책적 평가의 개요

일반적으로 교통시설 투자사업에 대한 타당성을 결론짓기 위해서는 앞에서 소개한 경제성 및 재무성 분석 외에 정책적 분석을 수행하여야 한다. 정책적 분석은 경제성 분석에는 포함되지 않으나 사업의 타당성을 평가하는 데 고려하여야 할 평가요소들을 포함한다.

즉, 경제성 분석은 사업 시행으로 인한 국민경제적 효과를 편익 또는 비용으로 계량화하여 비용－편익 분석의 틀을 이용하여 그 결과를 도출하는 반면, 정책적 분석은 사업 시행으로 인한 사회적 편익 또는 비용을 계량화하여 편익/비용 분석 틀 속에 포함시킬 수는 없으나 사업의 시행 여부를 판단하는 데 있어서 고려하여야 할 평가요소들에 대한 분석을 수행하게 된다.

계량화가 어려운 대표적인 항목으로는 지역균형발전에 기여하는 정도, 지역경제 활성화에 미치는 정도 등을 들 수 있다. 이 외에도 타당성 조사지침[9] 등을 참고로 하면 관련 계획 및 정책방향과의 일치성, 사업추진 의지 및 선호도, 재원조달 가능성, 환경성 평가 등을 고려하여 정책적 분석을 수행하게 된다.

이러한 다양한 항목들을 종합적으로 평가하기 위해서는 각 항목별 계량화 과정이 필요하며 계량화된 결과를 종합적으로 판단할 수 있는 종합평가모형이 필요하다.

이 장에서는 다양한 항목들에 대한 계량화 과정을 살펴본 뒤 이를 종합적으로 평가하는 데 활용하는 분석방법론을 다루고자 한다.

---

9) 예비타당성 조사 일반지침(KDI), 교통시설 투자평가지침(국토해양부)

〈표 10.1〉 정책적 분석 항목의 범주화

구분	정책적 평가항목
정량적 분석요소	• 국가균형발전효과(형평성 지수) • 지역경제 파급효과
정성적 분석요소	• 관련계획 및 정책방향과의 일치성 • 사업추진 의지 및 선호도 • 사업의 준비 정도 • 재원조달 가능성 • 환경성 • 교통망(network) 연결성

10.2 정책적 분석 항목

10.2.1 정량적 분석요소

(1) 국가균형발전 효과

앞에서 언급한 경제성 분석 결과를 기준으로 사업의 타당성을 평가할 경우 지역 간 불균형 상태가 심화될 우려가 있다. 왜냐하면 경제성 분석의 구조에 따르면 지역발전이 부진한 낙후지역일수록 사업의 타당성이 낮게 평가되기 때문이다. 예를 들어, 낙후지역의 도로사업의 타당성을 평가할 경우, 인구 및 교통량이 상대적으로 적고 도로건설의 편익이 적어 사업의 경제적 타당성이 떨어지기 마련이다. 따라서 그 지역에 대한 투자기회는 적어지고 경제성이 높게 평가된 다른 지역으로 투자가 집중되는 현상이 지속되어 지역 간 빈익빈 부익부 현상이 심화된다.

이와 같은 경제성 중심의 분석에 대한 문제점을 보완하기 위해서 지역균형발전효과를 분석하게 되는데 이를 위하여 형평성 측면에서 지역낙후도지수라는 지표를 활용하게 된다. 지역낙후도지수를 활용하여 교통사업 시행 전후의 낙후도지수 변화를 살펴봄으로써 해당 사업을 통한 지역균형발전에 대한 기여도를 파악하게 되는 것이다.

지역낙후도지수는 낙후 정도를 구성하는 지표들의 가중평균으로 나타낸 지수라고 할 수 있다. 따라서 지역낙후도 지수를 분석하기 위해서는 이를 구성하는 지표에 대한 이해를 높일 필요가 있다. 일반적으로 활용되는 관련 지표는 정부가 개발촉진지구 지정에 사용되는 8개 지표이다. 다음 <표 10.2>는 지역낙후도지수 산정에 사용되는 지표의 개요를 보여준다.

〈표 10.2〉 지역낙후도지수 산정에 사용되는 지표의 개요

부문	지표	측정방법	자료 출처	비고
인구	인구증가율	최근 5년간 연평균 인구증가율	통계청, 시・군・구 주요 통계지표	
산업	제조업 종사자비율	(제조업종사자 수/인구)×100	각 시도, 사업체 기초통계조사 보고서	
지역 기반시설	도로율	(법정도로연장/행정구역면적)×100	통계청, 시・군・구 주요 통계지표	
교통	승용차 등록대수	(승용차 등록대수/인구)×100	통계청, 시・군・구 주요 통계지표	
보건사회 보장	인구당 의사 수	(의사 수/인구)×100	통계청, 시・군・구 주요 통계지표	
	노령화지수	(65세 이상/0~14세 인구)×100	통계청, 시・군・구 주요 통계지표	
행・재정 기타	재정자립도	(지방세+세외수입/일반회계세입총계)×100; 최근 3년간 평균	행정자치부, 지방재정연감	
	도시적 토지 이용비율	[지목상(대지+공장용지+학교용지)/행정구역면적]×100	한국감정원, 지적통계연보	

위 8개 지표로부터 지역낙후도지수라는 통합지수(aggregate indicator)를 산출하기 위해서는 지표 간 가중치를 설정하고 지표 간 상이한 척도를 표준화시키는 작업이 필요하며 이를 위해 관련 전문가를 대상으로 설문조사를 수행하게 된다.

일반적으로 지역낙후도 지수 산정을 위해 활용되는 지표 간 가중치는 다음과 같다.

〈표 10.3〉 지역낙후도지수 산정을 위한 지표 간 가중치

지표	가중치(%)	지표	가중치(%)
인구증가율	8.9	승용차 등록대수	12.4
노령화지수	4.4	도로율	11.7
재정자립도	29.1	인구당 의사 수	6.3
제조업종사자 비율	13.1	도시적 토지이용 비율	14.2

지표 간 척도가 상이한 문제점을 해소하기 위하여 다음과 같은 단위정상법(unit normal scaling)을 사용하여 8개 지표를 표준화(standardize)하였다.

$$Z_i = \frac{X_i - \overline{X}}{S} \tag{10.1}$$

여기서, S: 표준편차

$\overline{X}$: 표본평균

지역낙후도지수는 표준화된 지수와 위에서 산출한 지표 간 가중치를 적용하여 다음과 같이 산정한다.

$$UI^r = \sum_i Z_i^r \cdot W_i \tag{10.2}$$

여기서, UI^r : r지역의 지역낙후도지수

Z_i^r : r지역의 표준화된 지표 i의 값(단, $i = 1, 2, \cdots, 8$)

W_i: 지표 i의 가중치(단, $i = 1, 2, \cdots, 8$)

이때 노령화지수는 그 값이 클수록 지역낙후도가 심하다는 의미로 해석되기 때문에 종합점수를 산정할 때, (−)의 값을 부여하여 계산한다.

(2) 지역경제 파급효과

지역경제 파급효과는 교통시설 투자사업으로 인하여 나타나는 지역의 생산량, 부가가치, 고용 등의 증가를 분석하여 계량화한 것이다. 이러한 효과분석을 위해서는 흔히 다지역투입산출모형(MRIO, Multi-Regional Input-Output Model)이라고 불리는 모형을 활용하게 된다.

MRIO 모형을 다수의 사업에 동시에 적용하여 파급효과를 분석할 경우 평가의 일관성을 기할 수 있고, 개별 사업별로 별도의 모형을 구축하는 데 많은 자원이 소요되는 비효율을 제거하는 효과를 거둘 수 있다.

일반적으로 MRIO 모형은 전국산업연관표를 기초로 전국을 16개 지역(서울특별시, 6대 광역시, 9개 도)으로 분할하고, 총 37개 산업으로 분류하여 555×555의 내생부문을 갖는 표로 구성되어 있다. 우리나라에서 지역경제파급효과를 분석하기 위해 제시된 모형은 KDI MRIO 모형이 유일한데 이 모형은 타당성 조사가 주로 대형 공공건설사업을 대상으로 한다는 점을 감안하여 토목건설부문을 12개 산업으로 세분화하여 건설사업 부문별 파급효과를 측정할 수 있도록 하였다.

산업연관표(input-output tables)란 일정기간 동안 국민경제 내에서 발생하는 재화와 서비스의 생산 및 처분과 관련된 모든 거래내역을 일정한 원칙과 형식에 따라 기록한 종합적인 통계표이다.

이 표의 세로(열) 방향은 각 산업부문에서 구입한 원재료와 노동, 자본 등 본원적 생산요소의 투입을 나타내는 투입구조를, 가로(행) 방향은 각 산업부문에서 생산된 생산물이 중간재나 최종재로 판매된 내역을 나타내는 배분구조를 의미한다. 따라서 이러한 산업연관표를 분석하면 산업부문 간의 상호연관관계를 나타낼 수 있으며 이를 통해 투자사업의 성격에 따라 지역별로 나타나는 지역총생산, 부가가치, 임금, 고용 등의 유발효과를 계량화할 수 있다.

구체적으로 MRIO 모형의 단계별 구축과정을 살펴보면 다음과 같다.

첫째, 지역기술계수를 추정하고, 둘째, 부가가치부문 및 최종 수요부문을 추정하며, 셋째, 지역산업연관표를 작성한다. 넷째, 지역교역계수를 추정하고, 다섯째, 지역기술계수와 지역교역계수를 결합하고 지역투입계수를 추정하여 다지역산업연관모형을 완성한다.

최종적으로 제시된 KDI MRIO 모형은 도로, 철도, 공항, 항만에 대한 16개 지역별 생산유발계수, 임금유발계수, 고용유발계수를 나타내고 있다.

이에 따라 특정 교통시설의 지역경제파급효과는 해당 시설의 입지 및 연장을 확인한 후 관련된 지역의 유발계수를 곱하는 방법으로 지역별 투자효과를 유추해 낼 수 있다.

〈표 10.4〉 교통시설 사회경제파급효과 유발계수

서울지역 유발계수	생산유발계수	임금유발계수	고용유발계수
도로	1.356	0.360	0.019
철도	1.568	0.259	0.022
공항	1.427	0.341	0.020
항만	1.372	0.351	0.019

위의 표와 같은 유발계수를 가정하여 지역경제파급효과를 분석한다면 1,000억 원의 사업에 대한 도로, 철도, 공항, 항만의 생산유발액은 각각 1,356억 원, 1,568억 원, 1,427억 원, 1,372억 원임을 알 수 있다.

문제 10-1 서울지역에 총 사업비 7,500억 원을 투입하여 철도를 건설하고자 할 때 예상되는 지역경제 파급효과를 추정하시오.

풀이 서울지역의 철도시설에 대한 생산유발계수는 1.568, 임금유발계수는 0.259, 고용유발계수는 0.022이므로 생산유발액은 1.568×7,500=11,760억 원, 임금유발액은 0.259×7,500=1,943억 원, 고용유발액은 0.022×7,500=165억 원이다. ■

한편, MRIO 모형을 통한 지역경제 파급효과 분석 결과로 제시하는 지역총생산 유발효과, 부가가치 유발효과, 고용 유발효과, 임금 유발효과 등의 해석에는 다음과 같은 제약이 따른다.

첫째, 위와 같이 발생하는 효과가 곧바로 경제적 편익을 의미하지는 않는다. MRIO 모형을 통하여 얻은 경제적 파급효과를 국민경제적 관점에서 편익으로 산정하기 위해서는 ① 해당 사업이 시행되지 않을 경우 경제적 효과가 발생하지 않았고, ② 해당 사업에 투입된 생산요소가 사업 미시행 시 다른 용도로 사용되지 않았고, ③ 해당 사업의 추진이 다른 경제활동을 대체하지 않았어야 한다는 조건을 만족해야 한다(Adler, 1987). 우리나라와 같이 실업률이 높지 않고 토지이용이 집약적인 경제상황에서 위와 같은 조건을 만족하는 공공투자사업은 많지 않을 것으로 판단된다. 다만, 개발이 낙후된 지역에서 공공투자사업으로 인한 지역경제 활성화 효과가 정책결정에 미치는 현실을 고려하여 경제적 편익으로는 반영하지 않되 정책적 분석의 고려사항에 포함시키고 있는 것이다.

둘째, MRIO 모형을 통하여 분석된 지역경제 파급효과는 사업의 시행으로 인하여 발생하는 효과에 한정한다. 즉, Demand Driven 파급효과모형에서 정부투자라는 외생적 충격이 가해졌을 때 발생하는 직접적 그리고 연계효과만을 반영하고 있다. 예를 들어 도로사업의 시행으로 인한 부가가치 유발효과는 도로공사를 수행하기 위한 총 사업비가 해당 지역에 투입될 때 발생하는 효과만을 반영할 뿐 도로 개설로 인하여 발생하는 사후적인 효과를 반영하지는 못하고 있다. MRIO 모형을 통한 경제유발효과를 '지역경제 파급효과'라는 용어로 사용하기에는 지나치게 포괄적인 측면이 있으나 MRIO 모형을 통해 분석된 유발효과를 통상 지역경제 유발효과라는 용어로 사용해왔다는 점을 고려하여 용어를 변경하지는 않는다.

따라서 사업 시행으로 인한 간접적인 경제적 파급효과가 현저하다고 판단될 경우 그 효과를 정량적 또는 정성적인 접근을 통하여 별도로 분석하여야 한다. 예를 들어 도로사업으로 인하여 인근 지역의 토지이용패턴이 변화하고 접근성 향상으로 인하여 지역투자가 증가하거나 관광산업의 활성화 효과 등이 현저할 경우에는 별도의 평가항목을 설정하여 종합평가에 반영할 수 있도록 한다.

10.2.2 정성적 분석 요소

(1) 관련 계획 및 정책 방향과의 일치성

대형 공공투자사업의 경우 예비타당성 조사 대상 사업으로 선정되기까지는 여러 단계의 중앙정부 혹은 지방자치단체의 계획과정을 거치게 된다. 구체적인 사업 구상이 이루어지기까지 사업추진 주체가 얼마나 체계적으로 해당 사업을 추진하고 있는지를 평가할 수 있을 것이다. 사업추진 주체가 단독으로 단기간에 계획을 수립하여 추진하는 사례는 오히려 예외적이다. 구체적인 사업계획이 수립되기까지 거치는 일련의 준비작업은 상위 또는 관련 계획에 반영된다. 따라서 해당 사업이 상위 또는 관련 계획에 반영되어 있는가를 분석함으로써 해당 사업이 정책적 일관성을 가지고 추진되었는가를 판단할 수 있다.

관련 계획으로는 국토 전체의 개발 방향을 제시하고 있는 '국토종합계획'에서 국가기간교통망계획과 같은 해당 부문 계획 등을 들 수 있다. 도로부문의 '도로정비기본계획', 철도부문에 대한 '21세기 국가철도망 구축 기본계획', 공항부문의 '제2차 공항개발 중장기 기본계획', 항만부문의 '항만개발계획' 등도 주요 검토 대상이다. 이 외에도 해당 사업과 직접적인 관련은 없지만 사업추진과정 및 운영과정에서 밀접한 관련을 갖고 있는 중앙정부, 지방자치단체, 도로공사 등 공공부문의 계획을 검토하여야 한다.

해당 사업을 추진하는 주무부처의 정책 방향과의 일치성 여부도 분석하여야 한다. 비록 명시적인 계획으로 수립되었다고 하더라도 부처에서 설정한 정책목표는 개별 사업의 추진 여부를 결정하는 데 현실적으로 영향을 미치기 때문이다. 반대로 기존에 수립된 장기계획이 시간의 경과에 따라 정책 방향이 선회함으로써 유효성이 낮아진 경우도 발생할 수 있다. 이와 같은 상황을 종합적으로 고려하여 관련 계획 및 정책 방향과의 일치성을 검토한다.

(2) 사업추진 의지 및 선호도

공공투자산업의 추진 여부를 판단할 때 다음과 같은 이유에서 사업 시행부처나 지역주민의 사업에 대한 태도를 고려할 필요성이 있다. 모든 공공투자사업은 사업이 시행되는 공간적 장소가 있고, 사업 시행으로 인한 파급효과는 지리적 인접성에 의하여 달라질 수 있다. 따라서 중앙정부 차원에서 꼭 필요한 사업이라고 할지라도 지역주민의 입장에서 바람직하지 않은 사업이 있을 수 있다. 반대로 지역주민의 숙원사업이라 할지라도 전국을 대상으로 정책을 수행하는 중앙정부의 입장에서 우선순위가 낮은 사업이 있을 수 있다.

사업 대상 지역 또는 주무부처가 사업에 반대하거나 소극적인 경우 예비타당성 조사에서 사업의 타당성이 인정된다 하더라도 사업추진과정에서 문제점이 발생할 수 있다. 예를 들어 지역주민들이 반대하는 사업을 중앙정부의 필요를 우선시하여 추진할 경우 사업수행과정에서 사회적인 갈등으로 인하여 사업이 중단될 수 있는 가능성이 있다. 반대로 중앙정부에서 사업의 우선순위가 높지 않다고 판단하면서도 지역의 민원에 의하여 예비타당성 조사를 의뢰한 경우가 발생할 수 있다.

주무부처, 지방자치단체, 지역주민 등 사업에 관심을 갖고 있는 주체들의 사업에 대한 선호도 또는 반대 정도를 객관적으로 분석하기는 쉽지 않을 것이다. 특히 사업이 구체화되지 않은 상황에서 한두 차례의 지역 방문을 통하여 지역주민들의 선호도를 광범위하게 조사하는 것이 어려울 것이다. 정책당국의 의지에 대한 정보를 얻는 것은 가능할지라도, 정책의 판단 근거로 활용할 수 있는 조사보고서 내용으로 객관화하기는 어려운 것이 현실이다.

그럼에도 불구하고 예비타당성 조사과정에서 주무부처 및 지방자치단체를 방문하여 의견을 청취하는 과정에서 어느 정도 판단의 근거를 확보할 수 있을 것이다. 또한 이해당사자들의 사업에 대한 선호도를 반영하기 위해서 조사팀은 가능한 한 공식문서 등 객관화할 수 있는 구체적인 근거를 요구하며 판단의 근거를 활용한다. 선거 공약사항 등 사업지역 및 사업 주무부처의 사업에 대한 선호도 및 추진의지를 반영할 수 있는 구체적인 근거가 문서형태로 표출된 사례가 발견되는 경우 이를 보고서에 인용하며 조사팀의 의견을 추가하는 것도 하나의 대안이 될 수 있을 것이다. 이해당사자들의 사업에 대한 태도가 일치하지 않을 경우 이해당사자들을 대상으로 설문조사를 실시하여 선호도를 집역하는 방안을 검토할 수 있다.

사업추진 의지 및 선호도를 평가하는 데 있어서 사업 시행 시 환경문제로 인한 지역 민원의 발생 가능성에 대한 평가는 '환경성 평가'에서 분석을 수행한다. 지역주민의 선호도가 정치적 타당성을 반영한다는 측면에서 환경문제로 인한 갈등 발생 가능성은 '사업추진 의지 및 선호도'에 포함시킬 수 있을 것이다. 그러나 최근 환경문제의 중요도가 높아지는 상황에서, 환경영향을 분리하여 별도의 항목으로 분석할 필요성이 있다. 또한 사업 시행이 생태계에 미치는 영향과 그로 인한 지역주민들의 사업에 대한 태도를 분리하여 판단하기 어려울 것으로 판단된다. 따라서 환경문제로 인한 지역의 사업에 대한 반대 등은 '환경성 평가'에서 분석하여 평가에 반영한다.

(3) 사업의 준비 정도

해당 사업에 대한 준비 정도는 해당 사업에 대한 계획의 구체성, 인력 및 재원의 투입 정도 등 사업추진의 구체성을 판단한다. 국도건설사업의 경우 사업구간이 결정되면 사업의 내용이 큰 변동이 없고, 지방국토관리청이라는 상시적인 사업추진 주체를 보유하고 있는 경우 사업의 준비 정도가 평가의 큰 요인이 되지 않을 수 있다. 그러나 문화시설 등 사업내용이 특수한 사업의 경우 구체적인 사업구상이 필요하다.

사업구상에서는 대상 사업의 입지, 사업 수행의 목적, 효과, 추진전략, 추정 사업비, 사업추진의 파급 효과 등을 제시하여야 한다. 사업의 준비 정도가 높을수록 사업의 목적 등이 정책 방향과 부합하고, 해당 사업에 대한 높은 추진 의지를 반영하는 것으로도 해석할 수 있을 것이다.

(4) 재원조달 가능성

일반적으로 공공투자사업은 해당 사업의 추진에 필요한 재원을 국고로 충당하거나 혹은 채권 발행 혹은 민자 유치를 통하여 조달한다. 사업추진에 필요한 재원을 국가가 충분히 제공할 능력과 의사가 있고, 사업 주체가 시장에서 채권을 발행하기에 충분한 재정여건을 갖추고 있거나, 민간기업이 사업에 참여할 유인이 있는 경우라면 재원조달 가능성에 큰 문제가 발생하지 않는다. 대부분의 국도 건설사업이 이 경우에 해당한다.

지방자치단체에서 재원을 분담하여 추진하는 사업, 민간투자유치사업에 대해서는 재원조달 가능성에 대한 면밀한 검토를 통하여 사업이 계획대로 추진될 수 있는가를 분석하여야 한다. 지방자치단체의 재정여건을 감안할 때 재정부담이 될 것으로 예상되는 사업의 경우 사업 중단이나 공기지연의 문제점이 발생할 수 있다. 수익성이 낮은 민간투자사업의 경우 사업자 선정 및 사업협상과정에서 장기간이 소요되어 사업추진에 어려움이 발생할 가능성이 있다. 국고로 추진되는 사업의 경우에도 해당 부문의 예산규모를 고려하여 재원조달계획이 예정대로 실현될 수 있는지를 검토하여야 한다.

본 지침의 재원조달계획에 대한 평가에서는 기존 지침에서 수행하였던 국고지원의 적합성 분석을 제외한다. 그 이유는 대부분의 예비타당성 조사 대상 사업의 경우 조사를 의뢰하는 주무부처에서 사업추진의 법적, 행정적 근거를 제시하고 있고 일단 국고지원의 당위성을 확보한 사례가 대부분이기 때문에 모든 사업에 대하여 국고지원의 적합성을 검토하는 실익이 적기 때문이다. 또한 국고지원의 적합성이 '사업추진상의 위험요인'이라는 중분류와 성격이 상이하여 평가구조상의 문제점이 발생할 수 있다.

따라서 사업의 성격상 국고지원의 적합성이 쟁점으로 제기된 사업에 대해서는 사업특수 평가항목으로 설정하여 재원조달계획과 별도의 분석을 수행한다.

(5) 환경성

환경성 평가는 해당 사업의 수행으로 인한 영향을 개략적으로 평가한다. 환경성 평가는 모든 사업에 대하여 수행할 필요성은 없다. 예비타당성 조사에서 환경성 평가의 초점은 사업 수행 시 예비타당성 조사 이후 단계에서 환경문제가 발생할 가능성을 미리 인지하여 사업의 추진 여부를 결정하는 동시에, 이후 단계에서 환경문제가 발생할 가능성이 있음을 알려주고 좀 더 심도 있는 분석을 수행하도록 유도하는 것이다.

향후 환경문제 발생 가능성이 있는 사업에 한하여 별도의 전문가 자문 혹은 사전 협의 등의 방법을 통하여 사업수행의 영향을 정량적, 정성적으로 평가한다.

또한 앞에서 언급하였듯이 사업 시행 시 환경문제로 인한 지역민원의 발생 가능성에 대한 평가는 '사업추진 의지 및 선호도' 항목이 아니라 '환경성 평가' 항목에서 분석하여 평가에 반영한다.

(6) 교통망(network) 연결성

도로나 철도와 같은 교통시설은 반드시 기존 교통망과 연계되어 건설되는 것이 일반적이다. 네트워크로서의 교통사업 특성상 단일 구간의 시설 노후화나 공급부족은 병목현상 등을 발생시켜 네트워크 전반의 효율성 저하를 야기하는 경우가 있다. 특정 부문의 교통시설 개선을 통해 이러한 효율성 저하를 개선하는 사업은 경제성과 같은 분석요소 외에 별도의 정책적 고려가 되어야 하는 사업이라고 할 수 있다.

이는 적절한 시기에 교통시설을 공급하지 못하는 경우 나타날 수 있는 교통망의 혼란을 완화시킬 수 있는 문제를 해결하고자 할 때 정책적 고려요소로서 교통망의 연결성을 검토할 수 있음을 의미한다.

10.3 종합평가방법

10.3.1 종합평가의 필요성 및 개요

일반적으로 타당성 분석 시에는 경제성에 관한 분석과 정책적 차원에서의 분석을 중심으로 수행된다. 경제성 분석에서는 비용–편익 분석을 기본 방법론으로 수요, 편익 및 비용을 추정한 후 경제적 타당성을 평가하였으며, 정책적 분석에서는 지역경제 파급효과 추정, 지역낙후도 평가, 재원조달 가능성 평가, 관련 계획 및 정책과의 일치성, 사업의 추진 의지 및 선호도 평가 등 기본 평가항목과 사업의 특수성을 평가에 반영하기 위한 사업특수 평가항목에 대한 분석을 실시하였다.

타당성 조사의 마지막 단계는 경제적 분석과 정책적 분석 결과를 종합하여 사업의 추진 여부에 대한 최종적인 판단을 도출하는 단계이다. 기존 타당성 조사지침에 따르면 경제성 분석과 정책적 분석 결과를 종합하는 단계에서는 다음과 같은 어려움이 있음을 명기하고 있다.

첫째, 정량적 분석 결과와 정성적 분석 결과를 통합하는 어려움이다. 경제성 분석은 그 결과가 B/C 비율, 순편익의 현재가치(NPV), 내부수익률(IRR) 등 정량적으로 제시되는 반면, 정책적 분석에 포함되는 많은 평가항목, 예컨대 지역의 사업추진 의지, 국고조달 가능성, 관련 계획과의 일치성 등은 계량화가 어려우므로 정성적 표현으로 제시된다. 예를 들면, B/C 비율은 높지만 상위 계획과 일치하지 않는 사업의 타당성을 어떻게 종합평가할 것인가는 쉽지 않은 문제이다.

둘째, 정량적 분석의 경우에도 서로 상이한 척도(scale)를 갖는 평가항목을 통합하는 데 어려움이 따른다. 예를 들면, 어떤 공공투자사업의 B/C 비율이 1.0보다 작은 0.9이지만 2,000명이라는 매력적인 고용창출효과를 갖는 경우, 어떠한 기준으로 사업 시행 또는 미시행이라는 최종판단을 내려야 할 것인가의 문제가 발생한다.

셋째, 평가의 일관성과 사업의 특수성을 동시에 반영해야 하는 어려움이 따른다. 예비타당성 조사 대상이 되는 사업 가운데는 국가전략 차원에서 추진되는 사업이나, 문화재 보호 등 경제성 분석틀 안에서 계량화되지 않는 특수한 평가항목이 월등히 중요한 경우가 발생한다. 예비타당성 조사 체계의 정책적 분석에서는 이러한 사업특수성을 평가의 틀 속에 반영할 수 있도록 하고 있다. 한편, 사업특수성이 종합평가에서 차지하는 비중이 지나치게 클 경우 다른 사업과의 평가 일관성이 떨어질 위험성이 존재한다. 따라서 예비타당성 조사 체계가 일반적으로 적용될 수 있는 분석틀로서 가치를 유지하기 위해서는 해당 사업의 특수성이 사업의 시행 여부를 결정하는 데 있어 얼마만큼 중요한 영향을 미쳤는지를 객관적으로 보여줄 수 있어야 한다.

넷째, 종합평가에 참여하는 여러 평가자들의 의견을 종합하여 최종적인 결론을 도출하는 어려움이다. 한 사람의 평가자가 종합평가를 내릴 경우에는 그 판단의 타당성 여부만이 문제가 된다. 그러나 여러 사람의 의견이 종합되어야 할 경우에는, 어떻게 해야 대표성을 가진 종합판단이 될 것인지, 특히 개별 연구진들이 해당 사업의 시행 여부에 대해 상반된 견해를 갖는 경우에는 어떻게 최종 의사결정에 도달할 것인지 등의 문제가 발생한다.

이와 같은 어려움을 극복하기 위하여 다원기준분석(multi-criteria analysis) 방법론을 종합평가 시 적용하게 된다. 이 장에서는 다원기준 의사결정기법의 적용방법을 살펴보기 위하여 다기준분석에 대한 개념을 정립하고 이의 구체적 적용과정을 설명하고자 한다.

10.3.2 다원기준 의사결정법

다원기준분석이란, 다수의 속성들(multi-attributes)을 고려하여 다차원의 목적들(multi-objectives)을 충족하는 최적대안을 도출하는 의사결정기법이다.

타당성 조사의 종합평가에서도 다수의 정량적, 정성적 평가항목을 고려하여 경제성이 높으면서 정책적으로도 타당한 사업을 식별해 내기 위하여 많이 활용되고 있는 의사결정기법이라고 할 수 있다.

〈표 10.5〉 EU 국가들의 투자 타당성 평가의 접근방법

평가체계의 특성	전통적 비용편익분석	비용편익분석 위주의 종합평가기법	다기준분석에 주안점을 둔 종합평가기법	다기준분석 위주의 종합평가기법 (제한적 비용편익분석)
국가	덴마크 그리스 아일랜드 포르투갈 스페인	독일 이탈리아 영국	프랑스	벨기에 네덜란드

자료: Leleur(1995)

최근 위의 표에서 알 수 있듯이 경제성 분석 및 정책적 평가를 종합하여 평가할 수 있는 다기준분석에 의한 종합평가가 EU 국가들을 중심으로 수행되고 있음을 알 수 있다.

다기준분석의 종류는 크게 다원목적 의사결정법(MODM, Multiple Objective Decision Making)과 다원속성 의사결정법(MADM, Multiple Attribute Decision Making)으로 구분할 수 있다.

일반적으로 제약조건에 의해 함축적으로 정의된 무한개의 대안집합에서 고려 중인 목적을 가장 잘 만족하는 최적의 대안을 찾는 방법인 다원목적 의사결정법보다 유한개의 대안들의 집합에서 하나 또는 다수의 대안을 평가하거나 우선순위를 선정하는 방법인 다원속성 의사결정법이 많이 활용된다.

대표적인 다원속성 의사결정방법으로는 AHP 분석 및 다원속성 효용이론 등을 들 수 있다. 이러한 두 가지 의사결정법을 포함한 몇 가지 다원속성 의사결정법에 대해 살펴보면 다음과 같다.

(1) AHP 분석

1) AHP기법의 개요

AHP기법은 의사결정의 목표 또는 평가기준[10)]이 다수이며, 개별 평가기준에 대해 서

로 다른 선호도[11])를 가진 대안들을 체계적으로 평가할 수 있도록 지원하는 의사결정기법의 하나이다. 1970년대 초 Thomas Saaty에 의해 개발된 이후, 정성적, 다기준 의사결정에 널리 사용되어 왔다. AHP기법은 의사결정에 고려되는 평가요소들을 동질적인 집합으로 군집화하고, 다수의 수준(level)으로 계층화한 후 각 수준별로 분석・종합함으로써 최종적인 의사결정에 이르는 과정을 지원한다.

AHP기법의 가장 큰 특징은 문제를 구성하는 다양한 평가요소들을 주요 요소와 세부요소들로 나누어 계층화하고, 계층별 요소들에 대한 쌍대비교(pairwise comparison)를 통해 요소들의 상대적 중요도를 도출하는 데 있다. 이 기법은 인간의 사고와 유사한 방법으로 문제를 분해하고 구조화한다는 점, 그리고 평가요소 사이의 상대적 중요도와 대안들의 선호도를 비율척도(ratio scale)로 측정하여 정량적인 형태로 결과를 도출한다는 점에서 그 유용성을 인정받고 있다. 뿐만 아니라 간결한 적용절차에도 불구하고 척도선정, 가중치 산정절차, 민감도 분석 등에 사용되는 각종 기법이 실증 분석과 엄밀한 수리적 검증과정을 거쳐 채택된 방법들을 활용한다는 점에서 이론적으로도 높게 평가받고 있다. 이러한 장점 때문에 1977년 Saaty에 의해 수행된 Sudan의 교통시스템 설계 문제를 비롯하여, 신기술 선택의 문제, 병원 서비스시스템의 설계, 정치적 분쟁해결 문제 등 다양한 분야에서 활용되어 왔다.[12])

AHP기법은 공공교통시설 투자사업의 정성적인 특성을 평가에 반영하고, 평가에 참여한 연구진의 전문적 판단을 적절히 유도해 낼 수 있는 방법이다. 이에 따라 우리나라의 타당성 조사업무를 담당하고 있는 대표적 기관인 한국개발연구원의 표준지침에서는 AHP기법의 적용이 갖는 의의를 다음과 같이 제시하고 있다.

첫째, 사회적 합의의 도출을 유도하고 그 과정을 명확히 밝힌다. 의사결정과정을 구조화함으로써 공공투자사업에 대해 사회적으로 인정된 가치를 객관적으로 수렴하여 사회적 합의의 도출을 유도할 수 있다. 또한 평가항목별 조사 결과를 통합하여 최종판단을 내리는 과정과 근거를 명확히 밝힘으로써 제3자가 그 종합판단의 합리성과 타당성을 평가할 수 있도록 한다.

둘째, 공공부문 투자결정에 대한 신뢰성을 확보한다. 지금까지는 "정치적 고려 또는 평가자의 자의적 판단에 따라 공공투자산업이 시행된다."는 비판이 있어 왔다. 이 같은

10) 대안들의 선호도를 비교하는 대상을 나타내는 용어로 평가기준(criteria), 평가요소(attributes), 평가항목(elements) 등을 필요에 따라 혼용하기로 한다.

11) 평가기준에 대해 대안이 얼마나 잘 평가되는가를 나타내는 용어로 대안들의 선호도(preference), 성과(performance), 매력도(attractiveness) 등을 필요에 따라 혼용하기로 한다.

12) 세계 각국의 활용사례는 Expert Choice사의 홈페이지 http://www.expertchoice.com/에 소개되어 있으며, 국내의 적용사례는 http://www.expertchoice.co.kr/에 소개되어 있다.

비판은 한편으로 과거 권위주의적 행정수행방식이 스스로 초래한 측면이 있고 다른 한편으로는 공공투자사업 관련 의사결정을 위한 일관된 기준이 없었기 때문에 야기된 측면이 있다. 이와 같은 비판을 극복하기 위해서는 일관된 기준을 여러 가지 사업에 그리고 장기적으로 적용함으로써 공공부문 투자결정에 대한 신뢰를 높여야 한다.

셋째, 사업 간의 평가오차를 줄인다. 종합평가단계에서 각 평가자는 해당 사업의 특수성뿐만 아니라 다른 사업들과 공통되는 기본적인 판단기준들을 이용하여 의사결정을 수행하게 된다. 예를 들어, B/C 비율의 경우에는 대부분의 사업들이 중요한 판단기준으로 사용하고 있는데, 동일한 B/C 비율을 사업에 따라 상이하게 해석하는 경우에는 사업 간 평가오차가 커질 우려가 있다. 다기준분석에서는 이러한 점을 고려하여 사업 간 평가오차를 최소화할 수 있는 객관적 기준을 제시함으로써 동일한 기준에 대한 해석의 다양성으로 인한 사업평가의 비일관성을 줄일 수 있다.

넷째, 후속사업에 대한 평가의 자료로 활용된다. 일단 다기준분석모형을 통해 하나의 표준안이 제시되면, 그것은 일종의 귀무가설(null hypothesis)로서의 위상을 갖는다. 즉, 모든 사업에 이 표준안을 적용하는 것을 원칙으로 하여, 이 표준안을 수정해 적용해야만 하는 지역의 특수성 또는 사업의 특수성이 입증되지 않는 한 동일한 기준을 적용한다. 이것은 평가시기가 달라질 때 유사사업에 대한 평가의 편차가 커지는 문제점을 보완하는 기능을 한다.

일반적으로 AHP기법은 다음과 같은 절차를 거쳐 수행된다.

① 평가의 개념화(conceptualizing)
② 평가기준 확정 및 계층구조 설정(structuring)
③ 평가기준 가중치 측정(weighting)
④ 대안 간 선호도 측정(scoring)
⑤ 종합점수 산정(synthesizing)
⑥ 환류과정(feedback)
⑦ 종합판단 및 정책제언 도출(concluding)

2) AHP 분석과정

① 평가의 개념화(conceptualizing)

AHP 분석의 첫 단계는 평가목표, 평가요소, 고려대안, 제약조건, 평가자, 이해관계자 등 평가에 대한 개념적 틀(conceptual framework)을 형성하는 개념화 단계이다. 이 개념화 과정을 통해 평가자들은 평가 대상 사업이 가지고 있는 다양한 특성들과 쟁점사항 등 사업 전반에 대한 이해도를 높이고, 사업에 대한 정보와 문제의식을 공유할 수 있게 된다. 사실 이 단계가 예비타당성 조사 초기에 수행되어야 대상 사업에 대한 올바른 이해와 함께 조사가 진행될 수 있다.

효율적이고 효과적인 개념화 과정을 위해 브레인스토밍(brainstorming) 기법이 사용된다. 브레인스토밍이란 평가 대상 사업과 관련된 모든 고려사항들을 가능한 한 많이 무비판적으로 열거하고, 그 함의를 하나씩 검토해 나가는 집단 아이디어 촉진기법이다.

② 평가기준 확정 및 계층구조 설정(structuring)

다음은 개념화 단계에서 식별된 평가요소들에 대한 검토를 거쳐 평가기준을 확정하고, 동질적인 집합으로 군집화한 뒤, 이 집합을 적절한 수준으로 계층화하는 구조화 단계이다.

개념화 단계에서 식별된 평가요소들은 사소한 것에서부터 중요한 것에 이르기까지, 또 세부적인 것에서부터 포괄적인 것에 이르기까지 그 중요성과 범위가 매우 다양할 수 있다. 또한, 엄밀한 용어 정의가 선행되지 않았던 까닭에 동일한 용어에 대해서도 평가자 간에 서로 다른 이해를 가지고 있을 수 있다. 예를 들어, 경제성 분석이라는 평가항목은 비용-편익 분석을 의미할 수도 있지만 경우에 따라서는 지역경제 파급효과와 같은 측면을 포함하는 개념으로 이해될 수도 있다. 따라서 평가기준 확정을 위해서는 우선 식별된 평가항목들의 의미를 명확히 정의하여 혼동과 오해의 소지를 최소화할 필요가 있다.

종합평가에서 고려될 평가항목들이 확정되면, 다음 단계는 서로 다른 중요성과 범위를 가진 항목들을 동질적인 집합으로 군집화하고, 이 집합을 적절한 수준으로 계층구조화하는 것이다. 일반적으로 하위 수준의 요소는 상위 수준의 요소를 구체화하는 세부 평가기준이 된다. 최상위 계층은 의사결정의 최종목표인 예비타당성을 종합적으로 평가하는 것이다. 예비타당성은 경제성 분석 결과와 정책적 분석 결과에 의해 평가된다. 정책적 분석은 기본평가항목과 사업특수평가항목으로 구분되는데, 기본평가항목이란 모든 예비타당성 조사에 기본적으로 포함되는 평가항목을 가리키며, 사업특수평가항목이란 해당 사업을 평가하는 데 특히 중요하게 고려하여야 할 평가항목을 가리킨다.

우리나라에서 수행되는 예비타당성 조사 AHP 분석의 기본구조는 다음 <그림 10.1>과 같다. 이때 AHP 분석의 최종목적의 사업의 타당성을 평가하는 것이다. 제1계층은 경제성 분석과 정책적 분석으로 이루어진다. 제2계층은 정책적 분석을 구성하는 '지역균형발전', '정책의 일관성 및 추진의지', '사업추진상의 위험요인', '사업특수평가(중분류)' 항목으로 구성된다. 제3계층은 중분류 평가항목을 구성하는 세부 평가항목으로 구성된다.

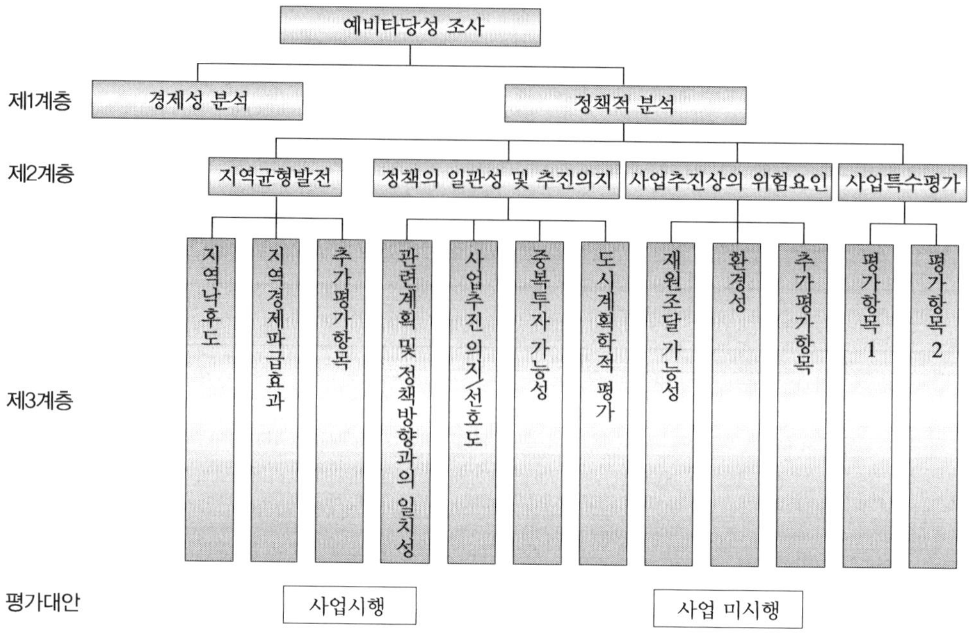

〈그림 10.1〉 예비타당성 조사의 AHP 구조

사업특수평가항목은 해당 사업의 평가에 특별히 고려하여야 할 평가항목으로서 사업의 성격에 따라 달라질 수 있다. 사업특수평가항목은 제2계층과 제3계층에 동시에 포함될 수 있도록 AHP 구조를 설계하였다. 이는 사업특수평가항목을 평가내용이 유사한 평가항목과 중분류 범주에 함께 묶어 평가자들의 인식체계와 유사하도록 구성함으로써 일관성 있는 분석을 용이하게 하는 장점이 있다고 판단되기 때문이다. 사업특수평가항목이 중분류 기본평가항목과 연계되지 않을 경우 별도의 중분류 평가항목을 구성하여 AHP 구조를 설정하도록 한다. 이때 중분류 사업특수평가항목에 속하는 세부 사업특수평가항목이 1개인 경우 제2계층과 제3계층의 평가항목과 평가내용이 동일하다.

③ 평가기준 가중치 측정(weighting)

이 단계는 계층구조의 각 수준별로 평가항목 간 상대적 중요도를 결정하는 단계이다. 동일한 수준, 동일한 군집에 속하는 두 평가항목의 모든 짝(pair)에 대해 평가자들에게 평가 항목 간 상대적 중요도(또는 선호도)를 비교하는 질문을 반복하여 수행한다. 이러한 쌍대비교과정에서는 평가자의 판단을 어의적인 표현으로 나타내고 이에 상응하는 적정한 수치를 부여하는 수량화 과정이 포함된다. 쌍대비교를 통한 상대적인 평가를 위해서는 신뢰할 만한 평가척도가 필요하다. 이때 사용되는 척도는 인간이 느낄 수 있는 차이를 최대한으로 반영할 수 있는 범위로 정하여야 한다.

한편, 우리나라의 타당성 조사 시 적용되는 AHP기법에서는 인지심리학 분야의 연구 결과에 기초하여 9점 척도를 기본형으로 이용하고 있다.

〈표 10.6〉 쌍대비교 시 중요도의 척도

언어적 판단	계량적 점수부여
극단적으로 선호	9
매우 강하게-극단의 중간	8
매우 강하게 선호	7
매우 강하게-강하게의 중간	6
강하게 선호	5
강하게-약간의 중간	4
약간 선호	3
약간-동등하게의 중간	2
동등하게 선호	1

주: Saaty and Vargas, 1982

다만 최상위계층인 경제성 분석과 정책적 분석의 가중치의 경우, 종합평점에 미치는 영향이 매우 크기 때문에 다음과 같은 상수합법척도를 적용한다.

$$\text{경제적 분석의 상대적 중요도} = \frac{\text{경제성 분석의 중요도}}{\text{경제성 분석의 중요도} + \text{정책적 분석의 중요도}} \times 100$$

또한, 도로/철도부문사업의 경우에는 동기적 편향을 줄이기 위하여 경제성 분석, 정책적 분석에 대한 사전가중치의 범위를 설정하여 적용하는 것이 일반적이다.

$$45\% < \text{경제성 분석 가중치} < 65\%$$

④ 대안 간 선호도 측정(scoring)

이 단계는 각 평가항목을 기준으로 대안에 대한 선호도를 점수로 부여하는 과정이다. <표 10.7>은 우리나라의 예비타당성 조사의 평점기준을 보여준다. 사전적으로 선택된 평가항목 가운데 앞에서 제시한 경제성 분석, 지역균형발전을 위한 지역낙후도, 지역경제 파급효과 등의 평가항목은 B/C, 지역낙후도지수, 지역경제 활성화 효과지수 등 계량적 지표를 기준으로 평가한다. 기타 평가항목들은 조사과정에서 수집한 정보를 정성적으로 판단하여 평가항목별 평점을 수행한다.

〈표 10.7〉 AHP 주요 평가내용 및 평점 기준

평가 항목	평가 내용	평점 기준	비고
경제성 분석	경제적 측면에서의 사업 타당성	경제성 분석결과 도출된 B/C 비율	B/C 비율이 높을수록 '사업 시행' 점수가 높음
정책적 분석			
지역균형발전			
지역낙후도	지역균형발전 측면에서 사업의 필요성	지역낙후도지수 및 순위(해당 사업이 다수의 시·군에 걸쳐 있는 경우 대표 시·군의 낙후도를 기본으로 평가)	낙후 정도가 심할수록 '사업 시행' 점수가 높고 발달된 지역일수록 '사업 미시행' 점수가 높음
지역경제 파급효과	사업 시행으로 인한 부가가치 유발 등 지역경제 파급효과	$\frac{\text{지역 내 부가가치유발액}}{\text{GRDP(지역 내 총생산)}}$	비율이 높을수록 '사업 시행' 점수가 높음
정책의 일관성 및 추진의지			
관련 계획 및 정책 방향과의 일치성	상위 계획 및 관련 계획에의 반영 여부 주무부처에서 추진하는 정책 방향과의 일치 여부	연구 수행과정에서 얻은 정보를 정성적으로 판단	반영이 구체적일수록, 일치성이 높을수록 '사업 시행' 점수가 높음
사업추진 의지 및 선호도	중앙정부, 해당 지자체 및 주민의 사업에 대한 추진 의지, 선호도 및 숙원도	연구 수행과정에서 얻은 정보를 정성적으로 판단	사업추진 의지가 클수록 '사업 시행' 점수가 높고, 반대 의견이 많을수록 '사업 미시행' 점수가 높음
사업의 준비 정도	사업계획의 구체성, 인력 및 재원의 투입 정도 등 사업 추진의 구체성	연구 수행과정에서 얻은 정보를 정성적으로 판단	준비 정도가 높을수록 '사업 시행' 점수가 높음
사업추진상의 위험요인			
재원조달 가능성	재원조달계획의 실현가능성, 민자유치를 통한 재원조달의 가능성	연구 수행과정에서 얻은 정보를 정성적으로 판단	재원조달 문제가 없을 경우 AHP 평점은 '1', 문제가 있을 경우 '사업 미시행' 점수가 높음
환경성	해당 사업이 주변 환경에 미치는 영향 및 사업추진 시 환경문제 발생 가능성에 대한 개략적 평가	연구 수행과정에서 얻은 정보를 정성적으로 판단	환경성 문제가 없을 경우 AHP 평점은 '1', 문제가 있을 경우 '사업 미시행' 점수가 높음
사업특수 평가항목	기타 사업타당성 평가를 위하여 고려할 사항		

AHP 분석에서는 가중치 설정단계와 마찬가지로 각 평가항목을 기준으로 사업 시행 대안과 사업 미시행 대안 간의 상대적 적정성을 쌍대비교를 통하여 파악하여 평점을 수행하도록 하고 있다. 평점을 위한 척도 역시 Saaty의 9점 척도를 수용하는 것을 원칙으로 한다. 다만 평점과정에서 다음 두 가지 사항에 대한 고려가 필요하다.

첫째, 대부분의 사업에서 큰 문제가 발생하지 않는 '재원조달 가능성' 및 '환경성' 평가항목에 대한 평점 시 사업 시행과 사업 미시행 대안의 상대적 적절성을 어떻게 평가할 것인가의 문제가 발생한다. 예를 들어, 사업 시행 시 특별한 환경문제가 발생하지 않는 경우 환경성 측면에서 사업 시행 대안의 적절성을 9점으로 평가할 것인가 또는 사업 미시행 대안과 중립적인 1점으로 평가할 것인가의 문제가 발생한다. 단, 구간 국도건설사업과 같이 재원조달상의 문제점이 없는 사업의 경우에도 사업 시행 대안의 적절성 평가의 문제가 발생할 수 있다.

일반적으로 타당성 조사를 위한 AHP 분석에서는 재원조달 가능성 및 환경성 평가항목에 대한 평점의 최대점수를 1점으로 설정한다. 즉, 환경성 또는 재원조달상의 문제점이 없다는 사실이 해당 사업의 시행을 촉진하는 역할을 하는 것이 아니라, 다만 사업추진상에 부정적인 요인으로 작용하지는 않는다는 것으로 판단하는 것을 의미한다.

둘째, 계량화된 평가항목에 대해서는 표준점수를 부여하여 사업 간 평가의 일관성을 제고한다. 본 지침에서는 평가의 일관성이 특히 요구되는 경제성 분석과 지역낙후도지수에 대한 표준점수전환식을 추정하여 평점에 적용한다. 경제성 분석은 모든 예비타당성 조사에 공통적으로 비용-편익 분석을 적용하는데, 동일한 B/C 비율에 대하여 연구자에 따라 각기 상이한 판단을 내리는 문제점을 해소하기 위해서이다.

AHP 분석을 위한 B/C 비율 및 지역낙후도지수는 다음의 표준점수전환식을 적용한다.

- B/C 비율 표준점수전환식

$$\text{B/C 표준점수} = 5.11532 \times \ln(\text{B/C}) + i \tag{10.3}$$
$$\text{단, B/C} \geq 1 \rightarrow i = 1,\ \text{B/C} < 1 \rightarrow i = -1$$

- 지역낙후도지수 표준점수전환식

$$\text{지역낙후도지수 표준점수} = a + i \tag{10.4}$$
$$\text{단, } a = 0.81220 + 2.23298 \times \text{LIR} - 0.29626 \times \text{LIR}^2 + 0.74302 \times LIR^3 + 0.32728 \times MIR^2$$
$$a \geq 0 \rightarrow i = 1,\ a < 0 \rightarrow i = -1$$

여기서, LIR: 시·군별 지역낙후도 순위를 표준화한 값
MIR: 시·도별 지역낙후도 순위를 표준화한 값

교통시설 타당성 조사의 중요한 목적의 하나가 일관된 평가기준을 다양한 공공투자사업에 적용하여 공공투자에 대한 의사결정의 객관성을 높이고자 하는 데 있음을 감안

할 때, 공통의 기준에 의하여 산정한 비교 가능한 계량지표에 대한 평가에 대해서는 일관성을 갖도록 하는 것이 바람직한 것으로 판단된다.

⑤ 종합점수 산정(synthesizing)

이 단계는 평가기준별 가중치와 각 기준에 대한 대안들의 평점을 곱해서 대안별 종합평점(weighted sum)을 구하는 단계이다. 비교대안 중 높은 종합평점을 받은 대안이 AHP모형에 의한 선택대안이 된다.

한편, 평가자 선정에 관한 논의에서 언급된 바와 같이 AHP기법에 의한 예비타당성 종합평가는 집단의사결정의 성격을 가지므로, 개별 평가자의 평가요소 가중치, 대안들의 평점, 종합평점이 평가집단 공동의 가중치, 평점, 종합평점으로 종합되는 과정이 필요하다.

개별 평가자의 평가를 종합하는 방법으로 첫째, 개인별로 얻어지는 모든 쌍대비교행렬의 결과를 기하평균(geometric mean)을 이용하여 집단 전체의 쌍대비교행렬을 먼저 구하고 고유벡터 계산법을 적용하는 방법과 둘째, 개인의 쌍대비교행렬에 고유벡터 계산법을 적용하여 가중치와 평점에 대한 우선순위 벡터들을 구한 뒤, 이 벡터값들을 기하평균하는 방법이 있을 수 있다. 본 지침에서는 두 번째 방법을 선택하는데, 그 이유는 이 방법이 전문가 집단에 의한 종합적 판단을 반영하는 데 더 적합하기 때문이다.

⑥ 환류과정(feedback)

환류과정은 AHP의 유용성을 높이는 또 하나의 특성이다. 검토과정의 주안점은 응답 일관성이 낮은 응답자에게 비일관성에 관한 정보를 제공하여 의사결정을 다시 수행하도록 함으로써 의사결정의 비일관성을 줄여나가는 데 있다. 만약, 의사결정자가 형식화된 질문에 적절하게 응답하지 못한다면 AHP 계층구조를 제고하여야 한다. 계층구조를 형성하고 있는 각 요소들의 정의 및 설명이 잘못된 경우에도 마찬가지이다. 불일치 정도가 심하고 검토과정에서도 일관성이 개선되지 않는다면 평가항목들의 계층적 구조를 다시 구성하거나 수준과 요소의 개념을 다시 정의하거나 설명한 후 AHP설문을 다시 수행한다.

AHP 분석 결과 의사결정의 일치도가 높은 경우, 예를 들어 평가자가 모두 사업 시행 또는 사업 미시행이 적절하다고 판단하는 경우, 위와 같은 AHP 수행방식의 제약에도 불구하고 사업의 타당성에 대한 결론을 도출하는 것이 어렵지 않다.

그러나 평가자 간 의사결정 결과가 2 : 2로 양분되거나, 의사결정 결과가 1 : 3으로 나뉘었음에도 불구하고 1명의 AHP 평점으로 표출된 의사결정의 강도가 매우 높아 전체 평점결과에 영향을 미치는 경우 등 의사결정의 강건성이 낮은 경우 평가자 간 평가결과에 상호 토의하는 추가적인 절차가 필요하다.

⑦ 종합판단 및 정책제언 도출(concluding)

AHP기법의 마지막 단계는 환류과정(feedback)을 거친 후에 도출된 종합평점을 근거로 '사업 시행' 대안과 '사업 미시행' 대안 간에 최종적인 결정을 내리고, 정책담당자에게 제시할 정책제언을 도출하는 단계이다. AHP 분석을 통하여 최종적으로 얻는 산출물은 '사업 시행' 대안과 '사업 미시행' 대안 각각에 대한 평가기준별 가중치와 각 기준에 대한 대안들의 평점을 곱해서 계산한 대안별 종합평점(weighted sum)이다. 종합평점 결과에 따라 사업 시행 대안이 사업 미시행 대안보다 상대적으로 높은 종합평점(0.5를 초과하는 점수)을 얻으면 사업의 타당성이 있다는 결론을 도출할 수 있다.

그러나 다음과 같은 AHP 분석 결과를 기초로 사업의 시행 여부를 판단할 때는 제약이 따른다. 첫째, 평가자 간 의견이 일치하지 않는 경우이다. 특히 평가자 간 2 : 2로 의견이 양분되었을 때 AHP 종합평점 결과가 사업 시행 또는 사업 미시행 점수를 보이고 있다고 하더라도 평가자 간 공감대가 형성되지 않은 상황에서 단정적으로 사업의 시행 여부를 결정하기 어려운 측면이 있다. 이 경우 사업의 시행 여부에 대하여 양자택일적 결론을 내리기보다는 평가자별 평가의견을 기술하고 평가자 간 차이 발생의 원인을 보고서에 기술하는 것이 바람직할 것으로 판단된다.

둘째, 종합평점 결과 사업 시행 대안과 사업 미시행 대안의 차이가 미세하여 의사결정의 강건성(robustness)이 확보되지 않은 경우이다. AHP 종합점수를 근거로 사업의 시행 여부를 결정할 때 흔히 제기되는 질문은 "AHP 종합점수 0.51과 0.49 차이가 사업의 타당성 여부에 대한 양자택일적 판단을 내릴 만큼 현저한 차이가 있는가?"라는 것이다.

우리나라의 예비타당성 조사 시 AHP 적용기준에 따르면 이러한 점을 감안하여 최종판단을 내림에 있어 신중한 접근을 하기 위하여 다음과 같은 영역의 점수대에 대한 회색영역을 제시하고 있다.

$$0.5 - 0.05 < \text{AHP 종합평점} < 0.5 + 0.05$$

즉, $0.45 < \text{AHP 종합평점} < 0.55$

회색영역이란 만약 연구진 구성이 달라진다면 현재의 종합평점의 결과가 뒤바뀔 수 있음을 나타내는 영역을 뜻한다. 결국 이러한 영역에 속하였을 경우에 연구진들은 AHP 분석을 통한 종합결론을 내림에 있어 신중한 접근이 필요할 것이다.

(2) 다원속성효용이론

다원속성효용이론의 기본적인 가설은 대안을 선택하는 의사결정문제에 효용(utility)

이 존재하고, 의사결정자는 실행 가능한 대안집합에서 효용을 극대화한다는 것이다. 각 대안의 효용값은 식 (10.5)와 같이 계산된다.

$$U_j = \sum_{k=1}^{n_k} w_k n_{kj} \tag{10.5}$$

여기서, U_j: 대안 j의 효용

w_k: k번째 기준의 가중치

n_{kj}: 대안 j의 정규화시킨 기준 k값

다원속성효용이론은 각 대안에 가중치(weights)를 부여하여 집계하는 과정을 거치는데, 가장 간단하고 널리 이용되는 집계방법은 선형가중합(weighted linear average)을 취하는 것이다. 다음은 Zietsman et al.(2006)이 정리한 다원속성효용이론 적용과정이다.

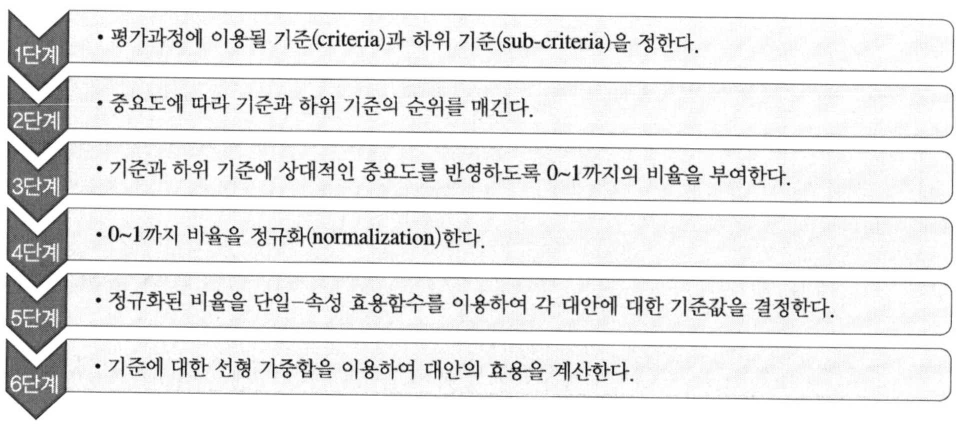

〈그림 10.2〉 다원속성효용이론 분석단계

교통지표의 성과척도와 상대적인 중요도로 매겨진 속성의 순위는 각기 다른 단위를 가지기 때문에 정규화하여야 한다. 속성값이 단조 증가하는 효용함수라고 가정하면, 식 (10.6)의 선형 형태와 식 (10.7)의 벡터 형태로 취할 수 있다. 정규화된 성과척도 또는 속성의 순위, r_{ij}는 0과 1 사이의 값을 갖는다.

$$r_{ij} = \frac{x_{ij}}{x_j^*}, \quad i = 1, \cdots, m, \; j = 1, \cdots, n \tag{10.6}$$

여기서, x_j^*: j번째 속성의 최댓값

$$r_{ij} = \frac{x_{ij}}{\sqrt{\sum_{i=1}^{m} x_{ij}^2}}, \quad i = 1, \cdots, m, \ j = 1, \cdots, n \tag{10.7}$$

다음으로 각 성과척도의 가중치를 산정하는 방법은 가장 간단한 방법인 선호도 비교를 통한 속성순위법(attribute ranking method)을 이용하여 도출한다. 속성을 비교하여 가장 중요한 속성에 1을 부여하고, 가장 중요하지 않은 속성에 n을 부여하면, 성과척도의 가중치는 다음과 같이 도출된다.

$$w_j = \frac{1/r_j}{\sum_{k=1}^{n} 1/r_k} \tag{10.8}$$

여기서, r_j: j번째 속성의 순위

▶ 적용 예

사업 시행의 결과: 최대 150억 원의 이익과 최악의 경우 20억 원의 손해 발생

- 효용의 Boundary 설정: 최댓값: U(150억 원) = 100, 최솟값: $U(-20) = 0$
- 150억 원의 수익이 날 확률이 50%이고 20억 원의 손해가 날 확률이 50%인 복권(lottery)을 얼마에 구입할 것인가? 30억 원이며, 이때 30억 원의 효용은

$$\begin{aligned} {}^{*}\,U(30) &= 0.5 \times U(150) + 0.5\,U(-20) \\ &= 0.5 \times 100 + 0.5 \times 0 = 50 \end{aligned}$$

- 유사질문의 반복: 150억 원의 수익이 날 확률이 50%이고 30억 원의 수익이 날 확률이 50%인 복권을 얼마에 구입할 것인가? 100억 원

$$\begin{aligned} {}^{*}\,U(100) &= 0.5\,U(30) + 0.5 \times U(150) \\ &= 0.5 \times 50 + 0.5 \times 100 = 75 \end{aligned}$$

- 유사 질문을 반복하여 단일 요인에 대해 효용함수 추정
- 다속성 효용함수의 도출: 상호효용독립 가정
- $u(x_1, x_2) = k_1 u(x_1) + k_2 u(x_2)$, 단, $\sum k_i = 1$

(3) 목표달성평가법(GAM, Goal Achievement Method)

목표달성평가법은 목표라 명명하는 평가기준을 명시적으로 구분하여 각 목표별 성취점수를 산정하여 종합하는 방법이다. 이때 다기준분석에서는 목표가 여러 개이기 때문에 목표 간 가중치를 부여하고 대안들이 각각의 목표에 어떠한 영향을 미치는지를 판

단하는 것이 중요한 분석요소가 된다.

목표달성평가법은 개념 이해가 쉽고 계산이 비교적 간단하다는 장점이 있으며 다양한 평가집단 간의 견해 차이를 조정하는 데는 유리하나 가중치를 객관적으로 산정할 방법을 제시하기 어렵다는 단점이 있다.

▶ 적용 예

- 목표: 어떠한 행위가 나아가야 할 방향의 최종적인 상태
  - 도로사업의 경우: 접근성 향상, 오염의 최소화, 교통혼잡의 최소화 등
- 비용과 편익
  - 편익: 설정된 목표에 접근하는 정도
  - 비용: 설정된 목표로부터 멀어지는 정도(어떤 대안을 실행하기 위해 투입된 요소의 경제적 가치가 아니라 대안의 실행으로 인해 발생하는 부작용)

〈표 10.8〉 목표달성평가표(예)

목표(평가기준)		목표 1		목표 2		목표 3	
상대가중치		2		3		5	
정책효과		비용	편익	비용	편익	비용	편익
목표 집단	상대 가중치						
집단 1	2	C11	B11	–	–	C13	–
집단 2	3	C21	B21	C22	B22	C32	B32
집단 3	4	–	–	C32	B32	–	–
집단 4	1	C41	B41	–	B42	C43	B43
합		Σ	Σ	Σ	Σ	Σ	Σ

(4) outranking method

outranking 기법은 대안들의 서열을 결정할 수 있는 정교한 방법으로 프랑스에서 시작되어 유럽의 다기준 의사결정에서 주로 쓰이는 기법이다. 이 기법들은 모두 쌍대비교(pairwise comparison)에 근거하는데, 쌍대비교는 대안들을 한 쌍씩 체계적으로 기준 대 기준으로 비교하며 대안들 간의 서열순위를 정해준다. 대안들의 서열순위는 의사결정자로부터 얻어진 대안들의 선호도와 이를 통해 얻어진 지수의 계산에 의해 구할 수 있다.

▶ 적용 예

- 프랑스, ELECTRE Ⅳ(Elimination and Choice Translating Relation)

〈표 10.9〉 outranking method의 가상적인 자료형태

	기준(criteria)			정규화된 값		
	X1(0.2)	X2(0.7)	X3(0.1)	X1	X2	X3
A1	30	17,4140	중간: 3	0.6910	0.9126	0.4243
A2	29	74,683	낮음: 4	0.6679	0.3914	0.5657
A3	12	22,496	매우 낮음: 5	0.2764	0.1179	0.7071

주: A1은 대안의 종류, X1은 기준의 종류, 괄호 안의 숫자는 기준의 상대적인 가중치(예: X1(0.2)는 X1의 상대적인 가중치가 0.2임을 나타냄)

▶ 절차

① 벡터 정규화(vector normalization)

$$\text{vector normalization} = \frac{\text{원자료}}{\sqrt{\sum(\text{원자료})^2}}$$

② 가중된 정규화 행렬 구성

〈표 10.10〉 가중된 정규화 행렬

	X1	X2	X3
A1	0.138	0.639	0.042
A2	0.134	0.274	0.057
A3	0.055	0.083	0.071

③ 일치표 작성

〈표 10.11〉 outranking method에서의 일치표

대안들의 쌍 (p, q)	일치집합(concordance set) C_{pq}	불일치집합(discordance set) D_{pq}
(1, 2)	1, 2	3
(1, 3)	1, 2	3
(2, 1)	3	1, 2
(2, 3)	1, 2	3
(3, 1)	3	1, 2
(3, 2)	3	1, 2

④ 일치지수(concordance index)와 불일치지수(discordance index) 산성

$$c_{pq}=\frac{\sum_{j^0}\gamma_{j^0}}{\sum_{j}\gamma_j}$$ (단, γ_j는 j번째 기준에 대한 가중치, j는 일치집합의 원소)

$$c_{12}=\frac{0.2+0.7}{0.2+0.7+0.1}=0.9,\quad d_{pq}=\frac{(\sum_{j^o}|v_{pj^o}-v_{qj^o}|)}{(\sum_{j}|v_{pj}-v_{qj}|)}$$

단, j^o는 불일치집합의 원소들, v는 가중된 정규화 행렬값

$$d_{12}=\frac{|v_{13}-v_{23}|}{\sum_{j}^{3}|v_{1j}-v_{2j}|}=\frac{|v_{13}-v_{23}|}{|v_{11}-v_{21}|+|v_{12}-v_{22}|+|v_{13}-v_{23}|}$$

$$=\frac{|0.042-0.056|}{|0.138-0.134|+|0.639-0.274|+|0.042-0.057|}$$

$$=\frac{0.015}{0.005+0.365+0.015}=0.037$$

〈표 10.12〉 일치지수와 불일치지수

대안의 쌍	일치지수	불일치지수
(1,2)	0.9	0.037
(1,3)	0.9	0.042
(2,1)	0.1	0.963
(2,3)	0.9	0.050
(3,1)	0.1	0.958
(3,2)	0.1	0.950

⑤ 기준값(threshold value)을 이용하여 바람직하지 않은 대안을 소거

- 기준: $c_{ij}>\bar{c}$ and $d_{ij}<\bar{d}$
- 생존 집합: {(1, 2), (1, 3), (2, 3)}

⑥ 우선순위 결정

- 대안 1>대안 2>대안 3

(5) 평점모형(scoring method)

평점모형이란 의사결정자가 각 요인에 대한 상대적인 가중치를 부여하고 각 대안들에 대해 요인별 가중치를 고려하여 점수를 주는 방법이다. 따라서 이 모형은 크게 요인들의 가중치 부여, 각 대안들의 요인별 점수 부여, 이를 종합하여 대안의 종합점수를 구하는 과정으로 구분될 수 있다. 한편 가중치부여방법이 가장 중요한 요소라 할 수 있는데 구체적 방법으로는 단순가중치 부여법, 순위합계가중치법, 순위역수가중치법 등이 있다.

〈표 10.13〉 평점모형의 가중치 부여방법

종류	계산방법	
단순가중치	$w_i = \dfrac{1}{N}$	N: 요인의 개수 w_i: 요인의 가중치 R_i: I요인의 가중치
순위합계가중치	$w_i = \dfrac{N-R_i+1}{\sum_{i=1}^{N}(1/R_i+1)}$	
순위역수가중치	$w_i = \dfrac{1/R_i}{\sum_{i=1}^{N}(1/R_i)}$	

한편 요인별 점수를 부여하는 절차는 일반적으로 설문을 통하여 점수를 부여하게 된다.

▶ 적용 예

① 요인별 가중치 산정

〈표 10.14〉 평점모형에 따른 요인별 가중치 산정방법(예)

요 인	단순가중치	순위합계가중치			순위역수가중치	
	$w_i = \dfrac{1}{N}$	(A) R_i	(B) $N-R_i+1$	(C) $w_i = \dfrac{(B)}{\sum(B)}$	(D) $\dfrac{1}{R_i}$	$w_i = \dfrac{(D)}{\sum(D)}$
경제성	0.25	1	4	0.4	1	0.48
지역균형개발	0.25	2	3	0.3	0.5	0.24
환경문제	0.25	3	2	0.2	0.33	0.16
상위 계획과 일치	0.25	4	1	0.1	0.25	0.12
합계	1		10	1.0	2.08	1.00

② 대안별 평점 부여

〈표 10.15〉 평점모형을 이용한 도로건설사업의 대안별 평점

요인 \ 대안	A	B	C	D
경제성	9	2	4	7
지역균형개발	2.5	9	2	2
환경문제	3	6	8	4
상위 계획과 일치	7	5	6	8

③ 종합점수 산정

〈표 10.16〉 평점모형을 이용한 도로건설사업 대안별 종합점수

	요인가중치 (순위역수가중치)	도로건설사업 대안			
		A	B	C	D
경제성	0.48	4.32	0.96	1.92	3.36
지역균형개발	0.24	0.60	2.16	0.48	0.48
환경문제	0.16	0.48	0.96	1.28	0.64
상위 계획과 일치	0.12	0.84	0.60	0.72	0.96
종합점수		6.24	4.68	4.40	5.44

:: 참고문헌

교통시설투자평가지침 4차 개정, 국토해양부, 2011.

도로 및 철도부문 사업의 예비타당성조사 표준지침 수정 보완 연구(5판), 한국개발연구원, 2008.

조근태, 조용현, 강현수, 계층분석적 의사결정, 동현출판사, 2003.

철도투자평가편람 전면개정 연구, 한국철도시설공단, 2010.

Adler, Hans A., Economic Appraisal of Transport Projects: A Manual with Case Studies, Revised and Expanded Edition, The World Bank, 1987.

Leleur, Steen, Road Infrastructure Planning: A Decision-Oriented Approach, Polyteknist Forlag, 1995.

찾아보기

ㅇ

ㅈ

교통계획

2013년 2월 20일 1판 1쇄 펴냄
지은이 임용택 · 백승걸 · 엄진기 · 김현명 · 이준 · 박현경
펴낸이 류원식 | **펴낸곳 교문사**

편집팀장 모은영

주소 (10881) 경기도 파주시 문발로 116(문발동 536-2)
전화 1644-0965(대표) | **팩스** 070-8650-0965
등록 1968. 10. 28. 제406-2006-000035호
홈페이지 www.cheongmoon.com | E-mail genie@cheongmoon.com
ISBN 978-89-6364-156-0 (93530)
값 20,000원